U0201866

普通高等教育"十三五"规划教材（计算机专业群）

数据库原理与应用——基于 SQL Server 2016

主编 彭浩 黄胜 邹竞

中国水利水电出版社
www.waterpub.com.cn
·北京·

内 容 提 要

本书主要由三部分内容组成：第一部分主要介绍数据库理论，包括数据模型、数据库设计、关系代数、规范化理论；第二部分主要介绍数据库相关的一些内容，包括创建数据库、创建数据库对象、数据查询、数据修改、函数、存储过程、触发器、事务处理等；第三部分主要介绍数据库的维护性工作，包括安全管理、备份和恢复数据库。本书采用的实践平台为 SQL Server 2016，该平台界面友好、使用方便、功能全面，非常适合作为数据库实践平台使用。本书内容全面、实例丰富，以一个小型家庭财政收支登记系统作为案例，贯穿全书始终，将很多知识点连贯起来，方便读者学习，也方便教师开展教学工作。

本书可作为高等院校计算机专业以及信息管理等相关专业的教材，也可作为相关技术人员学习数据库知识的参考书。

本书配有免费电子教案，读者可以从中国水利水电出版社网站以及万水书苑下载，网址为：http://www.waterpub.com.cn/softdown/或 http://www.wsbookshow.com。

图书在版编目（CIP）数据

数据库原理与应用 : 基于SQL Server 2016 / 彭浩, 黄胜, 邹竞主编. -- 北京 : 中国水利水电出版社, 2020.1（2022.1重印）
普通高等教育"十三五"规划教材. 计算机专业群
ISBN 978-7-5170-8397-9

Ⅰ. ①数… Ⅱ. ①彭… ②黄… ③邹… Ⅲ. ①关系数据库系统－高等学校－教材 Ⅳ. ①TP311.132.3

中国版本图书馆CIP数据核字(2020)第027394号

策划编辑：周益丹   责任编辑：张玉玲   封面设计：李 佳

书　　名	普通高等教育"十三五"规划教材（计算机专业群） 数据库原理与应用——基于 SQL Server 2016 SHUJUKU YUANLI YU YINGYONG——JIYU SQL Server 2016
作　　者	主编 彭浩 黄胜 邹竞
出版发行	中国水利水电出版社 （北京市海淀区玉渊潭南路 1 号 D 座　100038） 网址：www.waterpub.com.cn E-mail: mchannel@263.net（万水） 　　　　sales@waterpub.com.cn 电话：(010) 68367658（营销中心）、82562819（万水）
经　　售	全国各地新华书店和相关出版物销售网点
排　　版	北京万水电子信息有限公司
印　　刷	三河市航远印刷有限公司
规　　格	184mm×260mm　16 开本　21 印张　518 千字
版　　次	2020 年 1 月第 1 版　2022 年 1 月第 2 次印刷
印　　数	3001—5000 册
定　　价	49.00 元

编 委 会

主 编：彭 浩　黄 胜　邹 竞

编 委：徐 鸣　李 军　薛 辉

　　　　王海涛　陈继锋　陆惠民

　　　　刘 琼　李 桥

前　　言

　　数据库技术是 20 世纪 60 年代兴起的一门综合性数据库管理技术，也是信息管理中一项非常重要的技术。它综合了数学、计算科学、管理科学等诸多学科知识。随着计算机及网络技术的快速发展与应用，数据库技术得到日益广泛的应用。

　　本书以关系数据库系统为核心，按照"原理－设计－应用"循序渐进的模式，全面、系统地阐述了数据库系统的基本原理、设计技术和开发应用的主要知识。全书内容分为三大部分：第一部分主要介绍数据库理论，包括数据模型、数据库设计、关系代数、规范化理论；第二部分主要介绍数据库相关的一些内容，包括创建数据库、创建数据库对象、数据查询、数据修改、函数、存储过程、触发器、事务处理等；第三部分主要介绍数据库的维护性工作，包括安全管理、备份和恢复数据库。本书根据理论联系实际、重在实践操作的原则，以现今流行的关系数据库管理系统——SQL Server 2016 及其使用的 Transact-SQL 语言为例，通过大量实例，全面介绍了关系数据库的程序设计基础、SQL Server 2016 中各种数据更新和数据查询的基础应用，并阐述了存储过程、触发器、安全管理等方面的高级应用。

　　数据库是设计与建立管理信息系统的主要支撑，而管理信息系统是计算机应用的主要内容之一。学习数据库的目的，除了学习其思想、方法之外，还要掌握它在管理信息系统中应用的理论与方法。要学好数据库，必须与管理信息系统建设密切联系，由管理信息系统的需求分析决定对数据库技术的要求。如果仅仅孤立地讲述数据库的概念、方法与技术，会大大降低本课程的趣味性，也会使理论变得枯燥无味并难以理解，还会出现理论与实践相脱离的弊病。为此，本书选择了一个小型家庭财政收支登记系统作为案例，贯穿全书始终。

　　本书内容前后呼应，既有深入透彻的理论知识阐述，又有成熟实用的应用技术讲解，适合作为高等院校计算机类专业的数据库原理与应用入门教材，也可以作为信息系统开发人员和从事信息领域工作的科技人员的技术参考书。

　　本书第 1 章由王海涛编写，第 2 章由薛辉编写，第 3 章由彭浩编写，第 4 章由徐鸣编写，第 6 章、第 7 章由黄胜编写、第 5 章、第 8 章由邹竞编写，第 9 章、第 10 章由李军、刘琼、李桥编写。全书由彭浩、陈继锋、陆惠民统稿。

　　由于数据库技术发展迅速，加之编者水平有限及编写时间仓促，书中存在的错误和不足在所难免，恳请读者批评、指正。

编　者

2019 年 10 月

目　　录

第 1 章　数据库与关系型数据库设计概论

本章概要介绍数据管理技术的 3 个发展阶段，数据描述的领域、术语和方法，数据库系统的组成，数据模型的概念（即，概念模型的概念与设计方法和逻辑模型的概念与设计方法）等内容。本章的重点内容：数据描述术语和实体间的联系，数据模型的概念，实体联系模型的概念与表示，概念模型的设计，关系模型的概念，关系模型的设计。本章的难点内容：实体间的联系、概念模型的概念与设计和关系模型的概念与设计。

通过本章学习，应达到下述目标：

- 了解数据管理技术的 3 个发展阶段的特点。
- 掌握数据描述的领域和术语，掌握数据描述的方法。
- 理解数据模型（概念模型与逻辑模型）的概念。
- 掌握实体联系模型的概念与设计方法。
- 掌握关系模型的概念与设计方法。

数据库技术作为数据管理技术，是计算机软件领域的一个重要分支，产生于 20 世纪 60 年代末，现已形成成熟的理论体系和实用技术，广泛应用于各行各业。

1.1　数据管理技术的发展

数据管理（Data Management）指数据的收集、整理、组织、存储、维护、检索、传送等操作。这些操作是数据处理业务的基本环节。数据管理技术的优劣直接影响数据处理的效率。用计算机进行数据管理是将大量数据有组织地存储在存储介质中，并对数据进行维护、检索、重组和处理。

计算机的软、硬件发展水平，特别是存储技术的发展水平与数据管理技术的发展密切相关。数据管理技术的发展经历了 3 个阶段：人工管理阶段、文件管理阶段和数据库管理阶段。

1.1.1　人工管理阶段

人工管理阶段（20 世纪 50 年代中期以前）的计算机主要用于科学计算。数据存储介质只有磁带、纸带和卡片等；软件设计语言只有汇编语言；数据处理方式是批处理。该时期数据管理的特点：①数据不保存在机器中，处理数据时，将纸带中的程序和数据通过输入设备输入到计算机中；②没有专用的软件对数据进行管理，数据不具有独立性，数据组织结构依赖于程序；③只有程序（Program）的概念，没有文件（File）的概念；④数据面向应用，数据与程序混合在一起，1 组数据对应于 1 个程序。

1.1.2　文件管理阶段

文件管理阶段（20 世纪 50 年代后期至 20 世纪 60 年代中期）的计算机不仅用于科学计算，

还用于信息管理。数据结构和数据管理软件迅速发展起来。外存（外存储设备）已有磁盘、磁鼓等直接存取存储设备。软件领域出现了高级语言和操作系统。操作系统中的文件系统是专门管理外存中的数据的数据管理软件。处理数据的方式有批处理，也有联机实时处理。这一阶段数据管理的特点：①数据可长期保存在磁盘上；②数据的逻辑结构与物理结构有了区别；③文件组织已呈现多样化，有索引文件、链接文件和散列文件等，但文件之间相互独立，缺乏联系；④数据不再属于某个特定的程序，可被不同的程序重复使用。

随着数据管理规模的扩大和数据量的急剧增加，文件系统显露出 3 个缺陷：①数据冗余性（Redundancy），由于文件之间缺乏联系，造成每个应用程序都有对应的文件，同样的数据可能在多个文件中重复存储；②数据不一致性（Inconsistency），这通常由数据冗余造成，在更新操作时，稍有不慎，就可能使同样的数据在不同文件中不一样；③数据联系弱（Poor Data Relationship），这是由文件之间相互独立、缺乏联系造成的。

1.1.3　数据库管理阶段

20 世纪 60 年代末，磁盘技术取得重要进展。具有数百兆容量和快速存取的磁盘陆续进入市场，为数据库技术的产生提供了良好的条件。

数据管理技术进入数据库管理阶段的标志是 60 年代末发生的 3 件事：①1968 年美国 IBM 公司推出层次模型的 IMS（Information Management System）系统；②1969 年 10 月美国数据系统语言协会（CODASYL）的数据库任务组（DBTG）发表关于网状模型的 DBTG 报告（1971 年通过）；③1970 年美国 IBM 公司的 E.F.Codd 连续发表论文，提出了关系模型，奠定了关系数据库的理论基础。

20 世纪 70 年代以来，数据库技术迅速发展，不断有新的产品投入运行。数据库系统克服了文件系统的缺陷，使数据管理更有效、更安全。

1. 数据库管理阶段数据管理的特点
数据库管理阶段数据管理的特点如下所述。

（1）采用复杂的数据模型表示数据结构（Data Structure）。数据不再面向特定的某个或多个应用，而是面向整个应用系统。数据冗余明显减少，实现了数据共享。

（2）有较高的数据独立性（Data Independence）。数据库的结构分为用户的逻辑结构、整体逻辑结构和物理结构 3 级，使得数据库具有物理数据独立性（当数据的物理结构改变时，不影响整体逻辑结构和用户逻辑结构以及应用程序）和逻辑数据独性（当数据整体逻辑结构改变时，不影响用户的逻辑结构以及应用程序）。

（3）数据库系统为用户提供方便的用户接口，用户可以使用查询语言或终端命令操作数据库，也可以用程序方式操作数据库。

（4）数据库系统提供 4 个方面的数据控制功能：数据库的恢复、并发控制、数据完整性和数据安全性，以保证数据库中数据的安全、正确和可靠。

（5）对数据的操作不一定以记录为单位，也可以以数据项为单位，增加了系统的灵活性。

2. 数据库技术常用名词术语
以下为数据库技术常用名词术语。

（1）数据（Data），是描述事物的符号记录。记录形式可以是文字、图形、图像、声音等。

（2）数据库（Database，DB），是存储在存储介质上、按一定结构组织在一起、可共享的相关数据的集合。DB 具有较小的数据冗余、较高的数据独立性和易扩展性。DB 通常由两大部分组成，一部分是应用数据的集合，称为物理数据库；另一部分是关于各级数据结构的描述，称为描述数据库。

（3）数据库管理系统（Database Management System，DBMS），是位于用户与操作系统之间的一层数据管理软件，为用户或应用程序提供访问 DB 的方法，包括 DB 的建立、查询、更新及各种数据控制，能够确保数据的完整性和安全性。

（4）数据库管理员（Database Administrator，DBA），是控制数据整体结构的技术人员，负责 DB 的正常运行。DBA 必须熟悉企业全部数据的性质和用途，充分了解用户需求，熟悉系统性能等。DBA 的主要职责是定义和修改数据库模式、管理数据库用户和用户权限、完成 DB 的日常管理（备份、恢复、性能监测、性能优化等）。

（5）数据库系统（Database System，DBS），是实现有组织地、动态地存储大量关联数据，方便多用户访问的计算机软件、硬件和数据资源组成的系统，即采用了数据库技术的计算机系统。由 DB、DBMS、应用系统（包括数据库应用软件、相关系统软件和硬件）、DBA 和用户（User）组成。

（6）数据库技术（Database Technology），是研究数据库的结构、存储、管理和使用的软件学科。数据库技术在操作系统（OS）的文件系统基础上发展起来，而 DBMS 本身要在 OS 的支持下才能工作。数据库技术涉及到数据结构、集合论、数理逻辑等相关的知识，是一门综合性较强的学科。

（7）数据库应用软件（Database Application Software），是采用数据库技术、专门为某一应用目的开发的应用软件。通常使用某种程序设计语言（如 C#、Visual FoxPro）及其支持的 DBMS（如 SQL Server、Visual FoxPro），为完成数据库系统最终用户的某些特定需求而开发。

1.2　数据库系统

1.2.1　数据库系统的组成

数据库系统（DBS）由 DB、DBMS、应用系统（包括数据库应用软件、相关系统软件和硬件）、DBA 和用户（User）组成。其中，硬件是组成计算机系统的物理设备的集合（例如 CPU、内存、外存、输入输出设备、数据通道等），软件是计算机程序及其相关文档的集合（包括操作系统、DBMS、应用开发支撑软件和数据库应用软件等）。

1.2.2　数据库系统的前景和效益

DBS 已广泛运用于各行各业，前景广阔。它可以给人们带来极大效益，主要体现在以下几方面。

（1）灵活性：DB 易扩充，易移植。

（2）简易性：容易理解，方便运用。

（3）面向用户：能全面满足用户的要求。

（4）数据控制：对数据实现集中控制，能保证数据冗余最小和保持数据的一致性。

（5）程序设计方便：可加快应用系统的开发速度。

（6）减少程序维护工作量：数据独立性使得修改 DB 结构时尽量不影响已有的应用程序。

（7）标准化：能促进整个企业乃至社会的数据一致性和使用标准化工作流程。

1.3   数据库管理系统

DBMS 是 DBS 数据操作的执行者。对 DB 的一切操作，包括定义、查询、更新和控制，都是通过 DBMS 进行的。用户对 DB 的操作是应用程序把操作命令传送给 DBMS，再由 DBMS 对命令进行编译（解释）、执行并把执行结果或状态返回给应用程序。

1.3.1   数据库管理系统的主要功能

1. 数据定义功能

DBMS 提供数据定义语言（Data Definition Language，DDL），用于定义 DB 的三级模式和二级映像以及数据的完整性、安全性控制约束。

2. 数据操作功能

DBMS 提供数据操作语言（Data Manipulation Language，DML），实现对 DB 中数据的操作。基本的操作有查询和更新（插入、修改、删除）。

按语言级别，DML 分为过程性和非过程性两类。过程性 DML 要求用户编程时不仅要指出做什么，还要解决怎么做的问题；非过程性 DML 只需用户指出做什么，怎么做由系统自动处理。层次 DBMS、网状 DBMS 的 DML 属于过程性的，关系 DBMS 的 DML 属于非过程性的。

按应用方式，DML 分为嵌入式和交互式两类。

（1）嵌入式 DML 只能嵌入到其他高级语言中使用，不能单独使用。被 DML 嵌入的计算机语言称为主语言。常用的主语言有 C、FORTRON 和 COBOL。在由嵌入式 DML 和主语言混合设计的程序中，DML 语句只完成有关 DB 的数据存取操作功能，其他功能由主语言的语句完成。

（2）交互式 DML 既可嵌入到主语言中使用，也可单独使用。交互式 DML 可作为交互式命令与用户对话，通过 DB 管理终端或客户端对 DB 进行操作，执行其独立的单条语句功能。交互式 DML 还为语言的学习提供了方便。

对 DML 的语言处理方法有以下两种。

（1）预编译方法：采用分两步编译处理的方法处理应用程序，即对程序编译时，先扫描源程序，发现 DML 语句时将其转换为相应的主语言语句，最后使用主语言的编译程序进行统一编译处理。

（2）增强编译方法：通过修改或扩充主语言编译程序，使之能识别并编译 DML 语句。

对于上述这两种处理方法，由于预编译方法处理过程简单和适应性强，所以预编译的 DML 更常见。

3. 数据库运行管理功能

DBMS 提供数据控制语言（Data Control Language，DCL）实现对 DB 的管理与控制。数据库运行管理是 DBMS 的核心部分，包括对 DB 进行并发控制、完整性控制、安全性控制和内部维护（如索引、数据字典的自动维护）等。对 DB 的所有操作都要在控制程序的统一管理下进行。

4. 数据组织、存储和管理功能

DB 中的数据量大、种类繁多并频繁地在内存与磁盘之间进行交换。DBMS 的一个目标就是要对这些数据进行合理地、科学地组织、存储和管理，以简化用户访问过程，提高访问效率和节省存储空间。

5. 数据库的维护功能

DBMS 提供许多实用程序（Utilities）以实现对 DB 的维护。实用程序主要包括数据装载程序、数据转换程序、DB 备份与恢复程序、DB 重组与重构程序、性能监控程序等。

6. 数据字典功能

DBMS 中存放三级结构定义的 DB 称为数据字典（Data Dictionary，DD）。对 DB 的操作都要通过访问 DD 才能实现。通常 DD 中还存放 DB 运行时的统计信息。DD 有两类：一类是只能被用户和 DBA 访问，而 DBMS 软件不能访问，这类 DD 称为"被动的 DD"；另一类是能被用户和 DBA 访问，也能被 DBMS 软件访问，这类 DD 称为"主动的 DD"。管理 DD 的实用程序称为"DD 系统"。

7. 数据通信功能

DBMS 提供与其他软件系统进行通信的功能。其他软件通过通信接口能够很方便的与 DB 进行连接，实现对 DB 的访问和操作。

1.3.2 数据库管理系统的组成

（1）从模块结构观察，DBMS 由查询处理器和存储管理器两大部分组成。

- 查询处理器由 4 个组成部分：DDL 编译器、DML 编译器、嵌入式 DML 的编译器和查询运行核心程序。
- 存储管理器由 4 个组成部分：授权和完整性管理器、事务管理器、文件管理器、缓冲区管理器。

（2）从功能组成观察，DBMS 由以下 4 个部分组成。

- 数据定义语言及其翻译处理程序。
- 数据操作语言及其编译（或解释）程序。
- DB 运行控制程序。
- 实用程序。

1.4 数据描述与数据模型

1.4.1 数据描述的 3 个领域

从事物特征到计算机中数据表示，数据描述要经历现实世界、信息世界和机器世界 3 个领域。

（1）现实世界（Real World）指存在于人们头脑之外的客观世界。它是原始数据（记录）的来源。

（2）信息世界（Information World）指现实世界在人们头脑中的反映。人们用文字、符号、图形、图像、声音等方式记载下来现实世界的信息，称为信息世界。信息世界中常用的名

词如下所述。

- 实体（Entity）：客观存在可以相互区别的事物称为实体。实体可以是具体的对象，例如一个员工、一本教材等；也可以是抽象的事件，例如一次旅游、一场球赛等。
- 实体集（Entity Set）：性质相同的同类实体的集合称为实体集。例如学生、公司员工等。
- 属性（Attribute）：实体有很多特性，每一个特性称为一个属性。属性具有数据类型和值域。例如，学生有学号、姓名、年龄等属性。学号、姓名的数据类型是字符串，年龄的数据类型是整数。
- 实体标识符（Identifier）：能唯一标识每个实体的属性或属性集称为实体标识符，有时简称为"键"。例如，学生的学号可以作为学生实体标识符。

（3）机器世界（Machine World）：信息世界的信息在机器中以数据形式存储，称为机器世界。机器世界中常用的名词如下所述。

- 字段（Field）：标记实体属性的命名单位称为字段或数据项。它是可以命名的最小信息单位。字段的命名往往与属性名相同。例如，一个学生记录中有学号、姓名、年龄、性别等字段。
- 记录（Record）：有限个字段的集合称为记录。一般用一个记录描述一个实体，所以记录又可定义为能完整地描述一个实体的字段集。例如，一个学生记录由字段集（学号，姓名，年龄）组成。
- 基本表（Basic Table，常简称为"表"）：描述一个实体集的所有记录的集合。在有些 DBMS 中，一个基本表就对应一个数据文件（File）。
- 候选键（Key，简称为"键"）：能唯一标识基本表中每个记录的字段或字段集。

信息世界与机器世界术语的对应关系见表 1-1。

表 1-1　信息世界与机器世界术语对应关系

信息世界	机器世界
实体	记录
属性	字段
实体集	基本表（文件）
实体标识符	候选键

数据描述有两种形式：物理描述和逻辑描述。物理描述是具体的、实际的描述，如物理设备、物理路径、物理结构；逻辑描述是抽象的、形式的描述，如逻辑设备、逻辑文件、逻辑结构。

1.4.2　数据模型的概念

模型是对现实世界的抽象。数据库中用模型的概念描述 DB 的结构与语义，对现实世界进行抽象。表示实体类型及实体间联系的模型称为"数据模型"（Data Model）。常用的数据模型有下述两种。

（1）概念模型，独立于计算机系统，不涉及信息在计算机系统中的表示，只描述人们所关心的信息结构；是现实世界的第一层抽象，是用户和数据库设计人员之间进行交流的工具，用于建立信息世界的数据模型。该模型强调语义表达功能，概念简单、清晰，易于用户理解。

（2）逻辑模型，直接面向数据库逻辑结构，是现实世界的第二层抽象。这类模型涉及到计算机系统和 DBMS，例如层次模型、网状模型、关系模型、面向对象模型（Object-Oriented Model）等。为便于在计算机系统中实现，它们有严格的形式化定义。其中的面向对象模型是由于在数据库技术中引入面向对象技术所产生，其具有丰富的表达能力，但模型相对比较复杂。

1.5　概念模型

概念模型是从现实世界过渡到机器世界的中间层次，是数据模型的前身。它比数据模型更独立于机器和 DBMS、更抽象、更稳定。在数据库领域，最常见的概念模型是实体联系模型。

将现实世界中的客观对象抽象为不依赖具体机器和具体 DBMS 的信息结构（概念模型）的过程是概念设计的主要任务，也是数据库设计的关键之一。

1.5.1　实体联系模型

实体联系模型（Entity Relationship Model，E-R 模型）由 P.P.Chen 于 1976 年提出，是从现实世界中抽象出实体类型及实体间联系的数据模型。实体间的联系分为两种：一种是同一实体集中各实体间的联系；另一种是不同实体集的各个实体之间的联系。数据库中一般研究后一种。

不同实体集的实体间的联系有以下 3 种情况。

（1）一对一联系：如果实体集 E1 中每个实体最多和实体集 E2 中 1 个实体有联系，反之亦然，那么实体集 E1 对 E2 的联系称为"一对一联系"，记为"1:1"，如图 1-1 所示。

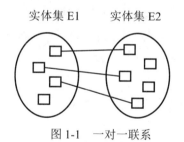

图 1-1　一对一联系

例 1-1　考场座位与考生之间的关系：1 个座位对应 1 个考生，1 个考生对应 1 个座位。

（2）一对多联系：如果实体集 E1 中每个实体与实体集 E2 中任意个（零或多个）实体有联系，而 E2 中每个实体最多和 E1 中一个实体有联系，则称 E1 对 E2 是"一对多联系"，记为"1:N"，如图 1-2 所示。

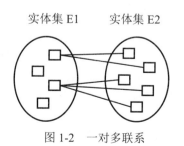

图 1-2　一对多联系

例 1-2 班级与学生之间的关系，1 个班级有多个学生，每个学生只属于 1 个班级。

（3）多对多联系：如果实体集 E1 中每个实体与实体集 E2 中任意个（零个或多个）实体有联系，反之亦然，那么称 E1 和 E2 的联系是"多对多联系"，记为"M:N"，如图 1-3 所示。

实体集 E1　　实体集 E2

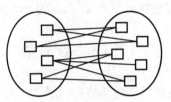

图 1-3　多对多联系

例 1-3 学生与课程之间的关系，一个学生要选修多门课程，一门课程有多个学生选修。

以上 3 种联系是实体之间最基本的联系。多个实体之间的联系可转化为两两之间的联系。

1.5.2　E-R 图（Entity Relationship Diagram）

实体联系模型最终可以用 E-R 图来表达，设计 E-R 图的方法称之 E-R 方法。

E-R 图有 4 个基本成分：①矩形框，表示实体类型（问题的对象）；②菱形框，表示联系类型（实体间的联系）；③椭圆形框，表示实体类型和联系类型的属性，在属性名下划一横线的为关键码的属性；④直线，联系类型与其涉及的实体类型之间用直线连接，并在直线端部标上联系的种类（1:1，1:N，M:N）。相应的命名均记入各种框中。

例 1-4 可用 E-R 图表示例题 1-3 中分析的学生与课程的多对多联系。

学生和课程两个实体的联系是修读。学生的属性有学号、姓名、年龄、性别；课程的属性有编号、名称；修读的属性有成绩。学生与课程为 M:N 的联系。学生的关键码是学号，课程的关键码是编号。其 E-R 图如图 1-4 所示。

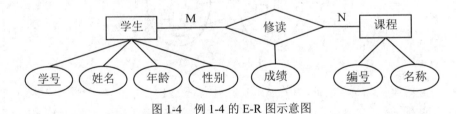

图 1-4　例 1-4 的 E-R 图示意图

1.5.3　概念设计的方法与步骤

1. 概念模型设计的方法

概念设计的方法有下述 4 种。

（1）自顶向下法：首先定义全局概念结构的框架，然后逐步细化为完整的全局概念结构。

（2）自底向上法：首先定义各局部应用的概念结构，然后将它们集成，得到全局概念结构。

（3）逐步扩张法：首先定义最重要的核心概念结构，然后向外扩充，生成其他概念结构，直至完成总体概念结构。

（4）混合策略法：将自顶向下与自底向上相结合，用自顶向下策略设计一个全局概念结构的框架，然后以它为骨架，集成由自底向上策略设计的各局部概念结构。

以上4种概念模型设计的方法中最常用的是自底向上的方法。

2.　概念设计的主要步骤

概念设计的主要步骤如下所述。

（1）通过数据抽象设计局部概念模式。局部用户的信息需求是构造全局概念模式的基础。因此，需要先从个别用户的需求出发，为每个用户或每个对数据的观点与使用方式相似的用户建立一个相应的局部概念结构。在建立局部概念结构时，要对需求分析的结果进行细化、补充和修改，如有的数据项要分为若干子项，有的数据的定义要重新核实等。

（2）将局部概念模式综合成全局概念模式。综合各局部概念结构就可得到反映所有用户需求的全局概念结构。综合过程中主要处理各局部模式对各种对象定义的不一致问题［包括同名异义、异名同义和同一事物在不同模式中被抽象为不同类别对象（例如，有的作为实体，有的作为属性）等］。各个局部结构合并后还会产生冗余问题或导致为确定确切含义而对信息需求的再调整与分析。

（3）评审。消除所有冲突后，就可把全局结构提交进行评审。评审分用户评审与DBA及应用开发人员评审两部分。用户评审侧重于确认全局概念模式是否准确完整地反映了用户信息需求和现实世界事物的属性间的固有联系；DBAB及应用开发人员评审则侧重于确认全局结构是否完整，各成分划分是否合理，是否存在不一致性，以及各种文档是否齐全等。文档应包括局部概念结构描述、全局概念结构描述、修改后的数据清单和业务活动清单等。

可按照图1-5所示流程进行概念模型设计。

3.　输入与输出

概念模型设计阶段的输入信息主要有需求说明和系统应用领域的相关知识。

概念模型设计阶段的输出信息主要有全局概念结构（全局E-R模型）和局部概念结构（分E-R图）。

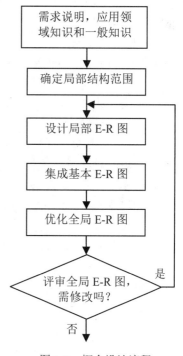

图1-5　概念设计流程

1.5.4　数据抽象

概念模型是对现实世界的抽象。所谓抽象就是抽取现实世界的共同特性，忽略非本质的细节，并把这些共同特性用相关概念加以描述，形成某种模型。讨论抽象之前，先介绍几个基本概念。

1.　相关基本概念

（1）对象和类。

- 对象（Object）是人们对现实世界中某个实体的描述。对象可以是物理实体（如显示器、打印机等设备，张三、李四等人）或抽象概念［如组织（公司，学校）、规则（教学大纲，评分标准）、计划（培养方案，考试安排）、作用（医疗、教学等人或组织的作用）等］。对象是构成系统的基本单位。客观世界中的实体通常既有状态、又有行为，因此，对象是由描述该对象状态的数据及可影响这些数据的行为封装在一起构成的统一体。在 E-R 模型中，常把对象称为"实体"。

- 类（Class）是对具有某些相同基本特性的一组对象的抽象，是属性和操作的有机封装。例如，张三、李四等人具有一些共同特性（在校读书、修读课程），于是把他们抽象成一个类——学生。在 E-R 模型中，常把类称为"实体类""实体集""实体型"或"实体类型"。

（2）状态和属性。

- 状态是一个对象具有的静态性质和特征，用数据值来描述。例如：用"张三，男，20 岁，计科 0809 班"等数据值来描述学生张三的一些状态。
- 属性是关于对象的状态的抽象（即类的静态性质和特征），用数据结构来描述。例如：用"姓名、性别、年龄、班级"来描述"学生"类的一些属性。

（3）行为和操作。

- 行为是关于对象的动态性质和特征的描述。例如：赵老师可以发生工资改变、职称晋升等行为，通过这些行为可以改变赵老师的工资状态、职称状态。
- 操作是关于对象的行为的抽象（即类的动态性质和特征）。例如：教师类的对象都可以发生工资改变、职称晋升等行为，我们把对象的这些行为抽象成调工资、评职称等类的操作。

（4）关系与关联。

1）关系是类之间的静态结构关系，有下述两种主要结构关系。

- 一般——具体结构，又称为分类结构，是"is a"关系。例如，汽车和交通工具都是类，其关系是分类结构，即汽车"是一种"交通工具。我们把这种关系中处于上层的类（交通工具）称为"超类"或"父类"，下层的类（汽车）称为"子类"或"派生类"。类的这种层次结构可用来描述现实世界中的类的抽象程度，越在上层的类越抽象、越具有一般性，越在下层的类越具体、越细化。
- 整体——部分结构，又称为组装结构，其关系是"has a"关系。例如，汽车和发动机都是类，其关系是组装结构，即汽车"有一个"发动机（或者说发动机是汽车的"组成部分"）。类的这种层次结构可用来描述现实世界中的类的组成关系。上层的类（汽车）具有整体性，下层的类（发动机）具有成员性，即下层类是上层类的组成部分。

2）关联是类之间的静态语义联系。类与类之间可以通过一种语义上的关联而产生联系。例如，学生类与课程类可以通过学生修读课程而产生联系，我们说学生类与课程类之间存在"修读"关联；同理，教师类与课程类之间存在"讲授"关联。

- 关联具有多重性，是指相关联的类中有多少个对象与另一个类中的对象相关。例如：一对一关联（表示为 1:1，如 1 个国家只有 1 个首都）；一对多关联（表示为 1:N，如 1 个班级有 N 个学生）；多对多关联（表示为 M:N，如 1 个学生修读 N 门课程、1 门课程被 M 个学生修读）。
- 关联具有多元性，是指参与同一个关联的类的数量。两个类之间的关联称为二元关联，三个类之间的关联称为三元关联。

用相关联的类之间的连线上画上一个菱形符号来表示关联，关联的重数写在连线的附近（上、下、左、右）。例如，图 1-6 描述了一个三元关联，其中教师类与学生类、课程类之间分别是 P:M 关联、P:N 关联，学生类与课程类之间是 M:N 关联。

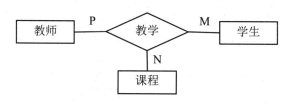

图 1-6　关联的表示

需要指出的是，许多场合并不严格区分对象与类、状态与属性、行为与操作、关系与关联的概念，常将其分别通称为对象（此时为明确表达对象的严格意义，常把严格意义上的对象称为实例，它是类的一个具体细化）、属性（状态与属性、行为与操作）、关系。同理将实体类称为实体，此时其确切含义需联系上下文理解。

2．数据抽象方法

数据抽象的基本方法有分类、聚集和概括。利用数据抽象方法可以在对现实世界抽象的基础上，得出概念模型的实体类及属性。

（1）分类（Classification）。分类就是将具有某些共同的特性和行为的对象抽象为一个类，是人类认识客观世界的基本方法。例如，张三、李四、王五等人的姓名、性格、特长、专业等各有不同，但他们具有一些共同的基本特性和行为：在学校读书、修读课程等，于是采用分类的方法，把具有这些共同特性和行为的对象分为一类，抽象为"学生"。

在 E-R 模型中，实体类就是分类操作的结果。

（2）概括（Generalization）。概括就是定义类与类之间的分类结构关系，它抽象了类之间的"是一种"的语义。例如，"教职员""系主任""班主任"都是实体类，但系主任、班主任都"是一种"教职员，于是将"系主任""班主任"概括为"教职员"。"教职员"是超类，"系主任""班主任"是"教职员"的子类。

在 E-R 模型中用双竖边的矩形框表示子类，用直线加小圆圈表示分类关系，如图 1-7 所示。

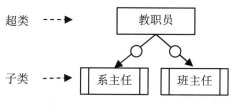

图 1-7　分类结构的概括

分类结构关系的重要性质之一是继承性。继承性指子类自动继承超类中定义的所有抽象（包括属性和行为），这一点极为重要。例如系主任、班主任可以有自己的特殊属性和行为，但都继承了它们的超类的所有属性和行为，即系主任和班主任都自动具有教职员的所有属性和行为。

（3）聚集（Aggregation）。聚集就是定义类与类之间的组装结构关系，它抽象了类的"组成部分"的语义。例如，将部分类"发动机""变速箱""底盘""车厢""车轮"等聚集成为整体类"汽车"，表明这些部分类是整体"汽车"的组成部分。

在 E-R 图中，借用聚集的方法，定义实体类的组成部分——属性，即将若干属性聚集成实体类（这与面向对象方法中严格区分"类"与"属性"的概念不同，在面向对象方法中聚集定义的是类与类之间的组装结构关系），例如，把"学号""姓名"等属性聚集为实体类"学生"的属性，如图 1-8 所示。

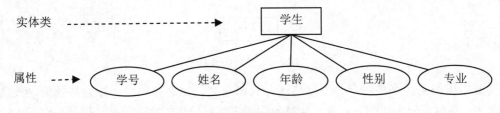

图 1-8 组装结构的聚集

事实上，现实世界的事物非常复杂，实体类的某些组成部分可能又是一个聚集（这是一种更复杂却又更为常见的聚集）。例如，"名称""地址""校长"等是实体类"学校"的属性，而其中的"校长"又是其"姓名""年龄""性别"等属性的聚集。

1.5.5 概念设计

通常一个数据库系统都是为多个用户服务的。各个用户对数据处理的要求可能不一样，信息处理需求也可能不同。在设计数据库概念结构时，最常采用自底向上的设计方法。为了更好地模拟现实世界，一个有效的策略是"分而治之"，即先分别考虑各个用户的信息处理需求，形成局部概念模型，然后再综合成全局模型。局部概念模型（E-R 模型）的设计流程如图 1-9 所示。

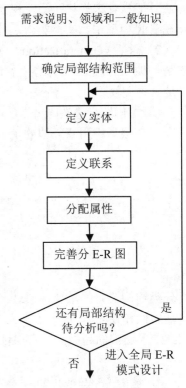

图 1-9 局部 E-R 模型设计流程

1. **定义实体**

定义实体的任务就是从信息需求和局部范围定义出发，确定每个实体类的属性和键。

（1）提取待定类。提取那些描述具有独立存在意义、可聚集属性、可与其他对象形成关联的对象的名词、动名词及名词性词组（可重点关注数据流、数据存储、数据结构等），抽象成待定类。

例如：数据字典（DD）中有一条"学生信息"数据结构条目、一条"宿舍记录"数据存储条目，它们符合上述条件，可抽象为学生、宿舍两个待定类（都有独立存在意义：学生可聚集姓名、性别、身份证号、班级等属性；宿舍可聚集宿舍号、等级、床位数等属性），学生和宿舍可形成居住关联。

（2）排除错误类。根据下列标准，剔除不必要或不正确的待定类。

- 冗余类：若两个类表述了同一个信息，则保留最富有描述能力的类。
- 无关类：与问题没多少关系或根本无关的类应予以剔除。
- 模糊类：类必须是确定的，有些待定类边界定义模糊或范围太广，应予以剔除。

- 操作：如果问题陈述中的名词有动作含义，则描述的是操作而不是类，但具有自身性质而且需要独立存在的操作应该描述成类。例如若是构造电话模型，则"拨号"是一个类，它有日期、时间、受话地点等属性。
- 属性：如果某些名词描述的是其他对象的性质，则一般这些属性应当从待定类中删除；如果对象的某一性质的独立性很重要，就应该把它归属到类，而不把它作为属性。

（3）整理实体类。排除错误类后剩下的待定类就可以入选为实体类了。此时应该使用聚集方法，将那些描述各实体类性质的名词聚集成为各实体类的属性，然后为各实体类命名并确定键。

一般而言，实体类确定之后，它的属性也随之确定。命名应反映实体的语义性质，其在一个局部结构中应是唯一的。键可以是单个属性，也可以是属性组合。

2. 定义联系

E-R 模型的"联系"用于刻画实体之间的关联。一种完整的方式是对局部结构中任意两个实体类，依据需求分析结果，考察局部结构中任意两个实体类之间是否存在联系。若有联系，进一步确定是 1:N、M:N 或 1:1。还要考察一个实体类内部是否存在联系，多个实体类之间是否存在联系等。

（1）提取待定联系。将那些表示实体类之间的某种关系（包含，组成，信息传递等关系）、条件的满足、传导的动作、物理位置的表示的描述性动词或动词词组提取出来，抽象成待定联系。

例如：上面定义的"学生""宿舍"两个实体类，根据一般知识可知，它们可以通过"居住"而发生联系，因此，将"居住"这一隐含在一般知识中的联系提取出来，作为待定的联系。

注意：现在只将这些可能的关联表述提取、记录即可，不要过早地去细化这些表述。

（2）排除错误联系。根据下列标准，剔除不必要或不正确的待定联系。

- 缺失联系对象的关联：若某个实体类已被剔除，那么与它有关的关联也必须剔除，或者用其他实体类来重新表述。
- 不相干的关联或实现阶段的关联：剔除所有问题域之外的关联或涉及实现结构中的关联。
- 动作：关联应该描述应用域的结构性质而不是瞬时事件，因此应剔除。
- 派生关联：剔除那些可以用其他关联来定义的关联，因为这种关联是冗余的。

（3）整理联系类。排除错误联系后剩下的待定联系就可以入选为联系类了。此时应该使用聚集方法，将那些描述联系类性质的描述聚集成为对应联系的属性，然后为联系命名和确定键。命名应反映联系的语义性质，通常采用动词命名，如"选修""讲授""辅导"等。联系的键通常是它涉及的各实体类的键的并集或某个子集。

3. 分配属性

实体与联系都确定下来后，局部结构中的其他语义信息大部分可用属性描述。这一步的工作包括两部分：一是确定属性；二是把属性分配到有关实体和联系中去。

（1）提取待定属性。许多属性在定义实体类和联系时已经聚集到对应的实体类和联系类中。现在要将剩下的（隐含在问题域或一般知识中）那些描述实体类或联系类的某种性质（属性）的修饰性名词词组和形容词提取出来，作为待定属性。

例如：根据需求规格说明定义的学生类中没有显性体现"年龄"属性，根据一般知识，学生类应当具有"年龄"属性。因此,将"年龄"提取出来,作为学生类的待定属性。

(2)排除错误属性。根据下列标准,剔除不必要或不正确的待定属性。

- 实体类:若待定属性描述的对象的独立存在比它的值更重要,则该对象应是实体类,当剔除。
- 限定词:若待定属性值取决于某种具体上下文,可把该属性重新表述为限定词。
- 实体名称:当实体名称不由上下文关系确定时(尤其是它不唯一时),即可将实体名称看作属性,否则将实体名称作为限定词剔除。
- 内部值:若属性描述了对外不透明的实体类的内部状态,则可剔除。

应当按照下列原则判断和确定属性。

- 属性应该是数据项(即属性不能再具有需要描述的性质,是不可再分解的语义单位)。
- 实体与属性之间的关联只能是 1:N 的。
- 不同实体类的属性之间应无直接关联(即属性不能再与其他实体类有联系)。
- 现实世界的事物能作为属性对待的尽量作为属性。

例 1-5 假设宿舍只是学生的居所,不存在等级、价格等性质(即不具有需要描述的性质),而且无需任何人或组织进行管理(即不再与其他实体类有联系),则可将宿舍作为学生类的属性,如图 1-10 中的(a)图所示。然而,当宿舍具有等级、价格等需要描述的性质或需要记录具体由哪位管理员负责管理时,则表明宿舍不仅与学生类有"居住"关联,还与宿舍管理员类有"管理"关联,此时的宿舍就应当作为独立的实体类来处理,如图 1-10 中的(b)、(c)图所示。

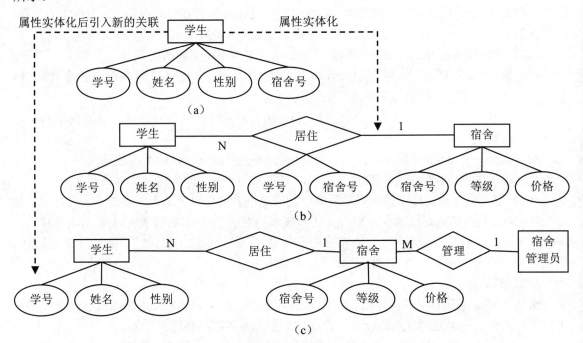

图 1-10　宿舍由属性变为实体类的示意图

实际上,实体类和属性之间并不存在形式上可以截然划分的界限。但现实世界中具体的应用环境常对实体类和属性作了大体的自然的划分。例如在数据字典中,"数据结构""数据流"

"数据存储"都是若干属性的聚合。设计 E-R 图时，可以先从自然划分的内容出发，根据局部结构的数据流程图中标定的实体类、属性和键，并结合数据字典中的相关描述内容，确定 E-R 图中的实体类、实体类之间的联系及属性，定义 E-R 图的雏形，然后再进行必要的调整。

注意：属性不可能在需求陈述中完全表述出来，常常要借助于应用域的知识及对客观世界的知识去找出它们；只考虑与具体应用直接相关的属性，不考虑超出问题范围的属性；先找出重要属性，应避免定义具有动态操作意义的属性，如"拨号""访问""收款"等；要为各个属性取有意义的名字。

（3）整理、分配属性。

- 多个实体类使用同一属性将导致数据冗余，从而可能影响存储效率和完整性约束，应确定把该属性分配给某个实体类。一般应分配给使用频率最高或实体值少的实体类。
- 有些属性只说明实体之间联系的特性，不宜归属于任一实体类。例如，某个学生选修某门课的分数，既不能归为学生类的属性，也不能归为课程类的属性，应作为"选修"联系类的属性。

4. 完善分 E-R 图

可以考虑选用如下方法完善已获得的局部 E-R 图。

（1）使用概括方法调整实体类结构。总的原则是在不产生过多太小的实体类的前提下，尽量使用继承机制来细化类，以提高系统数据和模块的可重用性。可用下述两种方式来实现。

- 自底向上通过把现有实体类的共同性质概括成父类，寻找具有相似属性、关联的实体类来发现继承。但要注意，有些分类结构常是基于客观世界边界的，只要可能，尽量使用现有概念。
- 自顶向下将现有类细化为更具体的子类。当同一关联名出现多次且意义相同时，应尽量具体化为相联系的实体类，各属性和关联都应该分配给最一般的合适的实体类，有时也加上一些修正。

（2）几种可能丢失对象的情况及解决办法如下所述。

- 若存在名称及目的相同的冗余关联，则通过一般化创建概括性的父类把关联组织在一起。
- 若某个实体类中缺少属性和关联，则可能有两种情况，应区别对待：可能有隐含的属性、关联未能找出，则应仔细查找、补充；若确实没有属性和关联，则可考虑删除这个实体类。

至此，当前处理的局部结构的分 E-R 模式设计完毕，再选择下一个局部结构进行分 E-R 模式设计。当所有的局部结构的分 E-R 模式设计完毕后，就转入全局 E-R 模式设计。

5. 整合全局 E-R 图

所有局部 E-R 模式都设计好后，接下来要把它们综合成一个全局概念结构，即设计全局 E-R 模式。全局 E-R 模式不仅要支持所有局部 E-R 模式，而且要合理地表示一个完整、一致的数据库概念结构。全局概念模型（E-R 模型）设计流程如图 1-11 所示。

设计全局 E-R 模式主要包括合并分 E-R 图、消除冲突、优化全局 E-R 图等工作。

（1）确定公共实体类。为给多个局部 E-R 模式的合并提供基础，先要确定各局部结构中的公共实体类。

公共实体类的确定并非一目了然。系统较大时会有很多局部模式，这些局部模式可能由不同人员设计，他们对现实世界同一对象的描述可能不同。即同一对象，有的被作为实体类，有的被作为联系或属性。即使都表示成实体类，其名称和键也可能不同。这里，我们仅根据实体类名和键认定公共实体类，把同名实体类作为公共实体类的一类候选，把具有相同键的实体类作为公共实体类的另一类候选。

　　（2）合并分 E-R 图的顺序。合并的顺序有时会影响合并工作的处理效率和结果。为了降低合并工作的复杂程度，尽可能缩小合并结果的规模，建议按照如下顺序合并分 E-R 图：先选择一个内部结构合理、与其他分 E-R 图联系较多、含公共实体类较多的分 E-R 图作为基本 E-R 图；继而逐一合并含公共实体类较多的分 E-R 图，并消除冲突；然后再逐一合并现实世界中有联系的分 E-R 图，并消除冲突；最后逐一合并独立的分 E-R 图，并消除冲突。

　　（3）消除冲突。由于各局部应用所面向的问题不同，且通常由不同的设计人员进行不同的分 E-R 图设计，这样会导致各分 E-R 图之间存在不一致（即产生冲突），所以不能简单地把它们画到一起了事，必须消除分 E-R 图之间的冲突，形成一个能被全系统所有用户共同理解和接受的统一的概念模型。

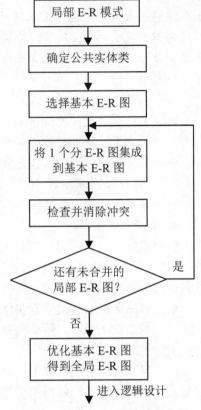

图 1-11　全局 E-R 模式设计流程

　　合理消除分 E-R 图的冲突是进行合并的主要工作和关键所在，每合并 1 个分 E-R 图都应立即进行消除冲突的工作，以免冲突被累积到最终的基本 E-R 图中而变得不可收拾。

　　分 E-R 图之间的冲突主要有 3 类：属性冲突（属性域或属性取值单位的冲突）、命名冲突（同名异义或异名同义）和结构冲突。结构冲突有以下 3 种情况：

- 同一对象在不同的应用中具有不同的抽象。例如：职工在某一分 E-R 图中被作为实体类，而在另一分 E-R 图中被作为属性，这就会产生抽象冲突问题。
- 同一实体类在不同分 E-R 图中的属性组成不一致，即所包含的属性个数和属性排列次序不相同。这类冲突是由于不同的局部应用所关心的实体的不同侧面而造成的。解决的方法是使该实体类的属性取各个分 E-R 图中属性的并集，再适当调整属性的次序，使之兼顾到各种应用。
- 实体类之间的联系在不同的分 E-R 图中呈现不同的类型。此类冲突的解决方法是根据应用的语义对实体类联系的类型进行综合或调整。例如，设有实体集 E1、E2 和 E3。在一个分 E-R 图中 E1 和 E2 是多对多联系，而在另一个分 E-R 图中 E1、E2 是一对多联系，这是联系类型不同的情况；在一个分 E-R 图中 E1 与 E2 发生联系，而在另一个 E-R 图中 E1、E2 和 E3 三者之间发生联系，这是联系涉及的对象不同的情况。

　　例 1-6　图 1-12 描述了一个综合两个分 E-R 图的实例。在一个分 E-R 图(E-R)$_1$ 中零件与产品之间的联系是名为"构成"的多对多二元联系；另一个分 E-R 图(E-R)$_2$ 中产品、零件与供应商三者之间形成名为"供应"的多对多三元联系。在合并后的基本 E-R 图(E-R)$_3$ 中把它们综合起来表示。

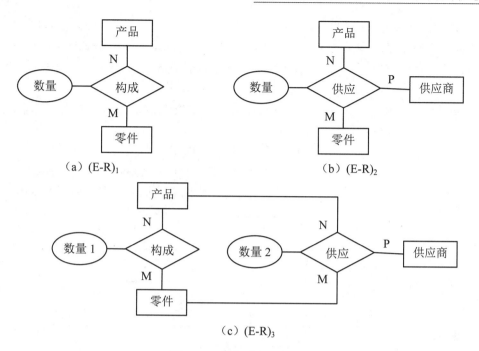

（a）(E-R)₁　　　　　　　　　　　　　　（b）(E-R)₂

（c）(E-R)₃

图 1-12　合并两个分 E-R 图

　　将所有的分 E-R 图集成到基本 E-R 图并消除冲突后，该基本 E-R 图即成为全局 E-R 图。为了提高数据库系统的效率，还应进一步依据处理需求对 E-R 模式进行优化。

　　（4）优化全局 E-R 图。一个好的全局 E-R 模式，除能准确、全面地反映用户功能需求外，还应满足下列条件：实体类的数量尽可能少；实体类所含属性个数尽可能少；没有不必要的冗余属性和冗余联系。

- 合并实体类。这里的合并不是前述的"公共实体类"的合并（公共实体类的合并应当在集成局部 E-R 模式时完成），而是相关实体类的合并。实体类最终要转换成关系模式，涉及多个实体类的信息要通过连接操作获得。因而减少实体类个数，可减少连接的开销，提高处理效率。

- 消除冗余。冗余包括冗余属性（可由基本属性导出的属性）和冗余联系（可由其他联系导出的联系）。通常在设计较为完善的分 E-R 图中不会有冗余属性、冗余联系，但综合成全局 E-R 模式后，可能产生全局范围内的冗余属性、冗余联系。冗余容易破坏数据库的完整性，一般应当消除。

全局 E-R 图优化完毕并通过评审后，即可作为逻辑结构设计的依据，进入逻辑设计阶段。

1.6　逻辑模型

　　逻辑模型由数据结构（指对实体类型和实体间联系的表达和实现）、数据操作〔指对数据库的检索（查询）和更新（插入、删除、修改）操作的实现〕、数据完整性约束（是给出数据及其联系应具有的制约和依赖规则）3 部分组成。

　　常用的逻辑模型有层次模型、网状模型、关系模型 3 种。

1. 层次模型（Hierarchical Model）

层次模型用树型结构表示实体类型及实体间联系。树的结点是记录类型；有且只有 1 个根结点；每个非根结点有且只有 1 个父结点，可有多个子结点；父结点与子结点的联系都是 1:N 联系。

层次模型的优点是记录之间的联系通过指针实现，查询效率较高；缺点是只能表示 1:N 的联系，查询、更新、编程较复杂。

例 1-7 层次模型。某大学下设多个学院，每个学院下设多个系，共有 3 个层次。某大学是根结点，是各学院的父结点；各学院子结点是它下设的系；系是叶子结点，其父结点是它所属的学院。某大学、学院、系之间的联系分别都是 1:N 联系，构成的层次模型如图 1-13 所示。

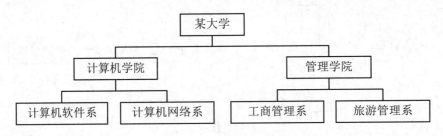

图 1-13 层次模型示意图

1968 年美国 IBM 公司推出的 IMS（Information Management System）是典型的层次模型系统，20 世纪 70 年代在商业上得到广泛应用。

2. 网状模型（Network Model）

网状模型用有向图结构表示实体类型及实体间联系。图中的顶点是记录类型，箭头（有向边，称为弧）表示从箭尾（弧尾）一端的记录类型到箭头（弧头）一端的记录类型间联系是 1:N。图中每个顶点都可以与其他多个顶点存在联系，因此网状模型的记录类型（顶点）之间构成 M:N 联系，可以理解为每个顶点都可有多个父结点和多个子结点。

网状模型的优点是记录之间的联系通过指针实现，M:N 联系也容易实现（每个 M:N 联系可拆成两个 1:N 联系），查询效率较高；缺点是结构复杂，编程难度大，不易掌握和使用。

例 1-8 网状模型。教师、学生与课程的联系。

该模型有教师、学生和课程有三个顶点（实体）。每个教师可授多门课程，每门课程可有多个教师讲授；每个学生可修多门课程，每门课程可有多个学生修读；每个教师可辅导多个学生，每个学生可有多个教师辅导；教师、学生、课程之间的联系由 6 条弧构成 M:N 联系，属于网状模型（图 1-14）。

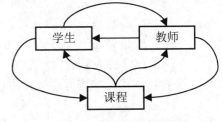

图 1-14 网状模型示意图

网状数据模型的典型代表是 DBTG 系统（也称 CODASYL 系统），它是 20 世纪 70 年代数据系统语言研究会 CODASYL（Conference On Data Systems Language）下属的数据库任务组（Data Base Task Group，DBTG）提出的一个系统方案。

3. 关系模型（Relational Model）

关系模型的主要特征是用二维表格结构表达实体集，用外键表示实体间联系。一个关系模型是由若干个关系模式组成的集合。一个关系模式就是一个二维表，它的实例称为关系，每个关系实际上是一张二维表。

关系模型的优点是它有严格的数学理论基础，概念简单，容易理解；缺点是查询效率低。

例 1-9　关系模型。学生、课程和成绩的联系。

学生模式（学号，姓名，性别，年龄）。

课程模式（课程号，课程名称）。

选修模式（学号，课程号，成绩）。

上述 3 个关系模式的实例关系分别参见表 1-2、表 1-3、表 1-4。

表 1-2　学生关系

学号	姓名	性别	年龄
0001	张三	男	19
0002	李四	女	18
0003	王五	男	20

表 1-3　课程关系

课程号	课程名称
01	数据库原理与应用
02	计算机基础
03	大学物理

表 1-4　选修关系

学号	课程号	成绩/分
0001	01	80
0001	02	75
0001	03	86
0002	01	90
0002	02	92
0002	03	88
0003	01	81
0003	02	77
0003	03	96

1.7　关系模型

1.7.1　关系模型的基本概念

关系模型是目前最重要的一种逻辑数据模型。关系数据库系统采用关系模型作为数据的组织形式。1970 年美国 IBM 公司的研究员 E.F.Codd 首次提出了数据库系统的关系模型，开创了数据库关系方法和关系数据理论的研究，为数据库技术奠定了理论基础。由于在数据库方面的杰出工作，E.F.Codd 于 1981 年获得美国计算机学会（ACM）图灵奖。

20 世纪 80 年代以来，计算机厂商推出的数据库管理系统几乎都支持关系模型，非关系系统的产品也都加上了关系接口。数据库领域当前的研究工作也都是以关系方法为基础。

下面以逻辑模型的三要素为主线，介绍关系模型的数据结构、存储结构、操作和完整性约束的基本概念。

1. 关系模型的数据结构

关系模型与以往的模型不同，它建立在严格的数学概念的基础上。在用户观点下，关系模型中数据的逻辑模型是一张二维表，它由行和列组成。

在关系模型中，实体以及实体间的联系都是用关系来表示。

关系模型要求关系必须是规范化的，即要求关系必须满足一定的规范条件，其中最基本的一条就是关系的每一个分量必须是一个不可分的数据项，也就是不允许表中还有表。

2. 关系模型的存储结构

在关系模型中，实体及实体间的联系都用"表"来表示。在数据库的物理组织中，"表"以"文件"形式存储，有的系统一个表对应一个操作系统文件，有的系统自己设计文件结构。

3. 关系模型的操作与完整性约束

关系模型的操作主要包括查找、插入、删除和修改数据。这些操作必须满足关系的完整性约束条件。关系的完整性约束条件包括 3 大类：实体完整性、参照完整性和用户定义完整性。其具体含义在后面介绍。

关系模型中的数据操作是集合操作，操作对象和操作结果都是关系，即若干元组的集合。另一方面，关系模型把存取路径向用户隐蔽起来，用户只要提出"干什么"或"找什么"，不必说明"怎么干"或"怎么找"，这大大提高了数据的独立性和用户的生产效率。

4. 关系模型的优缺点

关系模型的优点：①建立在严格的数学概念的基础上；②概念单一，无论是实体还是实体之间的联系都用关系表示，对数据的检索结果也是关系，其数据结构简单、清晰、用户易懂易用；③存取路径对用户透明，从而具有更高的数据独立性、更好的安全保密性，也简化了程序员的编程和数据库开发建立的工作量。

关系模型的缺点：①由于存取路径对用户透明，查询效率往往不如非关系模型；②为了提高性能，必须对用户的查询要求进行优化，这增加了开发数据库管理系统的难度。

1.7.2　关系模型的基本术语

1. 关系与二维表

表 1-5 是一张学生登记表，是一张二维表。

表 1-5　学生登记表

学号	姓名	性别	年龄
35593	米雪	女	17
35722	袁丽	女	18
35924	欧杰	男	17

为简单起见，将表 1-5 中的内容用字母表示进行简化，则表 1-5 可用图 1-15 的表格方法表示。

在关系模型中，关系（Relation）就是一个二维表。

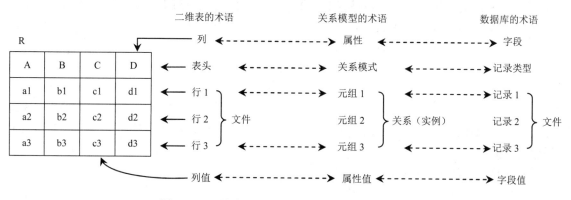

图 1-15　二维表、关系模型及数据库的对应术语

表 1-5 中的列称为属性（Attribute）。属性具有型和值两层含义：属性的型指属性名和属性取值域；属性值指属性具体的取值。由于关系中的属性名具有标识列的作用，因而同一关系中的属性名（即列名）不能相同。属性用于表示实体的特征，一个关系中往往有多个属性。例如表 1-5 中有 4 个属性，分别为学号、姓名、性别和年龄。

表中的行称为元组（Tuple），组成元组的元素称为分量（Component）。数据库中的 1 个实体或实体间的 1 个联系均使用 1 个元组表示。例如表 1-5 中有 3 个元组，它们分别描述 3 个学生的学号、姓名、性别和年龄。(35593,米雪,女,17)是一个元组，它由 4 个分量构成。

元组的集合即为关系(Relation)，或称为实例(Instance)。关系中属性个数称为元数(Arity)，元组个数称为基数（Cardinality）。表 1-5 中，关系 R 的元数为 4，基数为 3。

实际上我们常常直接称呼关系为表，元组为行，属性为列。

关系中每 1 个属性都有一个取值范围，称为属性的值域。域（Domain）是一组具有相同数据类型的值的集合。例如，整数、{0, 1}、{计算机专业，物理专业}等都可作为域。表 1-5 中有 4 个域，即学号集（35593，35722，35924）、姓名集（米雪，袁丽，欧杰）、性别集（女，男）和年龄集合（17，18）。

属性 A 的值域用 DOM(A)表示。每个属性对应 1 个值域，不同的属性可对应于同一值域。通常用大写字母表示属性或表示属性集，用小写字母表示属性值。

2．关系的定义

可以用集合的观点定义关系：关系是一个元数为 K（K>1）的元组的集合，是其各属性的值域的笛卡尔积的一个子集，集合中的元素是元组，每个元组的元数相同。

如果一个关系的元组个数是无限的，称为无限关系；否则，称为有限关系。由于计算机存储系统的限制，我们只讨论有限关系。

3．键（Key）

键（又称为码）由 1 个或几个属性构成，在实际使用中，有下述几种键。

（1）超键（Super Key）。在关系中能唯一标识元组的属性集称为关系模式的超键。

（2）候选键（Candidate Key）。不含有多余属性的超键称为候选键。即在候选键中，若要再删除属性，就不是键了。一般而言，如不加说明，则键是指候选键。

（3）主键（Primary Key）。用户选作标识元组的 1 个候选键称为主键，也称为关键字。

当然，如果关系中只有一个候选键，这个唯一的候选键就是主键。

表 1-5 中，学号和姓名是关系模式的超键，但不是候选键，而学号是候选键。如果关系中不允许有同名同姓的学生，那么姓名也可以作为候选键。在实际使用中，如果选择学号作为插入、删除或查找的操作变量，那么就称学号是主键。

（4）全码（All-Key）。若关系的候选键中只包含 1 个属性，则称它为单属性码；若候选键由多个属性构成，则称它为多属性码。若关系中只有一个候选键，且这个候选键中包括全部属性，则称该候选键为全码。全码是候选键的特例，它说明该关系中不存在属性之间相互决定的情况。也就是说，每个关系必定有主键。当关系中没有属性之间相互决定的情况时，它的主键就是全码。

例 1-10 设有以下关系：

学生（学号，姓名，性别，年龄）；

借书（学号，书号，日期）；

学生选课（学号，课程）。

其中，学生关系的主键为学号，是单属性码；借书关系中学号和书号合在一起为主键，是多属性码；学生选课关系中的学号和课程相互独立，属性间无依赖关系，该关系的主键是全码。

（5）主属性（Prime Attribute）与非主属性（Non-Key Attribute）。关系中，候选码中的属性称为主属性，不包含在任何候选码中的属性称为非主属性。

（6）外键（Foreign Key）和参照关系（Referencing Relation）。设 F_R 是关系 R 的一个或一组属性，但不是关系 R 的候选键，如果 F_R 与关系 S 的主键 K_S 相对应，则称 F_R 是关系 R 的外键，关系 R 为参照关系，关系 S 为被参照关系（Referenced Relation）或目标关系（Target Relation）。

需要指出的是，外键并不一定要与相应的主键同名。不过，在实际应用中，为便于识别，当外键与相应的主键属于不同关系时，往往给它们取相同的名字。

例 1-11 在学生数据库中有学生、课程和成绩 3 个表，其关系模式如下所示（其中主键用下划线标识）：

学生（<u>学号</u>，姓名，性别，专业号，年龄）；

课程（<u>课程号</u>，课程名，学分）；

成绩（<u>学号，课程号</u>，成绩）。

学生表中，学号是主键；课程表中，课程号是主键；成绩表中，学号和课程号一起作为主键。单独的学号或课程号仅为成绩表的主属性，而不是主键。学号和课程号为成绩表中的外键，成绩表是参照关系，学生表、课程表为被参照关系（目标关系），它们之间要满足参照完整性规则（详见后述）。

4. 数据库中关系的类型

关系数据库中的关系可以分为基本表、视图表和查询表 3 种类型。这 3 种类型的关系以不同的身份保存在数据库中，其作用和处理方法也各不相同。

（1）基本表。基本表是关系数据库中实际存在的表，是实际存储数据的逻辑表示。

（2）视图表。视图表是由基本表或其他视图表导出的表，是为数据查询、处理简便及数据安全要求而设计的虚拟表。由于视图表依附于基本表，可以利用视图表进行数据查询，或利用视图表对基本表进行数据维护，但视图表本身不需要进行数据维护。

（3）查询表。查询表是查询的结果表或查询中生成的临时表，是基本表的派生表。尽管它是实际存在的表，但其数据可从基本表中再抽取且一般不重复使用，所以查询表具有冗余性和一次性。

5.　数据库中基本关系的性质

尽管关系与二维表和传统的数据文件有类似之处，但它们又有区别。关系是一种规范化的二维表，关系模型中对关系作了一些规范性限制，使得关系数据库中的基本表具有以下 6 个性质。

（1）同一属性的数据具有同质性，指同一属性的数据应当是同质的数据，即同一列中的分量是同一类型的数据，它们来自同一个域。例如，学生选课表的结构为选课（学号，课程号，成绩），其成绩的属性值必须统一语义（比如都用百分制），不能有百分制、5 分制或及格、不及格等多种取值法。

（2）同一关系的属性名具有不能重复性，指同一关系中不同属性的数据可出自同一个域，但不同的属性要给予不同的属性名。这是由于关系中的属性名是标识列的，如果在关系中有属性名重复的情况，则会产生列标识混乱问题；在关系数据库中由于关系名也具有标识作用，所以允许不同关系中有相同属性名。例如，要设计一个能存储两科成绩的学生成绩表，其表结构不能为学生成绩（学号，成绩，成绩），表结构可以设计为学生成绩（学号，成绩1，成绩2）。

（3）关系中的列位置具有顺序无关性，指如果两个关系的属性个数和性质一样，只是属性排列顺序不同，则这两个关系的结构等效、内容相同。该性质说明关系中的列顺序可任意交换和重新组织，这不影响关系的本质。尽管使用数据表时人们常按习惯考虑列的顺序，但由于列顺序对关系的使用无关紧要，所以许多关系数据库产品提供的增加新属性的操作只提供插至最后一列的功能。

（4）关系具有元组无冗余性，指关系中的任意两个元组不能完全相同。由于关系中的一个元组表示现实世界中的一个实体或一个具体联系，元组重复则说明一个实体重复存储。实体重复不仅会增加数据量，还会造成数据查询和统计的错误，产生数据不一致的问题，所以数据库中应当绝对避免元组重复，确保实体的唯一性和完整性。

（5）关系中的元组位置具有顺序无关性，指关系元组的顺序可以任意交换。使用中可以按各种排序要求对元组的顺序重新排列，例如，对学生表的数据可按学号升序、按年龄降序等重新调整，由一个关系可派生出多种排序表形式。由于关系数据库技术可使这些排序表在关系操作时完全等效，而且数据排序操作较易实现，所以不必担心关系中元组排列的顺序会影响数据操作或影响数据输出形式。基本表的元组顺序无关性保证了数据库中的关系无冗余性，减少了不必要的重复关系。

（6）关系中的分量具有原子性，指关系中每一个分量都必须是不可分的数据项。关系模型要求关系模式必须满足一定的规范条件（范式），其中最基本的一条就是关系的每一个分量必须是不可分的数据项，即分量是原子量。

1.7.3　关系模式、关系子模式和存储模式

数据库的体系结构可以概括为三级模式和两级映像，如图 1-16 所示。数据库的模式结构可分为三级，称为"三级模式结构"，即内部级（Internal）的"内模式"、概念级（Conceptual）的"逻辑模式"、外部级（External）的"外模式"。

关系模型遵循数据库的三级体系结构。在关系模型中，外模式是关系子模式的集合，逻辑模式是关系模式的集合，内模式是存储模式的集合。

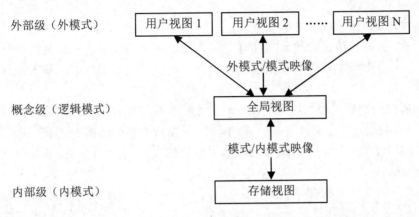

图 1-16　数据库体系结构

（1）关系模式的概念与表示。关系的描述称为关系模式（Relation Schema）。关系模式的定义包括模式名、属性名、值域名以及模式的主键。关系模式仅描述数据特性，不涉及物理存储描述。关系模式可以形式化地表示为 R(U,D,Dom,F)，其中，R 为关系名；U 为组成该关系的属性集合；D 为属性组 U 中属性所来自的域的域名；Dom 为属性向域的映像的集合（常直接说明为属性的类型、长度）；F 为属性间数据的依赖关系集合。

关系模式通常可以简单记为 R(U,F) 或 R(U) 或 R($A_1,A_2,\ldots,A_n$)，其中，R 为关系名；F 为数据依赖集合；$A_1,A_2,\ldots,A_n$ 为属性名。

例如，在图 1-15 中，表格上方的 R 是关系模式名，该关系模式可描述为 R(A,B,C,D)。

关系模式是关系的框架或结构。关系是按关系模式组织的表格。关系既包括结构也包括数据（元组）。关系模式是静态的，关系数据库定义后其结构不能随意改动；而关系的数据是动态的，数据更新属于正常的数据操作，关系数据库中的数据可能随时间的变化而增加、修改或删除。

（2）关系子模式，子模式是用户所用到的那部分数据的描述，除了指出用户的数据外，还应指出模式与子模式之间的对应性。

（3）存储模式，关系存储时的基本组织方式是文件，元组是文件中的记录。由于关系模式有键，因此存储一个关系可以用散列方法或索引方法实现。如果关系中元组数目较少（例如100 个以内），那么也可以用堆文件方式实现。此外，还可以对任意的属性集建立辅助索引。

1.7.4　关系模型的 3 类完整性规则

关系模型的完整性规则是对关系的某种约束条件。关系模型中有 3 类完整性约束：实体完整性、参照完整性和用户定义的完整性。其中实体完整性和参照完整性是关系模型必须满足的完整性约束条件，应该由 DBMS 自动支持。

1. 实体完整性规则

关系的实体完整性规则：若属性 A 是基本关系 R 的主属性，则属性 A 的值不能为空值。

注意：该规则规定基本表的所有主属性都不能取空值（空值不是空格值，它是无输入的属性值，用 "NULL" 表示，说明 "不知道" 或 "无意义"），而不仅是主键不能取空值。

实体完整性规则意在保证实体的唯一性和可区分性。该规则是针对基本表的，一个基本表通常对应现实世界的一个实体集（或联系集），而现实世界中的每个实体（或联系）是可标识、可区分的，这种标识、区分现实世界实体（或联系）的标志不可能 "不知道" 或 "无意义"。关系中以主键作为实体（或联系）的标识，主属性取空值说明存在某个不可标识或不可区分的实体，这不符合现实世界的情况。

例如在学生表中，由于 "学号" 属性是主键，所以 "学号" 值不能为空值；学生的其他属性可以是空值，如 "年龄" 值或 "性别" 值如果为空，则表明不清楚该学生的这些特征值。

2．参照完整性规则

关系的参照完整性规则：若属性（或属性组）F_R 是基本关系 R 的外键，它与基本关系 S 的主键 K_S 相对应（基本关系 R 和 S 不一定是不同的关系），则对于 R 中每个元组在 F_R 上的值必须等于 S 中某个 K_S 值或者取空值。这条规则要求 "不引用不存在的实体"。在使用该规则时，应注意以下 3 点。

● 外键 F_R 和相应的主键 K_S 可以不同名，但值域要相同。

● 关系 R 和关系 S 可以是同一个关系模型，表示属性之间的联系。

● 外键值是否允许为空，应视具体问题而定。

例如：学生实体和专业实体用下面的关系表示，其中主键用下划线标识。

学生（<u>学号</u>，姓名，性别，专业号，年龄）

专业（<u>专业号</u>，专业名）

这两个关系之间存在着属性的引用，即学生关系引用了专业关系的主键专业号。显然，学生关系中各元组的专业号值必须是专业关系中存在的专业号值（表示该学生所学的专业确实存在，即专业关系中有该专业的记录），或者为空值（表示该学生尚未确定所学专业）。也就是说，学生关系中的专业号属性的取值需参照专业关系的专业号属性的取值。

3．用户定义的完整性规则

用户定义的完整性是针对某一具体关系数据库的约束条件，反映某一具体应用所涉及的数据必须满足的语义要求，由应用环境决定。DBMS 应提供定义和检验这类完整性的机制，以便能用统一的方法处理它们，而不是由应用程序承担这一功能。例如，考试成绩必须在 0～100 之间、在职职工的年龄不能大于 60 岁等，都是针对具体关系提出的完整性条件，属于用户定义的完整性规则。

1.7.5　逻辑设计

数据库逻辑设计是将抽象的概念结构转换为所选用的 DBMS 支持的数据模型，并对其进行优化。逻辑设计通常分为下述 4 步进行。

● 转换数据模型，设计数据库模式。把概念模型转换成给定的 DBMS 所支持的数据模型（例如关系模型），将 E-R 模式的实体类型或联系类型转换成记录类型。

● 设计子模式。子模式是模式的逻辑子集，是面向各最终用户的局部逻辑结构，体现了各用户对数据库的不同观点；是应用程序和数据库系统的接口，允许应用程序有效地访问数据库中的数据而不破坏数据库的安全性。

- 优化模式。使用模式规范化技术减少或消除模式中存在的各种异常，改善完整性、一致性和存储效率。
- 评价模式。检查所设计的模式、子模式是否满足用户的数据要求、功能要求和性能要求，确定需要修正的部分。可按照图 1-17 所示流程进行关系型数据库的逻辑设计。

本书采用目前应用广泛的关系型数据库管理系统，则逻辑模型的设计主要是指关系模型的设计。

关系模型设计的主要任务是把全局 E-R 图转换为与某个具体的 DBMS 所支持的数据模型相符合的逻辑结构（包括数据库的模式和外模式）。这些模式在功能上、完整性和一致性约束及数据库的可扩充性等方面均应满足用户的各种要求。

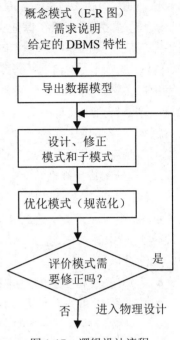

图 1-17　逻辑设计流程

1. 概念模型向关系模型的转换

将用 E-R 图描述的概念模型转换成关系模型要解决两个问题：一是如何将实体集和实体间的联系转换为关系模式；二是如何确定这些关系模式的属性和键。关系模型的逻辑结构是一组关系模式。而 E-R 图则是由实体集、属性以及联系 3 个要素组成。将 E-R 图转换为关系模型实际上就是将实体集、属性以及联系转换为相应的关系模式。

例 1-12　某单位要建一个"基层单位"数据库，用户要求数据库中存储下列基本信息。

部门：部门号，名称，领导人。

职工：职工号，姓名，性别，工资，职称，简历。

工程：工程号，工程名，参加人数，预算，负责人。

办公室：地点，编号，电话号码。

这些信息关联的语义为：每个部门有多个职工；每个职工只在一个部门工作；每个部门只有一个领导人且不能兼职；每个部门可同时承担若干工程；每项工程有多名职工参加，应记录每个职工参加工程的日期和承担的具体职务；每项工程只有一个负责人；一个职工可以参加和负责多项工程；一个部门可有多个办公室；每个办公室只有一部电话，每个办公室的电话号码不同。

调查得到数据库的信息要求和语义后，还要进行数据抽象才能得到数据库的概念模型。概念模型设计的结果用 E-R 图表示。"基层单位"数据库的概念模型如图 1-18 所示，为了清晰，图中略去了实体的属性。该 E-R 图表示的"基层单位"数据库系统中包括"部门""办公室""职工"和"工程" 4 个实体集，其中：部门和办公室间存在 1:N 的"办公"联系；部门和职工间存在 1:1 的"领导"联系和 1:N 的"工作"联系；职工和工程之间存在 1:N 的"负责"联系和 M:N 的"参加"联系；部门和工程之间存在 1:N 的"承担"联系。

（1）实体集的转换规则。概念模型中的一个实体集转换为关系模型中的一个关系，实体的属性就是关系的属性，实体的键就是关系的键，关系的结构是关系模式。

例 1-13　根据例 1-12 给出的概念模型和实体集转换的规则，得出"基层单位"数据库中由实体集转换的关系模型，见表 1-6。

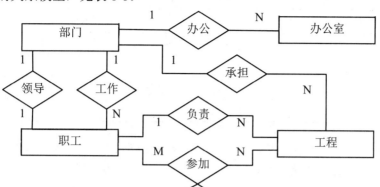

图 1-18　"基层单位"数据库的概念模型

表 1-6　"基层单位"数据库实体集转换初始关系模型信息

序号	数据性质	关系模式
①	实体	部门（部门号，部门名）
②	实体	职工（职工号，姓名，性别，工资，职称，简历）
③	实体	工程（工程号，工程名，参加人数，预算，负责人号）
④	实体	办公室（办公室编号，地点，电话号码）

（2）实体集间联系的转换规则。在向关系模型转换时，实体集间的联系可按以下规则转换：

1）1:1 联系的转换方法。一个 1:1 联系可以转换为一个独立的关系，另一种常用的方法是与任意一端实体集所对应的关系合并。

例 1-14　根据例 1-12 给出的概念模型和 1:1 联系的转换方法，将"基层单位"数据库中 1:1 联系转换成独立的关系模型，见表 1-7。

表 1-7　基层单位数据库 1:1 联系转换初始关系模型信息

序号	数据性质	关系模式
⑤	1:1 联系	领导（部门号，领导人号）

2）1:N 联系的转换方法。向关系模型转换时，实体间的 1:N 联系可有两种转换方法：一种是将联系转换为一个独立的关系，其属性由与该联系相连的各实体集的键及联系本身的属性组成，该关系的键为 N 端实体集的键；另一种是在 N 端实体集中增加新属性，新属性由联系对应的 1 端实体集的键和联系自身的属性构成，新增属性后原关系的键不变。

例 1-15　根据例 1-12 给出的概念模型和 1:N 联系转换的方法，将"基层单位"数据库中 1:N 联系转换成独立的关系模型，见表 1-8。

3）M:N 联系的转换方法。在向关系模型转换时，一个 M:N 联系转换为一个关系。转换方法：与该联系相连的各实体集的键以及联系本身的属性均转换为关系的属性，新关系的键为两个相连实体键的组合（该键为多属性构成的组合键）。

表 1-8 "基层单位"数据库 1:N 联系转换初始关系模型信息

序号	数据性质	关系模式
⑥	1:N 联系	工作（部门号，<u>职工号</u>）
⑦	1:N 联系	办公（<u>办公室编号</u>，部门号）
⑧	1:N 联系	承担（部门号，<u>工程号</u>）
⑨	1:N 联系	负责（负责人号，<u>工程号</u>）

例 1-16 根据例 1-12 给出的概念模型和 M:N 联系转换的方法，将"基层单位"数据库中 M:N 联系转换成独立的关系模型见表 1-9。

表 1-9 "基层单位"数据库 M:N 联系转换初始关系模型信息

序号	数据性质	关系模式
⑩	N:M 联系	参加（<u>职工号，工程号</u>，日期，具体职务）

（3）关系合并规则。在关系模型中，具有相同键的关系，可根据情况合并为一个关系。

例 1-17 根据例 1-12 给出的概念模型和概念模型转换成关系模型的方法，"基层单位"数据库将设计为 10 个关系。虽然实体集和关系都进行了正确的转换，但太多的关系模型会影响操作的效率，可以根据上述的转换规则将部分关系模型进行合并：

把⑤"领导"关系并入①"部门"关系；

把⑥"工作"关系并入②"职工"关系；

把⑦"办公"关系并入④"办公室"关系；

把⑧"承担"关系并入③"工程"关系；

把⑨"负责"关系并入③"工程"关系。

合并后的结果为 5 个关系模式，见表 1-10。这样，该"基本单位"数据库中应该有 5 个基本关系。

表 1-10 "基层单位"数据库的关系模型信息

数据性质	关系模式
实体	部门（<u>部门号</u>，名称，领导人号）
实体	职工（<u>职工号</u>，姓名，性别，工资，职称，简历，部门号）
实体	工程（<u>工程号</u>，工程名，参加人数，预算，负责人号，部门号）
实体	办公室（<u>办公室编号</u>，地点，电话，部门号）
N:M 联系	参加（<u>职工号，工程号</u>，日期，具体职务）

2. 子模式设计

子模式也称外模式，是面向各个最终用户或用户集团的局部逻辑结构。子模式体现了各个用户对数据库的不同观点。它并不决定物理存放的内容，仅是用户的一个视图（View）。

DBMS 提供的视图是根据子模式设计的。设计子模式时只考虑用户对数据的使用要求、习惯及安全性要求，而不用考虑系统的时间效率、空间效率、易维护等问题。

逻辑设计阶段要设计出全部子模式。子模式设计时除了要指出某一类型的用户所用到的数据类型外，还要指出这些数据与模式中相应数据的联系和对应性。

3. 模式优化

模式优化就是应用模式规范化技术对设计出来的数据库模式进行规范化处理。其目的是减少乃至消除关系模式中存在的各种异常，改善数据库模式的完整性、一致性和存储效率。

规范化过程分为确定规范级别和实施规范化处理两个步骤。

（1）确定规范级别。规范级别取决于两个因素，一是归结出来的数据依赖的种类；二是实际应用的需要。这里主要从数据依赖的种类出发讨论规范级别问题（参见本书第 3 章）。

（2）实施规范化处理。确定规范级别之后，应利用关系模式设计的相关算法（参见本书第 3 章）逐一考察关系模式，判断它们是否满足规范要求。若不符合上一步所确定的规范级别，则利用相应的规范算法将关系模式规范化。

在规范化综合或分解过程中，要特别注意保持依赖和无损连接要求。

4. 模式评价

模式评价的目的是检查已给出的数据库模式是否完全满足用户的功能要求，是否具有较高的效率，并确定需要加以修正的部分。模式评价主要包括功能和性能两个方面。

（1）功能评价。对照需求分析结果，检查规范化后的关系模式是否支持用户的所有应用要求。关系模式必须包括用户可能访问的所有属性。对于涉及多个关系模式的应用，应确保其连接具有无损连接性。

（2）性能评价。因为缺乏有关的物理设计因素和相应的评价手段，对于目前得到的数据库模式进行性能评价是比较困难的。但可以利用逻辑记录访问计算法作一些估算，以给出改进建议。也可采取人工方法进行检查。规范化过程中常常导致关系模式的分解，这往往会增加查询处理的时间，因为涉及多个关系的查询只能通过连接操作完成，而连接操作开销很大。可以对照需求分析结果，采取人工方法模拟各种应用，如果查询响应时间由于连接操作的开销而达不到规定的设计要求，则应重新考虑分解的适当性。

5. 模式修正

根据模式评价的结果，对已生成的模式集进行修正。修正的方式依赖于导致修正的原因。如果因为需求分析、概念设计的疏漏导致某些应用不能得到支持，则应相应增加新的关系模式或属性；如果因为性能考虑而要求修正，则可采用合并、分解或选用另外结构的方式进行。

（1）模式合并。如果有若干个关系模式具有相同的键，并且对这些模式的处理主要为查询操作，当同时涉及多个关系的查询占有相当比例时，可对这些模式按组合使用的频率进行合并。这样，可减少连接操作，提高查询效率。在某些特殊情况下，对即使不具有相同键的模式，也可采用合并方式提高查询速度，但这样可能影响规范化的等级。

（2）模式分解。已经达到规范化要求的关系模式，仍然可能由于某些属性值的重复而占用过多的存储空间。例如，有的属性值有较少的不同值，且每个值的长度较长，此时可对属性值实行代码化，构造一个代码转换的关系模式，以便使占用的空间达到极小化。

经过反复多次模式评价及修正后，最终的数据库模式得以确定，全局逻辑结构设计即告结束。

1.8 物理设计

数据库物理设计是为给定的逻辑数据模型选取一个最适合应用环境的物理结构。数据库的物理结构指的是数据库在物理设备上的存储结构与存取方法，它依赖于给定的 DBMS。物理模式设计的目标是将系统的逻辑模式组织成最优的物理结构，以提高数据存取效率，改善系统性能。

关系型数据库的物理设计主要指设计存储结构和存取方法，包括确定关系、索引（Index）、聚簇（Cluster）、日志（Log）、备份（Backup）等的存储安排和存储结构，确定系统配置等。本书采用典型的关系型数据库管理系统 SQL Server 2016，数据库物理设计的具体实现详见后续章节。

小 结

（1）数据管理技术的发展经历了人工管理、文件管理和数据库管理 3 个阶段。DBS 是采用了数据库技术的计算机系统，一般由 DB、DBMS、其他计算机软件与硬件、DBA 和用户组成。DBMS 是位于用户和操作系统之间的一层数据管理软件。它提供数据定义、数据操作、数据控制、数据组织与存储、DB 维护、数据字典和数据通信等功能。

（2）数据描述涉及到 3 个不同的领域，即现实世界、信息世界和机器世界，各有不同的描述方法和术语。数据模型是对现实世界进行抽象的工具，用以描述现实世界的数据、数据联系和数据约束。

（3）概念模型是反映用户需求的数据库概念结构，是现实世界到机器世界的中间层次，其特点是真实反映现实世界，独立于数据库逻辑结构、DBMS 和计算机系统。

用 E-R 图表示的 E-R 模型是最著名、最实用的一种概念模型，它用实体、属性以及它们之间的联系来描述现实世界。关联是不同实体集的实体之间的静态语义联系，常见的有 1:1、1:N 和 M:N 三种类型。

（4）概念设计是将用户需求抽象为概念模型（概念结构）的过程，是数据库设计的关键之一。主要步骤：确定局部结构范围→进行数据抽象→设计局部概念结构→集成全局概念结构→评审概念结构。输入信息主要包括需求说明和系统应用领域相关知识；输出信息主要包括全局概念结构（全局 E-R 模型）和局部概念结构（分 E-R 图）。

（5）逻辑模型是直接面向数据库的逻辑结构，是现实世界的第二层抽象。关系模型是目前应用最广泛的逻辑数据模型，其数据的逻辑模型是一张由行和列组成的二维表。在关系模型中，实体及实体间的联系都用关系表示。

关系模型中的属性、属性值、关系模式、元组等基本概念分别对应于数据库技术中的字段、字段值、记录类型、记录；元组的集合称为关系或实例；关系中属性个数称为元数，元组个数称为基数；习惯上直接称关系为表格，元组为行，属性为列；超键指在关系中能唯一标识元组的属性集，候选键指不含有多余属性的超键，主键是用户选作标识元组的 1 个候选键。

关系模式的定义包括：模式名，属性名，值域名以及模式的主键。

关系模型的操作主要包括查找、插入、删除和修改数据。

关系的完整性约束条件包括实体完整性（主键、候选键的属性不能有空值）、参照完整性（不引用不存在的实体）和用户定义完整性（反映某一具体应用涉及的数据必须满足的语义要求）。

（6）逻辑结构设计是将抽象的概念结构转换为所选用的 DBMS 支持的数据模型，并对其进行优化。主要步骤：转换数据模型→设计模式→设计子模式→优化模式→评价和修正模式。应当按照一定的规则和方法将概念模型转换为逻辑模型。在基于 E-R 图的设计方法中，概念模型转换为逻辑模型就是将 E-R 图转换为关系模型，即将 E-R 图上的实体集、属性以及联系转换为相应的关系模式。

逻辑设计应当为关系模式确定合适的规范的级别并实施规范化处理。

习　题

1．名词解释

DB　DBMS　DBS　概念模型　实体联系模型　实体　实体集　属性　实体标识符　联系　1:1 联系　1:N 联系　M:M 联系　关系模型　域　元组　候选键　主键　外键　实体完整性　参照完整性　主属性　非主属性

2．简答题

（1）数据管理技术的发展经历了哪几个阶段？

（2）试述数据库系统阶段的数据管理方式具有的特点。

（3）试述 DBMS 的主要功能。

（4）DBMS 由哪些部分组成？

（5）试述采用 E-R 方法的数据库概念设计的过程。

（6）为什么关系中的元组没有先后顺序？

（7）为什么关系中不允许有相同的元组？

（8）关系与普通的表格、文件有什么区别？

（9）试述逻辑设计阶段的主要步骤及内容。

3．应用题

（1）某公司管辖若干个连锁商店（Shop），每家商店经营若干商品（Goods），每种商品可以在不同的商店销售，有若干职工（Worker），每个职工只能服务于一家商店。商店属性有商店编号、店名、店址、店经理；商品属性有商品编号、商品名、单价、产地；职工属性有职工编号、职工姓名、性别、工资。请设计该连锁商店的概念模型，再将概念模型转换为关系模型。在联系中要反映出职工服务于商店的开始工作日期和商店销售各种商品的月销售量（注意某些信息可以用属性表示，其他一些信息可以用联系表示）。

（2）学校有若干个系，每个系有若干个专业，每个专业有若干个班级和 1 个教研室；每个教研室有若干个教师，每个教师只教 1 门课程，1 门课程可有多位教师教；每个学生可选修若干门课程，1 门课程可有多个学生选修。请用 E-R 图画出概念模型，并将其转换为关系模型。

（3）请设计一个"图书馆"数据库。此数据库中对每个借阅者保存记录，包括：读者号、姓名、地址、性别、年龄、单位。对每本书保存：书号、书名、作者、出版社。对每本被借出的书保存：读者号、借出日期和应还日期。请用 E-R 图画出概念模型，并将其转换为关系模型。

第 2 章　关系运算

本章介绍关系运算的基本概念，关系代数运算、关系演算运算、关系运算的安全性与等价性等内容。本章学习的重点内容是关系代数运算。本章的难点内容是关系演算运算。学习本章时，应具备离散数学的初步知识。

通过本章学习，应达到下述目标：

● 理解关系运算理论。
● 掌握关系代数运算。
● 掌握关系演算（元组关系演算和域关系演算）。

关系运算包括关系代数运算和关系演算运算。关系运算的运算对象和运算结果都是关系。与其他运算一样，运算对象、运算符、运算结果是关系运算的三大要素。

关系数据库的数据操作分为查询和更新两类。查询语句用于各种检索操作；更新语句用于插入、删除和修改等操作。关于查询方面的理论称为"关系运算理论"。查询操作关系代数以集合操作为基础进行运算；关系演算以谓词演算为基础进行运算。

2.1　关系代数

关系代数是一种抽象的查询语言，是关系数据操纵语言的一种传统表达方式，它用对关系的运算来表达查询。

任何一种运算都是将一定的运算符作用于一定的运算对象上，得到预期的运算结果。所以运算对象、运算符、运算结果是运算的三大要素。

关系代数的运算对象是关系，运算结果亦为关系。关系代数运算用到的运算符包括 4 类：集合运算符、专门的关系运算符、比较运算符和逻辑运算符，见表 2-1。

表 2-1　关系代数运算符

运算符	符号	含义	运算符	符号	含义
集合运算符	∪ - ∩ ×	并 差 交 笛卡尔积	比较运算符	> ≥ < ≤ = ≠	大于 大于等于 小于 小于等于 等于 不等于
专门的 关系运算符	σ π ⋈ ÷	选择 投影 连接 除法	逻辑运算符	¬ ∧ ∨	非 与 或

关系代数的运算按运算符的不同可分为传统的集合运算和专门的关系运算两类，其中传

统的集合操作包括：并、差、交、笛卡尔积。专门的关系操作包括：对关系进行垂直分割（投影）和水平分割（选择），关系的结合（连接、自然连接），笛卡尔积的逆运算（除法）等。

2.1.1 关系代数的 5 种基本操作

关系代数中的并、差、笛卡尔积、投影、选择 5 个基本操作组成关系代数完备的操作集。

1. 并（Union）

设有两个关系 R 和 S 具有相同的关系模式，R 和 S 的并是由属于 R 或属于 S 的元组构成的集合，记为 R∪S。形式定义如下：

R∪S≡{t|t∈R∨t∈S}，t 是元组变量，R 和 S 的元数相同。

例 2-1 设 R1、R2 为学生实体模式下的两个关系。

R1

学号	姓名	性别	年龄
35593	米雪	女	17
35722	袁丽	女	18
35924	欧杰	男	17

R2

学号	姓名	性别	年龄
35593	米雪	女	17
35924	欧杰	男	17
36338	耿泽	男	18

则由关系并的定义得

R1∪R2

学号	姓名	性别	年龄
35593	米雪	女	17
35722	袁丽	女	18
35924	欧杰	男	17
36338	耿泽	男	18

2. 差（Difference）

R-S≡{t|t∈R∧t∉S}，R 和 S 元数相同。

例 2-2 设 R1、R2 为上题中学生实体模式下的两个关系，求 R1-R2。

由关系差运算的定义可得

R1-R2

学号	姓名	性别	年龄
35722	袁丽	女	18

3. 笛卡尔积（Cartesian Product）

笛卡尔积是关系集合所特有的一种运算，其运算符号是"×"，是一个二元运算，两个运算对象可为同类型的关系也可为不同类型的关系。若 R1 是 r1 元元组的集合，R2 是 r2 元元组的集合，则 R1×R2 是 r1+r2 元元组的集合，R1×R2 的元组由 R1 的分量和 R2 的分量组成，记为

R1×R2≡{t|t=<t1,t2>∧t1∈R1∧t2∈R2}。

若 R1 有 m 个元组，R2 有 n 个元组，则 R1×R2 有 m×n 个元组。笛卡尔积运算的结果会产生很多没有实际意义的记录。

例 2-3 设关系 R1、R2 分别为学生实体和学生与课程联系两个关系，求 R1×R2。

R1

学号	姓名	性别	年龄
35593	米雪	女	17
35924	欧杰	男	17

R2

姓名	课程名	成绩
米雪	数据结构	90
袁丽	程序设计	87

由笛卡尔积的定义可得

R1×R2

学号	R1.姓名	性别	年龄	R2.姓名	课程名	成绩
35593	米雪	女	17	米雪	数据结构	90
35593	米雪	女	17	袁丽	程序设计	87
35924	欧杰	男	17	米雪	数据结构	90
35924	欧杰	男	17	袁丽	程序设计	87

注：R1 与 R2 有相同的属性名姓名，在姓名前面注上相应的关系名，R1.姓名和 R2.姓名。

4. 投影（Projection）

关系投影运算是对一个关系进行垂直分割，即从关系中选择若干列组成新的关系，并可重新安排列的顺序。投影之后不仅取消了原关系中的某些列，而且还可能取消某些元组（避免重复行），如图 2-1 所示。

图 2-1　投影运算示意图

投影运算是一元运算，新关系的元组由从原关系的元组中选出的若干个分量组成，记为

$$\pi t_{i_1}, t_{i_2}, \dots t_{i_m}(R) \equiv \{t | t = <t_{i_1}, t_{i_2}, \dots t_{i_m}> \wedge <t_1, t_2, \dots, t_k> \in R\} \quad (k \geq i_m),$$

其中 π 是投影运算的运算符；R 是投影运算的对象；$<t_1, t_2, \dots, t_k>$ 是关系 R 的元组；$<t_{i_1}, t_{i_2}, \dots t_{i_m}>$ 是投影运算所得新关系的元组。

例如 $\pi_{3,1}(R)$ 表示关系 R 中取第 1、3 列，组成新的关系，新关系中第 1 列为 R 的第 3 列，新关系的第 2 列为 R 的第 1 列。如果 R 的每列标上属性名，那么操作符 π 的下标处也可以用属性名表示。例如，关系 R(A,B,C)，那么 $\pi_{C,A}(R)$ 与 $\pi_{3,1}(R)$ 是等价的。

5. 选择（Selection）

选择［又称为限制（Restriction）］操作是根据某些条件对关系做水平分割，即选取符合条件的元组。选择运算的示意图如图 2-2 所示。条件可用命题公式（即计算机语言中的条件表达式）F 表示。F 中有两种成分：

图 2-2　选择运算示意图

运算对象：常数（用引号括起来），元组分量（属性名或列的序号）。

运算符：算术比较运算符（<，≤，>，≥，=，≠）也称为 θ 符，逻辑运算符（∧，∨，¬）。

关系 R 关于公式 F 的选择操作用 $\sigma_F(R)$ 表示，形式定义如下：

$$\sigma_F(R) \equiv \{t | t \in R \wedge F(t) = true\},$$

其中，σ 为选择运算符；$\sigma_F(R)$ 表示从 R 中挑选满足公式 F 为真的元组所构成的关系。

书写时，常量用单引号括起来，属性序号或属性名不要用单引号括起来。例如，$\sigma_{2>'3'}(R)$

表示从 R 中挑选第 2 个分量值大于 3 的元组所构成的关系。

下面给出具体例题进行投影运算和选择运算说明。

例 2-4　设有一个"学生-课程"数据库，包括学生关系 Student、课程关系 Course 和选课关系 SC，如下所示。对这 3 个关系进行运算。

Student

学号	姓名	性别	年龄	系部
36338	耿泽	男	18	计算机系
35593	米雪	女	17	信息系
35722	袁丽	女	18	管理系
35924	欧杰	男	17	信息系

Course

学号	课程号	成绩
36338	101	92
36338	102	85
36338	103	88
35593	102	90
35593	103	80

SC

课程号	课程名	先修课	学分
101	数据结构	104	4
102	操作系统	101	4
103	大学物理		3
104	程序设计		4
105	数据库原理	102	4
106	数字逻辑	103	3
107	计算机英语		4

（1）查询学生的姓名和系部，即求 Student 关系在姓名和系部两个属性上的投影。表达式如下：

$\pi_{姓名,系部}$(Student)或 $\pi_{2,5}$(Student)。

查询结果：

姓名	系部
耿泽	计算机系
米雪	信息系
袁丽	管理系
欧杰	信息系

（2）查询关系 Student 中有哪些系，即查询 Student 在系部属性上的投影。表达式如下：

$\pi_{系部}$(Student)。

查询结果：

系部
计算机系
信息系
管理系

Student 关系有 4 个元组，投影结果取消了重复的信息系元组，因此只有 3 个元组。

（3）查询信息系的全体学生。表达式如下：

$\sigma_{系部='信息系'}$(Student)或 $\sigma_{5='信息系'}$(Student)，

其中下标 5 为系部的属性序号。

查询结果：

学号	姓名	性别	年龄	系部
35593	米雪	女	17	信息系
35924	欧杰	男	17	信息系

（4）查询年龄小于 20 岁的学生。表达式如下：

$$\sigma_{年龄<'20'}(Student)或\ \sigma_{4<'20'}(Student)，$$

其中下标 4 为年龄的属性序号，结果如下：

学号	姓名	性别	年龄	系部
35593	米雪	女	17	信息系
35722	袁丽	女	18	管理系
35924	欧杰	男	17	信息系

（5）查询所有信息系年龄小于 20 岁的男学生的学号和姓名。表达式如下：

$$\pi_{学号,姓名}(\sigma_{系部='信息系'\wedge年龄<'20'\wedge性别='男'}(Student))$$

或

$$\pi_{1,2}(\sigma_{5='信息系'\wedge4<'20'\wedge3='男'}(Student))$$

结果如下：

学号	姓名
35924	欧杰

2.1.2　关系代数的组合操作

在关系代数中还可以引进其他许多操作，这些操作不增加语言的表达功能，可从上面 5 个基本操作推出，在实际使用中极为有用。这里介绍交、连接、自然连接和除法操作。

1．交（Intersection）

关系 R 和 S 的交由属于 R 又属于 S 的元组构成的集合，记为 R∩S，这里要求 R 和 S 定义在相同的关系模式上。形式定义如下：

$$R\cap S\equiv\{t|t\in R\wedge t\in S\}，R 和 S 的元数相同。$$

例 2-5　设关系 R1、R2 分别为学生实体和学生与课程联系两个关系，求 R1∩R2。

R1

学号	姓名	性别	年龄
35593	米雪	女	17
35722	袁丽	女	18
35924	欧杰	男	17

R2

学号	姓名	性别	年龄
35593	米雪	女	17
35924	欧杰	男	17
36338	耿泽	男	18

由关系交运算的定义可得：

R1∩R2

学号	姓名	性别	年龄
35593	米雪	女	17
35924	欧杰	男	17

由于 R∩S = R-(R-S)或 R∩S=S-(S-R)，因此交操作不是一个独立的操作。

2．连接（Join）

与投影和选择运算不同，连接运算是将两个关系连接起来形成一个新的关系，是二元运算。实际上，关系的笛卡尔积就是一种连接运算，是两个关系的最大连接，运算结果包含很多无实际意义的记录。连接运算是将两个关系连接起来，得到用户需要的新关系。关系的连接包括条件连接、自然连接和外连接。

（1）条件连接。条件连接运算先将两个关系进行笛卡尔积运算，再对笛卡尔积做选择运算，是一种复合运算。其选择运算的条件可以是 θ 条件 [θ 是一个比较运算符（≤、≥、<、>、=、≠）]，称为 θ 连接；也可以是 F 条件（F 为一般的条件表达式），称为 F 连接。

设 R(i)是关系 R 的第 i 个分量，S(j)是关系 S 的第 j 个分量。R 的元数为 k。

θ 连接记为 $R \underset{i\theta j}{\bowtie} S$，形式定义为

$$R \underset{i\theta j}{\bowtie} S \equiv \{t|t=<t^r,t^s>\wedge t^r\in R\wedge t^s\in S\wedge t_i^r\theta t_j^s\},$$

可以看出：$R \underset{i\theta j}{\bowtie} S\equiv\sigma_{i\theta(k+j)}(R\times S)$

如果 θ 为等号"="，该连接称为"等值连接"。

F 连接记为 $R \underset{F}{\bowtie} S$，形式定义为

$$R \underset{F}{\bowtie} S\equiv\{t|t=<t^r,t^s>\wedge t^r\in R\wedge t^s\in S\wedge F(t)\},$$

其中，F(t)=R(i)θS(j)。

例 2-6 设有两个关系 R(A,B,C)、S(D,E)，如下所示，求 $R\underset{B<D}{\bowtie}S$、$R\underset{B<D\wedge A\geq E}{\bowtie}S$。

R

A	B	C
1	2	3
4	5	6
7	8	9

S

D	E
3	1
6	2

$R\underset{B<D}{\bowtie}S$

A	B	C	D	E
1	2	3	3	1
1	2	3	6	2
4	5	6	6	2

$R\underset{B<D\wedge A\geq E}{\bowtie}S$

A	B	C	D	E
1	2	3	3	1
4	5	6	6	2

注：$\bowtie$ 运算符下面的条件表达式中的属性名均可用其在对应关系中的属性列序号表示，例如，$R\underset{B<D}{\bowtie}S$ 可以写成 $R\underset{2<1}{\bowtie}S$，但要注意 $R\underset{2<1}{\bowtie}S=\sigma_{2<4}(R\times S)$；$R\underset{B<D\wedge A\geq E}{\bowtie}S$ 可以写成 $R\underset{2<1\wedge 1\geq 2}{\bowtie}S$。

（2）自然连接。自然连接的运算符是 $\bowtie$，是一种特殊的条件连接。它要求进行连接的两个关系具有相同的属性组，连接的条件是两个相同属性组的分量相等，并且在连接的结果中把重复的属性去掉，因此自然连接可以理解为将两个有相同属性的关系，按对应属性值相等的条件进行连接，再对连接的结果进行投影运算。自然连接运算记为

$$R\bowtie S=\pi_{m_1,m_2,...,m_n}[\sigma_{R.A_1=S.A_1\wedge R.A_2=S.A_2\cdots\wedge R.A_k=S.A_k}(R\times S)],$$

其中，σ 运算的条件是关系 R 和关系 S 相同的属性（$A_1,A_2,...A_k$）对应相等，上式中表示关系 R 和关系 S 有 k 个相同属性，连接的条件是这 k 个属性对应相等，投影的属性 $m_1,m_2,...,m_n$ 是 R 的所有属性和 S 属性中除 $S.A_1,S.A_2,...,S.A_k$ 之外的所有属性。

例 2-7 设有两个关系：C(课程号,课程名)和 S(姓名,课程号,成绩)，求 C⋈S。

C

课程号	课程名
101	数据结构
102	操作系统
103	大学物理
104	程序设计

S

姓名	课程号	成绩
米雪	101	90
袁丽	103	87
欧杰	102	76
米雪	102	85
欧杰	104	80

由关系自然连接的定义，关系 C 和关系 S 有相同的属性"课程号"，进行自然连接时，将两个关系中"课程号"相同的记录连接成 1 条新记录。关系 C 的第 2 条记录的课程号为 102，关系 S 中第 3 条、第 4 条记录的课程号为 102，因此关系 C 的第 2 条记录与关系 S 的第 3 和第 4 两条记录连接成两条新记录。新记录的属性包含了两个关系的所有属性，并且去掉相同属性，因此关系 C 和关系 S 自然连接生成新关系的字段包含：姓名，课程号，课程名，成绩。自然连接的结果如下：

C ⋈ S

姓名	课程号	课程名	成绩
米雪	101	数据结构	90
袁丽	103	大学物理	87
欧杰	102	操作系统	76
米雪	102	操作系统	85
欧杰	104	程序设计	80

从这个例子中读者可以体会到自然连接的查询意义。下面进一步举例说明。

例 2-8　在关系模式 C(课程号,课程名)和 S(姓名,课程号,成绩)的关系中查询"米雪"同学修读了哪些课程。

分析：这个查询涉及到姓名和课程名，而这两个属性在不同的关系中，因此，进行查询首先需要将两个关系进行自然连接。查询表达式如下：

$$\pi_{课程名}\{\sigma_{姓名='米雪'}[\pi_{姓名,课程名}(C \bowtie S)]\}。$$

查询结果：

课程名
数据结构
操作系统

例 2-9　有两个关系 R 和 S 如下所示，求 R ⋈ S。

R

A	B	C
1	2	3
4	5	6
7	8	9

S

B	C	D
2	3	2
5	6	3
9	8	5

R ⋈ S

A	B	C	D
1	2	3	2
4	5	6	3

一般的连接操作是从行的角度进行运算。但自然连接还需取消重复列，所以是同时从行和列的角度运算。如果对没有相同属性的两个关系进行自然连接操作，则该自然连接操作将转化为笛卡尔积操作。

3. 除法（Division）

除法运算是二元运算，运算符号是÷。设关系 R 和关系 S 的元组分别有 r、s 个分量（设 r>s>0），那么 R÷S 是一个关系，其元组有 r-s 个分量。

R÷S 满足下列条件的最大关系：其中每个元组 t 与 S 中的每个元组 u 组成的新元组(t,u)必须在关系 R 中。

关系的除法运算可以通过下面的过程计算：

- 对关系进行在属性 1,2,3,…,r-s 上的投影：T=$\pi_{1,2,…,r-s}$(R)。
- W=(T×S)-R。
- V=$\pi_{1,2,…,r-s}$(W)。
- R÷S=T-V。

例 2-10 设关系 R 和关系 S 如下：

R

A	B	C	D
a	b	c	d
a	b	e	f
a	b	d	e
b	c	e	d
e	d	c	d
e	d	e	f

S

C	D
c	d
e	f

在关系 R 和关系 S 中，r=4，s=2，根据关系除法运算的定义，R÷S 的元组是 r-s 维的，即 2 维元组。计算 R÷S 的过程如下：

关系 T

A	B
a	b
b	c
e	d

关系 T×S

A	B	C	D
a	b	c	d
a	b	e	f
b	c	c	d
b	c	e	f
e	d	c	d
e	d	e	f

关系（T×S）-R

A	B	C	D
b	c	c	d
b	c	e	f

关系 V

A	B
b	c

关系 R÷S

A	B
a	b
e	d

上面介绍了关系除法运算的运算过程，现在来分析除法运算的查询意义。我们看到 R÷S 关系与关系 S 的笛卡尔积(R÷S)×S 的每个元组都是关系 R 的元组，也就是说 R÷S 的每个元组具有关系 S 的所有性质，因此 R÷S 通常用来完成全部问题的查询，如修读了全部课程的学生等。

例 2-11 设有两个关系学生 S 和课程 C 如下，查询修读了全部课程学生的姓名。

S

姓名	课程号	成绩
米雪	101	90
袁丽	103	87
欧杰	102	76
米雪	102	85
…	…	…
欧杰	104	80

C

课程号	课程名
101	数据结构
102	操作系统
103	大学物理
104	程序设计

要解决这个查询问题，可以利用关系的除法运算来完成，表达式如下：

$$\pi_{姓名,课程号}(S) \div \pi_{课程号}(C)。$$

说明：关系除法运算要求关系 R 后面的 s 个分量和关系 S 后面的 s 个分量可以有不同的属性名，但必须有相同的域集。如例 2-10 中关系 R 的后面两个属性 C、D 与关系 S 的两个属性 C、D 属性名相同，域集也相同；例 2-11 中进行除法运算的两个关系 $\pi_{姓名,课程号}(S)$ 和 $\pi_{课程号}(C)$ 后面的一个属性名相同，均为课程号，域集也相同。

关系代数提供了关系的各种运算，这些运算可用来进行数据的各种查询，即关系数据库系统中对数据的各种操作可通过关系的运算来完成。

例 2-12 查找选学了学号为 35593 的学生所选课程的学生学号。学生所选课程、所选课程的成绩如关系 SC 所述。

SC

学号	课程号	成绩
35593	101	90
S2	103	87
...	...	...
S_K	104	80

为获得学生选课情况，可对关系 SC 做学号、课程号上的投影：

$$\pi_{学号,课程号}(SC)。$$

对关系 SC 做选择运算和投影运算，可得学号为 35593 的学生所选的课程号，表达式如下：

$$\pi_{课程号}[\sigma_{学号='35593'}(SC)]。$$

查找选学了学号为 35593 学生所选课程的学生的学号可以使用关系的除法运算，表达式如下：

$$\pi_{学号,课程号}(SC) \div \pi_{课程号}[\sigma_{学号='35593'}(SC)]。$$

2.1.3 扩充的关系代数操作

为了在关系代数操作时多保存一些信息，引进"外连接"和"外部并"两种操作。

1. 外连接（Outer Join）

关系 R 和 S 做自然连接时，选择两个关系在公共属性上值相等的元组构成新关系的元组。此时 R 中某些元组可能在 S 中不存在公共属性上值相等的元组，造成 R 中这些元组在连接时被舍弃；同理 S 中某些元组也可能被舍弃。为在操作时保存这些将被舍弃的元组，提出"外连接"操作。

如果 R 和 S 做自然连接时，把 R 和 S 中原该舍弃的元组都保留在新关系中，同时在这些元组新增加的属性上填上空值（NULL），将这种操作称为"外连接"（全连接）。

如果 R 和 S 做自然连接时，只把 R 中原该舍弃的元组放到新关系中，那么将这种操作称为"左外连接"操作（左连接）。

如果 R 和 S 做自然连接时，只把 S 中原该舍弃的元组放到新关系中，那么将这种操作称为"右外连接"操作（右连接）。

2. 外部并（Outer Union）

前面定义两个关系的并操作时，要求 R 和 S 具有相同的关系模式。如果 R 和 S 的关系模式不同，构成的新关系的属性由 R 和 S 的所有属性组成（公共属性只取 1 次），新关系的元组由属于 R 或属于 S 的元组构成，同时元组在新增加的属性上填上空值，那么这种操作称为"外部并"操作。

例 2-13　关系 R 和 S 如下，分别完成 R⋈S、R 和 S 外连接、R 和 S 左外连接、R 和 S 右外连接、R 和 S 外部并等操作。结果如下所示。

关系 R

A	B	C
a	b	c
b	b	f
c	a	d

关系 S

A	B	D
b	c	d
b	c	e
a	d	b
e	f	g

R⋈S

A	B	C	D
a	b	c	d
a	b	c	e
c	a	d	b

R 外连接 S

A	B	C	D
a	b	c	d
a	b	c	e
c	a	d	b
b	b	f	null
null	e	f	g

R 左外连接 S

A	B	C	D
a	b	c	d
a	b	c	e
c	a	d	b
b	b	f	null

R 右外连接 S

A	B	C	D
a	b	c	d
a	b	c	e
c	a	d	b
null	e	f	g

R 外部并 S

A	B	C	D
a	b	c	null
b	b	f	null
c	a	d	null
null	b	c	d
null	b	c	e
null	a	d	b
null	e	f	g

2.2　关系演算

　　把数理逻辑中的谓词演算引入到关系数据库运算中，就得到以关系演算为基础的运算。关系演算分为元组关系演算（简称元组演算）和域关系演算（简称域演算），前者以元组为变量，后者以属性（域）为变量。

2.2.1 元组关系演算

元组关系演算（Tuple Relational Calculus）是以元组为变量的关系演算，表达式（元组表达式）的一般形式为

{t|P(t)}，

其中，t 为元组变量；P 是公式，表示满足公式 P 的所有元组的集合。

1. 原子公式和公式的定义

在元组表达式中，公式由原子公式组成。下面先定义原子公式，再定义公式。

原子公式（Atom）有下列 3 种形式。

（1）R(s)，其中，R 是关系名；s 是元组变量；R(s)表示命题"s 是关系 R 的 1 个元组"。

（2）s[i]θu[j]，其中，s 和 u 是元组变量；θ 是算术比较运算符；s[i]和 u[j]分别是 s 的第 i 个分量和 u 的第 j 个分量；s[i]θu[j]表示命题"元组 s 的第 i 个分量与元组 u 的第 j 个分量之间满足 θ 关系"。例如，s[1]<u[2]表示"元组 s 的第 1 个分量值必须小于元组 u 的第 2 个分量值"。

（3）s[i]θa 或 aθu[j]，这里 a 是常量。原子公式 s[i]θa 表示命题："元组 s 的第 i 个分量值与常量 a 之间满足 θ 关系"。例如，s[4]=3，表示元组 s 的第 4 个分量值为 3。

定义关系演算操作时，要用到"自由"（Free）和"约束"（Bound）变量概念。一个公式中，如果元组变量未用存在量词∃或全称量词∀符号定义，则称为自由元组变量，否则称为约束元组变量。约束变量类似于程序设计语言的局部变量，自由变量类似于外部变量或全局变量。

公式（Formulas）的递归定义如下：

- 每个原子公式是一个公式，其中的元组变量是自由变量。
- 如果 P_1 和 P_2 是公式，那么，$\neg P_1$、$P_1 \vee P_2$、$P_1 \wedge P_2$、$P_1 \Rightarrow P_2$ 都是公式。分别表示如下命题："P_1 不是真""P_1 或 P_2 或两者是真""P_1 和 P_2 都是真""若 P_1 为真则 P_2 为真"。公式中的元组变量性质同在 P_1 和 P_2 中一样，依然是自由的或约束的。
- 如果 P_1 是公式，那么(∃s)(P_1)也是公式。它表示命题："存在 1 个元组 s 使得公式 P_1 为真"。元组变量 s 在 P_1 中是自由的，在(∃s)(P_1)中是约束的。P_1 中其他元组变量的自由约束性在(∃s)(P_1)中没有变化。
- 如果 P_1 是公式，那么(∀s)(P_1)也是公式。它表示命题，"对于所有元组 s 都使得公式 P_1 为真"。元组变量的自由约束性与前一个命题相同。
- 在公式中各种运算符的优先级从高到低依次为：θ；∃和∀；$\neg$；$\wedge$；$\vee$；$\Rightarrow$。在公式外可以加括号，以改变上述优先顺序。
- 公式只能由上述 5 种形式组成，除此之外构成的都不是公式。

在元组表达式{t|P(t)}中，t 必须是 P(t)中唯一的自由元组变量。

例 2-14 下述的（a）、（b）是两个关系 R 和 S，（c）－（g）分别是下面 5 个元组表达式的值：

R1 = {t|S(t)∧t[1]>2}。

R2 = {t|R(t)∧$\neg$ S(t)}。

R3 = {t|(∃u)(S(t)∧R(u)∧t[3]<u[2])}。

R4 = {t|(∀u)(R(t)∧S(u)∧t[3]>u[1])}。

R5 = {t|(∃u)(∃v)(R(u)∧S(v)∧u[1]>v[2]∧t[1]=u[2]∧t[2]=v[3]∧t[3]=u[1])}。

元组关系演算的例子所用表格如下：

（a）关系 R

A	B	C
1	2	3
4	5	6
7	8	9

（b）关系 S

A	B	C
1	2	3
3	4	6
5	6	9

（c）R1

A	B	C
3	4	6
5	6	9

（d）R2

A	B	C
4	5	6
7	8	9

（e）R3

A	B	C
1	2	3
3	4	6

（f）R4

A	B	C
4	5	6
7	8	9

（g）R5

R.B	S.C	R.A
5	3	4
8	3	7
8	6	7
8	9	7

在元组关系演算的公式中，有下列 3 个等价的规则：

- $P_1 \wedge P_2$ 等价于 $\neg (\neg P_1 \vee \neg P_2)$；

    $P_1 \vee P_2$ 等价于 $\neg (\neg P_1 \wedge \neg P_2)$。

- $(\forall s)(P_1(s))$ 等价于 $\neg (\exists s)(\neg P_1(s))$；

    $(\exists s)(P_1(s))$ 等价于 $\neg (\forall s)(\neg P_1(s))$。

- $P_1 \Rightarrow P_2$ 等价于 $\neg P_1 \vee P_2$。

2．关系代数表达式到元组表达式的转换

可以把关系代数表达式等价地转换成元组表达式。由于所有的关系代数表达式都能用 5 个基本操作组合而成，因此只要能把 5 个基本操作用元组演算表达就行。

例 2-15 设关系 R 和 S 都是三元关系，那么关系 R 和 S 的 5 个基本操作可直接转换成等价的元组关系演算表达式：

$R \cup S$ 可用 $\{t|R(t) \vee S(t)\}$ 表示。

$R - S$ 可用 $\{t|R(t) \wedge \neg S(t)\}$ 表示。

$R \times S$ 可用 $\{t|(\exists u)(\exists v)(R(u) \wedge S(v) \wedge t[1]=u[1] \wedge t[2]=u[2] \wedge t[3]=u[3] \wedge t[4]=v[1] \wedge t[5]=v[2] \wedge t[6]=v[3])\}$ 表示。

设投影操作是 $\pi_{2,3}(R)$，则元组表达式可写成 $\{t|(\exists u)(R(u) \wedge t[1]=u[2] \wedge t[2]=u[3])\}$。

$\sigma_F(R)$ 可用 $\{t|R(t) \wedge F'\}$ 表示。F' 是 F 的等价表示形式。例如 $\sigma_{2='d'}(R)$ 可以写成 $\{t|R(t) \wedge t[2]='d'\}$。

例 2-16 设关系 R 和 S 都是二元关系，把关系代数表达式 $\pi_{1,4}[\sigma_{2=3}(R \times S)]$ 转换成元组表达式的过程从里往外进行，如下所述。

（1）$R \times S$ 可以用 $\{t|(\exists u)(\exists v)(R(u) \wedge S(v) \wedge t[1]=u[1] \wedge t[2]=u[2] \wedge t[3]=v[1] \wedge t[4]=v[2]\}$ 表示。

（2）对于 $\sigma_{2=3}(R \times S)$，只要在上述表达式的公式中加上"$\wedge t[2]=t[3]$"即可。

（3）对于 $\pi_{1,4}[\sigma_{2=3}(R \times S)]$ 可得到下面的元组表达式：

$\{w|(\exists t)(\exists u)(\exists v)(R(u) \wedge S(v) \wedge t[1]=u[1] \wedge t[2]=u[2] \wedge t[3]=v[1] \wedge t[4]=v[2] \wedge t[2]=t[3] \wedge w[1]=t[1] \wedge w[2]=t[4])\}$

（4）对上式化简，去掉元组变量 t，可得到下面元组表达式：

{w|(∃u)(∃v)(R(u)∧S(v)∧u[2]=v[1]∧w[1]=u[1]∧w[2]=v[2])}

2.2.2 元组关系演算语言 ALPHA

元组关系演算语言 ALPHA 由 E.F.Codd 提出。该语言虽未实际实现，但关系数据库管理系统 INGRES（1973 年加州大学伯克利分校的 Michael Stonebraker 和 Eugene Wong 开发，后由 Oracle 公司和 Ingres 公司等将其商品化）所用的 QUEL 语言是参照 ALPHA 语言研制的，与 ALPHA 十分类似。

ALPHA 语言的语句的基本格式：操作符 工作空间名(表达式 1):操作条件

其中：操作符主要有 GET、PUT、HOLD、UPDATE、DELETE、DROP，它们的作用将在本节下面的例子中介绍；工作空间是用户与系统的通信区，可用一个字母（一般用 W）表示；表达式 1 指定语句的操作对象，可为关系名或属性名，一条语句可同时操作多个关系或多个属性；操作条件是一个逻辑表达式，用于将操作对象限定在满足条件的元组中，操作条件可以为空（注意：这将导致 DBMS 针对操作对象的全部元组进行指定的操作）。还可在基本格式基础上加上排序、定额等要求。

下面以教学库中的关系模式：学生表(学号,姓名,年龄,系部)、课程表(课程号,课程名,系部,先修课)和成绩表(学号,课程号,成绩)（注：成绩表.学号、成绩表.课程号分别是学生表.学号、课程表.课程号的外键）为例，介绍 ALPHA 语言。语句的注释采用 VC++的注释符。

1. 查询操作

查询操作用 GET 语句实现。其语句格式为

GET 工作空间名 [(定额)](<表达式 1>) [:<操作条件>] [DOWN | UP<表达式 2>]

其中：

定额::=数字 // 用于指定查询结果包含的元组个数
<表达式 1>::={关系名|关系名.属性名|元组变量.属性名|聚合函数[,...]}
<表达式 2>::={关系名.属性名|元组变量.属性名[,...]} // 用于指定查询结果按照表达式 2 排序方式的值降序（DOWN）或升序（UP）排序

例 2-17 基于 ALPHA 语言的元组关系演算的数据查询操作。

（1）简单查询（不带条件的查询）。

GET W (学生表.学号,学生表.姓名)　　// 查询学生表中所有学生的学号和姓名
GET W (学生表)　　// 查询学生表中所有学生的全部信息

其中，W 为工作空间名；条件为空（表示未限定条件）。

（2）限定查询（带条件的查询）。

// 查询信息系中年龄小于 20 岁的学生的学号和年龄
GET W (学生表.学号,学生表.年龄):学生表.系部='信息系'∧学生表.年龄<20

（3）排序查询。

// 查询信息系学生的学号、年龄，并按年龄降序排序
GET W (学生表.学号,学生表.年龄):学生表.系部='信息系' DOWN 学生表.年龄

（4）定额查询（指定查出元组的个数），方法是在 W 后的括号中加上定额数量。

// 取出一个信息系学生的学号
GET W (1) (学生表.学号):学生表.系部='信息系'

（5）排序和定额查询。

// 查询信息系年龄最大的 3 个学生的学号及其年龄

　　　GET W (3) (学生表.学号,学生表.年龄):学生表.系部='信息系' DOWN 学生表.年龄

（6）用元组变量的查询。元组变量可在某一关系范围内变化，又称范围变量（Range Variable）。一个关系可以设多个元组变量，主要用于：①简化关系名，处理实际问题时，如果关系的名字很长，使用起来不方便，这时可设一个较短名字的元组变量来简化关系名；②操作条件中使用量词时必须用元组变量。

　　定义元组变量的语句格式：

　　　RANGE 关系名元组变量名

　　　RANGE　学生表 S　　　　　// 定义元组变量 S，其值为 "学生表"，用于简化关系名 "学生表"

　　　GET W (S.姓名): S.系部='信息系'　// 查询信息系全体学生的姓名

（7）用存在量词的查询。

　　　RANGE 成绩表　G

　　　课程表　C　　　　　　　　　//下句查询修读 102 号课程的学生姓名

　　　GET W (学生表.姓名):∃G(G.学号=学生表.学号∧G.课程号='102')

　　　GET W (学生表.姓名):∃G(G.学号=学生表.学号∧∃C(C.课程号=G.课程号∧C.先修课='106'))

　　　// 查询至少修一门先修课为 106 号课程的学生姓名

用全称量词的查询：

　　　RANGE 成绩表　G　　　　　// 下句查询不选 101 号课程的学生名字

　　　GET W (学生表.姓名):∀G(G.学号≠学生表.学号 ∀ G.课程号≠'101')

上句查询实际上与下句用存在量词表示的查询等价：

　　　GET W (学生表.姓名):￢∃G(G.学号=学生表.学号∧G.课程号='101')

用两种量词的查询：

　　　RANGE 成绩表　G　　　　　// 下句查询修读了全部课程的学生姓名

　　　GET W (学生表.姓名):∀ 课程表∃G(G.学号=学生表.学号∧G.课程号=课程表.课程号)

（8）表达式 1 含多个关系的查询。

　　　RANGE 成绩表　G　　　　　// 下句查询成绩为 90 分及以上的学生名字与课程名字

　　　GET W (学生表.姓名,课程表.课程名):∃G(G.成绩≥90∧G.学号=学生表.学号

　　　　　∧课程表.课程号=G.课程号)　　　//查询要求的结果分别在学生表和课程表两个关系中

（9）用蕴涵的查询。

查询修读了学号为 35593 的学生所修读的全部课程的学生学号。

求解思路：依次检查课程表中的每一门课程，看 35593 是否修读了该课程，如果修读了，则再看某一个学生是否也修读了该门课；如果对于 35593 所选的每门课程该学生都修读了，则该学生为满足要求的学生；把所有这样的学生全都找出来即可。

　　　RANGE　课程表　C

　　　　成绩表 GX

　　　　成绩表 GY

　　　GET W (学生表.学号):∀ C(∃GX(GX.学号='35593'∧GX.课程号=CX.课程号)

　　　=>∃GY (GY.学号=学生表.学号∧GY.课程号=C.课程号))

（10）统计查询。关系演算中提供了一批聚合函数（Aggregation Function），又称内部函数（Build-in Function），以便于用户在使用查询进行一些简单统计计算。主要的聚合函数及其功能包括：COUNT（对元组计数）、TOTAL（求和）、MAX（求最大值）、MIN（求最小值）、AVG（求平均值）。

　　　GET W (AVG(学生表.年龄):学生表.系部='信息系')　　//查询信息系学生的平均年龄

　　　GET W (COUNT(学生表.系部))　　//查询学生表中现有系部的数目

COUNT 函数在计数时会自动排除重复的系部值。

2. 修改操作

修改操作用 UPDATE 语句实现，步骤：①用 HOLD 语句将要修改的元组从数据库中读到工作空间中；②用宿主语言修改工作空间中元组的属性；③用 UPDATE 语句将修改后的元组送回数据库中。

注意：单纯查询数据用 GET 语句，为修改数据而读元组时必须使用 HOLD 语句（HOLD 语句是带上并发控制的 GET 语句）。

例 2-18 元组关系演算的数据修改操作。将学号为 36338 的学生从计算机系转到信息系。

```
HOLD W (学生表.学号,学生表.系部):学生表.学号='36338'
                              // 从学生表中读出学号为 36338 的学生的数据
MOVE '信息系' TO W.系部      // 用宿主语言修改 W.系部的值为"信息系"
UPDATE W                      // 把修改后的元组送回学生表
```

如果修改操作涉及到两个关系，就要执行两次 HOLD－MOVE－UPDATE 操作序列。

注意：不允许修改主键，例如不能用 UPDATE 语句将学号 36338 改为 46338。如果需要修改关系中某元组的主键值，必须先从关系中删除该元组，然后再把具有新主键值的元组插入到关系中。

3. 插入操作

插入操作用 PUT 语句实现。其步骤如下：①用宿主语言在工作空间中建立新元组；②用 PUT 语句把该元组存入指定的关系中。

例 2-19 元组关系演算的数据插入操作。将计算机系的新开课程（课程号为 208、课程名为"软件设计实例分析"、先修课号为 105）的课程元组插入到课程表。

```
MOVE '208' TO W.课程号
MOVE '软件设计实例分析' TO W.课程名
MOVE '105' TO W.先修课       // 用宿主语言在工作空间中建立课程表新元组
PUT W (课程表)               // 把 W 中的新元组插入指定关系课程表中
```

注意：PUT 语句只对一个关系操作，即表达式必须为单个关系名。如果插入操作涉及多个关系，必须执行多次 PUT 操作。

4. 删除操作

删除操作用 DELETE 语句实现。其步骤如下：①用 HOLD 语句把要删除的元组从数据库中读到工作空间中；②用 DELETE 语句删除该元组。

例 2-20 元组关系演算的数据删除操作。

（1）学号为 95110 的学生因故退学，从学生表中删除该学生元组。

```
HOLD W (学生表):学生表.学号='95110'   // 把要删除的元组从数据库中读到工作空间
DELETE W                              // 删除元组
```

（2）将学号 36338 改为 46338。

```
HOLD W (学生表):学生表.学号='36338'
DELETE W
MOVE '46338' TO W.学号
MOVE '耿泽' TO W.姓名
MOVE '男' TO W.性别
MOVE '18' TO W.年龄
```

MOVE '信息系' TO W.系部
PUT W (学生表)

注意： 由于成绩表与学生表之间具有参照关系，为保证参照完整性，删除学生表中元组的操作将导致 DBMS 自动执行删除成绩表中相应外键值元组的操作，使用时要谨慎操作。

2.2.3 域关系演算

域关系演算（Domain Relational Calculus）与元组关系演算相似。在域关系演算中，也有原子公式和公式的概念，只是元组表达式使用的是元组变量，元组变量的变化范围是一个关系；而域关系演算表达式中使用的是域变量（即以列为变量），域变量的变化范围是某个属性的值域。

1. 域关系演算的原子公式

域关系演算的原子公式有两种。

（1）$R(x_1,x_2,...,x_k)$，其中，R 是一个关系，它具有 k 个属性；x_i（i=1,2,...,k）是一个常量或者域变量。如果$(x_1,x_2,...,x_k)$是 R 的一个元组，那么 $R(x_1,x_2,...,x_k)$为真。

（2）$x\theta y$，其中，x 和 y 是常量或者域变量；θ 是算术比较运算符（如，>、=等）。如果 x 和 y 满足关系 θ，则 $x\theta y$ 为真。

2. 域关系演算表达式的一般形式

域关系演算表达式的一般形式如下：

$$\{x_1,x_2,...,x_k|\phi(x_1,x_2,...,x_k)\},$$

其中，x_1、x_2、...、x_k 都是域变量；ϕ是公式。该表达式的含义：使ϕ为真的域变量 x_1、x_2、...、x_k 组成的元组的集合。

假设关系 R、S 如下：

R

A	B
1	2
3	4

S

A	B
1	4
2	3

那么下面几个域关系演算表达式是合法的。

（1）$\{xy\,|\,R(xy)\vee S(xy)\}$，

A	B
1	2
3	4
1	4
2	3

（2）$\{xy\,|\,(\exists u)(\exists v)(R(xy)\wedge S(uv)\wedge x=u)\}$，

A	B
1	2

（3）$\{xy\,|\,(\forall u)(\forall v)(R(xy)\wedge S(uv)\wedge y>u)\}$，

A	B
3	4

一个元组关系演算表达式可以很容易地转换为等价的域关系演算表达式。

设元组关系演算表达式为$\{t|\phi(t)\}$，转换方法如下：

- 如果 t 是有 n 个分量的元组变量，则为 t 的每个分量 t[i]引进一个域变量 t_i，用 t_i 替换公式中所有的 t[i]。相应的域关系演算表达式形式为$\{t_1,t_2,\dots,t_n|\phi(t_1,t_2,\dots,t_n)\}$。
- 出现存在量词（$\exists u$）或者全称量词（$\forall u$）时，如果 u 是有 m 个分量的元组变量，则为 u 的每个变量 u[i]引进一个域变量 u_i，将量词辖域内所有的 u 用 u_1、u_2、…、u_m 替换，所有的 u[i]用 u_i 替换。

例 2-21　关系代数、元组演算、域关系演算表达式。本例以 2.2.2 节描述的学生表、课程表、成绩表关系模式为例。

1）检索修读课程号为 105 的学生的学号和成绩。

关系代数：$\pi_{\text{学号,成绩}}(\sigma_{\text{课程号}='105'}(\text{成绩表}))$。

元组演算：$R=\{t^{(2)}|(\exists u)(\text{成绩表}(u)\wedge u_{[2]}='105'\wedge t_{[1]}=u_{[1]}\wedge t_{[2]}=u_{[3]})\}$。

域演算：$R=\{xy|(\exists z)(\text{成绩表}(xzy)\wedge z='105')\}$。

2）检索修读课程号为 108 的学生的学号和姓名。

关系代数：$\pi_{\text{S.学号,姓名}}(\sigma_{\text{课程号}='108'}(\text{学生表}\infty\text{成绩表}))$。

元组演算：$R=\{t^{(2)}|(\exists u)(\exists v)(\text{学生表}(u)\wedge\text{成绩表}(v)\wedge t_{[1]}=u_{[1]}\wedge t_{[2]}=u_{[2]}\wedge u_{[1]}=v_{[1]}\wedge v_{[2]}='108')\}$。

域演算：$R=\{yz|(\exists u)(\exists v)(\exists x)(\exists w)(\text{学生表}(yzuv)\wedge\text{成绩表}(yxw)\wedge x='108')\}$。

3）查询计算机系年龄为 18 岁的学生。

关系代数：$\sigma_{\text{年龄}=18\text{ AND Dept}='\text{计算机系}'}(\text{学生表})$。

元组关系演算：$\{t|\text{学生表}(t)\wedge t_{[3]}=18\wedge t_{[4]}='\text{计算机系}'\}$。

域关系演算：$\{t_1t_2t_3t_4|\text{学生表}(t_1t_2t_3t_4)\wedge t_3=18\wedge t_4='\text{计算机系}'\}$。

2.2.4　域关系演算语言 QBE

1975 年由 M.M.Zloof 提出的 QBE 是一个很有特色的域关系演算语言。该语言于 1978 年在 IBM 370 上实现，QBE 也指此关系数据库管理系统。

QBE 是 Query By Example（通过例子进行查询）的简称，其最突出的特点是它的操作方式。它是一种高度非过程化的基于屏幕表格的查询语言，用户通过终端屏幕编辑程序以填写表格的方式构造查询要求，查询结果也以表格形式显示，非常直观，易学易用。用户可以是缺乏计算机知识和数学基础的非程序员用户。

QBE 中用示例元素（实质上就是域变量）表示查询结果可能的情况。其操作框架如图 2-3 所示。

下面以 2.2.2 节描述的学生表、课程表、成绩表关系模式为例，通过示例说明 QBE 的用法。

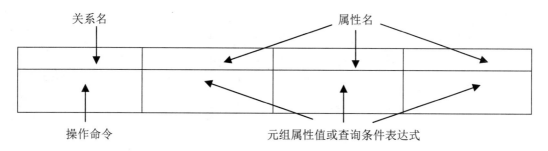

图 2-3　QBE 操作框架

例 2-22　QBE 的操作步骤：通过查询学生表中信息系全体学生的姓名进行介绍。

（1）用户提出要求后，机器屏幕显示如下空白表格。

（2）用户在屏幕上的表格左上角一栏输入关系名"学生表"。

学生表				

（3）屏幕显示该关系的属性名。

学生表	学号	姓名	年龄	系部

（4）用户在相关属性栏构造查询要求。

学生表	学号	姓名	年龄	系部
		P.<u>张三</u>		信息系

上面表格中：

- "P."是操作符，表示打印（显示）所在列的属性值（如果 P.写在关系名栏，则表示查询该关系所有列的属性值）。
- 用户在各属性列内填入的内容如果带有下划线，则表示该内容是示例元素（实质上是域变量，必须加下划线），它只是该域中可能的一个值，而不必是查询结果中的元素［例如查询信息系学生姓名，只要给出任意一值（必须带下划线）即可，而不必真的是某一学生姓名］。
- 用户在各属性列内填入的内容如果不带下划线，则表示该内容是操作的条件表达式，表示要查询（或其他操作）所在列的属性值满足该表达式的数据。条件表达式（不带下划线）中可使用比较运算符 >、<、≥、≤、≠、=，其中"="可省略。
- （5）屏幕显示查询结果：根据用户的查询要求，显示出信息系的学生姓名。

例 2-23 QBE 的查询操作。

（1）简单查询：只涉及 1 个表，且无查询条件的查询。

1）查询全部属性列，例如，查询全体学生的全部数据。

方法 1：在所有的属性栏都填写操作符"P."和 1 个示例元素。

学生表	学号	姓名	年龄	系部
	P.<u>36338</u>	P.<u>张三</u>	P.<u>20</u>	P.<u>信息系</u>

方法 2：仅在关系名栏填写操作符"P."。

学生表	学号	姓名	年龄	系部
P.				

2）查询部分属性列，例如，查询全体学生的学号、姓名。

学生表	学号	姓名	年龄	系部
	P.<u>36338</u>	P.<u>张三</u>		

（2）条件查询。

1）单一条件查询，例如，查询信息系的学生的学号。

学生表	学号	姓名	年龄	系部
	P.<u>36338</u>			信息系

2）"∧"条件查询。

方法 1：所有条件写在同一行，例如查询信息系的年龄大于 19 岁的学生的学号。

学生表	学号	姓名	年龄	系部
	P.<u>36338</u>		>19	信息系

方法 2：不同条件写在不同行，但使用相同的示例元素值，例如，查询信息系的年龄大于 19 且小于 22 岁的学生的学号。

学生表	学号	姓名	年龄	系部
	P.<u>36338</u>			信息系
	P.<u>36338</u>		>19	
	P.<u>36338</u>		<22	

3）"∨"条件查询。不同条件写在不同行，且使用不同的示例元素值，例如，查询信息系的、年龄为 19 岁或大于 22 岁的学生的学号。

学生表	学号	姓名	年龄	系部
	P.36338		19	信息系
	P.35593		>22	信息系

4）"¬"条件查询。¬ 条件与其他条件写在不同行，使用相同的示例元素值，如下所述。

● 查询有两人以上修读的课程号（本查询实际上是进行表内连接，参见多表查询）。

成绩表	学号	课程号	成绩
	36338	P.1006	
	¬ 36338	1006	

● 查询没有修读 1006 号课程的学生姓名（本查询实际上是进行表间连接，参见多表查询）。

学生表	学号	姓名	年龄	系部
	36338	P.张三		信息系

成绩表	学号	课程号	成绩
¬	36338	1006	

（3）多表查询。通过将涉及到的多个关系经某一公共属性连接而实现（连接属性中的值在参与连接的表中都要相同）。例如，查询修读了 1006 号课程的学生姓名。

学生表	学号	姓名	年龄	系部
	36338	P.张三		信息系

成绩表	学号	课程号	成绩
	36338	1006	

（4）统计查询。通过调用聚合函数而实现。QBE 提供了一些聚合函数，主要包括 CNT（元组计数）、SUM（求和）、MAX（求最大值）、MIN（求最小值）、AVG（求平均值）（均为按列计算）等。例如，查询信息系学生平均年龄。

学生表	学号	姓名	年龄	系部
			P.AVG.ALL.	信息系

（5）查询结果排序。通过在排序依据列中填入"AO(i)."（升序）或"DO(i)."（降序）实现，其中的"(i)"用于表示多列排序，i 为排序优先级（i 值越小，优先级越高）。例如，查询全体学生的学号、姓名，查询结果按系部升序、同系学生按年龄降序排序。

学生表	学号	姓名	年龄	系部
	P.36338	P.张三	DO(2).	AO(1).

例 2-24　QBE 的插入、删除操作。

（1）插入操作，操作符为"I."。新插入元组的候选键必须有合法值，其他属性可为空。例如，在学生表中插入 1 条新记录：学号为 95099，姓名为李四，年龄为 20，未指定系部。

学生表	学号	姓名	年龄	系部
I.	95099	李四	20	

（2）删除操作，操作符为"D."。对于存在参照联系的表，为保证参照完整性，在删除父表的元组前，应先删除各子表对应外键值所在的元组。例如，要删除学生表中的学号为 35593 的元组，应先删除成绩表中的学号（外键）为 35593 的所有元组，再删除学生表中学号为 35593 的元组。

成绩表	学号	课程号	成绩
D.	35593		

学生表	学号	姓名	年龄	系部
D.	35593			

例 2-25　QBE 的修改操作。

修改操作的操作符为"U."。在 QBE 中，关系的主键不允许修改，如果需要修改某个元组的主键，只能先删除该元组，然后再插入新的主键的元组。

（1）绝对修改：将非主属性的值改为指定值，不管其原值如何。

1）将学号为 36338 的学生的系部改为计算机系。

方法 1：将操作符放在新值栏。

学生表	学号	姓名	年龄	系部
	36338			U.计算机系

方法 2：将操作符放在关系名栏（系部栏内填的是新值，因为主属性不能修改，所以系统不会混淆要修改的属性）。

学生表	学号	姓名	年龄	系部
U.	36338			计算机系

2）将计算机系所有学生的年龄都改为 18 岁（注意：学号栏内填的是示例元素）。

学生表	学号	姓名	年龄	系部
	<u>36338</u>		U.18	计算机系

（2）相对修改：在原值基础上修改非主属性的值，分两行分别设置改前和改后的示例元素，必须将操作符"U."放在关系名栏。

1）将学号为 36338 的学生的年龄增加 1 岁（注意：学号栏内填的是条件）。

学生表	学号	姓名	年龄	系部
	36338		<u>18</u>	
U.	36338		18+1	

2）把计算机系所有学生的年龄都增加 1 岁（注意：学号栏内填的是示例元素）。

学生表	学号	姓名	年龄	系部
	<u>36338</u>		<u>18</u>	计算机系
U.	<u>36338</u>		18+1	

2.3　关系运算的安全性和等价性

2.3.1　关系运算的安全性

关系代数中的基本操作是并、差、笛卡尔积、投影和选择，没有集合的"补"操作，因而关系代数运算总是安全的。

关系演算则不然，其可能会出现无限关系和无穷验证问题。例如，元组表达式 $\{t|\neg R(t)\}$ 表示所有不在关系 R 中的元组的集合，这是一个无限关系。验证公式 $(\exists u)(P_1(u))$ 为假时，必须对所有可能的元组 u 进行验证，当所有可能的 u 使 $P_1(u)$ 为假时，才能断定公式 $(\exists u)(P_1(u))$ 为假。验证公式 $(\forall u)(P_1(u))$ 也是这样，当所有可能的 u 使 $P_1(u)$ 为真时，才能断定公式 $(\forall u)(P_1(u))$ 为真，这在实际上是行不通的，因为一方面计算机的存储空间有限，不可能存储无限关系；另一方面，在计算机上进行无穷验证是永远得不到结果的。因此我们必须采取措施，防止无限关系和无穷验证的出现。

在数据库技术中，不产生无限关系和无穷验证的运算称为安全运算，相应的表达式称为安全表达式，所采取的措施称为安全约束。

在关系演算中，必须有安全约束的措施，关系演算表达式才是安全的。

对于元组表达式 $\{t|P(t)\}$，将公式 $P(t)$ 的"域"（Domain）定义为出现在公式 $P(t)$ 中的常量和关系的所有属性值组成的集合，记为 $DOM(P(t))$。由于所有关系都是有限的，因此 $DOM(P)$ 也是有限的。例如，$P(t)$ 是 $t[1]='a' \lor R(t)$，R 是二元关系，那么 $DOM(P)=\{a\} \cup \pi_1(R) \cup \pi_2(R)$。

安全的元组表达式 $\{t|P(t)\}$ 应满足下列 3 个条件。

1）表达式的元组 t 中出现的所有值均来自 $DOM(P)$。

2）对于 $P(t)$ 中每个形如 $(\exists u)(P_1(u))$ 的子公式，如果元组 u 使 $P_1(u)$ 为真，那么 u 的每一个分量必是 $DOM(P_1)$ 的元素。换言之，如果 u 有某个分量不属于 $DOM(P_1)$，那么 $P_1(u)$ 必为假。

3）对于 $P(t)$ 中每个形如 $(\forall u)(P_1(u))$ 的子公式，如果元组 u 使 $P_1(u)$ 为假，那么 u 的每一个分量必是 $DOM(P_1)$ 的元素。换言之，如果 u 有某个分量不属于 $DOM(P_1)$，那么 $P_1(u)$ 必为真。

上面 2）、3）两点能够保证：只要考虑由 $DOM(P_1)$ 中的值组成 u 的分量元素时，就能决定公式 $(\exists u)(P_1(u))$ 和 $(\forall u)(P_1(u))$ 的真值。

类似地，也可以定义安全的域演算公式。

2.3.2　关系运算的等价性

并、差、笛卡尔积、投影和选择是关系代数最基本的操作，并构成了关系代数运算的最小完备集。现已证明，在这个基础上，关系代数、安全的元组关系演算、安全的域关系演算在关系的表达和操作能力上是完全等价的。

关系运算主要有关系代数、元组演算和域演算，相应的关系查询语言也已研制出来，典型的代表是 ISBL 语言、QUEL 语言和 QBE 语言。

ISBL（Information System Base Language）是美国 IBM 公司英格兰底特律科学中心在 1976 年研制出来的，用在一个实验系统 PRTV（Peterlee Relational Test Vehicle）上。ISBL 语言与关系代数非常接近，每个查询语句都近似于一个关系代数表达式。

QUEL 语言（Query Language）是美国伯克利加州大学研制的关系数据库系统 INGRES 的查询语言，1975 年投入运行，并由美国关系技术公司制成商品推向市场。QUEL 语言是一种基于元组关系演算的并具有完善的数据定义、检索、更新等功能的数据语言。

QBE（Query By Example）是 M.M.Zloof 提出、在美国 IBM 高级研究实验室为图形显示终端用户设计的一种域演算语言，1978 年在 IBM 370 上实现。它是一种特殊的屏幕编辑语言，使用方便，属于人机交互语言。现在，QBE 的思想已渗入到许多 DBMS 中。

SQL（Structured Query Language）是介于关系代数和元组演算之间的一种关系查询语言，现已成为关系数据库的标准语言。

小　结

关系运算理论是关系数据库查询语言的理论基础。只有掌握了关系运算理论，才能更好地理解查询语言的本质以及熟练地使用查询语言。

关系的运算包括关系代数和关系演算。关系运算的运算对象和运算结果都是关系。与其他运算一样，运算对象、运算符、运算结果是关系运算的三大要素。

关系代数是一种抽象的查询语言，主要运算包括传统的集合操作（并、差、交、笛卡尔积）和专门的关系操作（投影、选择、连接、除）。其中的连接运算包括条件连接、自然连接（内连接）和外连接（含全连接、左连接、右连接）。

关系演算分为元组关系演算和域关系演算。元组关系演算表达式（元组表达式）的一般形式为 $\{t|P(t)\}$；域关系演算表达式的一般形式是 $\{x_1,x_2,\dots,x_k|\Phi(x_1,x_2,\dots,x_k)\}$。元组表达式使用元组变量，其变化范围是一个关系；域关系演算表达式中使用域变量，其变化范围是某个属性的值域。关系代数表达式可等价转换成元组表达式，元组表达式可转换为等价的域关系演算表达式。

不产生无限关系和无穷验证的运算称为安全运算。关系代数是安全的，关系演算则不然。

并、差、笛卡尔积、投影和选择是关系代数最基本的操作，是构成关系代数运算的最小完备集。在此基础上，关系代数、安全的元组演算、安全的域演算在关系的表达和操作能力上完全等价。

典型的关系查询语言 SQL 是介于关系代数和元组演算之间的一种关系查询语言，现已成为关系数据库的标准语言。

习 题

1．名词解释

关系代数　关系演算

2．简答题

（1）试述关系代数包含的基本运算。

（2）笛卡尔积、等值连接、自然连接三者之间有什么区别？

（3）什么是关系运算的安全性和等价性？

3．计算题

（1）有如下的关系 R 和 S，计算：$R \cup S$，$R-S$，$R \cap S$，$R \times S$，$\pi_{3,2}(S)$，$\sigma_{B<'5'}(R)$，$R \underset{2<2}{\bowtie} S$，$R \bowtie S$。

R

A	B	C
3	6	7
2	5	7
7	2	3
4	4	3

S

A	B	C
3	4	5
7	2	3

（2）如果 R 是二元关系，那么下列元组表达式的结果是什么？

$$\{t|(\exists u)(R(t) \wedge R(u) \wedge (t[1] \neq u[1] \vee t[2] \neq u[2]))\}。$$

（3）设 R 和 S 分别是三元和二元关系，把表达式 $\pi_{1,5}(\sigma_{2=4 \vee 3=4}(R \times S))$ 转换成等价的：①汉语查询句子；②元组表达式；③域表达式。

（4）设 R 和 S 是二元关系，把元组表达式 $\{t|R(t) \wedge (\exists u)(S(u) \wedge u[1] \neq t[2])\}$ 转换成等价的：①汉语查询句子；②域表达式；③关系代数表达式。

（5）把域表达式 $\{ab|R(ab) \wedge R(ba)\}$ 转换成等价的：①汉语查询句子；②关系代数表达式；③元组表达式。

（6）设有两个关系 R(A,B,C) 和 S(D,E,F)，把下列关系代数表达式转换成等价的元组表达式。

1）$\pi_A(R)$。

2）$\sigma_{B='17'}(R)$。

3）$R \times S$。

4）$\pi_{A,F}(\sigma_{C=D}(R \times S))$。

4．应用题

设有 3 个关系：①S(学号,姓名,年龄,性别)；②SC(学号,课程号,成绩)；③C(课程号,课程名,教师)。试用关系代数表达式表示下列查询语句。

（1）检索李老师所授课程的课程号、课程名。

（2）检索学号为 S173100311 学生所学课程的课程名与任课教师名。

（3）检索至少选修了李老师所授课程中 1 门课程的女学生的姓名。

（4）检索年龄大于 20 岁的男学生的学号与姓名。

（5）检索张同学不学的课程的课程号。

（6）检索至少选修了两门课程的学生学号。

（7）检索全部学生都选修的课程的课程号与课程名。

（8）检索选修课程包含李老师所授课程的学生的学号。

（9）在教学数据库 S、SC、C 中，用户用一查询语句检索女同学修读课程的课程名和任课教师名。

1）试写出该查询的关系代数表达式。

2）试写出查询优化的关系代数表达式。

第 3 章　关系模式的规范化设计

本章介绍关系模式设计中可能出现的问题及解决方案，函数依赖及其相关内容，关系数据库的规范化理论与关系模式的分解等内容。本章的重点内容有函数依赖的概念、逻辑蕴涵及分类，键、主属性的概念，范式，无损连接的概念和测试方法，关系模式分解的原则和方法。本章的难点内容有函数依赖和关系模式的分解。本章理论性较强，学习时应从概念着手，搞清概念间的联系和作用。

通过本章学习，应达到下述目标：
- 理解关系模式设计中可能出现的问题及其原因；掌握解决问题的途径、原则和方法。
- 理解函数依赖、逻辑蕴涵的概念，键与函数依赖的关系；掌握函数依赖的分类与推理规则。
- 掌握 1NF、2NF、3NF、BCNF 的定义；理解多值依赖和 4NF 的概念。
- 理解无损连接的概念和测试方法；掌握关系模式分解的原则和方法。
- 理解将关系模式分解成 3NF、BCNF 模式集的算法。

关系数据库是以数学理论为基础的。基于这种理论上的优势，关系模型可以设计得较为科学，关系操作可以较好地进行优化，许多技术问题可以得到较好地解决。本章介绍的关系模式设计技术——关系规范化理论和关系模式分解技术与本书第 2 章介绍的关系运算理论及关系数据的查询和优化技术一起构成了关系数据库设计和应用的最主要的理论基础。

3.1　关系模式的设计问题

如何把现实世界表达成数据库模式，一直是数据库研究人员和信息系统开发人员所关心和重视的问题。关系模式的设计理论是设计关系数据库的指南，也是关系数据库的理论基础。

数据库设计中有一个基本问题，就是给出一组数据，如何构造一个适合于它们的数据库模式，这是数据库设计的问题，严格地讲，是数据库的逻辑设计问题。由于关系模型有严格的数学理论基础，因此人们就以关系模型为背景来讨论这个问题，形成了数据库逻辑设计的一个有力工具——关系数据库的规范化理论。

关系数据库以关系模型为基础，利用关系来描述现实世界。一个关系既可以用来描述一个实体及其属性，也可以用来描述实体间的联系。

关系的实质是一张二维表。表的每 1 行为 1 个元组，每 1 列称为 1 个属性。因此，1 个元组就是该关系所涉及的属性集的笛卡尔积的 1 个元素。关系是元组的集合，也是笛卡尔积的 1 个子集，关系模式就是这个元组集合的描述。

关系模式是用来定义关系的，一个关系数据库包含一组关系，定义这些关系的关系模式全体就构成了该数据库的模式。

一个关系模式包括外延和内涵两个方面的内容。

外延就是通常所说的关系（或实例、当前值）。它与时间相关，即随着时间的推移在不断变化。这主要是由于元组的插入、删除和修改引起的。

内涵是时间独立的。它包括关系、属性及域的一些定义和说明，还有各种数据完整性约束。数据完整性约束分为两个大类：静态约束和动态约束。

关系数据库设计理论主要包括 3 方面内容：数据依赖、范式、模式设计方法。其中数据依赖起着核心的作用。下面举例说明。

3.1.1 问题的提出

设有一个关系模式 R(U)，其中 U 为由属性 SNO、CNO、TNAME、TDPT 和 G 组成的属性集合，其中 SNO 为学生学号，CNO 为课程号，TNAME 为任课教师姓名，TDPT 为任课教师所在系别，G 为课程成绩。该关系具有如下语义：

- 1 位学生只有 1 个学号，1 门课程只有 1 个课程号。
- 每位学生选修的每门课程都有 1 个成绩。
- 每门课程只有 1 位教师授课，但 1 位教师可以讲授多门课程。
- 教师没有重名，每位教师只属于 1 个系。

根据上述语义，可以知道 R 的候选键为{SNO,CNO}，将{SNO,CNO}作为主键。

通过分析关系模式 R(U)，我们可以发现下面两类问题。

（1）数据大量冗余，表现如下：

- 每门课程的任课教师姓名必须对选修该门课程的学生重复 1 次。
- 每门课程的任课教师所在的系名必须对选修该门课程的学生重复 1 次。

（2）更新出现异常（Update Anomalies），表现如下：

- 修改异常（Modification Anomalies）。如果更换一门课程的任课教师，则数据库中有关该门课程的全部元组都必须修改。如果不慎漏改了一部分元组，就会出现数据的不一致错误。
- 插入异常（Insert Anomalies）。由于主属性值不能取空值，如果某系的一位教师不开课或一位教师所开的课程无人选修，则这位教师的姓名和所属的系名就不能插入；如果一门课程列入计划而目前不开，则有关这门课的数据（CNO、TNAME 和 TDPT）也无法插入。
- 删除异常（Deletion Anomalies）。由于主属性值不能取空值，如果所有学生都退选一门课，则有关这门课的其他数据（TNAME 和 TDPT）也将被删除；同样，如果一位教师因故暂停授课，则这位教师的其他信息（TDPT，CNO）也将被删除。

3.1.2 问题的分析

出现这两类问题的根本原因在于关系的结构。1 个关系可有 1 个或多个候选键，其中 1 个可选为主键。主键的值唯一确定其他属性的值，是各个元组间区别的标识，也是一个元组存在的标识。候选键不能有重复值或空值。本来这些候选键都可作为独立的关系存在，实际上却不得不依附其他关系而存在。这就是关系结构带来的限制，它不能正确反映现实世界的真实情况。

如果在构造关系模式的时候，不从语义上研究和考虑属性间的这种关联，而是简单地将有关系的和无关系的、关系密切的和关系松散的、具有此种关联的和有彼种关联的属性随意编排在一起，就必然发生某种冲突，引起某些"排它"现象出现，即冗余度水平较高，更新产生异常。

解决问题的根本方法就是将关系模式进行分解，也就是进行关系的规范化。

3.1.3　问题的解决方案

由上面的讨论可以知道，在关系数据库的设计当中，不是随便一种关系模式设计方案都是可行的，更不是任何一种关系模式都是可以投入应用的。由于数据库中每一个关系模式的属性之间需要满足某种内在的必然联系，因此，设计一个好的数据库的根本方法是先要分析和掌握属性间的语义关联，然后再依据这些关联得到相应的设计方案。

目前，人们认识到属性之间一般有两种依赖关系：一种是函数依赖关系，一种是多值依赖关系。函数依赖关系与更新异常密切相关，多值依赖与数据冗余密切联系。基于对这两种依赖关系不同层面上的具体要求，人们又将属性之间的联系分为若干等级，即关系的范式。

因此，解决问题的基本方案就是分析研究属性之间的联系，按照其所处的等级规范来构造关系。由此产生的理论称为关系数据库的规范化理论，它是设计关系数据库必须依据的重要理论。

3.2　函数依赖

3.2.1　函数依赖的概念

设有关系模式 $R(A_1,A_2,...,A_n)$，简记为 $R(U)$，其中 $U=\{A_1,A_2,...,A_n\}$。设 X、Y 是 U 的子集，r 是 R 的任一具体关系，若 r 的任意两个元组 r_1、r_2 满足 $r_1[X]=r_2[X]$（元组 r_1、r_2 在 X 上的属性值相等），$r_1[Y]=r_2[Y]$（元组 r_1、r_2 在 Y 上的属性值相等），则称 X 函数决定 Y（或 Y 函数依赖于 X），记为 X→Y，称 X→Y 为 R 的一个函数依赖（简称 FD）。

可以这样理解：X→Y 的意思是在当前值 r 的两个不同元组中，如果 X 值相同，则 Y 值也相同；或者说，对于 X 的每一个具体值，都有 Y 唯一的具体值与之对应，即 Y 值由 X 值决定。

若 X→Y，并且 Y→X，则记为 X←→Y；若 Y 不依赖于 X，则记为 X↛Y。

几点说明：

（1）函数依赖 X→Y 的定义，强调模式 R 的任意具体关系 r 应具有的特性，而不是某个或某几个具体关系具有的特性。

（2）函数依赖 X→Y 的定义，强调具体关系的任意两条记录 r_1、r_2 具有的特性，而不是某两条记录具有的特性。

（3）函数依赖经常是自然产生的。例如，设 R 是一个实体集合，$U=\{A_1,A_2,...,A_n\}$ 是 R 的属性集合，X 是 R 的一个候选键（属性集合），则对任何属性子集 $Y\subseteq U$，有 X→Y（即使 X 与 Y 有共同属性），因为 r 是一个实体集合，r 的元组表示实体，而实体由候选键标识，因此，X 属性子集上值相同的两个元组应表示同一实体，从而应是相同的元组。

（4）函数依赖是语义范畴的概念。只能根据语义来确定函数依赖。例如，"姓名→年龄"这个函数依赖仅在没有相同姓名的条件下成立。因此，在关系模式 R 中，要判断 FD 是否成立，唯一的办法是仔细考察属性的含义。从这个意义上说，函数依赖是对现实世界的断言，只要在模式定义时把模式遵守的函数依赖通知 DBMS，则数据库运行时，DBMS 会自动检查关系的合法性。这意味着数据库设计者可对现实世界作出强制规定。例如规定关系中不允许相同姓名的人出现，从而使"姓名→年龄"成立，插入新元组时必须满足该函数依赖，如果关系中已有与新元组相同姓名的人存在，则拒绝插入该新元组。

例 3-1 设有关系模式 R(SNO,SNAME,CNO,SG,CNAME,TNO,TNAME)，其中，SNO 为学号，SNAME 为姓名，CNO 为课程号，SG 为成绩，CNAME 为课程名。在 R 的关系 r 中，存在如下函数依赖：

> SNO→SNAME（每个学号只能有 1 个学生姓名，SNAME 函数依赖于 SNO）
> CNO→CNAME（每个课程号只能对应 1 门课程名，CNAME 函数依赖于 CNO）
> (SNO,CNO)→SG（每个学生学习一门课只能有 1 个最终成绩，SG 函数依赖于 SNO 和 CNO）

3.2.2 函数依赖的分类

设有关系模式 R(U)，X、Y、Z 分别是 U 的子集，成绩表 r(SNO,CNO,SNAME,SG,TNO,TNAME)是 R 的一个关系，SNO 和 CNO 构成 r 的主键（各属性含义同例 3-1）。

（1）完全函数依赖：若 X→Y，且对于 X 的任一真子集 X1，X1→Y 均不成立，则称 Y 完全依赖于 X。

例如，r 中：(SNO,CNO)→SG，SNO↛SG，CNO↛SG，所以(SNO,CNO)→SG 是完全函数依赖。

（2）部分函数依赖：若 X→Y，且存在 X 的一个真子集 X1，使得 X1→Y，则称 Y 部分依赖于 X。

例如，r 中：(SNO,CNO)→SNAME，SNO→SNAME，所以(SNO,CNO)→SNAME 是部分函数依赖。

（3）传递函数依赖：若 X→Y 且 Y→Z，而 Y↛X，则有 X→Z，称 Z 传递函数依赖于 X。

例如，r 中：(SNO,CNO)→TNO，TNO→TNAME，且 TNO↛(SNO,CNO)，所以(SNO,CNO)→TNAME 是传递函数依赖。

（4）平凡函数依赖：若 X→Y，且 Y 为 X 的子集，则称 X→Y 是平凡函数依赖。

例如，r 中：SNO 是(SNO,CNO)的子集，所以(SNO,CNO)→SNO 是平凡函数依赖。

（5）非平凡函数依赖：若 X→Y，但 Y 不是 X 的子集，则称 X→Y 是非平凡函数依赖。

例如，r 中：SG 不是(SNO,CNO)的子集，所以(SNO,CNO)→SG 是非平凡函数依赖。

3.2.3 函数依赖的逻辑蕴涵与推理规则

1. 函数依赖的逻辑蕴涵

设 U 为关系模式 R(U,F)的所有属性的集合，F 为属性集 U 上的所有函数依赖的集合，X、Y 是 U 的子集，如果从 F 能推出函数依赖 X→Y，则称 F 逻辑蕴涵 X→Y。

2. 函数依赖的推理规则

前面提到由函数依赖集可推出另外的函数依赖，那么从一个函数依赖集如何推出另外一个函数依赖？推理依据什么规则呢？函数依赖的推理规则由 W.W.Armstrong 在 1974 年首先提出，称为 Armstrong 公理系统，该系统由 3 条公理和 3 条推理规则构成。

设有关系 R(U)，U 是 R 属性的集合，F 是 R 上函数依赖的集合。

（1）Armstrong 公理系统的 3 条公理。

（a）自反律：如果 Y⊆X⊆U，则 F 逻辑蕴涵 X→Y。

（b）增广律：若 F 逻辑蕴涵 X→Y，且 Z⊆U，则 F 逻辑蕴涵 XZ→YZ。

（c）传递律：F 逻辑蕴涵 X→Y、Y→Z，则 F 逻辑蕴涵 X→Z。

（2）Armstrong 公理系统的 3 条推理规则。

（a）合并规则：若 F 逻辑蕴涵 X→Y、X→Z，则 X→YZ。

证明：利用增广律扩充函数依赖 X→Y、X→Z，得 X→XY，XY→YZ；由传递律得 X→YZ。

（b）伪传递规则：F 逻辑蕴涵 X→Y、WY→Z，则 XW→Z。

证明：利用增广律扩充函数依赖 X→Y，得 WX→WY；由 WX→WY、WY→Z，根据传递律得 XW→Z。

（c）分解规则：F 逻辑蕴涵 X→Y 且 Z⊆Y，则 F 逻辑蕴涵 X→Z。

证明：由 Z⊆Y，根据自反律得 Y→Z；再由 X→Y、Y→Z，根据传递律得 X→Z。

定理 3-1 函数依赖 X→Y 逻辑蕴涵于 F 的充要条件是函数依赖 X→Y，可根据 F，由 Armstrong 推理规则推出。即若 F 逻辑蕴涵 X→Y，则 X→Y 一定能根据 F，由 Armstrong 推理规则推出；若 X→Y 能根据 F，由 Armstrong 推理规则推出，则 F 逻辑蕴涵 X→Y。

3.2.4 函数依赖集的闭包与属性闭包

设 F 是函数依赖集，F 及由 F 推出的所有函数依赖（即为 F 所逻辑蕴涵的函数依赖的集合），称为函数依赖集 F 的闭包，记为 F^+。

一般情况下，$F \leqslant F^+$。如果 $F = F^+$，则称 F 是函数依赖的完备集。

设有关系模式 R(U,F)，X 是 U 的子集，称所有利用 Armstrong 公理系统从 F 推出的函数依赖集 $X→A_i$ 中，A_i 的属性集为 X 的属性闭包，记作 X_F^+。即：

$$X_F^+ = \{A_i | A_i \in U, X→A_i \in F^+\}$$

由公理的自反性可知 X→X，因此 $X \subseteq X_F^+$。

算法 3-1 求属性集闭包 X_F^+ 的算法。

输入：有限的属性集合 U，U 上面的函数依赖集合 F，U 的一个子集 X。

输出：X 关于 F 的闭包 X_F^+。

方法：1）置 X_F^+ 的初值为 X；

2）依次扫描 F 中的每个函数依赖 Y→Z，若 $Y \subseteq X_F^+$ 且 $Z \not\subset X_F^+$，则置 $X_F^+ = X_F^+ \cup Z$；

3）输出 X_F^+，算法结束。

例 3-2 设有关系模式 R(U,F)，其中 U={ABCDE}，F={AB→C,B→D,C→E,EC→B,AC→B}，求 $(AB)_F^+$。（注："ABCDE"为"A,B,C,D,E"的简写，其他类同）。

解：1）置 $(AB)_F^+ = AB$；（置属性集闭包 $(AB)_F^+$ 初值为{AB}）

2）依次扫描 F 中的每个函数依赖，

∵AB→C，$AB \subseteq (AB)_F^+$，$C \not\subset (AB)_F^+$

∴$(AB)_F^+ = (AB)_F^+ \cup C = ABC$，扫描下一个函数依赖，

∵B→D，$B \subseteq (AB)_F^+$，$D \not\subset (AB)_F^+$

∴$(AB)_F^+ = (AB)_F^+ \cup D = ABCD$，扫描下一个函数依赖，

$\because C \rightarrow E$，$C \subseteq (AB)_F^+$，$E \not\subset (AB)_F^+$

$\therefore (AB)_F^+ = (AB)_F^+ \cup E = ABCDE$，扫描下一个函数依赖，

$\because EC \rightarrow B$，$EC \subseteq (AB)_F^+$，$B \subseteq (AB)_F^+$

$\therefore (AB)_F^+$ 不变，扫描下一个函数依赖，

$\because AC \rightarrow B$，$AC \subseteq (AB)_F^+$，$B \subseteq (AB)_F^+$

$\therefore (AB)_F^+$ 不变，扫描结束。

3）输出：$X_F^+ = ABCDE$ 即 $X_F^+ = \{A,B,C,D,E\}$。

3.2.5 函数依赖集的覆盖和等价

1. 函数依赖集等价的概念

设 F 和 G 是两个函数依赖集，如果 F 中的每个函数依赖都在 G^+ 中（即 F 中的每个依赖都可从 G 推导出），则称 G 覆盖 F；如果 $F^+ = G^+$，则称 F 和 G 等价（即 F 覆盖 G 且 G 覆盖 F）。

2. 判定两函数依赖集等价的方法

（1）在 G 上计算 X_G^+，看是否 $Y \subseteq X_G^+$。若是，则说明 $X \rightarrow Y \in G^+$，于是继续检查 F 中的其他依赖，如果全部满足 $X \rightarrow Y \in G^+$，则 $F \subseteq G^+$。

（2）如果在检查中发现有一个 $X \rightarrow Y$ 不属于 G^+，就可以判定 $F \subseteq G^+$ 不成立，即 F 和 G 不等价。

（3）如果经判断 $F \subseteq G^+$，则类似地重复上述做法，判断是否 $G \subseteq F^+$，如果成立则可断定 F 和 G 等价。

定理 3-2 $F^+ = G^+$ 的充分必要条件是 $F \subseteq G^+$ 且 $G \subseteq F^+$。

3.2.6 函数依赖集的最小化

1. 最小函数依赖集的定义

如果函数依赖集 F 同时满足下列 3 个条件，则称 F 为一个极小函数依赖集（亦称为最小依赖集或最小覆盖），记为 F_{min}（F_m）。

（1）F 中任一函数依赖的右部都是单属性（仅含有一个属性）。

（2）F 中的任一函数依赖 $X \rightarrow A$，其 $F-\{X \rightarrow A\}$ 与 F 不等价。

（3）F 中的任一函数依赖 $X \rightarrow A$，其 X 有真子集 Z，$F-\{X \rightarrow A\} \cup \{Z \rightarrow A\}$ 与 F 不等价。

在这个定义中，第一个条件说明在最小函数依赖集中的所有函数依赖都应该是"右端没有多余属性"的最简单的形式；第二个条件保证了最小函数依赖集中无多余的函数依赖；第三个条件要求最小函数依赖集中的每个函数依赖的左端没有多余属性。

2. 最小函数依赖集的求法

定理 3-3 每一个函数依赖集 F 均等价于一个极小函数依赖集 F_m，此 F_m 称为 F 的最小依赖集。

算法 3-2 求最小函数依赖集的算法（本算法也是对定理 3-3 的证明）。

可以分三步对 F 进行"极小化处理"，找出 F 的一个最小依赖集。

（1）逐一检查 F 中各函数依赖 X→Y，若 Y=$A_1A_2…A_k$，k≥2，则用{X→A_j|j=1,2,…k}取代 X→Y。

（2）逐一检查 F 中各函数依赖 X→A，令 G=F-{X→A}，若 A∈X_G^+，则从 F 中去掉此函数依赖（因为 F 与 G 等价的充要条件是 A∈X_G^+）。

（3）逐一取出 F 中各函数依赖 X→A，设 X=$B_1B_2…B_m$，逐一检查 B_i（i=1,2,…,m），如果 A∈$(X-B_i)_F^+$，则以 X-B_i 取代 X（因为 F 与 F-{X→A}∪{Z→A}等价的充要条件是 A∈Z_F^+，其中 Z=X-B_i）。

因为对 F 的每一次改造都保证了改造前后的两个函数依赖集等价，所以最后得到的 F 就是极小依赖集，并且与原来的 F 等价。

F 的最小函数依赖集 F_m 不一定唯一。F_m 与对各函数依赖及 X→A 中 X 各属性的处置有关。

例 3-3　设 F={A→BC,B→AC,C→A}，对 F 进行极小化处理。

解：

（1）根据分解规则把 F 中的函数依赖转换成右部都是单属性的函数依赖集合，分解后的函数依赖集仍用 F 表示：

F={A→B,A→C,B→A,B→C,C→A}。

（2）去掉 F 中冗余的函数依赖。

1）判断 A→B 是否冗余。

设：G1={A→C,B→A,B→C,C→A}，得 A_{G1}^+=AC。

∵B∉A_{G1}^+，∴A→B 不冗余。

2）判断 A→C 是否冗余。

设：G2={A→B,B→A,B→C,C→A}，得 A_{G2}^+=ABC。

∵C∈A_{G2}^+，∴A→C 冗余（以后的检查不再考虑 A→C）。

3）判断 B→A 是否冗余。

设：G3={A→B,B→C,C→A}，得 B_{G3}^+=BCA。

∵A∈B_{G3}^+，∴B→A 冗余（以后的检查不再考虑 B→A）。

4）判断 B→C 是否冗余。

设：G4={A→B,C→A}，得 B_{G4}^+=B。

∵C∉B_{G4}^+，∴B→C 不冗余。

5）判断 C→A 是否冗余。

设：G5={A→B,B→C}，得 C_{G5}^+=C。

∵A∉C_{G5}^+，∴C→A 不冗余。

由于该例中的函数依赖表达式的左部均为单属性，因而它不需要进行算法 3-2 中第 3 步的检查。上述结果为最小函数依赖集，用 F_m 表示为

F_m={A→B,B→C,C→A}。

例 3-4　求 F={AB→C,A→B,B→A}的最小函数依赖集 F_m。

解：

（1）将 F 中的函数依赖都分解为右部为单属性的函数依赖：F 已经满足该条件。

（2）去掉 F 中冗余的函数依赖。

1）判断 AB→C 是否冗余。

设：G1={A→B,B→A}，得：$(AB)^+_{G1}$=AB

∵ C∉ $(AB)^+_{G1}$ ∴ AB→C 不冗余

2）判断 A→B 是否冗余：

设：G2={AB→C,B→A}，得：A^+_{G2}=A

∵ B∉ $(AB)^+_{G2}$ ∴ A→B 不冗余

3）判断 B→A 是否冗余。

设：G3={AB→C,A→B}，得：B^+_{G3}=B

∵ A∉ B^+_{G3} ∴ B→A 不冗余

经过检验后的函数依赖集仍然为 F。

（3）去掉各函数依赖左部冗余的属性。本题只需考虑 AB→C 的情况。

方法 1：在决定因素中去掉 B，若 C∈A^+_F，则以 A→C 代替 AB→C。

求得：A^+_F=ABC

∵ C∈A^+_F ∴ 以 A→C 代替 AB→C ∴F_m={A→C,A→B,B→A}

方法 2：在决定因素中去掉 A，若 C∈B^+_F，则以 B→C 代替 AB→C。

求得：B^+_F=ABC

∵ C∈B^+_F ∴ 以 B→C 代替 AB→C ∴F_m={B→C,A→B,B→A}

3．极小化算法在数据库设计中的应用

在数据库的概念模型设计中，实体及属性的冗余可以通过分析确定，而联系的冗余可以通过函数依赖集的极小化算法查出和消除。

利用函数依赖集最小化算法消除概念模型中的联系冗余的步骤如下所述。

（1）把 E-R 图中的实体、联系和属性符号化。符号化的信息模型比较简洁，有利于化简。

（2）将实体之间的联系用实体主键之间的联系表示，并转换为函数依赖表达式。

● 对于 1:1 联系，将其转化为两个函数依赖表达式。例如图 3-1 中的 1:1 联系可转化为 A.a→B.b 和 B.b→A.a，实体集 A 和 B 的主键分别为 a 和 b。

图 3-1 实体间 1:1 联系

● 对于 1:N 的联系，将每个联系转化为一个函数依赖表达式。函数依赖表达式中的决定因素为联系的 N 方实体集，依赖因素为 1 方实体集。例如，图 3-2 中的 1:N 联系可转化为 B.b→A.a，实体集 A 和 B 的主键分别为 a 和 b。

图 3-2 实体间 1:N 联系

- 对于 M:N 的联系，将每个联系转化为一个函数依赖表达式。函数依赖表达式中的决定因素为相关实体集的组合，依赖因素为联系的属性（当联系无属性时，依赖因素为联系名）。例如，图 3-3 可以转化为（A.a，B.b）→c。

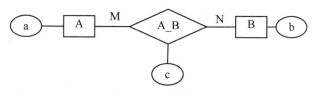

图 3-3　实体间 M:N 联系

（3）利用求函数依赖集的最小化算法进行极小化处理。处理时应把重要的联系放在后面，以免冗余时被消除。

（4）重新确定函数依赖集。设原函数依赖表达式集合为 F，最小函数依赖集为 G，差集为 D，则 D=F-G。逐一考查 D 中每一个函数依赖表达式，根据实际情况确定是否应该去掉。最后得出一组函数依赖表达式。用新得出的函数依赖表达式形成新 E-R 图。

3.2.7　候选键

本书第 2 章曾介绍过键的概念，候选键常简称为键或码。这里我们从函数依赖的角度对候选键进行定义，并复习几个相关的重要概念。

1．候选键的定义与求法

设有关系模式 R(U)，F 是 R 上的函数依赖集，K 是 U 的 1 个子集。如果 F 逻辑蕴涵 K→U，且不存在 K 的任何真子集 K_1 使得 F 逻辑蕴涵 K_1→U，则称 K 是 R 的候选键。

该定义也可以用 F 的闭包形式表述如下：

设 $R(A_1,A_2,...,A_n)$ 为一关系模式，F 为 R 所满足的一组函数依赖，K 为 $\{A_1,A_2,...,A_n\}$ 的 1 个子集，如果 K 满足下列两个条件，则称 K 是关系模式 R 的候选键。

1）K→A_1、K→A_2、…、K→A_n 均∈F^+。

2）不存在 K 的任何真子集 K_1，使得 K_1→A_1、K_1→A_2、…、K_1→A_n∈F^+。

上述定义实际上也就是求关系模式键的方法。

2．几个相关的重要概念

- 主键（也称关键字），当候选键多于 1 个时，可以选中其中的 1 个作为主键。
- 所有候选键的属性都称为主属性。
- 不包含在任何候选键中的属性称为非主属性。

例 3-5　关系模式 T(学号,课程号,教师号,教师姓名,联系电话)。在 T 中存在下列自然的函数依赖集：

F={(学号,课程号)→教师号,教师号→教师姓名,教师号→联系电话}。

确定候选键、关键字、主属性、非主属性。

分析：

由函数依赖集 F，根据传递规则可以推出：(学号,课程号)→教师姓名，(学号,课程号)→联系电话。

根据自反律可以推出：(学号,课程号)→(学号,课程号)。

根据增广律推出：(学号,课程号)→(学号,课程号,教师号,教师姓名,联系电话)。

由上可知，(学号,课程号)是该关系模式的候选键，并且在这个关系模式中没有其他的候选键，因此该关系模式的主属性有学号、课程号；非主属性有教师号、教师姓名。

3.3 关系模式的范式

在 3.1 节中我们考察了不好的关系模式存在的问题，并指出这些问题的产生与关系模式中的函数依赖集有关。现在我们来讨论好的关系模式应具备的性质，即关系的规范化问题。

3.3.1 第一范式

如果关系模式 R 的每个属性都是简单属性（不可再细分的简单项，不是属性组合或组属性），则称 R 属于第一范式（First Normal Form），简称为 1NF，记为 R∈1NF。

例 3-6 关系模式 R(教师号,教师姓名,联系方式,课程号,课程名)，其中的联系方式由联系电话和通信地址两列组成，不是简单属性，因此 R 不属于 1NF，是非规范化关系。应当把 R 中的联系方式分解为联系电话、通信地址两个属性，使 R 的每个属性都是简单属性，从而使 R 属于 1NF。

第一范式只要求关系模式的关系是标准的二维表，没有论及关系模式中所存在的函数依赖关系。这种范式是规范化的关系模式最基本的要求，是所有范式的基础。

3.3.2 第二范式

如果关系模式 R∈1NF，且每一个非主属性完全函数依赖于 R 的某个候选键，则称 R 属于第二范式（简称为 2NF），记为 R∈2NF。

2NF 就是不允许关系模式的非主属性与候选键之间的部分函数依赖。

例 3-7 设关系模式 R(教师号,教师姓名,联系电话,课程号,课程名)中，每位教师只有 1 个教师号、1 个姓名、1 个联系电话，1 门课程可由多位教师授课。则 R 的候选键是(教师号,课程号)，即：

        (教师号,课程号)→教师姓名，

        (教师号,课程号)→联系电话，

        (教师号,课程号)→课程名。

但教师号、课程号分别是(教师号,课程号)的子集，实际上：

        教师号→教师姓名，

        教师号→联系电话，

        课程号→课程名。

也就是说在关系 R 中存在着非主属性对候选键的部分依赖。因此关系 R 不是第二范式。

考虑将关系 R 分解为

        R1 (教师号,教师姓名,联系电话)，

        R2 (教师号,课程号,课程名)。

则由于 R1 的候选键只有教师号，在 R1 中不存在非主属性对候选键的部分函数依赖，因此 R1∈2NF。

3.3.3　第三范式

如果关系模式 R∈2NF，且每一个非主属性都不传递依赖于某个候选键，则称 R 属于第三范式（简称为 3NF），记为 R∈3NF。

例 3-8　关系模式 S(SNO,SNAME,SAGE,DNO,DNAME)，其中，SNO 为学生学号；SNAME 为学生姓名；SAGE 为学生年龄；DNO 为学生所在的系号；DNAME 为学生所在系的系名。

这个关系模式中存在的函数依赖集为

F={SNO→NAME,SNO→SAGE,SNO→DNO,DNO→DNAME}。

在这个关系模式中，显然 SNO→(SNO,SNAME,SAGE,DNO,DNAME)，即 SNO 是关系模式的候选键，且是唯一的候选键，并且非主属性对候选键是完全函数依赖，不存在非主属性对候选键的部分函数依赖。因此，关系模式 S∈2NF。然而 SNO→DNAME 由 SNO→DNO、DNO→DNAME 两个函数依赖推出，我们称系名（DNAME）传递依赖于学号（SNO），因此 S 不属于第三范式。

考察关系模式 S 的关系实例，很容易发现这种关系中同样存在着前面提到的数据存储和数据操作的弊端。如果我们将上述关系分解成：

S1=(SNO,SNAME,SAGE,DNO)，

S2=(DNO,DNAME)。

则 S1∈3NF，S2∈3NF。它们各自的关系实例克服了存储上的数据冗余和操作上的更新异常、删除异常、插入异常等问题。

说明：还可以从直观的角度来判断一个关系模式是否是 3NF。如果关系模式属于 3NF，那么，不允许关系模式的属性之间存在这样的非平凡函数依赖 X→Y：X 不包含候选键，Y 是非主属性。对于例 3-8 的关系模式 S(SNO,SNAME,SAGE,DNO,DNAME)，候选键是 SNO，但在它的函数依赖集 F 中存在这样的函数依赖，DNO→DNAME，而 SNO 不包含 DNO，所以 S 不属于 3NF。

3.3.4　BCNF 范式

BCNF 由 Boyce 和 Codd 提出，通常认为是 3NF 的改进形式。

设 R(U,F)是一个关系模式，如果 R∈1NF 且 R 的每个属性都不传递依赖于 R 的候选键，则称 R 满足 BCNF 范式（Boyce-Codd 范式），记为 R∈BCNF。

换句话说：如果 R 的 F 中每一个函数依赖 X→Y，其决定因素 X 都是键，则 R∈BCNF。

由 BCNF 范式的定义可知：

1）所有非主属性对于每一个键都是完全函数依赖的。

2）所有主属性对于每一个不含有它的键也是完全函数依赖的。

3）任何属性都不会完全依赖于非键的任何一组属性。

BCNF 的本质在于其中的每个决定因素都是键。即在 BCNF 中，除了键决定其所有属性之外，没有其他的非平凡函数依赖，特别是没有非主属性作为决定因素的非平凡函数依赖。

由于 BCNF 排除了任何属性对键的传递依赖和部分依赖，所以，如果 R∈BCNF，则必定 R∈3NF；但是，如果 R∈3NF，不一定有 R∈BCNF 成立。因此，BCNF 比 3NF 更为严格。

例 3-9 设关系模式 STC(SNO,TNO,CNO)代表学生选课信息。其中，SNO 为学生学号；TNO 为教师号；CNO 为课程号。规定每位教师只教 1 门课程，每门课程可由多位教师讲授，每位学生的每一门课程只由 1 位教师授课。因此，对于 STC 有：SNO、CNO 函数决定 TNO；TNO 函数依赖于 CNO；SNO、TNO 函数决定 CNO。所以，STC 不属于 BCNF。

考虑把 STC 分解为 SC(SNO,CNO)和 ST(SNO,TNO)两个关系模式，则 SC∈BCNF、ST∈BCNF。

3.3.5 多值依赖与第四范式

1. 多值依赖

设有关系模式 R(U)，U 是属性集，X、Y、Z 是 U 的子集，Z=U-X-Y。如果 R 的任一关系，对于 X 的一个确定值，都存在 Y 的一组值与之对应，且 Y 的这组值又与 Z 中的属性值不相关，则称 Y 多值依赖于 X，或称 X 多值决定 Y，记为 X→→Y。

多值依赖具有以下性质：

- 多值依赖具有对称性，如果 X→→Y，则 X→→Z。
- 多值依赖中，若 X→→Y 且 Z≠φ，则 X→→Y 为非平凡的多值依赖，否则为平凡的多值依赖。
- 函数依赖可以看作多值依赖的特例，如果 X→Y，则 X→→Y。

多值依赖与函数依赖之间存在以下区别：

- 多值依赖的有效性与属性集的范围有关。在关系模式 R 中，函数依赖 X→Y 的有效性仅仅决定于 X、Y 这两个属性集；在多值依赖中，X→→Y 在 U 上是否成立，还要检查 Z 的值。因此，即使 X→→Y 在 V 上成立(V⊂U)，但在 U 上不一定成立。
- 多值依赖没有自反律。如果函数依赖 X→Y 在 R 上成立，则对于任何 Y′⊂Y，都有 X→Y′成立；对于多值依赖 X→→Y，如果在 R 上成立，却不一定对于任何 Y′⊂Y 都有 X→→Y′成立。

2. 第四范式

设 R∈1NF，如果对于 R 的每个非平凡多值依赖 X→Y(YX)，X 都含有键，则称 R 属于第四范式（简称为 4NF），记为 R∈4NF。

4NF 限制关系模式的属性之间不能有非平凡且非函数依赖的多值依赖。因为 4NF 要求每个非平凡多值依赖 X→→Y，X 都含有键，则必然有 X→Y，所以 4NF 所允许的非平凡多值依赖实际上是函数依赖。显然，如果 R∈4NF，则 R∈BCNF。

例 3-10 设关系模式 SPW(SNO,SPN,SWN)代表学生的娱乐爱好（如足球）和社会兼职（如家教）信息（其中，SNO 为学生学号；SPN 为娱乐爱好；SWN 为社会兼职）。

由于每个学生可以有零个或多个娱乐爱好和社会兼职，故 SNO 与 SPN、SWN 之间是一对多关系，且 SPN 与 SWN 无直接联系（即设 SU=(SNO,SPN,SWN)，则 SWN=U-SNO-SPN），即有 SNO→→SPN、SNO→→SWN，使得 SPW 表中可能有数据冗余，有大量空值存在。显然，SPW 不属于 4NF。

考虑把 SPW 分解为 SP(SNO,SPN)、SW(SNO,SWN)两个关系模式，则 SP∈4NF、SW∈4NF。

3.3.6　连接依赖与第五范式

1. 连接依赖

设 R(U)是属性集 U 上的关系模式，X_1、X_2、...、X_n 是 U 的子集，且 $X_1 \cup X_2 \cup ... \cup X_n = U$，如果 $R = R_{(X_1)} \bowtie R_{(X_2)} \bowtie ... \bowtie R_{(X_n)}$ 对 R 的一切关系均成立，则称 R 在 X_1、X_2、...、X_n 上具有 n 目依赖连接，记为 $\bowtie [[X_1][X_2]...[X_n]]$。

连接依赖也是一种数据依赖，它不能直接从语义中推出，只能从连接运算中反映出来。

例 3-11　设关系模式 SPW(SNO,SPN,SWN)。设有关系 SPW,如果将 SPW 模式分解为 SP、PW、WS，并进行 SP⋈PW 及 SP⋈PW⋈WS 的自然连接，其操作数据及连接结果如图 3-4 所示。从图中可以看出，SPW 中存在连接依赖 $\bowtie [SP][PW][WS]$。

SPW

SNO	SPN	SWN
s1	p1	w2
s1	p2	w1
s2	p1	w1
s1	p1	w1

SP

SNO	SPN
s1	p1
s1	p2
s2	p1

PW

SPN	SWN
p1	w2
p2	w1
p1	w1

WS

SWN	SNO
w2	s1
w1	s1
w1	s2

SP⋈PW

SNO	SPN	SWN
s1	p1	w2
s1	p1	w1
s1	p2	w2
s1	p2	w1
s2	p1	w2
s2	p1	w1

SP⋈PW⋈WS

SNO	SPN	SWN
s1	p1	w2
s1	p2	w1
s2	p1	w1
s1	p1	w1

图 3-4　连接依赖举例

2. 第五范式

如果关系模式 R 中的每个连接依赖均由 R 的候选键所隐含（即在连接时，所连接的属性均为候选键），则称 R 属于第五范式（简称为 5NF），记为 R∈5NF。

例 3-11 中，因为 SPW 仅有的候选键(SNO,SPN,SWN)不是 SPW 的 3 个投影 SP、PW、WS 自然连接的公共属性，所以 SPW ∉ 5NF。

因为多值依赖是连接依赖的特例，所以任何 5NF 的关系自然都符合 4NF。而且任何关系模式都能无损分解成等价的 5NF 的关系模式的集合。

关系模式如果不符合 5NF，在原表与分解后的子表间进行数据插入和删除时，为保持其无损连接性（关于无损连接，请参见 3.4.1 节），会出现一些问题。

例 3-12　对于关系模式 SPW(SNO,SPN,SWN)，设有关系 SPW（其数据如图 3-5（a）所示）和它的分解子表 SP、PW、WS。现要在 SPW 中插入 1 个元组(s2,p1,w1)，变成如图 3-5（b）所示的形式，此时其相应的分解子表 SP、PW、WS 分别如图 3-5（c）、（d）、（e）所示。要保证分解具有无损连接性，在 SPW 插入上述元组后，还必须插入元组(s1,p1,w1)，插入后的 SPW 表如图 3-5（f）所示。

SPW（原表）

SNO	SPN	SWN
s1	p1	w2
s1	p2	w1

（a）

SPW[插入(s2,p1,w1)后]

SNO	SPN	SWN
s1	p1	w2
s1	p2	w1
s2	p1	w1

（b）

SP

SNO	SPN
s1	p1
s1	p2
s2	p1

（c）

PW

SPN	SWN
p1	w2
p2	w1
p1	w1

（d）

WS

SWN	SNO
w2	s1
w1	s1
w1	s2

（e）

SPW

SNO	SPN	SWN
s1	p1	w2
s1	p2	w1
s2	p1	w1

（f）

图 3-5　不符合 5NF 的关系在数据插入时出现的问题举例

3.3.7　关系模式规范化小结

关系模式的规范化实际上是要求关系模式满足一定条件，从而防止数据存储中出现数据冗余，数据操作时出现操作异常。如果只从函数依赖（单值依赖）的角度出发，关系模式的范式有 4 类：1NF、2NF、3NF、BCNF。其中，1NF 是对关系模式最基本的要求，其后几种范式都是对前一种范式做进一步的限定，BCNF 范式是其中最高的范式。如果考虑存在多值依赖、连接依赖，则其范式的标准将进一步提高到 4NF、5NF。这些范式之间存在关系：1NF ⊃ 2NF ⊃ 3NF ⊃ BCNF ⊃ 4NF ⊃ 5NF。

（1）规范化的目的：减少数据冗余，解决数据插入、删除中出现的异常等问题。

（2）规范化的原则：从关系模式中各个属性之间的依赖关系（函数依赖、多值依赖、连接依赖）着眼，尽力做到每个模式只用来表示客观世界中的"一个"事件。

（3）规范化的方法：采用模式分解（见 3.4 节）的方法。

（4）规范化的过程：规范化的过程就是一个不断消除属性依赖关系中某些弊病的过程，实际上就是从 1NF 到 5NF 的逐步递进的过程，如图 3-6 所示（消除决定因素中非主属性的非平凡多值依赖）。

1NF
↓　消除非主属性对主键的部分依赖
2NF
↓　消除非主属性对主键的传递依赖
3NF
↓　消除主属性对主键的部分依赖和传递依赖
BCNF
↓　消除非平凡且非函数依赖的多值依赖
4NF
↓　消除不是由候选键蕴涵的连接依赖
5NF

图 3-6　各种范式及规范化过程

（5）说明：规范化理论研究如何通过规范以解决数据冗余和更新异常现象，数据库设计中构建关系模式必须对此加以考虑。但客观世界是复杂的，构建模式时还需考虑其他多种因素，并不是规范化程度越高模式就越好。如果模式分解过多，数据查询时较多的连接运算必然影响查询速度。因此实际上需综合多方面因素，统一权衡利弊，设计出一个较切合实际的合理模式，一般分解到 3NF 即可。

3.4　关系模式的分解

解决关系模式的冗余、插入异常和删除异常问题的方法是将其分解。在分解中会涉及一些新问题，这些新问题的实质是如何能够通过分解而保持原来关系模式的特性。这些特性就是函数依赖。也即原关系模式的函数依赖通过分解并不丢失。因此要求分解具备无损连接性和保持其原有的函数依赖。这也是评价一个分解是否合理的一个标准。

1. 关系模式分解的定义

设有关系模式 $R=A_1A_2…A_n$，R_1、R_2、…、R_k 都是 R 的子集，其中 $R=R_1 \cup R_2 \cup … \cup R_k$。关系模式 R_1、R_2、…、R_k 的集合用 ρ 表示，$\rho=\{R_1,R_2,…,R_k\}$。用 ρ 代替 R 的过程称为关系模式的分解。此处 ρ 称为 R 的一个分解，也称为数据库模式。

其中，关系模式 R 称为泛关系模式，R 的当前值 r 称为一个泛关系。数据库模式 ρ 对应的当前值 σ 称为数据库实例。它是由数据库模式中每一个关系模式 R_i 的当前值组成，记为

$\sigma=<r_1,r_2,…r_k>$。

关系模式的分解不仅是其属性集的分解，更是对关系模式的函数依赖集及关系模式的当前值的分解。

2. 关系模式分解的原则与衡量标准

关系模式的分解有几个不同的衡量标准：①分解具备无损连接性；②分解要保持函数依赖；③分解既要保持函数依赖，又要具备无损连接性。

一般而言，关系模式的分解原则上要求既要保持函数依赖（意味着分解不会导致数据库的完整性约束被破坏），又要具备无损连接性（意味着分解不会导致数据丢失）。

3.4.1　无损连接

1. 无损连接的定义

设关系模式 R，它的一个分解是 $\rho=\{R_1,R_2,…,R_k\}$，F 是 R 上的一个函数依赖集。如果对于 R 中满足 F 的每一个关系 r 都有 $r=\pi_{R_1}(r) \bowtie \pi_{R_2}(r) \bowtie … \bowtie \pi_{R_k}(r)$ 成立，则称分解 ρ 相对于 F 是"无损连接分解"（lossless join decomposition）。即 r 是它在 R_i 的投影的自然连接。其中 $\pi_{R_i}(r)$ 表示关系 r 在关系模式 R_i 的属性上的投影。

用 $m_\rho(r)$ 表示 r 的投影连接表达式，即：

$m_\rho(r)=\pi_{R_1}(r) \bowtie \pi_{R_2}(r) \bowtie … \bowtie \pi_{R_k}(r)$，

则称 $m_\rho(r)$ 为 r 的投影连接变换。一般情况下 r 与 $m_\rho(r)$ 是不相等的。

关系模式 R 关于 F 的无损连接条件：任何满足 F 的关系 r，都有 $r=m_\rho(r)$。

上述定义可以这样较为直观地理解：设有关系模式 R，如果把 R 分解为 n 个（n>1）子模

式，相应 1 个 R 关系中的数据就要被分成 n 个子表 R_1、R_2、…、R_n。如果这 n 个子表自然连接（即进行 $R_1 \bowtie R_2 \bowtie \dots \bowtie R_n$）的结果与原来的 R 关系相同（即数据未损失），则称该分解具备无损连接性。

保持关系模式分解的无损连接性是必要的，因为它保证了该模式上的任何一个关系能由它的那些投影通过自然连接而得到恢复。

定理 3-4 设 R 是一个关系模式，$\rho=\{R_1,R_2,\dots,R_k\}$ 是关系模式 R 的一个分解，r 是 R 的任一关系，$r_i=\pi_{R_i}(R)$（$1 \le i \le k$），则有：

- $r \subseteq m_\rho(r)$。
- 如果 $S = m_\rho(r)$，则 $r_i=\pi_{R_i}(S)$。
- $m_\rho(m_\rho(r))= m_\rho(r)$。

2. 无损连接的测试

定理 3-5 若 R 的分解 $\rho=\{R_1,R_2\}$，F 为 R 所满足的函数依赖集，分解 ρ 具备无损连接的充分必要条件是 $R_1 \cap R_2 \rightarrow (R_1-R_2) \in F^+$，或者 $R_1 \cap R_2 \rightarrow (R_2-R_1) \in F^+$。

定理 3-5 中 $R_1 \cap R_2$ 为模式 R_1 和 R_2 的交集，由两模式的公共属性组成；(R_1-R_2)、(R_2-R_1) 表示两模式的差集，分别由 R_1、R_2 中去除两模式的公共属性后的其他属性组成。该定理表明当一个关系模式分解成两个关系模式时，如果两个关系模式的公共属性能够函数决定它们中的其他属性时，这样的分解具备无损连接性。

例 3-13 设有关系模式 R(A,B,C)，F={A→B}，判断 R 的两个分解 $\rho_1=\{R_1(A,B),R_2(A,C)\}$、$\rho_2=\{R_1(A,B),R_3(B,C)\}$ 是否具备无损连接性。

解：∵ $R_1 \cap R_2 = AB \cap AC = A$，$R_1-R_2 = AB-AC = B$，$R_1 \cap R_2 \rightarrow (R_1-R_2)=A \rightarrow B \in F^+$。

∴ ρ_1 具备无损连接性。

∵ $R_1 \cap R_3 = AB \cap BC = B$，$R_1-R_3 = AB-BC = A$，$R_3-R_1 = BC-AB = C$，

$R_1 \cap R_3 \rightarrow (R_1-R_3)=B \rightarrow A \notin F^+$ 且 $R_1 \cap R_3 \rightarrow (R_3-R_1)=B \rightarrow C \notin F^+$。

∴ ρ_2 不具备无损连接性。

算法 3-3 无损连接的测试算法。

输入：关系模式 $R=A_1A_2 \dots A_n$；R 上的函数依赖集 F；R 的一个分解 $\rho=\{R_i\}$（i=1,2,…,k）。

输出：判断 ρ 相对于 F 是否具备无损连接特性。

方法：

1）构造一张 k 行 n 列的表格，每列对应一个属性 A_j（$1 \le j \le n$），每行对应一个分解后的关系模式 R_i（$1 \le i \le k$）。如果 A_j 在 R_i 中，则在表格的第 i 行第 j 列上填写上 a_j，否则填上 b_{ij}。

2）反复检查 F 的每一个函数依赖，并修改表格中的元素，其方法为（Chase 过程）：取 F 的一个函数依赖 X→Y，如果表中有两行在 X 分量上相等，在 Y 分量上不等，则修改 Y，使在这两行上的分量相等。如果 Y 的分量上有一个是 a_j，则另一个也修改为 a_j；如果没有 a_j，则用其中的某一个 b_{ij} 替代另一个符号（尽量将 ij 改成较小的数），一直到表格不能再修改为止。

3）判断。若改到最后表格中有一行是全 a，即 $a_1a_2 \dots a_n$，则认为 ρ 相对于 F 是无损连接。

例 3-14 关系模式 R(SAIP)，F={S→A,SI→P}，$\rho=\{R_1(SA),R_2(SIP)\}$，检验分解是否为无损连接分解。

解：

	S	A	I	P
R_1	a_1	a_2	b_{13}	b_{14}
R_2	a_1	b_{22}	a_3	a_4

$\Longrightarrow$

	S	A	I	P
R_1	a_1	a_2	b_{13}	b_{14}
R_2	a_1	a_2	a_3	a_4

通过修改发现表中第二行元素变为 a_1、a_2、...、a_n，所以该分解是无损连接分解。

例 3-15 已知关系模式 R(ABCDE)及函数依赖集 F={A→C,B→C,C→D,DE→C,CE→A}，验证分解 ρ={R_1(AD),R_2(AB),R_3(BE),R_4(CDE),R_5(AE)}是否为无损连接分解。

解：

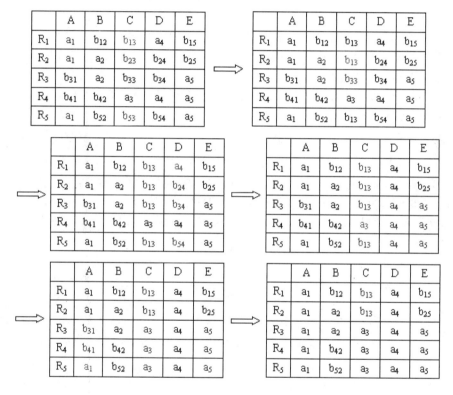

通过修改发现表中第三行元素变为 a_1、a_2、...、a_n，所以该分解是无损连接分解。

3.4.2 保持函数依赖的分解

设 F 是属性集 U 上的函数依赖集，Z 是 U 的一个子集，F 在 Z 上的一个投影用 $\pi z(F)$表示，定义为

$$\pi z(F)=\{X \rightarrow Y | X \rightarrow Y \in F^+ 且 XY \subseteq Z\}。$$

设关系 R 的一个分解 ρ={R_1,R_2,...,R_k}，F 是 R 上的一个函数依赖集，如果 $F^+=(\pi_{R_1}(F) \cup \pi_{R_2}(F) \cup ... \cup \pi_{R_k}(F))^+$，则称分解 ρ 保持函数依赖。

关系模式 R 的分解保持函数依赖意味着 R 的函数依赖集 F 在 R 分解后在数据库模式中保持不变，即 R 到 ρ={R_1,R_2,...,R_k}的分解，应使得 F 被 F 在这些 R_i(i=1,2,...,k)上的投影蕴涵。

关系模式 R 的分解保持其函数依赖 F 是必要的，因为 F 是对 R 的完整性约束，故要求 R

分解以后必须保持 F（即 F 对 R 的分解 ρ 也要有效）。如果 F 的投影不蕴涵 F，而我们又用 ρ={R_1,R_2,...,R_k} 表达 R，则可能出现一个数据库实例 σ 满足投影后的依赖，但不满足 F（这里不管 ρ 相对于 F 是否具备无损连接性），对 σ 的更新也可能违反函数依赖。

如果分解能保持函数依赖，则在做任何数据更新时，只要每个关系模式本身的函数依赖约束可满足，就可以确保整个数据库中数据的语义完整性不受破坏，显然这是一种很好的特性。

例 3-16　有关系模式 R(CITY,ST,ZIP)，其中，CITY 为城市；ST 为街道；ZIP 为邮政编码。有 F={(CITY,ST)→ZIP,ZIP→CITY}。如果将 R 分解成 R_1=(ST,ZIP)、R_2=(CITY,ZIP)，检查分解是否具备无损连接和保持函数依赖。

解：

1）检查无损连接性。

∵ $R_1 \cap R_2 = \{ZIP\}$，$R_1 - R_2 = \{CITY\}$，$(ZIP \to CITY) \in F^+$。

∴ 该分解具备无损连接性。

2）检查分解是否保持函数依赖。

∵ $\pi_{R_1}(F) = \phi$，$\pi_{R_2}(F) = \{ZIP \to CITY\}$，$\pi_{R_1}(F) \cup \pi_{R_2}(F) = \{ZIP \to CITY\} \neq F^+$。

∴ 该分解不保持函数依赖。

此例中，由于分解不保持函数依赖性，故数据库管理系统不能保证关系数据的完整性。因为 R_1 在 ST 与 ZIP 之间无函数依赖，所以系统无法检查。

例如，在 R_1 的关系中插入两个元组(Zhang-san,200433)、(Zhang-san,200434)，在 R_2 的关系中插入两个元组(Shanghai,200433)、(Shanghai,200434)。将 R_1 和 R_2 的关系进行自然连接，结果如图 3-7 所示。该结果关系破坏了原来的函数依赖(CITY,ST)→ZIP，其原因在于该函数依赖在分解中丢失。

R_1			R_2			$R_1 \bowtie R_2$		
ST	ZIP		CITY	ZIP		CITY	ST	ZIP
Zhang-san	200433		Shanghai	200433		Shanghai	Zhang-san	200433
Zhang-san	200434		Shanghai	200434		Shanghai	Zhang-san	200434

图 3-7　不具备保持函数依赖的分解

3.4.3　关系模式的分解算法

在本节的相关例题中，关系模式 A(U,F)的相关属性和函数依赖的含义：属性 C 表示课程、T 表示教师、H 表示时间、R 表示教室、S 表示学生、G 表示成绩；函数依赖 C→T 表示每门课程仅有一名教师讲授、HR→C 表示在任一时间内每个教室只能上一门课程、HT→R 表示在一个时间内一个教师只能在一个教室上课、CS→G 表示每个学生的每门课程只有一个成绩、HS→R 表示在一个时间内每个学生只能在一个教室内听课、HS→C 表示在一个时间内每个学生只能听一门课。

1. 将关系模式保持函数依赖地分解成 3NF 模式集的算法

算法 3-4　将关系模式保持函数依赖地分解成 3NF 模式集的算法。

输入：关系模式 R(U,F)。

输出：R 的满足 3NF 且保持函数依赖的一个分解 ρ。

方法：

1）对 F 进行极小化处理（设极小化处理后的最小函数依赖集为 F_m），置 ρ=φ；

2）在 U 中找出所有不在 F_m 中出现的属性，将它们分离出去，单独构成 1 个关系模式并纳入 ρ 中；

3）如果 F_m 中有一个函数依赖涉及 R 中的全部属性，则 R 不能再分解，ρ=R，转步骤 5）；

4）对于 F_m 中的每一个 X→A，构建一个关系模式 XA 并纳入 ρ 中。如果 F_m 中有 X→A_1、X→A_2、…、X→A_n，则可以用模式 $XA_1A_2…A_n$ 代替 n 个模式 XA_1、XA_2、…、XA_n；

5）输出 ρ，算法结束。

例 3-17　设关系模式 A(U,F)，U={CTHRSGXYZ}（注：{CTHRSGYXZ} 为 {C,T,H,R,S,G,X,Y,Z} 的简略书写，以下类同），F={C→T,CS→G,HR→C,HS→R,TH→R,C→X}。将 A 分解为 3NF 且保持函数依赖的模式集。

解：

按算法 3-4 的步骤：

1）对 F 进行极小化处理，设 F_m={C→T,CS→G,HR→C,HS→R,TH→R,C→X}，ρ=φ；

2）ρ={YZ}，U={CTHRSGX}；

3）F_m 中没有涉及 A 中全部属性的函数依赖，故算法 3-4 的步骤 3）不实施；

4）ρ=ρ∪{CT,CSG,HRC,HSR,THR,CX}={YZ,CT,CSG,HRC,HSR,THR,CX}
=={YZ,CTX,CSG,HRC,HSR,THR}；

5）输出 ρ={YZ,CTX,CSG,HRC,HSR,THR}。

2. 将关系模式保持函数依赖并具备无损连接性地分解成 3NF 模式集的算法

定理 3-6　设 ρ={R_1,R_2,…,R_k} 是由算法 3-4 得到的关系模式 R 的一个分解，X 是 R 的一个候选键，则模式集 τ=ρ∪{X} 是 R 的一个分解，τ 中所有模式都是 3NF，这个分解保持函数依赖且具备无损连接性。

算法 3-5　将关系模式保持函数依赖并具备无损连接性地分解成 3NF 模式集。

输入：关系模式 R(U,F)，R 的一个候选键 X。

输出：R 的满足 3NF 且保持函数依赖并具备无损连接性的一个分解 τ。

方法：

1）按照算法 3-4 求得 R 的一个分解 ρ={$R_1(U_1,F_1)$,$R_2(U_2,F_2)$,…,$R_k(U_k,F_k)$}，ρ 满足 3NF 且保持函数依赖；

2）置 τ=ρ∪{$R^*(X,F_X)$}；

3）扫描 τ 中每个 U_i(i=1,2,…,k)，若有某个 U_i 使 X⊆U_i 成立，则从 τ 中去掉 {$R^*(X,F_X)$}；

4）输出 τ，算法结束。

例 3-18　设关系模式 A(U,F)，U={CTHRSGXYZ}，F={C→T,CS→G,HR→C,HS→R,TH→R,C→X}，HS 是 A 的候选键。将 A 保持函数依赖并具备无损连接性地分解成 3NF 模式集。

解：按算法 3-5 的步骤：

1）按算法 3-4 求得 A 的一个分解 ρ={YZ,CTX,CSG,HRC,HSR,THR}；

2）置 τ=ρ∪{$A^*(HS,F_{HS})$}={YZ,CTX,CSG,HRC,HSR,THR,HS}；

3）扫描 τ 中每个 U_i，发现 U_5=HSR 使 HS⊆HSR 成立，故从 τ 中去掉 {HS}；

（4）输出 τ={YZ,CTX,CSG,HRC,HSR,THR}。

3. 将关系模式具备无损连接性地分解成 BCNF 模式集的算法

对于任一关系模式 R，可以找到一个分解达到 3NF 且具备无损连接性和保持函数依赖性；而将 R 分解为 BCNF，可以保证无损连接性，但不一定能保持函数依赖性。

定理 3-7 设 F 是模式 R 的函数依赖集，$\rho=\{R_1,R_2,...,R_k\}$ 是相对于 F 的一个无损连接分解，则：

1）对于某个 i，设 $F_i=\pi_{R_i}(F)$，且 $\rho_1=\{S_1,S_2,...,S_m\}$ 是相对于 F_i 的 R 的一个无损连接分解。那么 R 分解成 $\{R_1,R_2,...,R_{i-1},S_1,S_2,...,S_m,R_{i+1},R_{i+2},...,R_k\}$ 也是相对于 F 的一个无损连接分解。

2）设 $\rho_2=\{R_1,R_2,...,R_k,R_{k+1},...,R_n\}$ 是 R 的一个分解，那么 ρ_2 相对于 F 也是无损连接分解。

算法 3-6 将具备无损连接性的关系模式分解成 BCNF 模式集。

输入：关系模式 R，R 上成立的函数依赖集 F。

输出：R 的一个具备无损连接性的分解 $\rho=\{R_1,R_2,...,R_k\}$，每个 R_i 相对于 $\pi_{R_i}(F)$ 是 BCNF。

方法：反复应用定理 3-7，逐步分解 R，使每次分解具备无损连接性且分解得到的模式是 BCNF。具体如下所述。

1）置初值 $\rho=\{R\}$；

2）扫描 ρ 中的关系模式，如果 ρ 中所有关系模式都是 BCNF，则转步骤 4）；

3）如果 ρ 中有一个关系模式 S 不是 BCNF，则 S 中必能找到一个 X→A，其中 X 不是 S 的键，且 $A\notin X$，设 S1=XA，S2=S-A，用分解{S1,S2}代替 S，转步骤 2）；

4）输出 ρ，算法结束。

例 3-19 设关系模式 R(U,F)，U={N,C,G,T,D}（其中，S 为学生学号；C 为课程号；G 为成绩；T 为教师姓名；D 为教师所在系），F={(N,C)→G,C→T,T→D}；R 的键为(N,C)。将 R 具备无损连接性地分解成 BCNF 模式集。

解：

按算法 3-6 的步骤：

1）置初值 $\rho=R$，有 $U\rho=U$，$F\rho=F$；

2）—3）：扫描 ρ，因 F 中存在不为键的决定因素（即 ρ 不符合 BCNF），需分解。

A．选择符合算法 3-6 分解条件（X→A，X 不是键且 $A\notin X$）的 T→D 分解 ρ，将 ρ 分解为{S1,S2}，其中：

S1={T,D}，F1={T→D}；S1 中 T 为键，故 S1 是 BCNF。

S2={N,C,G,T}，F2={(N,C)→G,C→T}；S2 中(N,C)为键，S2 不是 BCNF，需分解。

B．S2 的键为(N,C)，仿步骤 A 选择 C→T 分解 S2，将 S2 分解为{S3,S4}，其中：

S3={C,T}，F3={C→T}；S3 中 C 为键，S3 符合 BCNF。

S4={N,C,G}，F4={(N,C)→G}；S4 中(N,C)为键，S4 符合 BCNF。

至此，$\rho=\{S1,S3,S4\}$，ρ 中所有模式都是 BCNF，分解完毕。

4）$\rho=\{(T,D),(C,T),(N,C,G)\}$。

此例的分解结果中，分解模式的函数依赖集的并集为{T→D,C→T,(N,C)→G}，保持了 F 的所有函数依赖。

4. 关于模式分解的重要结论

（1）若要求分解保持函数依赖，则模式分解总可以达到 3NF，但不一定达到 BCNF。

（2）若要求分解具备无损连接性，则模式分解一定可以达到 BCNF。

（3）若要求分解既保持函数依赖，又具备无损连接性，那么模式分解一定可以达到 3NF，但不一定达到 BCNF。

小　结

本章讨论了关系数据库的模式设计理论与技术。关系模式的设计理论是关系数据库设计的理论基础和设计指南，主要内容是关系模式的函数依赖、范式和分解，其中数据依赖起着核心的作用。

设有关系模式 R(U,F)，U 是 R 的属性集，X、Y 是 U 的子集，F 是 R 的函数依赖集，则：

（1）函数依赖 $X \rightarrow Y$ 是指在 R 的任一实例，对于 X 的每一个具体值，都有 Y 唯一的具体值与之对应，即 Y 值由 X 值决定。

函数依赖可以分为完全函数依赖、部分函数依赖、传递函数依赖以及平凡函数依赖、非平凡函数依赖。

- 若 $X \rightarrow Y$，且对于 X 的任一真子集 X1，$X1 \rightarrow Y$ 均不成立，则称 Y 完全依赖于 X。
- 若 $X \rightarrow Y$，且存在 X 的一个真子集 X1，使得 $X1 \rightarrow Y$，则称 Y 部分依赖于 X。
- 若 $X \rightarrow Y$ 且 $Y \rightarrow Z$，而 Y̸X，则有 $X \rightarrow Z$，称 Z 传递函数依赖于 X。
- 若 $X \rightarrow Y$，且 Y 为 X 的子集，则称 $X \rightarrow Y$ 是平凡函数依赖。
- 若 $X \rightarrow Y$，但 Y 不是 X 的子集，则称 $X \rightarrow Y$ 是非平凡函数依赖。

（2）如果从 F 能推出函数依赖 $X \rightarrow Y$，则称 F 逻辑蕴涵 $X \rightarrow Y$。

函数依赖的推理规则 Armstrong 公理系统由 3 条公理（自反律，增广律，传递律）和 3 条推理规则（合并规则，伪传递规则，分解规则）构成。

（3）F 的闭包 F^+ 指 F 及由 F 所逻辑蕴涵的函数依赖的集合。

（4）属性集 X 的属性闭包 X_F^+ 指从 F 推出的函数依赖集 $X \rightarrow A_i$ 中的 A_i 的集合。

函数依赖集 F 和 G 等价（记为 $F^+=G^+$）充分必要条件是 $F \subseteq G^+$ 且 $G \subseteq F^+$。

如果函数依赖集 F 中任一函数依赖的右部都是单属性，且 F 中的任一 $X \rightarrow A$，其 F-{X→A} 与 F 不等价，其 F-{X→A}∪{Z→A} 与 F 不等价（Z 为 X 的真子集），则称 F 为一个极小函数依赖集。对 F 进行极小化处理指找出 F 的一个最小依赖集的过程，可用于消除概念模型中的联系冗余。

超键指在关系中能唯一标识元组的属性集；候选键（常简称为键）指不含有多余属性的超键，主键是选作标识元组的 1 个候选键。所有候选键的属性称为主属性；不包含在任何候选键中的属性称为非主属性。

范式是关于关系模式的数据依赖的某种特定要求。按照严格程度，各级范式之间的关系：$1NF \supset 2NF \supset 3NF \supset BCNF \supset 4NF \supset 5NF$，其中 1NF 是规范化的关系模式最基本的要求。

若关系模式 R 的每个属性都是简单属性，则 R∈1NF；若 R∈1NF，且每一个非主属性完全函数依赖于 R 的某个候选键，则 R∈2NF；若 R∈2NF，且每一个非主属性都不传递依赖于某个候选键，则 R∈3NF；若 R∈1NF 且 R 的每个属性都不传递依赖于 R 的候选键（即每一个函数依赖 $X \rightarrow Y$，其决定因素 X 都是键），则 R∈BCNF；若 R∈1NF 且对于 R 的每个非平凡

多值依赖 $X \rightarrow Y(Y \not\subset X)$，X 都含有键，则 $R \in 4NF$；若 R 中的每个连接依赖均由 R 的候选键所隐含，则 $R \in 5NF$。

关系模式的规范化指将非规范化的模式转化为规范化的模式，或从较低范式转化为较高范式；其目的是减少数据冗余、解决数据更新中的异常；实现的方法是模式分解。

关系模式的分解有几个不同的衡量标准：分解具备无损连接性；分解保持函数依赖；分解既要保持函数依赖，又要具备无损连接性。

分解具备无损连接性是指把模式 R 分解为 n 个（n>1）子模式后，这 n 个子模式的实例（子表）自然连接的结果与原来的 R 表相同。这意味着分解不会导致数据丢失。

模式 R(U,F)的分解 $\rho = \{R_1, R_2\}$ 具备无损连接的充分必要条件是 $R_1 \cap R_2 \rightarrow (R_1 - R_2) \in F^+$ 或 $R_1 \cap R_2 \rightarrow (R_2 - R_1) \in F^+$。

分解保持函数依赖是指关系 R(U,F)的一个分解 $\rho = \{R_1, R_2, \ldots, R_k\}$，$F^+ = (\pi_{R_1}(F) \cup \pi_{R_2}(F) \cup \ldots \cup \pi_{R_k}(F))^+$。这意味着 R 分解后 F 在数据库模式中保持不变，即数据库的完整性约束不被破坏。

若要求分解保持函数依赖，则模式分解总可以达到 3NF，但不一定达到 BCNF；若要求分解具备无损连接性，则分解一定可以达到 BCNF；若要求分解既保持函数依赖，又具备无损连接性，则分解可以达到 3NF，但不一定达到 BCNF。

关系模式的分解原则上要求既要保持函数依赖，又要具备无损连接性。

本章介绍的 1NF、2NF、3NF、BCNF 的定义，无损连接的概念及测试方法，将关系模式分解成 3NF、BCNF 模式集的算法等内容亦应予以重点关注。

习　题

1．名词解释

函数依赖　部分函数依赖　完全函数依赖　传递依赖　1NF　2NF　3NF　BCNF　无损连接

2．分析题

分析下列分解是否具备无损连接和保持函数依赖的特点：

（1）设 R(ABC)，F1={A→B}在 R 上成立，ρ1={AB,AC}。

（2）设 R(ABC)，F2={A→C，B→C}在 R 上成立，ρ2={AB,AC}。

（3）设 R(ABC)，F3={A→B}在 R 上成立，ρ3={AB,BC}。

（4）设 R(ABC)，F4={A→B，B→C}在 R 上成立，ρ4={AC,BC}。

3．设计题

（1）建立关于系、学生、班级、社团等信息的一个关系数据库：1 个系有若干个专业，每个专业每年只招 1 个班，每个班有若干个学生，同系的学生住在同一宿舍区，每个学生可以参加若干个社团，每个社团有若干学生。

描述学生的属性：学号、姓名、出生年月、系名、班级号、宿舍区。

描述班级的属性：班级号、专业名、系名、人数、入校年份。

描述系的属性：系名、系号、系办公地点、人数。

描述社团的属性：社团名、成立年份、地点、人数、学生参加社团的年份。

请给出关系模式，写出每个关系模式的最小函数依赖集，指出是否存在传递函数依赖，对于函数依赖左部是多属性的情况，讨论函数依赖是完全函数依赖还是部分函数依赖。指出各关系的候选键、外部键，有没有全键存在？

（2）设 R=ABCD，R 上的 F={A→B,B→C,D→B}，把 R 分解成 BCNF 模式集。

1）若首先把 R 分解成{ACD,BD}，试求 F 在这两个模式上的投影。

2）ACD 和 BD 是 BCNF 吗?如果不是，请进一步分解。

（3）设关系模式 R(S,C,G,T,A)，其属性依次分别表示学生学号、课程号、成绩、任课教师姓名、教师住址等意义。规定：每个学生只有 1 个学号；每门课程只有 1 个课程号；每个学生每门课只有 1 个成绩；每个教师只有 1 个姓名且无同名同姓的教师；每门课只有 1 个教师任教；每个教师只有 1 个住址。

1）写出关系模式 R 基本的函数依赖和候选键。

2）把 R 分解成 2NF 模式集，并说明理由。

3）把 R 分解成 3NF 模式集，并说明理由。

4．应用题

为下面的 E-R 图设计关系模式并进行规范化。规定：每个学生只有 1 个学号，1 个姓名；可以有同名同姓的学生；每门课程只有 1 个编号，1 个名称。要求描述规范化过程和各模式的属性集、函数依赖集，指出各模式的范式、主键、主属性、非主属性。

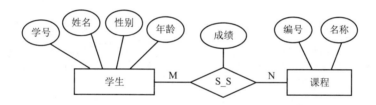

第 4 章　SQL Server 2016 概述

本章介绍 SQL Server 的发展历史、主要特性和功能、版本及其选用；SQL Server 2016 的环境要求与安装步骤；SQL Server 2016 的工具等内容。本章学习的重点内容有 SQL Server 2016 的版本、选用及安装，SQL Server 2016 的主要工具（SQL Server Management Studio、配置管理器、文档资源管理器等）。本章的难点内容是 SQL Server 2016 的主要工具的使用。

通过本章学习，应达到下述目标：
- 了解 SQL Server 2016 的版本与选用。
- 了解 SQL Server 2016 的安装与配置。
- 掌握 SQL Server Management Studio 17 的使用。
- 掌握 SQL Server 2016 的配置管理器、文档资源管理器的使用。

4.1　SQL Server 2016 简介

SQL Server 2016 是美国 Microsoft 公司推出的新一代数据管理与分析软件。该软件通过全面的功能集和现有系统的集成性，以及对日常任务的自动化管理能力，为不同规模的企业提供了一个完整的数据解决方案。

4.1.1　SQL Server 的发展简介

SQL Server 是一个关系数据库管理系统，最初由 Microsoft 和 Sybase 共同开发，于 1988 年推出第一个 OS/2 版本。1993 年推出的 SQL Server 4.2 是一种小型商业数据库，能满足小部门数据存储和处理需求，数据库与 Windows 集成，易于使用并广受欢迎。Windows NT 推出后，Microsoft 与 Sybase 在 SQL Server 的开发上分道扬镳，Microsoft 专注于开发推广 SQL Server 的 Windows NT 版本，Sybase 则较专注于 SQL Server 在 UNIX 上的应用。

1995 年，在对核心数据库引擎做了重大改写后，Microsoft 推出了 SQL Server 6.05。这是一种小型商业数据库，具备处理小型电子商务和内联网应用程序能力，与其他同类产品相比，花费较小。

1998 年，再次对核心数据库引擎进行重大改写后推出的 SQL Server 7.0 是一款功能强大的、具有丰富特性的 Web 数据库产品，它介于基本桌面数据库（如 MS Access）与高端企业级数据库（如 Oracle 和 DB2）之间，为中小型企业提供了切实可行且廉价的可选方案。该版本易于使用并提供了重要商业工具（例如分析服务、数据转换服务），获得了良好声誉。

2000 年推出的 SQL Server 2000 是与 Windows 2000 操作系统完美结合、界面友好，易于安装、部署和使用且功能强大的 DBMS，它实现了客户机/服务器模式及与 Internet 集成，具备构造大型 Web 站点的数据存储组件所需的可伸缩性、可用性和安全性，具备企业级数据库功能，可同时管理上千个并发数据库用户。其分布式查询功能使用户可以引用来自不同数据源的数据，同时具备分布式事务处理功能，保障分布式数据更新的完整性；它还具备数据仓库功能，可帮助用户完成创建、使用和维护数据仓库的任务。

2005 年推出的 SQL Server 2005 作为 Microsoft 的具有里程碑性质的新一代数据管理与商业智能平台。它全面继承了 SQL Server 2000 的优点，增加了许多新的功能与特性，有助于简化企业数据分析与应用的系统的创建、部署和管理，并在解决方案的伸缩性、可用性和安全性方面实现了重大改进，是一款面向高端的、企业级数据库产品。它的用户群极为广泛，可以小到只有少量用户的小企业，也可以是非常大的企业；它能向上扩展并处理兆兆字节（TB）的数据而无需过多考虑费用。尽管它在性能上与 Oracle、Sybase ASE 和 DB2 尚有相当差距，却因物美价廉而深受用户欢迎。

2008 年推出的 SQL Server 2008 在 SQL Server 2005 的架构上做了进一步的更改。除了继承 SQL Server 2005 的优点以外，SQL Server 2008 还提供了更多的新特性、新功能，使得 SQL Server 上升到了新的高度。

2010 年，微软又将 SQL Server 2008 升级为 SQL Server 2008 R2，其可以使用存储和管理许多数据类型，包括 XML、E-mail、时间/日历、文件、文档、地理等，同时提供一个丰富的服务集合来与数据进行交互作用：搜索、查询、数据分析、报表、数据整合及强大的同步功能。用户可以访问从桌面到移动设备的信息。

2012 年推出的 SQL Server 2012 在 SQL Server 2008 的基础上又做了更大的改进。除了保留 SQL Server 2008 的风格外，还在管理、安全，以及多维数据分析、报表分析等方面有了进一步的提升。至此，SQL Server 已经和 Oracle、MySQL 等不相上下了。

2014 年推出的 SQL Server 2014 提供了一个全面的、灵活的和可扩展的数据仓库管理平台。它可以满足成千上万的用户的海量数据管理需求，能够快速构建相应的解决方案，实现私有云和公有云之间数据的扩展与应用的迁移。作为微软的信息平台解决方案，SQL Server 2014 帮助数以千计的企业用户快速实现各种数据体验。

微软公司 2016 年推出了 SQL Server 2016。SQL Server 2016 新的主要功能包括：①最大限度地保护用户的数据安全，对数据进行全程加密；②延伸数据库（Stretch Database），将数据动态延伸至云计算平台与服务 Azure；③实时业务分析与内存中的联机事务处理（OLTP），提供实时数据分析并加速数据处理查询；④增强的安全功能，层级安全性控管可使客户基于用户特征控制数据访问，进行动态数据屏蔽；⑤改进 AlwaysOn 的可用性及灾难可恢复性；⑥数据交换格式 JSON 对数据的支持可实现数据的快捷解析和存储，为多种类型数据提供更好的支持；⑦企业信息管理。利用企业实时通信工具和分析服务等使信息管理系统的性能得到提高，可用性和可扩展性得到较大提升；⑧更快的混合型 Hybrid 备份；⑨内置高级分析（Built-in Advanced Analytics）、混合基（PolyBase）和移动商业智能（Mobile BI）。通过 SQL Server 2016，可以使用可缩放的混合数据库平台生成任务关键型智能应用程序。SQL Server 2016 版本新增了安全、查询、Hadoop 和云集成、R 分析等功能，并改进和增强了许多功能。

4.1.2 SQL Server 2016 的新特性简介

SQL Server 2016 中包含了非常丰富的新特性：通过提供一个更安全、可靠和高效的数据管理平台，增强企业组织中用户的管理能力，大幅提升 IT 管理效率并降低运行、维护的风险和成本；通过提供先进的商业智能平台，满足众多客户对业务的实时统计分析、监控预测等多种复杂管理需求，推动企业管理信息化建设和业务发展；提供一个极具扩展性和灵活性的开发平台，可以不断拓展用户的应用空间，实现 Internet 数据业务互联，为用户带来新的商业机遇。

SQL Server 2016 主要的新特性如下所述。

（1）可以在 SQL Server 安装和设置过程中配置多个 tempdb 数据库文件。

（2）新的"查询存储"功能可在数据库中存储查询各种文本、执行计划和性能指标，以便于监视和排查可能出现的问题。仪表板可显示耗时最长、占用内存或 CPU 资源最多的查询。

（3）使用时态表可记录所有数据更改（包括更改日期和时间）的历史。

（4）内置 JSON 支持，可以支持原生 JSON 格式数据的导入、导出、分析和存储。

（5）PolyBase 查询引擎将 SQL Server 与 Hadoop 或 Azure Blob 存储中的外部数据进行集成，可以导入和导出数据，也可以执行查询。

（6）借助新增的 Stretch Database 功能，可以将本地 SQL Server 数据库中的数据安全动态地存档到云中的 Azure SQL 数据库。SQL Server 会自动查询本地数据和链接数据库中的远程数据。

（7）内存中的 OLTP 支持 FOREIGN KEY、UNIQUE 和 CHECK 约束，以及本地编译存储过程 OR、NOT、SELECT DISTINCT、OUTER JOIN 和 SELECT 中的子查询；支持最大 2TB 的表；为了实现排序和 AlwaysOn 可用性组支持，增强了列存储索引。

（8）新增安全功能：①Always Encrypted，启用 Always Encrypted 后，只有具有加密密钥的应用程序才能访问 SQL Server 2016 数据库中的加密敏感数据，密钥不会传递给 SQL Server；②动态数据屏蔽，如果在表定义中指定了掩码数据，那么大多数用户将看不到已掩码的数据，只有拥有 UNMASK 权限的用户才能看到完整的数据；③行级别安全性，可以在数据库引擎级别限制数据访问，这样用户就只能看到与他们相关的数据。

4.1.3　SQL Server 2016 的功能简介

SQL Server 2016 数据管理系统包括以下服务功能和工具。

（1）更全面的关系型数据库支持。安全、可靠、可伸缩、高可用性的关系型数据库引擎，提升了数据管理性能且支持结构化和非结构化（XML）数据。SQL Server 2005 开始支持 XML 数据类型，提供原生的 XML 数据类型、XML 索引及各种管理或输出 XML 格式的函数。随着 JSON 的流行，SQL Server 2016 开始支持 JSON 数据类型，不仅可以直接输出 JSON 格式的结果集，还能读取 JSON 格式的数据。

（2）复制服务。数据复制可用于数据分发、处理移动数据应用、企业报表解决方案的后备数据的可伸缩存储、与异构系统的集成等。

（3）通知服务。该服务用于开发、部署可伸缩应用程序的先进的通知服务，能够向不同的连接和移动设备发布个性化的、及时的信息。

（4）集成服务。该服务可以支持数据库和企业范围内的集成数据的抽取、转换和装载。

（5）分析服务。联机分析（OLAP）功能可用于多维存储的大量、复杂的数据集的快速高级分析。在 SQL Server 2016 系统中，数据分析和 PolyBase 等技术更方便使用。此外，Mobile BI 将被用于移动设备上的图形展示。

（6）报表服务。该服务属于全面的报表解决方案，可创建、管理和发布传统的、可打印的报表，以及交互的、基于 Web 的报表。

（7）管理工具。SQL Server 包含的集成管理工具可用于高级数据库管理，它也和其他微软工具紧密集成在一起。

（8）开发工具。SQL Server 为数据库引擎、数据抽取、数据转换和装载（ETL）、数据挖掘、OLAP 和报表提供了与 Microsoft Visual Studio 相集成的开发工具，以实现端到端的应用程序开发能力。SQL Server 中每个主要的子系统都有自己的对象模型和 API，能够以多种方式将数据系统扩展到不同的商业环境中。

4.1.4　SQL Server 2016 的版本及其选用

为了满足各类企业和个人的不同要求，SQL Server 2016 分为企业版、标准版、Web 版、开发版和精简版 5 个版本，并提供了一批组件供用户选用。各版本的描述见表 4-1。

表 4-1　SQL Server 2016 各版本描述

SQL Server 2016 版本	描述
企业版（32 位与 64 位）	作为高级产品/服务，SQL Server Enterprise Edition 版提供了全面的高端数据处理功能，性能极为快捷、无限虚拟化，具有端到端的商业智能，可为关键任务工作提供较高服务级别并且支持最终用户访问数据
标准版（32 位与 64 位）	SQL Server Standard 版提供了基本数据管理和商业智能数据库，使部门和小型组织能够顺利运行其应用程序并支持将常用开发工具用于内部部署和云部署，有助于以最少的 IT 资源获得高效的数据库管理
Web 版（32 位与 64 位）	对于为从小规模至大规模 Web 资产提供可伸缩性、经济性和可管理性功能的 Web 宿主和 Web VAP 来说，SQL Server Web 版本是一个成本较低的选择
开发版（32 位与 64 位）	SQL Server Developer 版支持开发人员基于 SQL Server 构建任意类型的应用程序。它包括 Enterprise 版的所有功能，但有许可限制，只能用作开发和测试系统，而不能用作生产服务器。SQL Server Developer 是构建和测试应用程序的人员的理想之选
精简版（32 位与 64 位）	SQL Server Express 版本是入门级的免费数据库，是学习和构建桌面及小型服务器数据驱动应用程序的理想选择。它是独立软件供应商、开发人员和热衷于构建客户端应用程序的人员的最佳选择。如果需要使用更高级的数据库功能，可以将 SQL Server Express 版无缝升级到其他更高级的 SQL Server 版本。SQL Server Express LocalDB 是 Express 的一种轻型版本，该版本具备所有可编程性的功能，在用户模式下运行，具有快速的零配置安装和必备组件要求较少的特点

4.1.5　SQL Server 2016 的组件简介

1. 服务器组件

SQL Server 2016 的服务器组件包括 SQL Server 数据库引擎、SSAS、Reporting Services、SSMDS、SSIS 和机器学习服务。

（1）SQL Server 数据库引擎（SQL Server Database Engine），包括数据库引擎、复制、全文搜索以及用于管理关系数据和 XML 数据的工具。

1）数据库引擎：提供存储、处理和保证数据安全的核心服务。为满足企业中最需要占用数据的应用程序的要求，它提供控制访问和进行快速事务处理功能，并为维护数据的高可用性提供了大量支持。它包括存储引擎和查询处理器两个组件。

2）复制。复制是在数据库之间对数据和数据库对象进行复制和分发，并在数据库之间进行同步以保持数据一致性的一组技术。使用复制可以将数据通过局域网、广域网、无线连接和 Internet 分发到不同位置以及分发给远程用户或移动用户。

3）全文搜索，提供针对 SQL Server 表中基于纯字符的数据进行全文查询的功能。它包括 Microsoft Full-Text Engine for SQL Server（MSFTESQL）和 Microsoft Full-Text Engine Filter Daemon（MSFTEFD）两个组件。

（2）SQL Server Analysis Services（SSAS），包括用于创建和管理联机分析处理（OLAP）及数据挖掘应用程序的工具。SSAS 使用服务器组件和客户端组件为商业智能应用程序提供 OLAP 和数据挖掘功能。

（3）SQL Server Reporting Services，包括用于创建、管理和部署表格报表、矩阵报表、图形报表以及自由格式报表的服务器和客户端组件。它是基于服务器的报表平台，提供支持 Web 的企业级报告功能，以便用户创建能从多种数据源（例如关系数据源、多维数据源）获取内容的报表，以不同格式（表格、矩阵、图形、自由格式等）发布报表，并集中管理订阅和安全性。

Reporting Services 的安装需要 Internet 信息服务（IIS）；其报表设计器组件需要 Microsoft Internet Explorer Service Pack。

（4）SQL Server Master Data Services（SSMDS）。Master Data Services 是针对主数据管理的 SQL Server 解决方案。可以配置 MDS 来管理任何领域（产品、客户、账户）。MDS 中可包括层次结构、各种级别的安全性、事务、数据版本控制和业务规则，以及可用于管理数据的用于 Excel 文件的外接程序。

（5）SQL Server Integration Services（SSIS）。SSIS 是生成高性能数据集成解决方案（包括数据仓库的提取、转换和加载包）的平台，包括一组图形工具和可编程对象。SSIS 用于执行工作流函数和 SQL 语句，或发送电子邮件；提取加载数据的数据源和目标；清理、聚合、合并和复制数据；管理 Integration Services 服务；提供对 Integration Services 对象模型编程的应用程序接口（API）。

（6）机器学习服务。机器学习服务支持使用企业数据源的分布式、可缩放的机器学习解决方案。SQL Server 2016 支持 R 语言（SQL Server 2017 支持 R 和 Python）。机器学习服务还支持在多个平台上部署分布式的、可缩放的机器学习解决方案，并可使用多个企业数据源，包括 Linux 和 Hadoop。

2．客户端组件

连接组件是用于客户端和服务器之间通信的组件，以及用于 DB-Library、ODBC 和 OLEDB 的网络库。（安装 SQL Server 引擎组件或 SSMS 时已包含 Notification Services 客户端组件）

3．管理工具组件

SQL Server 2016 的管理工具主要包括 SSMS、配置管理器、SQL Server Profiler、数据库引擎优化顾问和数据质量客户端。

（1）SQL Server Management Studio（SSMS）。SQL Server Management Studio 是一个用于访问、配置、管理和开发 SQL Server 的所有组件的集成环境。在 SQL Server 2016 中，SQL Server Management Studio 没有集成在 SQL Server 的安装程序中，需要从微软的官网下载安装软件并独立安装。

（2）SQL Server 配置管理器。SQL Server 配置管理器为 SQL Server 服务、服务器协议、客户端协议和客户端别名提供基本配置管理。

（3）SQL Server Profiler。SQL Server Profiler 用于监视数据库引擎实例或 Analysis Services 实例。

（4）数据库引擎优化顾问。数据库引擎优化顾问可以协助创建索引、索引视图和分区的最佳组合。SQL Server 2016 将 SQL Server 早期版本中的索引优化向导集成到了数据库引擎优化顾问中，并进行了改进。

（5）数据质量客户端。数据质量客户端提供了一个非常简单和直观的图形用户界面，用于连接到 DQS 数据库并执行数据清理操作。它允许用户集中监视在数据清理操作过程中执行的各项活动。

4．开发工具组件

SQL Server Data Tools。SQL Server Data Tools 在早期版本中被称为 Business Intelligence Development Studio。它用于 Analysis Services、Reporting Services 和 Integration Services 解决方案的集成开发环境。

5．文档和示例组件

文档和示例组件主要包括 SQL Server 2016 联机丛书、示例数据库和示例。

（1）SQL Server 联机丛书是 SQL Server 2016 的核心文档，详细介绍了 SQL Server 的各种功能及其使用。

（2）SQL Server 示例提供数据库引擎、Analysis Services、Reporting Services 和 Integration Services 的示例代码和示例应用程序。其示例数据库基于 Adventure Works Cycles 公司的 Adventure Works OLTP 示例数据库、Adventure Works DW 示例数据库及 Adventure Works AS 示例分析服务数据库。这些数据库用在 SQL Server 联机丛书的代码示例及随产品安装的配套应用程序和代码示例中。

本节所述部分组件模块的较详细的介绍，请参考本章 4.3 节。

4.2　SQL Server 2016 的安装和设置

SQL Server 2016 提供了一个完整的数据管理和分析解决方案。为了更好地满足每一个客户的需求，微软重新设计了 SQL Server 2016 产品家族。在该产品家族中，不同的版本对计算机硬件、软件都有不同的要求。根据应用程序的需要，安装要求有很大不同。SQL Server 2016 的不同版本能够满足企业和个人的独特的性能以及对运行时间以及价格的要求。需要安装哪个版本和组件应根据企业或个人的需求而定。

SQL Server 2016 支持同一台计算机上的数据库引擎、SQL Server 2016 Analysis Services（SSAS）和 SQL Server 2016 Reporting Services（SSRS）的多个实例。也可以在已安装了 SQL Server 早期版本的计算机上升级 SQL Server，或安装 SQL Server 2016。

4.2.1 安装和运行 SQL Server 2016 的环境要求

本节描述运行 SQL Server 2016 的最低硬件和软件要求。注意，在 32 位平台上运行 SQL Server 2016 的要求与在 64 位平台上的要求不同。本书以简体中文版 64 位平台为例进行介绍。

1．一般环境要求

（1）处理器：Intel 酷睿 i3 主频 2G 及以上处理器。

（2）内存：4G 及以上 DDR3 内存。

（3）硬盘：500G 及以上，其中安装软件所在的盘区至少预留 10G 以上可用空间。

（4）显示器：SQL Server 图形工具需要显示器的分辨率至少为 1024×768 像素。

（5）操作系统及网络软件：Windows Server 2016/2012、Windows 10/8.1 都具有内置网络软件。独立的命名实例和默认实例支持以下网络协议：Shared Memory、Named Pipes、TCP/IP、VIA。

2．Internet 要求

（1）Internet 软件：浏览器建议使用谷歌的 Chrome 浏览器、Mozilla 的 Firefox 浏览器或微软的 Edge 浏览器（不建议使用 IE 浏览器）。

（2）Internet 信息服务（IIS）：安装 SQL Server 2016 Reporting Services（SSRS）需要 IIS 7.0 或更高版本。

（3）.NET Framework 3.5：Reporting Services 需要.NET Framework 3.5。安装 Reporting Services 时，如果尚未启用.NET Framework 3.5，则 SQL Server 安装程序将启用.NET Framework 3.5。

3．软件组件要求

SQL Server 安装程序需要 Microsoft Windows Installer 3.1 或更高版本。SQL Server 安装程序需要以下软件组件，Microsoft .NET Framework 3.5、Microsoft SQL Server 本机客户端和 Microsoft SQL Server 安装程序支持文件。这些组件中的每一个都是分别安装的。Microsoft SQL Server 安装程序的支持文件会在卸载 SQL Server 2016 时被自动删除。

安装所需组件之后，SQL Server 安装程序将验证要安装 SQL Server 的计算机是否满足成功安装所需的其他要求。

4.2.2 SQL Server 2016 的安装步骤

本书以 SQL Server 2016 开发版为例，介绍 SQL Server 2016 的安装和配置。

（1）插入 SQL Server 安装软件光盘，然后双击根目录文件夹中的 Setup.exe。若要从网络共享进行安装，请找到共享中的根目录文件夹，然后双击 Setup.exe。

（2）安装向导将运行 SQL Server 安装中心。显示器屏幕显示"SQL Server 安装中心"，左边是大类，右边是对应该类的内容。

（3）选择"安装"类，系统检查安装基本条件，如图 4-1 所示。

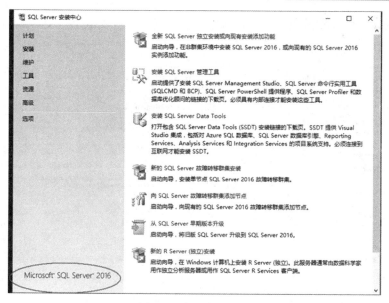

图 4-1　安装启动界面

（4）系统显示"产品密钥"窗口，选择"输入产品密钥"项，输入 SQL Server 2016 的产品密钥。

（5）系统显示"许可条款"窗口，阅读并接受许可条款。单击"下一步"按钮，进入"安装规则"窗口，安装程序检查安装环境并通过网络对安装内容进行更新，如图 4-2 所示。单击"下一步"按钮。

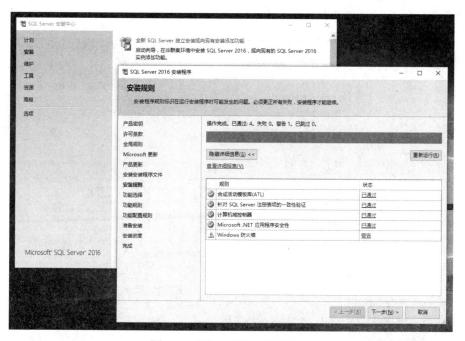

图 4-2　安装程序检查安装环境

（6）系统显示"安装程序文件"窗口，选择"安装 SQL Server 2016"命令。

（7）系统显示"设置角色"窗口，如图 4-3 所示，选择"SQL Server 功能安装"单选按钮，安装所有功能，单击"下一步"按钮。

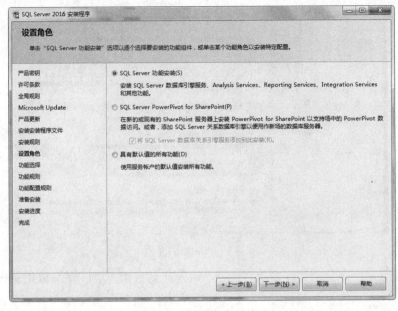

图 4-3　"设置角色"窗口

（8）系统显示"功能选择"窗口。在"功能"区域中选择要安装的功能组件。用户如果仅仅需要基本功能，则选择"数据库引擎服务"，如图 4-4 所示。本书在安装"功能规则"窗口选择"全选"命令，单击"下一步"按钮。

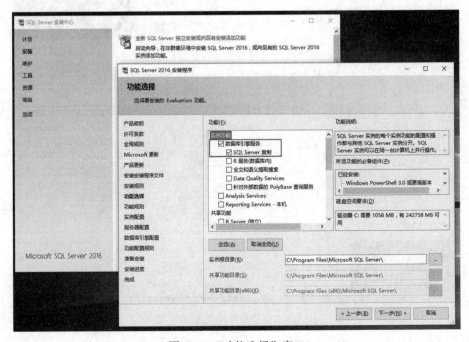

图 4-4　"功能选择"窗口

（9）系统显示"实例配置"窗口。如果是第一次安装，则既可以使用默认实例，也可以自行指定实例名称。如果当前服务器上已经安装了一个默认的实例，则再次安装时必须指定一个实例名称。如果选择"默认实例"，则实例名称默认为 MSSQLSERVER，如图 4-5 所示。如果选择"命名实例"，在后面的文本框中输入用户自定义的实例名称，单击"下一步"按钮。

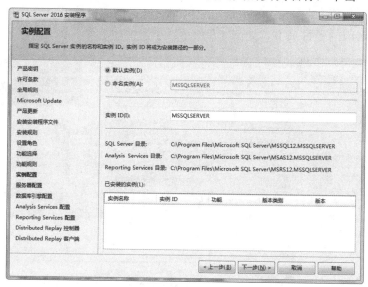

图 4-5　"实例配置"窗口

（10）系统显示"服务器配置"窗口。在"服务账户"选项卡中为每个 SQL Server 服务单独配置用户名和密码及启动类型。"账户名"可以在下拉框中进行选择。也可以单击"对所有 SQL Server 服务器使用相同的账户"按钮，为所有的服务分配一个相同的登录账户。配置完成后的界面如图 4-6 所示，单击"下一步"按钮。

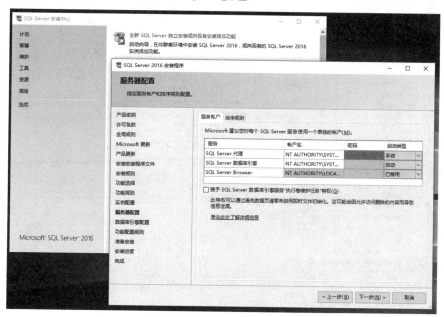

图 4-6　"服务器配置"窗口

（11）系统显示"数据库引擎配置"窗口。该窗口包含 3 个选项卡。在"服务器配置"选项卡中选择身份验证模式。身份验证模式是一种安全模式，用于验证客户端与服务器的连接。它有两个选项：Windows 身份验证模式和混合模式。这里选择"混合模式"为身份验证模式，并为内置的系统管理员账户"sa"设置密码。为了便于介绍，这里将密码设为"123456"，如图 4-7 所示。在"数据目录"选项卡中指定数据库文件存放的位置，系统把不同类型的数据文件安装在该目录对应的子目录下，如图 4-8 所示。单击"下一步"按钮。

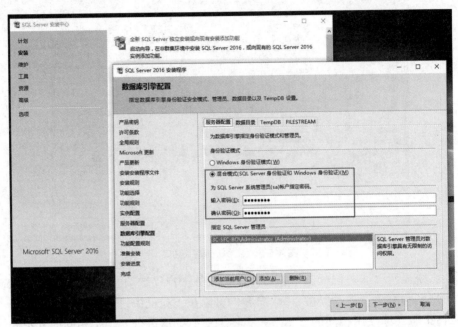

图 4-7　"服务器配置"界面

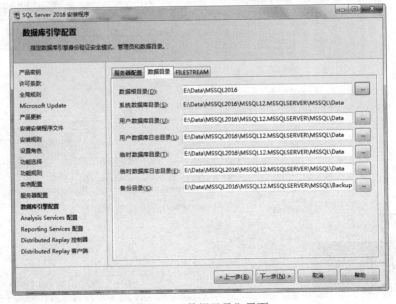

图 4-8　"数据目录"界面

（12）系统进入"功能配置规则"窗口，完成配置后，单击"下一步"按钮。

（13）系统进入"准备安装"窗口。界面显示准备安装的内容，如图 4-9 所示。

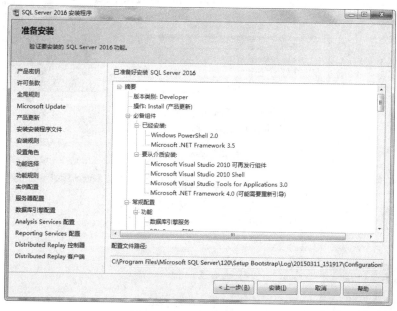

图 4-9 "准备安装"窗口

（14）在"准备安装"窗口单击"安装"按钮，安装程序正式安装 SQL Server 2016，如图 4-10 所示。安装过程持续时间较长，一般需要 20 分钟甚至更长时间（视硬件配置而定），请耐心等待。安装过程可能会要求重新启动计算机。

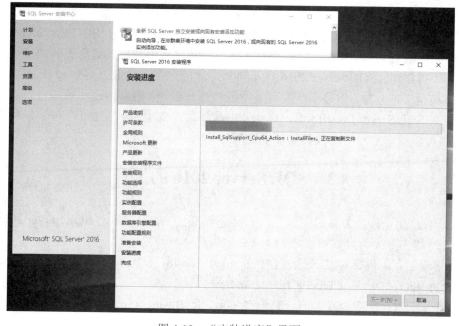

图 4-10 "安装进度"界面

（15）系统进入"完成"窗口，如图 4-11 所示。单击"关闭"按钮，安装结束，系统重新启动计算机。

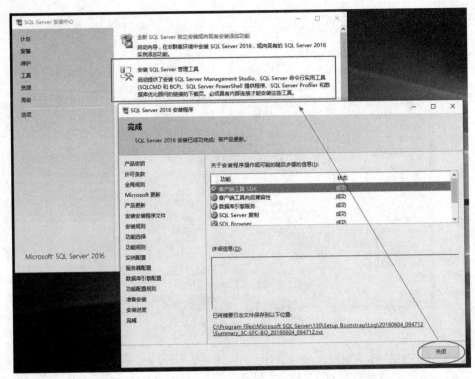

图 4-11　安装完成界面

至此，SQL Server 2016 的安装基本完成。但是，SQL Server 2016 不再集成 SQL Server Management Studio 工具，本书在学习过程中需要大量使用这个工具，因此读者需要在微软的官网下载并安装 SQL Server Management Studio。截止本书成稿时，SQL Server Management Studio 的最高版本为 v18，请去微软的官方网站下载其简体中文版。这个工具的安装过程非常简单，本书不再描述。SQL Server 2016 也不再集成智能数据工具 SQL Server Data Tools，作为面向数据库初学者的教材，本书不涉及商务智能数据分析，有需要的读者可以自行在微软的官网下载并安装 SQL Server Data Tools。截止本书成稿时，SQL Server Data Tools 的最高版本为 v15.9，请去微软的官方网站下载其简体中文版。

4.3　SQL Server 2016 的工具

SQL Server 2016 包含大量的图形工具和命令行工具，能够完成对 SQL Server 2016 的管理和开发任务。其主要工具大致可以分为 4 类。

（1）管理工具：包括 SQL Server Management Studio、SQL Server Configuration Manager、SQL Server Profiler、Database Engine Tuning Advisor。

（2）开发工具：包括 SQL Server Data Tools ，即 Business Intelligence Development Studio（业务智能开发工具）。

（3）命令行工具：包括 bcp 工具、dta 工具、dtexec 工具、dtutil 工具、nscontrol 工具等。

（4）帮助：包括 SQL Server 2016 联机丛书、示例数据库和示例。

通过这些工具，用户、程序员和管理员可以执行以下功能：启动和停止 SQL Server；管理和配置 SQL Server；确定 SQL Server 副本中的目录信息；设计和测试用于检索数据的查询；复制、导入、导出和转换数据；提供诊断信息。

除了这些实用工具外，SQL Server 还提供几个向导，可引导管理员和程序员完成必要的步骤以执行更复杂的管理任务。

本节介绍 SQL Server 2016 中几个主要的管理工具和开发工具的使用。

4.3.1　SQL Server Management Studio（SQL Server 管理控制台）

SQL Server 2016 将服务器管理和业务对象的创建合并到两种集成环境中：SQL Server Management Studio 和 Business Intelligence Development Studio。这两个环境是使用解决方案和项目来对内容进行管理和组织。它们是为使用 SQL Server、SQL Server Mobile、Analysis Services、Integration Services 和 Reporting Services 的商业应用程序开发者设计的。

SQL Server Management Studio（SSMS）是一个用于访问、配置和管理所有 SQL Server 组件的集成环境。它组合了大量图形工具和丰富的脚本编辑器，使各种技术水平的开发人员和管理员都能访问 SQL Server。SSMS 集成了 SQL Server 早期版本中的企业管理器、查询分析器和分析管理器的功能，是 SQL Server 2016 中最重要的管理工具组件。此外，它还提供了一种环境，用于管理 Analysis Services、Integration Services、Reporting Services 和 XQuery。此环境为开发者提供了一个熟悉的体验环境，为数据库管理人员提供了一个单一的实用工具，使用户能够通过易用的图形工具和丰富的脚本完成任务。

SSMS 包括以下常用功能：

- 支持 SQL Server 2016 及早期版本的多数管理任务。
- 用于 SQL Server Database Engine 管理和创作的单一集成环境。
- 用于管理 SQL Server Database Engine、Analysis Services、Reporting Services、Notification Services 以及 SQL Server Mobile 中的对象的新管理对话框，使用这些对话框可以立即执行操作，将操作发送到代码编辑器或将其编写为脚本以供以后执行。
- 非模式以及大小可调的对话框允许在打开某一对话框的情况下访问多个工具。
- 常用的计划对话框使用户可以执行管理对话框的操作。
- 在 Management Studio 环境之间导出或导入 SSMS 服务器注册。
- 保存或打印由 SQL Server Profiler 生成的 XML 显示计划或死锁文件，供以后进行查看，或将其发送给管理员进行分析。
- 错误和信息性消息框提供了更多信息，用户可以向 Microsoft 发送有关消息的注释，还可以通过电子邮件轻松地将消息发送给支持组。
- 集成的 Web 浏览器可以快速浏览 MSDN 或联机帮助。
- 从网上社区获得集成帮助。
- 具有筛选和自动刷新功能的活动监视器。
- 具有集成的数据库邮件接口。

　　若要正常使用 SSMS，首先必须在 Windows "开始"菜单中的 "Microsoft SQL Server Tools 18"文件夹中单击 "Microsoft SQL Server Management Studio 18"快捷方式，并在图 4-12 所示的对话框中注册并连接一个服务器。

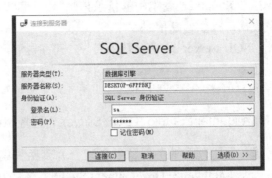

图 4-12　"连接到服务器"对话框

　　在图 4-12 中的服务器类型、服务器名称、身份验证各项中输入或选择正确信息，然后单击 "连接"按钮，即可注册登录到 SSMS。（当然，要使图 4-12 所示的连接到服务器操作执行成功，先要启动拟连接的服务器。如果指定的服务器未启动，可在 SSMS 的 "已注册的服务器"窗口中展开 "数据库引擎"，在拟连接的已注册服务器图标上单击右键，在弹出的快捷菜单中选择 "启动"命令，启动拟连接的服务器。）

　　SSMS 的工具组件包括已注册的服务器、对象资源管理器、解决方案资源管理器、模板资源管理器、摘要以及查询编辑器等，如图 4-13 所示。若要显示某个工具，在 SSMS 主界面顶层下拉菜单中选择 "视图"菜单上的该工具名称即可；若要显示查询编辑器工具，单击标准工具栏的 "新建查询"按钮即可。

图 4-13　SQL Server Management Studio 主界面

1．已注册的服务器

默认状态下，SSMS 主界面左上角是"已注册的服务器"组件，它显示注册服务器数据库引擎的名称信息。当数据库引擎的图标显示为 时，表示已成功注册并启动，用户可以访问数据库服务器和数据库服务器提供的各种服务和每个数据库。当数据库引擎的图标显示为 时，表示没有成功注册，不能使用。

用户可以通过该组件创建、删除、移动和重命名已注册的服务器和服务器组，还可以注册到网络中的其他 SQL Server 服务器等。

例如，用户在"已注册的服务器"窗口中选中某一服务器，通过鼠标右键的快捷菜单，可以启动、停止、暂停、重新启动服务器，可以进行 SQL Server 配置管理器设置、登录身份验证方式设置，还可以导入、导出其他服务器。

2．对象资源管理器

默认状态下，SSMS 主界面左下角是"对象资源管理器"组件。"对象资源管理器"是 SSMS 的一个最常用、最重要的组件，通过它可连接到数据库引擎实例、Analysis Services、Integration Services、Reporting Services 和 SQL Server Mobile。它提供了服务器中所有对象的视图，并具有用于管理这些对象的用户界面。用户可以通过该组件操作数据库，包括对数据库、表、视图的新建、修改和删除等操作，还包括新建查询、设置关系图、设置系统安全、数据库复制、数据备份与恢复等操作。根据服务器的类型，"对象资源管理器"的功能稍有不同，但一般都包括用于数据库的开发功能和用于所有服务器类型的管理功能。

3．解决方案资源管理器

解决方案资源管理器组件用于在解决方案或项目中查看和管理项以及执行项管理任务。

SSMS 提供了两个用于管理数据库项目的容器：解决方案和项目。这些容器所包含的对象称为项。"项目"是一组文件和相关的元数据。项目中的文件取决于该项目用于哪个 SQL Server 组件。例如，SQL Server 项目可能包含用于定义数据库中的对象的数据定义语言（DDL）查询。"解决方案"包含一个或多个项目，以及定义整个解决方案所需的文件和元数据。解决方案和项目所包含的"项"表示创建数据库解决方案所需的脚本、查询、连接信息和文件。用户可以通过该组件进行添加、删除项目等操作。通过该组件，用户还可使用 SQL Server Management Studio 编辑器对与某个脚本项目关联的项进行操作。

4．模板资源管理器

模板即为样板文件，包含的 SQL 脚本可帮助用户在数据库中创建对象。SQL Server 2016 的模板资源管理器提供了多种模板（可从模板资源管理器中打开模板），可在代码资源管理器中快速构造代码。模板按要创建的代码类型进行分组。这些模板适用于解决方案、项目和各种类型的代码编辑器。模板可用于创建对象，如数据库、表、视图、索引、存储过程、触发器、统计信息功能函数和其他函数。此外，通过创建用于 Analysis Services 和 SQL Server Mobile 的扩展属性、链接服务器、登录、角色、用户和模板，还可以帮助用户管理服务器。

5．查询编辑器

SSMS 除了提供图形工具，还提供了 SQL 代码编辑器。通过 SQL 代码编辑器，可撰写 T-SQL、MDX、DMX、XML/A 和 XML 脚本。查询编辑器中的 SQL 代码可以使用所有 T-SQL 脚本能够使用的功能。这些功能包括颜色编码、执行脚本、源代码管理、分析脚本和显示计划等。

查询编辑器工具可通过单击标准工具栏的"新建查询"进入，其界面如图 4-14 所示。

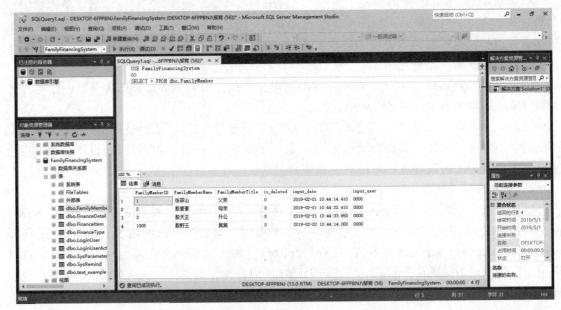

图 4-14　查询编辑器窗口

4.3.2　SQL Server Configuration Manager（SQL Server 配置管理器）

SQL Server 配置管理器用于管理与 SQL Server 相关联的服务、配置 SQL Server 使用的网络协议以及 SQL Server 客户端的网络连接配置。SQL Server 配置管理器集成了服务器网络实用工具、客户端网络实用工具和服务管理器的功能。

鼠标右击桌面上的"这台电脑"图标，在快捷菜单中选择"管理"项后展开"服务和应用程序"项，即可看到 SQL Server 配置管理器，其界面如图 4-15 所示。

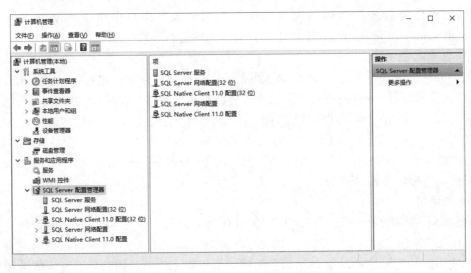

图 4-15　SQL Server 配置管理器界面

可以使用 SQL Server 配置管理器启动、停止、暂停、恢复或配置另一台计算机上的服务，以及查看或更改服务属性，也可以更改服务使用的账户（更改 SQL Server 或 SQL Server 代理服务使用的账户，或更改账户的密码），还可以执行其他配置，例如在 Windows 注册表中设置权限，以使新的账户可以读取 SQL Server 设置。

使用 SQL Server 配置管理器可以管理服务器和客户端网络协议，可以配置服务器和客户端网络协议的连接选项，其中包括强制协议加密、查看别名属性或启用/禁用协议等功能。

SQL Server 2016 支持 Shared Memory、TCP/IP、Named Pipes 以及 VIA 协议，不支持 Banyan VINES 顺序包协议（SPP）、多协议、AppleTalk 和 NWLink IPX/SPX 网络协议。客户端必须选择 SQL Server 2016 支持的协议才能连接到 SQL Server 2016。

4.3.3　SQL Server Profiler（SQL Server 简略）

SQL Server Profiler 提供了图形用户界面，是用于从服务器捕获 SQL Server 2016 事件的工具，用于监视数据库引擎实例或 Analysis Services 实例。SQL Server 中的事件保存在一个跟踪文件中，可在对该文件进行分析或在试图诊断某个问题时，用它来重播某一系列的步骤。

用户可以使用 SQL Server Profiler 来捕获有关每个事件的数据并将其保存到文件或表中供以后分析，例如，可以对生产环境进行监视，了解哪些存储过程由于执行速度太慢而影响了系统性能。

SQL Server Profiler 用于下列活动中：①逐步分析有问题的查询以找到导致问题的原因；②查找并诊断运行慢的查询；③捕获导致某个问题的一系列 T-SQL 语句，然后用所保存的跟踪信息在某台测试服务器上复制此问题，然后在该测试服务器上诊断问题；④监视 SQL Server 的性能以优化工作负荷；⑤使性能计数器与诊断问题关联。

SQL Server Profiler 还支持对 SQL Server 实例上执行的操作进行审核。审核过程将记录与安全相关的操作，供安全管理员以后复查。

SQL Server Profiler 类似于 SQL Server 2000 的 SQL 事件探查器。

SQL Server Profiler 可从 SQL Server Management Studio 主界面的"工具"选项下启动，也可从 Windows 的"开始"→"程序"→"Microsoft SQL Server 2016"中启动。其界面如图 4-16 所示。

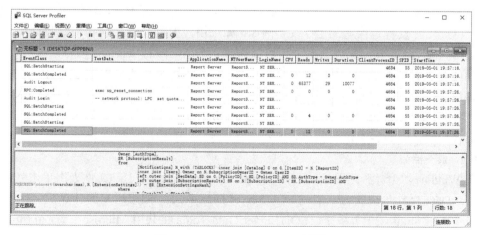

图 4-16　SQL Server Profiler 界面

4.3.4 Database Engine Tuning Advisor（数据库引擎优化顾问）

Database Engine Tuning Advisor 是对 SQL Server 早期版本中的索引优化向导的改进和增强。它可以帮助用户选择和创建索引、索引视图和分区，使其达到最佳组合，而且并不要求用户具有数据库结构、工作负载和 SQL Server 2016 内核的专业知识。

数据库引擎优化顾问可从 SQL Server Management Studio 主界面的"工具"选项下启动，也可从 Windows 的"开始"→"程序"→"Microsoft SQL Server 2016"→"SQL Server 数据库引擎优化顾问"中启动，其界面如图 4-17 所示。

图 4-17　数据库引擎优化顾问

4.3.5 SQL Server Data Tools（SQL Server 数据工具）

在早期的 SQL Server 版本中，SQL Server Data Tools（SSDT）被称为 Business Intelligence Development Studio（BIDS，业务智能开发工作室）。它是一个用于开发商业智能构造（如多维数据集、数据源、报告和 Integration Services 软件包）的集成环境。它包含一些项目模板，这些模板可提供开发特定构造的上下文。例如，如果用户要创建一个包含多维数据集、维数或挖掘模型的 Analysis Services 数据库，则可以选择一个 Analysis Services 项目。

在 SQL Server Data Tools 中开发项目时，用户可以将其作为某个解决方案的一部分进行开发，而该解决方案独立于具体的服务器。例如，用户可在同一个解决方案中包括 Analysis Services 项目、Integration Services 项目和 Reporting Services 项目。在开发过程中，用户可将对象部署到测试服务器中进行测试，然后，可以将项目的输出结果部署到一个或多个临时服务器或生产服务器。

可在 Windows "开始" 菜单中的 "Microsoft SQL Server Tools 18" 文件夹中单击 "Microsoft SQL Server Data Tools" 快捷方式启动 SQL Server Data Tools。如果用户的计算机上已经安装了 Microsoft Visual Studio 2017 系统，SQL Server Data Tools 将共用 Microsoft Visual Studio 2017 系统的 IDE 界面，如图 4-18 所示。

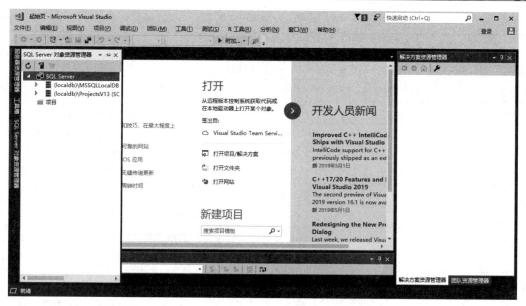

图 4-18　Microsoft Visual Studio 2017 系统的 IDE 界面

SSMS 和 SSDT 都提供组织到解决方案中的项目。SQL Server 项目作为 SQL Server 脚本、Analysis Server 脚本和 SQL Server Mobile 脚本保存。SQL Server Data Tools 项目作为 Analysis Services 项目、Integration Services 项目和报表项目保存。应该使用创建项目的工具打开相应的项目。

SSMS 用于开发和管理数据库对象，以及用于管理和配置现有 Analysis Services 对象。SSDT 用于开发商业智能应用程序。如果要实现使用 SQL Server 数据库服务的解决方案，或者要管理使用 SQL Server、Analysis Services、Integration Services 或 Reporting Services 的现有解决方案，应当使用 SSMS。如果要开发使用 Analysis Services、Integration Services 或者 Reporting Services 的方案，则应当使用 SSDT。

4.3.6　命令行工具

SQL Server 2016 提供了许多命令行工具，使用这些命令，可同 SQL Server 2016 进行交互。但这些命令不能在图形界面下运行，只能在 Windows 命令提示符下输入命令行工具及其参数来运行（相当于 DOS 命令）。表 4-2 列出了这些命令行工具。

表 4-2　SQL Server 的命令行工具

命令行工具	用途
bcp	用于在 SQL Server 实例和用户指定格式的数据文件之间复制数据
dta	用于分析工作负荷并生成数据库物理设计结构建议，以优化该工作负荷下的服务器性能
dtexec	用于配置并执行 SQL Server Integration Services（SSIS）包。该命令提示实用工具的用户界面版本被称为 DTExecUI，可提供"执行包实用工具"

续表

命令行工具	用途
dtutil	用于管理 SSIS 包
Microsoft.AnalysisServices.Deployment	用于将 Analysis Services 项目部署到 Analysis Services 实例
nscontrol	用于创建、删除和管理 Notification Services 实例
osql	用户可以在命令提示符下输入 T-SQL 语句、系统过程和脚本文件
profiler90	用于在命令提示符下启动 SQL Server Profiler
rs	用于运行专门管理 Reporting Services 报表服务器的脚本
rsconfig	用于配置报表服务器连接
rskeymgmt	用于管理报表服务器上的加密密钥
sac	用于在 SQL Server 实例之间导入或导出外围应用配置器设置
sqlagent90	用于在命令提示符下启动 SQL Server 代理
sqlcmd	使用户可以在命令提示符下输入 T-SQL 语句、系统过程和脚本文件
SQLdiag	用于为 Microsoft 客户服务和支持部门收集诊断信息
sqlmaint	用于执行以前的 SQL Server 版本创建的数据库维护计划
sqlservr	用于在命令提示符下启动和停止数据库引擎实例以进行故障排除
sqlwb	用于在命令提示符下启动 SQL Server Management Studio
tablediff	用于比较两个表中的数据以查看数据是否无法收敛

例如，使用 bcp 命令行工具在 SQL Server 2016 数据库实例之间复制数据。

    bcp AdventureWorks.Sales.Currency out "Currency Types.dat" -T -c

说明：创建了一个名为"Currency Types.dat"的数据文件。注意，如果在命令指示符处指定的标识符或文件名包含空格或引号，则需用英文双引号（" "）将该标识符引起来。

    bcp AdventureWorks.Sales.Currency out Currency.dat-T-c

说明：创建一个名为 Currency.dat 的数据文件，并用字符格式将表数据复制到该文件中。

    osql-E-i stores.qry

说明：读入一个包含由 osql 执行的查询的文件。

4.3.7 文档资源管理器（帮助）

SQL Server 2016 提供了一个功能强大、内容详尽的联机帮助系统——Microsoft 文档资源管理器。它提供了与各种产品和技术编写的主题交互的方法。通过该帮助，用户可以随时了解 SQL Server 2016 更多的功能。使用 Microsoft 文档资源管理器，可以进行下列操作。

- 使用"目录"窗口浏览主题标题。
- 使用"索引"窗口按关键字搜索主题。
- 使用"搜索"页搜索主题的全文。
- 使用"如何实现"按类别浏览主题。

● 在"帮助收藏夹"窗口中加入有用主题的书签或保存复杂的搜索查询。

若需要获取 SQL Server 2016 联机帮助文档，在浏览器中输入以下网址即可：https://msdn.microsoft.com/zh-cn/library/ff928359(v=sql.10).aspx。

SQL Server 2016 联机帮助的页面如图 4-19 所示。

图 4-19　SQL Server 2016 的联机帮助页面

小　结

SQL Server 2016 是 Microsoft 公司推出的新一代数据管理与分析软件。该软件通过全面的功能集和现有系统的集成性，以及对日常任务的自动化管理能力，为不同规模的企业提供了一个完整的数据解决方案。

SQL Server 2016 是一个安全、可靠、高效的企业级数据管理平台，一个先进、一体化的商业智能平台，一个极具扩展性和灵活性的开发平台。

SQL Server 2016 数据管理系统主要包括以下服务功能和工具：①关系型数据库；②复制服务；③通知服务；④集成服务；⑤分析服务；⑥报表服务；⑦管理工具；⑧开发工具。

SQL Server 2016 的版本有以下几种：①企业版（SQL Server 2016 Enterprise Edition）；②开发版（SQL Server 2016 Developer Edition）；③标准版（SQL Server 2016 Standard Edition）；④Web 版（SQL Server 2016 Web Edition）；⑤精简版（SQL Server 2016 Express Edition）。

SQL Server 2016 包括的组件如下所述。

（1）服务器组件：包括数据库引擎（复制、全文搜索以及用于管理关系数据和 XML 数据的工具）、SSAS、Reporting Services、Notification Services 和 SSIS。

（2）客户端组件：是用于客户端和服务器之间通信的组件。

（3）管理工具组件：包括 SSMS、配置管理器、SQL Server Profiler、数据库引擎优化顾问。

（4）开发工具组件：Business Intelligence Development Studio。

（5）文档和示例组件：包括 SQL Server 2016 联机丛书、示例数据库和示例。

SQL Server 2016 的安装包括两大步骤：①安装前的准备工作；②安装和配置 SQL Server 2016。

SQL Server 2016 的工具大致可以分为 4 类：①管理工具（包括 SQL Server Management Studio、SQL Server Configuration Manager、SQL Server Profiler、Database Engine Tuning Advisor）；②开发工具（SQL Server Data Tools）；③命令行工具（包括 bcp、dta、dtexec、dtutil、nscontrol 工具等）；④帮助（包括 SQL Server 2016 联机丛书、示例数据库和示例）。

习　题

1．名词解释

数据库引擎　连接组件　SSMS　配置管理器

2．简答题

（1）SQL Server 2016 数据库管理系统产品家族分为哪几种版本？

（2）SQL Server 2016 主要有哪些组件？

（3）SQL Server 2016 安装前要做哪些准备工作？

3．应用题

（1）安装和配置 SQL Server 2016。

（2）熟悉 SQL Server Management Studio 环境。

第5章 SQL Server 程序设计基础

本章介绍使用 T-SQL 进行 SQL Server 2016 程序设计的基础知识，包括 T-SQL 的标识符、数据类型、常量与变量、运算符与表达式、批处理与流程控制语句、系统内置函数以及用户自定义函数的创建、修改、引用与删除等内容。本章学习的重点内容：T-SQL 标识符定义规则与使用，数据库对象的引用格式，常用数据类型的分类与使用，常量与变量的类别、定义格式与使用，常用运算符及其优先级，常用表达式的构成与使用，常用流程控制语句的格式与使用，系统内置函数中常用的数学函数、聚合函数、字符串函数、日期时间函数，用户定义标量函数的创建、修改、删除，用户定义函数的使用。本章的难点内容是系统内置函数的使用。

通过本章学习，应达到下述目标：

- 掌握常规标识符、分隔标识符的定义与使用，数据库对象的引用格式。
- 掌握常用数据类型的使用，常量与变量的类别、定义格式与使用，常用运算符及其优先级。
- 掌握常用流程控制语句的格式与使用，理解 BREAK 和 CONTINUE 的区别。
- 掌握常用的数学函数、聚合函数、字符串函数、日期时间函数的使用。
- 掌握用户定义标量函数的创建、修改、删除的两种方式，用户定义函数的使用方法。

5.1 T–SQL 基础概述

5.1.1 T-SQL 的概念及优点

SQL 是 Structure Query Language（结构化查询语言）的缩写，是关系数据库的应用语言。1974 年，美国 IBM 公司的 Chamberlin 和 Ray Boyce 发明了 SQL，IBM 将它作为 IBM 关系数据库原型 System R 的关系语言，实现了关系数据库中的信息检索。

20 世纪 80 年代初，美国国家标准局（ANSI）开始着手制定 SQL 标准，最早的标准于 1986 年完成（SQL-86），后几经修改和完善，其已成为标准的关系数据库语言，并得到大多数关系型数据库系统的支持，成为多种平台进行交互操作的底层会话语言。

Transact-SQL（以下简写为 T-SQL）是 ANSI 标准 SQL 的一个强大的实现，是 Microsoft 公司在关系数据库管理系统 SQL Server 中对 SQL 的扩展，具有 SQL 的主要特点，同时增加了变量、运算符、函数、流程控制和注释等语言元素，使得其功能更加强大。

T-SQL 对 SQL Server 十分重要，SQL Server 中使用图形界面能够完成的所有功能，都可以利用 T-SQL 来实现。使用 T-SQL 操作时，与 SQL Server 通信的所有应用程序都通过向服务器发送 T-SQL 语句来进行，而与应用程序的界面无关。

5.1.2 T-SQL 的类型

根据 SQL Server 数据库管理系统具有的功能，T-SQL 语言可分为 5 种类型，即数据定义语言、数据操纵语言、数据控制语言、事务管理语言和附加的语言元素。

（1）数据定义语言是最基础的 T-SQL 类型，用于定义 SQL Server 中的数据结构，使用这些语句可以创建、更改或删除 SQL Server 实例中的数据结构。在 SQL Server 2016 中，通过 CREATE 创建新对象，如数据库、表、视图、过程、触发器和函数等；通过 ALTER 修改已有对象的结构；通过 DROP 删除已有对象；通过 DISABLE TRIGGER、ENABLE TRIGGER 等语句控制触发器。

（2）数据操纵语言主要用于使用数据，可以从数据库中查询、增加、删除和修改数据。在 SQL Server 2016 中，主要包括 SELECT、INSERT、DELETE、UPDATE、UPDATETEXT、WRITETEXT 和 READTEXT 等语句。使用数据定义语言定义数据后，才能使用数据操纵语言使用数据。

（3）数据控制语言用于实现对数据库安全管理和权限管理等控制操作，SQL Server 2016 中主要包括 GRANT（赋予权限）、REVOKE（收回权限）和 DENY（禁止赋予的权限）等语句。

（4）事务管理语言主要用于事务管理。事务是指用户定义的一个数据库操作序列，这些操作"要么都做，要么都不做"，是一个不可分割的工作单位。在 SQL 中，可用数据控制语言将多个 SQL 语句组合起来，然后交给数据库系统统一处理，即事务管理。例如，将账户甲中的资金转入另一个账户乙，需要两个更新操作（账户甲的余额减少，账户乙的余额增加相应的数），这就属于事务管理，执行过程中或者两个更新都做，或者都不做，避免数据库里的数据不一致。在 SQL Server 2016 中，可用 COMMIT 语句提交事务，也可用 ROLLBACK 语句撤销操作。

（5）附加的语言元素用于辅助语句的操作、标识、理解和使用，主要包括标识符、变量、常量、运算符、表达式、数据类型、函数、流程控制语句、错误处理语句和注释等元素。SQL Server 中使用了 100 多个保留关键字来定义、操作或访问数据库和数据库对象，这些关键字包括 DATABASE、CURSOR、CREATE 和 BEGIN 等。这些关键字是 T-SQL 语法的一部分。

5.2 标识符、数据类型、常量、变量

5.2.1 语法约定

1. 语法关系描述约定

表 5-1 列出了 T-SQL 的语法关系描述中使用的约定，本书相关描述遵循这些约定。

表 5-1 T-SQL 语法约定

约定	用途
UPPERCASE（大写）	T-SQL 保留字
italic（斜体）	用户提供的 T-SQL 语法的参数
_（下划线）	指示当语句中省略了包含带下划线的值的子句时应用的默认值
|（竖线）	分隔括号或大括号中的语法项，只能选择其中一项
[ ]（方括号）	可选语法项。不要键入方括号

约定	用途
{ }（大括号）	必选语法项。不要键入大括号
[,...n]	占位符。指示前面的项可以重复 n 次。每一项由逗号分隔
[...n]	占位符。指示前面的项可以重复 n 次。每一项由空格分隔
[;]	可选的 T-SQL 语句终止符。不要键入方括号
<label> ::=	语法块的名称。此约定用于对可在语句中的多个位置使用的过长语法段或语法单元进行分组和标记。可使用的语法块的每个位置由括在尖括号内的标签指示

为简明起见，本章各示例中的 GO 语句及结果集中的"-------"行一般予以省略。

2. 其他常见术语的含义

下面列出本书 T-SQL 语法中部分常见术语的含义。若无特别说明，本书后续各章节出现的与下列术语书写相同的术语的含义均如下所述，不另行赘述。

server_name：要处理或引用的数据库对象所在的服务器的名称。

database_name：要处理或引用的数据库对象所在的数据库名称（对于驻留在 SQL Server 本地实例的对象）或 OLEDB 目录（对于驻留在 SQL Server 链接服务器上的对象）。

schema_name：要处理或引用的数据库对象所属的架构的名称。

object_name：要处理或引用的数据库对象的名称。

table_name：要处理或引用的表的名称或要处理的数据对象所在表的名称。

column_name：要处理或引用的列的名称或要处理的数据对象所在列的名称。

type_name：数据类型的名称。

precision：数据类型的精度值。

scale：数据类型的小数位数值。

另外，本书介绍的 T-SQL 语法中术语的含义均只在首次出现时进行解释。

5.2.2　标识符

在 SQL Sever 中，标识符是指用来定义服务器、数据库、数据库对象和变量等的名称，可以分为常规标识符和分隔标识符，还有一类称为"保留字"的特殊标识符。

1. 常规标识符

常规标识符是不需要使用分隔标识符进行分隔的标识符。常规标识符符合标识符的格式规则。在 T-SQL 语句中使用常规标识符时不用将其分隔。

（1）定义规则。

（a）首字符必须是 Unicode 标准定义的字母，包括基本拉丁字母（如 26 个英文字母 a～z 及 A～Z），或下划线（_），或 at 符号（@），或"井"字符号（#）。

（b）后续字符可以 Unicode 标准定义的字母，或下划线（_），或 at 符号（@），或"井"字符号（#），或基本拉丁字母，或十进制数字，或美元符号（$）。

（c）不能与 T-SQL 保留字相同。SQL Sever 保留其保留字的大写和小写形式。

（d）不允许嵌入空格或其他特殊字符。

（e）包含的字符数必须在 1～128 之间（对于本地临时表，标识符最多可有 116 个字符）。

（f）首字符和后续字母也可支持汉字等其他语言，但建议不要使用。

（2）相关说明。

（a）在 SQL Server 中，标识符中的拉丁字母的大写和小写形式等效。

（b）某些处于标识符开始位置的符号具有特殊意义：以一个"井"字符（#）开始的标识符表示临时表或过程；以双"井"字符（##）开始的标识符表示全局临时对象；以 at 符号（@）开始的标识符表示局部变量或参数；以双 at 符号（@@）开始的标识符表示全局变量。

（c）某些 T-SQL 函数名称以双 at 符号开头。为避免混淆，不应使用以@@开头的标识符。

（d）Unicode（万国码）是由 Unicode Consortium 创立的一种将码位映射到字符的标准，现已包含了超过 10 万个字符。其定义的字符包括拉丁字符 a～z 和 A～Z，以及来自其他语言的字母字符。SQL Server 2016 支持 Unicode 标准 3.2 版。

（e）如果没有特别说明，本书所说的标识符均指常规标识符。

2. 分隔标识符

在 T-SQL 中，不符合常规标识符定义规则的标识符必须用分隔符分隔，并称其为分隔标识符。

例如，下面语句中的"My table"和"order"均不符合常规标识符定义规则，其中"My table"中间含有空格，而"order"为 T-SQL 的保留字，因此必须使用分隔符（[]）进行分隔：

SELECT * FROM [My Table] WHERE [order] =10

（1）定义规则。在 SQL Sever 2016 中，分隔标识符的格式规则如下所述。

（a）分隔标识符的主体可以包含当前代码页内字母（分隔符本身除外）的任意组合。例如，分隔标识符可以包含符合常规标识符定义规则的字符以及下列字符：空格、代字号（~）、连字符（-）、惊叹号（!）、百分号（%）、插入号（^）、撇号（'）、and 号（&）、句号（.）、反斜杠（\）、重音符号（`）、左括号（{）、右括号（}）、左圆括号 [（]、右圆括号 [）]、左方括号（[）。

（b）如果分隔标识符主体本身包含一个右方括号（]），则必须用两个右方括号（]]）表示（第一个右方括号（]）起转义符的作用）。

（c）分隔标识符可以包含与常规标识符相同的字符个数（1～128 个，不包括分隔符字符）。

（d）使用限定对象名称时，如果要分隔组成对象名的多个标识符，必须单独分隔每个标识符。

（2）相关说明。

（a）分隔标识符在下列情况下使用：①在对象名称或对象名称的组成部分中使用保留字时（从 SQL Server 早期版本升级的数据库可能含有此类标识符，可用分隔标识符引用对象）；②必须使用未被列为合法标识符的字符时。

（b）代码页是给定脚本的有序字符集，用于支持不同的 Windows 区域设置所使用的字符集和键盘布局。通常将 Microsoft Windows 代码页称为"Character Set"或"Charset"。

3. 标识符的使用

数据库对象的名称被看成该对象的标识符。SQL Server 中的每一内容都可带有标识符。服务器、数据库和数据库对象（例如表、视图、列、索引、触发器、过程、约束、规则等）都有标识符。大多数对象要求带有标识符，但对于有些对象（如约束），标识符是可选项。

在 SQL Server 中，除另有指定外，所有数据库对象的 T-SQL 引用可由如下四部分名称组成：

server_name.database_name.schema_name.object_name

实际使用时常使用简写格式，但要用句点指示被省略的中间部分的位置。表 5-2 列举了引用对象名的有效格式及其说明。

表 5-2　引用对象名的有效格式及其说明

对象引用格式	说明
server_name.database_name.schema_name.object_name	四个部分的名称全部使用
server_name.database_name..object_name	省略架构名
server_name..schema_name.object_name	省略数据库名
server_name...object_name	省略数据库和架构名
database_name.schema_name.object_name	省略服务器
database_name..object_name	省略服务器和架构名
schema_name.object_name	省略服务器和数据库名
object_name	省略服务器、数据库和架构名

相关说明：

（a）在上面的简写格式中，没有指明的部分使用如下的默认设置：server 默认为本地服务器；database 默认为当前数据库；schema 默认为指定的默认架构。

（b）在 SQL Server 2016 中，架构是形成单个命名空间的数据库实体的集合。命名空间是一个集合，其中每个元素的名称都是唯一的（例如，为了避免名称冲突，同一架构中不能有两个同名的表。两个表只有在不同的架构中时才可以同名）

（c）为避免名称解析错误，建议只要指定了架构范围内的对象就指定架构名称。

（d）SQL Server 2016 采用用户、架构分离策略。在 SQL Server 2016 中，架构独立于创建它们的数据库用户而存在。可在不更改架构名称的情况下转让架构的所有权，并且可在架构中创建具有用户友好名称的对象，明确指示对象的功能。这点与 SQL Server 2000 不同（在 SQL Server 2000 中，数据库用户和架构隐式地连接在一起）。

（e）默认架构。SQL Server 2016 引入了"默认架构"的概念，用于解析未使用其完全限定名称引用的对象的名称。在 SQL Server 2016 中，每个用户有一个默认架构，用于指定服务器在解析对象的名称时将要搜索的第一个架构。可以使用 CREATEUSER 和 ALTERUSER 的 DEFAULT_SCHEMA 选项设置和更改默认架构。默认的架构是 DBO。

例 5-1　一个用户名为 adm 的用户登录到 MyServer 的服务器，并使用 FamilyFinancingSystem 数据库，使用下述语句创建一个 MyTable 表：

```
CREATE TABLE MyTable ( column1 int,column2 char(20) )
```

对于 SQL Server 2000，表 MyTable 的全称是 MyServer.FamilyFinancingSystem.adm.MyTable。

对于 SQL Server 2016，如果用户 adm 的默认架构是 Myschema，则表 MyTable 的全称是 MyServer.FamilyFinancingSystem.Myschema.MyTable。

4. 保留关键字

保留关键字（简称为"保留字"或"关键字"）是一种语言中规定的具有特定含义的标识符。在 SQL Server 中，它们是 T-SQL 语法的一部分，用于解析 T-SQL 语句。SQL Server 2016 使用关键字来定义、操作或访问数据库。为确保与支持核心 SQL 语法的驱动程序兼容，应用程序应避免使用这些关键字。

对于 T-SQL 语句，除 SQL Server 给定的位置以外，其他任何位置使用关键字均为非法。

虽然 T-SQL 允许以分隔标识符的形式使用 SQL Server 关键字作为标识符，但建议不要用与关键字相同的名称命名任何数据库对象。

5.2.3　数据类型

1. 数据类型概述

数据类型是指表和视图中的列、存储过程中的参数、表达式和局部变量的数据特征，它决定数据的存储格式，代表不同的信息类型。包含数据的对象都具有相关的数据类型，此数据类型定义对象所能提供的数据种类。

SQL Server 提供了许多系统数据类型，在 2016 版本中，增强和增添了若干系统数据类型。除系统数据类型外，SQL Server 允许用户自行定义数据类型。用户定义数据类型是在系统数据类型的基础上，使用存储过程 sp_addtype 所建立的数据类型。

在 SQL Server 2016 中，数据类型名称的大写和小写形式等效。

在 SQL Server 2016 中，以下对象可以具有数据类型：表和视图中的列；存储过程中的参数；变量；返回一个或多个特定数据类型数据值的 T-SQL 函数；具有一个返回代码的存储过程（返回代码总是具有 integer 数据类型）。

指定对象的数据类型，则定义了该对象的 4 个特征：

- 对象所含的数据类型，如字符、整数或二进制数。
- 值的存储长度。数字数据类型以及 image、binary 和 varbinary 数据类型的存储长度以字节定义，String 和 Unicode 数据类型的长度以字符数定义。
- 数字精度（仅用于数字数据类型）。精度是数字可以包含的数字个数。例如，smallint 对象最多拥有 5 个数字，其精度为 5。
- 数值小数位数（仅用于数字数据类型）。小数位数是能够存储在小数点右边的数字个数。例如，int 对象不能含小数点，小数位数为 0；money 对象小数点右边最多有 4 个数字，小数位数为 4。

SQL Server 2016 中的主要数据类型见表 5-3。

表 5-3　SQL Server 2016 中的主要数据类型

数字类数据类型	精确数字	整数	bigint, int, smallint, tinyint, bit
		小数	decimal, numeric
		货币	money, smallmoney
	近似数字（浮点数）		float, real
日期/时间数据类型			datetime, smalldatetime
字符串类数据类型	非 Unicode 字符串		char, varchar, text
	Unicode 字符串		nchar, nvarchar, ntext
	二进制字符串		binary, varbinary, image
其他数据类型			cursor, sql_variant, table, timestamp, uniqueidentifier, xml

在 SQL Server 2016 中，varchar(max)、nvarchar(max)、varbinary(max)以及 text、ntext、image、xml 数据类型常用于存储大值或大型数据，具有存储特征，因此有时称它们为大值数据类型或大型对象数据类型。

下面介绍常用的数字类、日期/时间类和字符串类数据类型。

2. 整数数据类型

整数数据由负整数或正整数组成，是精确数值类型。包括 bigint、integer、smallint、tinyint、bit 5 种，见表 5-4。

表 5-4　SQL Server 2016 的整数数据类型

数据类型	数值表达范围	存储长度
bigint	-2^{63}～2^{63}-1（-9 223 372 036 854 775 808～9 223 372 036 854 775 807）	8 字节
int	-2^{31}～2^{31}-1（-2 147 483 648～2 147 483 647）	4 字节
smallint	-2^{15}～2^{15}-1（-32 768～32 767）	2 字节
tinyint	0～255	1 字节
bit	0 或 1	1 比特

说明：

（a）int 数据类型是 SQL Server 2016 中的主要整数数据类型；bigint 数据类型用于整数值可能超过 int 数据类型支持范围的情况。

（b）在数据类型优先次序表中，bigint 介于 smallmoney 和 int 之间；仅当参数表达式为 bigint 类型时，函数才返回 bigint；SQL Server 不自动将其他整数数据类型提升为 bigint。

（c）bit 主要用于表的列。如果列的大小为 8 bit 或更小，则这些列作为 1 个字节存储；如果为 9～16 bit，则这些列作为两个字节存储，以此类推。字符串值 TRUE 和 FALSE 可以转换为以下 bit 值：TRUE 转换为 1，FALSE 转换为 0。

（d）使用+、-、*、/或%等算术运算符将 int、smallint、tinyint 或 bigint 常量值隐式或显式地转换为 float、real、decimal 或 numeric 数据类型时，SQL Server 计算数据类型和表达式结果的精度时应用的规则有所不同（取决于查询是否自动参数化）。因此，查询中的类似表达式有时可能会生成不同的结果。

（e）一般不对 bit 类型的列建立索引。

例 5-2　下面的语句创建了一个表 Int_table，其中的 4 个字段分别使用 4 种整数类型。

```
CREATE TABLE Int_table ( c1 tinyint,c2 smallint, c3 int, c4 bigint )
INSERT Int_table VALUES (50,5000,50000,500000)
```

3. 固定精度和小数位数的数值数据类型

固定精度和小数位数的数值数据类型包括 decimal 和 numeric 两种，见表 5-5，其中参数 p 和 s 的意义和约束如下：

● p 为精度（precision，简写为 p），是最多可存储的十进制数字的总位数（包括小数点左边和右边的位数，但不包含小数点本身），1≤p≤38，默认值为 18。

● s 为小数位数（scale，简写为 s），也叫作标度，是小数点右边可存储的十进制数字的最大位数。仅在指定精度（p）后才可指定小数位数（s），且 0≤s≤p，默认值为 0。

表 5-5　SQL Server 2016 的固定精度和小数位数的数值数据类型

数据类型	数值表达范围	精度	存储长度/字节
decimal [(p[,s])]	$-10^{38} + 1 \sim 10^{38}-1$ （使用最大精度 p=38 时）	1～9	5
		10～19	9
numeric [(p[,s])]		20～28	13
		29～38	17

说明：

（a）decimal 和 numeric 数据类型的存储长度基于精度而变化。

（b）decimal 的 SQL-92 同义词为 dec 和 dec(p,s)。numeric 功能等价 decimal，但二者有区别：在表格中，只有 numeric 型数据的列可带 identity 关键字。

4.　货币数据类型

货币数据类型专门用于货币数据处理。SQL Server 提供了 money 和 smallmoney 两种货币数据类型，见表 5-6。它们都可以精确到万分之一货币单位。

表 5-6　SQL Server 2016 的货币数据类型

数据类型	数值表达范围	存储长度/字节
money	$-(2^{63})/10000 \sim (2^{63} -1)/10000$ -922 337 203 685 477.5808～922 337 203 685 477.5807	8
smallmoney	$-(2^{31})/10000 \sim (2^{31}-1)/10000$ -214 748.3648～214 748.364	4

说明：

（a）money 数据类型的存储包括两个 4 字节整数，前 4 字节表示货币值整数部分，后 4 字节表示货币值的小数部分；smallmoney 类型的存储包括两个 2 字节整数，前 2 字节表示货币值的整数部分，后 2 字节表示货币值的小数部分。

（b）在把值加入定义为 money 或 smallmoney 类型的表列时，应在最高位之前放一个货币符号$或其他货币单位的符号，但没有严格要求。

例 5-3　使用 money 数据类型和 smallmoney 数据类型。

```
CREATE TABLE NUMBER_EXAMPLE2 (MONEY_NUM money, SMALLMONEY_NUM smallmoney)
INSERT INTO NUMBER_EXAMPLE2 VALUES ($222.222, $333.333)
```

5.　浮点数值数据类型

SQL Server 提供了 float 和 real 两种浮点数值数据类型，见表 5-7。其中参数 n（1≤n≤53，默认值为 53）为用于存储 float 数值尾数的位数（bit），可以确定精度和存储大小。

表 5-7　SQL Server 2016 的浮点数值数据类型

数据类型	n 值	数值表达范围	精度（十进制）/位数	存储长度/字节
real		−3.40E+38～3.40E+38	7	4
float [(n)]	1～24	−1.79E+308～1.79E+308	7	4
	25～53	−2.23E+308～2.23E+308	15	8

说明：

（a）用 float(n)来表明变量和表列时，可指定用来存储按科学计数法记录的数据尾数的 bit 数。例如 float(53)表示用 8 个字节存储数据，其中 53 个 bit 存储尾数，此时数据精度可达 15 位。

（b）实质上，SQL Server 2016 将把 n 视为下列两个可能值之一：如果 $1 \leqslant n \leqslant 24$，则将 n 视为 24；如果 $25 \leqslant n \leqslant 53$，则将 n 视为 53。

（c）从 1 到 53 之间的所有 n 值均符合 SQL-92 标准。double precision 的同义词为 float(53)。

（d）real 的 SQL-92 同义词为 float(24)。

（e）浮点数是近似值，因此，并非数据类型范围内的所有值都能精确地表示。

（f）浮点数能存储数值范围很大的数据，但容易发生舍入误差。例如，精度大于 15 位的数据可以存储在精度为 15 位的表列，但不能保证精度。舍入误差只影响数据超过精度的右边各位。

6. 日期/时间数据类型

SQL Server 提供了 datetime 和 smalldatetime 两种日期/时间数据类型，见表 5-8。

表 5-8　SQL Server 2016 的日期/时间数据类型

数据类型	数值表达范围	精度	存储长度/字节
datetime	1753 年 1 月 1 日－9999 年 12 月 31 日	3.33 毫秒	8
smalldatetime	1900 年 1 月 1 日－2079 年 6 月 6 日	1 分钟	4

说明：

（a）datetime 数据类型的数据存储为两个 4 字节整数，前 4 字节存储早于或晚于基础日期（系统的参照日期，即 1900 年 1 月 1 日）的天数（但不允许早于 1753 年 1 月 1 日），后 4 字节存储一天之中的具体时间（以午夜后经过的毫秒数表示），但系统会将 datetime 值舍入到最接近的.000、.003、.007 秒的值。秒数的有效范围是 0～59。

（b）smalldatetime 数据类型的数据存储为两个 2 字节的整数，前 2 字节存储 1900 年 1 月 1 日后的天数，后 2 字节存储午夜后经过的分钟数。系统会把等于或小于 29.998 秒的 smalldatetime 值向下舍入到最接近的分钟数；将等于或大于 29.999 秒的值向上舍入到最接近的分钟数。

（c）用户没有指定小时以上精度的数据时，SQL Server 自动设置 datetime 和 smalldatetime 数据的时间为 00:00:00。

（d）最好用日期/时间数据类型存储日期或时间的数据。因为 SQL Server 提供了一系列专门处理日期和时间的函数来处理相关数据。如果使用字符型数据来存储日期和时间，则只有用户本人可以识别，计算机并不能识别，因而也不能自动将这些数据按照日期和时间进行处理。

例 5-4　datetime 和 smalldatetime 值的舍入处理。

```
SELECT CAST('2019-01-01 23:59:59.999' AS datetime);
GO    --返回的时间为 2019-01-02 00:00:00.000
SELECT CAST('2019-01-01 23:59:59.998' AS datetime);
GO    --返回的时间为 2019-01-01 23:59:59.997
```

```
SELECT CAST('2019-01-01 23:59:59.992' AS datetime);
GO    --返回的时间为 2019-01-01 23:59:59.993
SELECT CAST('2019-01-01 23:59:59.991' AS datetime);
GO    --返回的时间为 2019-01-01 23:59:59.990
SELECT CAST('2019-05-08 12:35:29.998' AS smalldatetime);
GO    --返回的时间为 2019-05-08 12:35
SELECT CAST('2019-05-08 12:35:29.999' AS smalldatetime);
GO    --返回的时间为 2019-05-08 12:36
```

7. 字符数据类型（非 Unicode 字符数据类型）

SQL Server 提供了 char、varchar 和 text 三种固定长度或可变长度的非 Unicode 字符数据类型，见表 5-9。其中的 n（$1 \leqslant n \leqslant 8000$）是定义为 char 或 varchar 的变量或表列所能存储的最大字符个数；max 则表示最大存储大小是 $2^{31}-1$ 个字节。

表 5-9　SQL Server 2016 的非 Unicode 字符数据类型

数据类型	存储长度
char[(n)]	n 个字节（固定存储长度）
varchar[(n|max)]	输入数据实际长度+2 字节（可变存储长度）
text	最大 $2^{31}-1$ 即 2 147 483 647 个字符（可变存储长度）

说明：

（a）n 的默认值在数据定义或变量声明时默认为 1，CAST 和 CONVERT 函数中默认为 30。

（b）char 数据类型使用给定的固定长度来存储字符，最长可容纳 8000 个字符，每个字符占一个字节存储空间。如果实际数据的字符长度短于给定最大长度，则多余字节填充空格；如果实际数据的字符长度超过给定的最大长度，则超过的字符被截断。使用字符常量为字符数据类型赋值时，必须用两个单引号（'）将字符常量括起来。char 的 SQL 2003 同义词为 character。

（c）varchar 数据类型用来存储最长 8000 字符的变长字符。其使用类似 char 类型，但 varchar 数据的存储空间随存储在表列中的每个数据的字符数的不同而变化。例如，定义列为 varchar(20)，则存储在该列的数据最多为 20 个字节，但数据没有达到 20 个字节时不在多余字节上填充空格。

（d）使用双字节字符时，存储长度仍为 n 个字节。根据字符串的不同，n 个字节的存储长度所能存储的字符个数可能小于 n。

（e）当存储在列中的数据的值的大小经常变化时，使用 varchar 数据类型可有效节省空间。因此，如果列中数据的大小一致，应使用 char；如果差异过大，应使用 varchar。

（f）如果站点支持多语言，应考虑使用 Unicode，即 nchar 或 nvarchar 数据类型，以最大限度地消除字符转换问题。

例 5-5 char 和 varchar 数据类型的使用。

● 建立一个以字符数据类型定义表列的表，然后向其中插入一行数据。
```
CREATE TABLE chars_example (char_1 char(5),varchar_1 varchar(5),text_1 text)
INSERT INTO chars_example    VAULES("abcd","abc","dddddddddddddddddddd")
```

● 显示在变量声明中使用 char 和 varchar 数据类型时，这些数据类型的默认值 n 为 1。
```
DECLARE @myVariable AS varchar
```

```
DECLARE @myNextVariable AS char
SET @myVariable = 'abc'
SET @myNextVariable = 'abc'
SELECT DATALENGTH(@myVariable), DATALENGTH(@myNextVariable);
GO        -- 返回的一行包含两列值，均为 1
```

- 显示在 CAST 和 CONVERT 函数中使用 char 或 varchar 数据类型时，n 的默认值为 30。

```
DECLARE @myVariable AS varchar(40)
SET @myVariable = 'This string is longer than thirty characters'
SELECT CAST(@myVariable AS varchar) -- 变量@myVariable 的值为 This string is longer than thi
SELECT DATALENGTH(CAST(@myVariable AS varchar)) AS 'VarcharDefaultLength'; -- 返回 30
SELECT CONVERT(char, @myVariable)   -- 变量@myVariable 的值为 This string is longer than thi
SELECT DATALENGTH(CONVERT(char, @myVariable)) AS 'VarcharDefaultLength'; -- 返回 30
```

8. Unicode 字符数据类型（双字节数据类型）

SQL Server 提供了 nchar、nvarchar 和 ntext 三种使用 UNICODE UCS-2 字符集的 Unicode 字符数据类型（固定长度或可变长度），见表 5-10。其中 n（1≤n≤4000）是定义为 nchar 或 nvarchar 的变量或表列所能存储的最大字符个数；max 则表示最大存储大小是 2^{31}-1 个字节。

表 5-10　SQL Server 2016 的 Unicode 字符数据类型

数据类型	存储长度
nchar[(n)]	n * 2 个字节（固定存储长度）
nvarchar[(n|max)]	输入数据实际长度 * 2 + 2 字节（可变存储长度）
ntext	所输入字符个数的两倍（以字节为单位）， 最大为 2^{30}-1 即 1 073 741 823 个字符（可变存储长度）

说明：n 的默认值及其他相关使用注意请参考 char[(n)]、varchar[(n\|max)]、text 数据类型的相关知识。

9. 二进制数据类型

二进制数据是用十六进制数的形式来表示的数据。例如，十进制数据 245 表示成十六进制数据是 F5。SQL Server 使用三种数据类型来存储二进制数据，分别是 binary，varbinary 和 image，见表 5-11。其中的 n（1≤n≤8000）是定义为 char 或 varchar 的变量或表列所能存储的最大字符个数；max 则表示最大存储大小是 2^{31}-1 个字节。

表 5-11　SQL Server 2016 的二进制数据类型

数据类型	存储长度
binary[(n)]	n 个字节（固定存储长度）
varbinary[(n|max)]	输入数据实际长度 + 2 字节（可变存储长度）
image	0～2^{31}-1（即 2 147 483 647）个字节（可变存储长度）

说明：

（a）二进制数据类型同字符类型非常相似，请参考 char[(n)]、varchar[(n\|max)]。

（b）应使用 binary 或 varbinary 类型存储二进制数据，仅当数据的字节数超过 8000 字节〔如 Word 文档、Excel 图表以及图像数据（.GIF、.BMP、.JPEG 文件）等〕时才考虑 image 类型。

（c）使用二进制数据常量时无需加上引号，但必须在二进制数据常量前面加一个前缀 0x。

例 5-6　使用 binary 数据类型和 varbinary 数据类型。

```
CREATE TABLE binary_example ( bin_1 binary (5), bin_2 varbinary(5))
INSERT INTO binary_example VALUES ( 0xaabbccdd, 0xaabbccddee )
INSERT INTO binary_example VALUES ( 0xaabbccdde, 0x )
```

10. 图像、文本数据的使用

为方便用户使用文本、图像等大型数据，SQL Server 提供了 text、ntext 和 image 三种数据类型。它们不像表中其他类型的数据那样一行一行依次存放在数据页中（页的概念在第 8 章介绍），而是经常被存储在专门的页中，在数据行的相应位置只记录指向这些数据实际存储位置的指针。

SQL Server 2016 提供了将小型的文本和图像数据在行中存储的功能。当将文本和图像数据存储在数据行中时，SQL Server 不需为访问这些数据而去访问另外的页，这使得读写文本和图像数据可以与读写 varchar、nvarchar 和 varbinary 字符串一样快。

为将表的文本和图像数据在行中存储，需使用系统存储过程 sp_tableoption 设置该表的“text in row”选项。指定“text in row”选项时，还可指定一个数据大小上限值（24～7000字节）。当满足"文本和图像数据的大小不超过指定上限值且数据行有足够空间存放这些数据"条件时，文本和图像数据直接存储在行中，否则行中只存放指向这些数据实际存储位置的指针。

例如：指定 text_example 表中不大于 7000 字节的文本和图像数据直接在行中存储：

```
CREATE TABLE TEXT_EXAMPLE ( BIN_1 text, BIN_2 ntext)
SP_TABLEOPTION TEXT_EXAMPLE, 'text in row', '7000'
```

重要提示：因为 Microsoft SQL Server 的未来版本可能将删除 ntext、text 和 image 数据类型，建议应用程序尽量使用 varchar(max)、nvarchar(max)、varbinary(max)数据类型。

11. 数据类型优先级

当两个不同数据类型的表达式用运算符组合后，数据类型优先级规则指定将优先级较低的数据类型转换为优先级较高的数据类型。如果此转换不是所支持的隐式转换，则返回错误。当两个操作数表达式具有相同的数据类型时，运算的结果便为该数据类型。SQL Server 2016 的数据类型优先级见表 5-12。

表 5-12　SQL Server 2016 的数据类型优先级

优先级	数据类型	优先级	数据类型	优先级	数据类型
1	用户定义数据类型（最高）	10	smallmoney	19	timestamp
2	sql_variant	11	bigint	20	uniqueidentifier
3	xml	12	int	21	nvarchar
4	datetime	13	smallint	22	nchar
5	smalldatetime	14	tinyint	23	varchar
6	float	15	bit	24	char
7	real	16	ntext	25	varbinary
8	decimal	17	text	26	binary（最低）
9	money	18	image		

5.2.4　常量

常量也称为字面值或标量值，是表示一个特定数据值的符号，其值在程序运行过程中不改变。常量包括整型常量、实型常量、字符串常量、双字节字符串（Unicode 字符串）常量、日期型常量、货币型常量、二进制常量等。常量的格式取决于它所表示的值的数据类型，见表 5-13。

表 5-13　SQL 常量类型表

类型	说明	举例
整型常量	没有小数点和指数 E	60、25、-365
实型常量	decimal 或 numeric 带小数点的常数 float 或 real 带指数 E 的常数	15.63、-200.25 +123E-3、-12E5
字符串常量	用单引号（'）引起来	'学生'、'this is database'
双字节字符串	前缀 N 须大写，字符串用单引号引起来	N'学生'
日期型常量	用单引号引起来	'6/5/03'、'May 12 2008'、'19491001'
货币型常量	精确数值型数据，前缀$	$380.2
二进制常量	前缀 0x。	0xAE、0x12Ef、0x69048AEFDD010E
全局唯一标识符	前缀 0x 单引号（'）引起来	0x6F9619FF8B86D011B42D00C04FC964FF '6F9619FF-8B86-D011-B42D-00C04FC964FF'

全局唯一标识符（GUID）是值不重复的 16 字节二进制数（世界上任何两台计算机都不生成重复的 GUID 值），主要用于在拥有多个节点、多台计算机的网络中，分配具有唯一性的标识符。

5.2.5　变量

变量值在程序运行过程中可以改变。T-SQL 有两种变量：局部变量、全局变量。

1. 局部变量

局部变量可由用户定义，其作用域（可引用该变量的 T-SQL 语句的范围）从声明变量的地方开始到声明变量的批处理或存储过程的结尾。

局部变量必须先定义，后使用。定义和引用时要在其名称前加上标志 "@"。其定义形式为

```
DECLARE @变量名 数据类型 [,...n]
```

在 T-SQL 中，不能使用 "变量=变量值" 形式给变量赋值，必须使用 SELECT 或 SET 语句来设定变量的值。其语法如下：

```
SELECT @变量名=变量值 [,...n]
SET @变量名=变量值
```

局部变量的名称不能与全局变量的名称相同，否则会在使用中出错。

例 5-7　定义一个长度为 4 个字符的变量 Sunm，并赋值一个学号 "S003"。

```
DECLARE @Sunm   nChar(4)    -- 定义
SELECT @Sunm = N'S003'      -- 赋值
```

注意：如果在单个 SELECT 语句中有多个赋值子句，SQL Server 不保证表达式求值的顺序。

2. 全局变量

全局变量是由 SQL Server 系统在服务器级定义、供系统内部使用的变量，通常存储一些 SQL Server 的配置设定值和统计数据。

全局变量可被任何用户程序随时引用，以测试系统的设定值或者 T-SQL 语句执行后的状态值。引用全局变量时必须以"@@"开头。

SQL Server 2016 常见的全局变量见表 5-14。

表 5-14　SQL Server 常用的全局变量

名称	说明
@@connections	返回当前服务器连接的客户端数目
@@rowcount	返回上一条 T-SQL 语句影响的数据行数
@@error	返回上一条 T-SQL 语句执行后的错误号
@@procid	返回当前存储过程的 ID 号
@@remserver	返回登录记录中远程服务器的名字
@@spid	返回当前服务器进程的 ID 标识
@@version	返回当前 SQL Server 服务器的版本和处理器类型
@@language	返回当前 SQL Server 服务器的语言

例 5-8　查询当前版本信息。

```
SELECT @@version
```

注意：某些 T-SQL 系统函数的名称以两个 at 符号(@@)开始。虽然在 Microsoft SQL Server 的早期版本中，@@functions 被称为全局变量，但它们不是变量，也不具备变量的行为。@@functions 是系统函数，它们的语法遵循函数的规则。

5.3　运算符与表达式

5.3.1　运算符及其运算优先级

在 T-SQL 编程语言中常用的运算符有算术运算符、字符串连接运算符、比较运算符、逻辑运算符、赋值运算符、位运算符和一元运算符。

1. 算术运算符

算术运算符有+（加）、-（减）、*（乘）、/（除）和 %（取余）5 个。参与算术运算的数据是数值类型数据，其运算结果也是数值类型数据。另外，加（+）和减（-）运算符可用于对日期型数据进行运算，还可进行数值型字符数据与数值类型数据的运算。

例 5-9　算术运算符的应用，如图 5-1 所示。

2. 字符串连接运算符

字符串连接运算符（+）可以实现字符串之间的连接，还可以串联二进制字符串。参与字符串连接运算的数据只能是字符数据类型（char、varchar、nchar、nvarchar、text、ntext），其运算结果也是字符数据类型。

例 5-10　字符串连接运算。

```
SELECT N'计算机系'+ ltrim(N'    网络专业')
SELECT N'计算机系' + N'   网络专业'
SELECT left(N'计算机系',3) + left(N'网络专业',2)
```

结果集如图 5-2 所示。

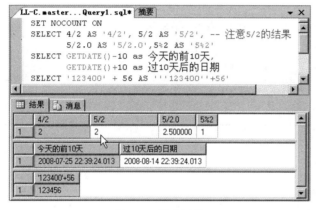

图 5-1　算术运算　　　　　　　　　　　　图 5-2　字符串连接运算

3．比较运算

常用的比较运算符有>（大于）、>=（大于等于）、=（等于）、<>（不等于）、<（小于）、<=（小于等于），SQL Server 2016 还支持非 SQL-92 标准的比较运算符：!=（不等于）、!<（不小于）、!>（不大于）。比较运算符用于测试两个相同类型表达式的顺序、大小、相同与否。比较运算符既可以用于 text、ntext 或 image 数据类型的表达式，也可以用于其他的表达式，例如，用于数值大小的比较、字符串在字典排列顺序前后的比较、日期数据前后的比较。比较运算结果有三种值：正确（TRUE）、错误（FALSE）、未知（UNKNOWN）。比较表达式可用于 IF 语句和 WHILE 语句的条件、WHERE 语句 HAVING 子句的条件。

例 5-11　比较运算符的应用，如图 5-3 所示。

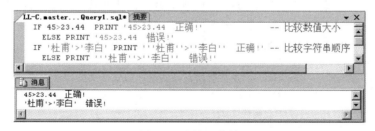

图 5-3　比较运算符

4．逻辑运算符

逻辑运算符（表 5-15）用于对某个条件进行测试，以获得其真实情况。逻辑运算符返回带有 TRUE 或 FALSE 值的布尔数据类型。逻辑表达式可用于 IF 语句和 WHILE 语句的条件、WHERE 语句 HAVING 子句的条件。

表 5-15　逻辑运算符

运算符	含义
AND	如果两个逻辑表达式都为 TRUE，则运算结果是 TRUE
OR	如果两个逻辑表达式中的一个为 TRUE，则运算结果是 TRUE
NOT	对任何其他布尔运算符的值取反
IN	如果操作数等于表达式列表中的一个，则运算结果是 TRUE
LIKE	如果操作数与一种模式相匹配（像），则运算结果是 TRUE
BETWEEN	如果操作数在某个范围之间，则运算结果是 TRUE
EXISTS	如果子查询包含一些行，则运算结果是 TRUE
ALL	如果一组的比较中，所有部分都为 TRUE，则运算结果是 TRUE
ANY	如果一组的比较中，任何一个为 TRUE，则运算结果是 TRUE
SOME	如果在一组比较中，有一些为 TRUE，则运算结果是 TRUE

5．赋值运算符

等号（=）是唯一的 T-SQL 赋值运算符。在例 5-12 中，将创建一个 @MyCounter 变量，然后赋值运算符将 @MyCounter 设置为表达式返回的值。

例 5-12　赋值运算。

```
DECLARE @MyCounter INT;
SET @MyCounter = 1;
```

也可以使用赋值运算符在列标题和定义列值的表达式之间建立关系。例如，例 5-13 显示列标题 FirstColumnHead 和 SecondColumnHead，在所有行的列标题 FirstColumnHead 中均显示字符串"xyz"，然后在 SecondColumnHead 列标题中列出来自 FinanceItem 表的每个 FinanceItemName。

例 5-13　在列标题和定义列值的表达式之间建立关系。

```
USE FamilyFinancingSystem
SELECT FirstColumnHead = 'xyz', SecondColumnHead = FinanceItemName FROM FinanceItem
```

6．位运算符

位运算符包括&（位与）、|（位或）和^（位异或）。位运算符在两个表达式之间执行位操作，这两个表达式的结果可以是整数或二进制字符串数据类型中的任何数据类型（image 数据类型除外），但两个操作数不能同时是二进制字符串数据类型中的某种数据类型。表 5-16 列举了位运算符所支持的操作数数据类型。

表 5-16　位运算符所支持的操作数数据类型

左操作数	右操作数
binary	int、smallint 或 tinyint
bit	int、smallint、tinyint 或 bit
int	int、smallint、tinyint、binary 或 varbinary
smallint	int、smallint、tinyint、binary 或 varbinary
tinyint	int、smallint、tinyint、binary 或 varbinary
varbinary	int、smallint 或 tinyint

例 5-14　定义一个局部变量@tb，设置其别名为 TABLE，并指定参数 sex 的字段类型为 bit，参数 num2 的字段类型为 int，代码如下：

```
DECLARE @tb TABLE (sex bit ,num2 int)
```

为临时表 tb 添加一些数据，并查询添加的数据，代码如下：

```
INSERT INTO @tb SELECT 1,1
INSERT INTO @tb SELECT 0,2
INSERT INTO @tb SELECT 1,3
INSERT INTO @tb SELECT 1,4
SELECT * FROM @tb
```

执行若干位运算相关的查询，代码如下：

```
SELECT sex,'~sex'=~sex,'sex^'=sex^1, num2
FROM @tb
```

上述查询语句的执行结果如图 5-4 所示。

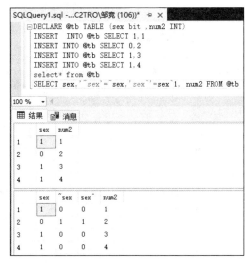

图 5-4　位运算

7. 一元运算符

一元运算符包括 +（正，数值为正）、-（负，数值为负）、~（位非，返回数字的非）。一元运算符只对一个表达式执行操作。+（正）和 -（负）运算符可以用于 numeric 数据类型中的任意表达式；~（位非）运算符只能用于整数数据类型类别中的表达式。

8. 运算优先级

当一个复杂的表达式有多个运算符时，运算符优先级决定执行运算的先后次序。执行的顺序可能严重地影响所得到的最终值。相关运算符的运算优先级见表 5-17。

表 5-17　SQL 运算符优先级

优先级	运算符
1	~（位非）
2	*（乘）、/（除）、%（取模）
3	+（正）、-（负）、+（加）、+（连接）、-（减）、&（位与）
4	=, >、<、>=、<=、<>、!=、!>、!<（比较运算符）
5	^（位异或）、|（位或）
6	NOT
7	AND
8	ALL、ANY、BETWEEN、IN、LIKE、OR、SOME
9	=（赋值）

当一个表达式中的两个运算符的优先级不同时，先对较高等级的运算符进行求值。例如，对于表达式 5+2*4，先求解 2*4。

当一个表达式中的两个运算符的优先级相同时，按照它们在表达式中的位置对其从左到右进行求值。例如，对于表达式 5+2-4，先求解 5+2。

在表达式中可使用括号更改已定义的运算符的优先级。先对括号中的内容进行求解，从而产生一个值，然后括号外的运算符才可以使用这个值。例如，对于表达式 2*(4+5)，先求解 4+5。

如果表达式有嵌套的括号，那么首先求解最内层括号的表达式，再依次求解各外层括号的表达式。例如，对于表达式 2*(4+(5-3))，首先求解 5-3。

5.3.2　表达式

表达式是标识符、值和运算符的组合，SQL Server 2016 可以对其求值以获取结果。

表达式可以是下列任何一种对象：常量、变量、列名、函数、查询、CASE、NULLIF 或 COALESCE。

简单表达式可以是单个常量、变量、列或标量函数。可以使用运算符将两个或多个简单表达式连接为一个复杂表达式。

1. 语法

    { constant | scalar_function | [alias.]column | (expression)|{unary_operator} expression | expression {binary_operator} expression }

2. 参数
- constant：常量。Unicode 字符和 datetime 值需包含在引号中。
- scalar_function：标量函数，用于提供特定的服务并返回单一值。
- [alias.]column：表的列。alias 是表的别名，column 是列的名称。
- （expression）：任何有效表达式。括号是分组运算符，先计算括号内表达式中的所有运算，然后再将表达式结果与其他部分组合在一起。
- {unary_operator}：一元运算符，只适用于计算结果为数字数据类型表达式。
- {binary_operator}：二元运算符，组合两个表达式以得到单一结果。其可以是算术运算符、赋值运算符、位运算符、比较运算符、逻辑运算符、字符串连接运算符、一元运算符。

3. 格式举例
- 以下查询是一个表达式（表示结果集中的每行，SQL Server 可将 FamilyMemberName 解析为一个值）。

    SELECT FamilyMemberName FROM FamilyMember;
- 表达式还可以是计算，如 （FinanceAmount * 1.5）。
- 在表达式中，需要用单引号将字符和 datetime 值括起来。例如：

    SELECT FI.FinanceItemName, FD.FamilyMemberID, FD.FinanceDetailID, FD.FinanceTypeKey, FD.FinanceAmount FROM FinanceItem FI JOIN FinanceDetail FD ON FI.FinanceItemKey = FD.FinanceItemKey WHERE FD.is_deleted = 0 AND FI.is_deleted = 0   AND FI.FinanceItemName LIKE N'%月薪%' AND FD.input_date BETWEEN '2019-01-01' AND '2019-12-31'

4. 表达式的结果

表达式的结果是指 SQL Server 求解表达式所获得的结果，常常又称为表达式的值。
- 简单表达式的结果的数据类型、精度、小数位数和值就是所引用元素的数据类型、精度、小数位数和值。
- 使用比较或逻辑运算符组合两个表达式时，结果数据为布尔类型，值为下列值之一：

TRUE、FALSE、UNKNOWN。

- 使用算术、位或字符串运算符组合两个表达式时，结果数据类型由运算符决定。
- 由多个简单表达式和运算符组成的复杂表达式的计算结果为单一值。结果的数据类型、精度和值的确定方式：一次组合两个所包含的表达式，直至得出最终结果为止。表达式的组合顺序由表达式中运算符的优先级来决定。

5. 说明

- 如果两个表达式的数据类型均受运算符支持，并且至少满足下列条件之一，则运算符可以组合这两个表达式：①表达式具有相同的数据类型；②具有较低优先级的数据类型可以隐式地转换为具有较高优先级的数据类型，否则不能组合这两个表达式。
- 关于 SQL 选择列表中的表达式的返回结果，其规则为，针对结果集中的每一行单独计算表达式。对于单个表达式，结果集中的不同行可能有不同的值，但每一行只有一个值。例如，在下面的 SELECT 语句中，对选择列表中 FinanceItemName 以及 "1+2" 项的引用都是表达式：

SELECT FinanceItemName, 1 + 2 FROM FinanceItem

在结果集的每一行中，表达式 "1+2" 的计算结果都是 3。尽管在结果集的每一行中表达式 FinanceItemName 生成的值各不相同，但每一行都只有一个 FinanceItemName 值。

5.3.3　本书 T-SQL 语法中部分表达式的含义

下面列出本书 T-SQL 语法中部分常见表达式及相关术语的含义。若无特别说明，本书后续各章节出现的与下列表达式书写相同的表达式的含义均如下所述，不另行赘述。

character_expression：字符表达式，可以是字符、二进制数据或能隐式转换为 varchar 或 nvarchar 的数据类型（text、ntext 除外），也可以是常量、变量、列。

constant_expression：常量表达式。

any_expression：任意表达式，可以是常量、列或函数与算术、位或字符串运算符的任意组合，但不允许使用聚合函数和子查询。用于数字列、字符列和 datetime 列，但不能用于 bit 列。

float_expression：浮点数表达式，结果是 float 类型或能隐式转换为 float 类型的表达式。

input_expression：输入表达式，用于处理、测试或比较的表达式。

integer_expression：整数表达式，结果是整数数据类型的表达式。

logical_expression：逻辑表达式，返回 TRUE 或 FALSE 的表达式。如果表达式中含有 SELECT 语句，必须用圆括号将 SELECT 语句括起来。

ncharacter_expression：双字节字符串表达式，结果为 nchar 或 nvarchar 型的表达式。

numeric_expression：数值表达式，结果是数字数据类型（bit 除外）的表达式。

numeric2_expression：数值表达式 2，结果是数字数据类型（bit 除外）的表达式。可以是常量、列或函数与算术、位和字符串运算符的任意组合，但不允许使用聚合函数和子查询。

result_expression：结果表达式。

scalar_expression：标量表达式，用于函数的返回值。

string_expression：字符串表达式，由字符串构成的表达式。

5.4 批处理与流程控制语句

5.4.1 批处理

批处理是一个或多个 T-SQL 语句的有序组合，从应用程序一次性发送到 SQL Server 执行。SQL Server 将批处理的语句编译成为一个可执行单元（执行计划），其中的语句每次执行一条。

编译出现错误（如语法错误）将使执行计划无法编译，也未执行批处理中的任何语句。

运行时出现错误（如算术溢出或违反约束）会产生以下两种结果之一：

● 大多数运行时出现的错误将停止执行批处理中当前语句和它之后的语句。

● 某些运行时出现的错误（如违反约束）仅停止执行当前语句，但会继续执行批处理中的其他所有语句。

在运行时出现错误之前执行的语句不受影响，但唯一的例外是，如果在批处理事务中出现错误而导致事务回滚。这种情况下，在回滚运行时出现错误之前所进行的未提交的数据修改将受到影响（修改失效）。

以下规则适用于批处理。

● CREATE DEFAULT、CREATE FUNCTION、CREATE PROCEDURE、CREATE RULE、CREATE TRIGGER 和 CREATE VIEW 语句不能在批处理中与其他语句组合使用。批处理必须以 CREATE 语句开始。所有跟在该批处理后的其他语句将被解释为第一个 CREATE 语句定义的一部分。

● 不能在同一个批处理中更改表然后引用新列。

● 如果 EXECUTE 语句是批处理的第一句，则不需要 EXECUTE 关键字；否则需要该关键字。

流程控制语句是指那些用来控制程序执行和流程分支的语句，在 SQL Server 中，流程控制语句主要用来控制 SQL 语句、语句块或者存储过程的执行流程。

T-SQL 语句使用的流程控制语句与常见的程序设计语言类似，主要有以下几种。

5.4.2 BEGIN...END 语句

BEGIN...END 语句能够将多个 T-SQL 语句组合成一个语句块，并将处于 BEGIN...END 内的所有程序视为一个单元处理。在条件语句（如 IF...ELSE）和循环语句等控制流程语句中，若要实现当符合特定条件便要执行两个或者多个语句的功能时，就需要使用 BEGIN...END 语句。

（1）语法：

```
BEGIN
    { sql_statement | statement_block }
END
```

（2）参数摘要：

sql_statement|statement_block：至少有一条有效的 T-SQL 语句或语句组。

（3）说明：

● BEGIN 和 END 语句必须成对使用。BEGIN 语句单独出现在一行中，其后跟有 T-SQL

语句块（至少包含一条 T-SQL 语句）；最后，END 语句单独出现在一行中，指示语句块的结束。

- BEGIN...END 语句用于下列情况：WHILE 循环需要包含语句块；CASE 函数的元素需要包含语句块；IF 或 ELSE 子句需要包含语句块。
- 在 BEGIN...END 中可嵌套另外的 BEGIN...END 来定义另一程序块。
- 虽然所有的 T-SQL 语句在 BEGIN...END 块内都有效，但有些 T-SQL 语句不应分组在同一批处理或语句块中。

5.4.3　IF...ELSE 语句

IF...ELSE 语句是条件判断语句，用来判断当某一条件成立时执行某段程序，条件不成立时执行另一段程序。

（1）语法：

IF logical_expression { sql_statement | statement_block} [ELSE { sql_statement | statement_block}]

（2）结果类型：Boolean。

（3）说明：

- 除非使用 BEGIN...END 语句定义的语句块，否则 IF 或 ELSE 条件只影响一个 T-SQL 语句。
- 如果在 IF...ELSE 的 IF 区和 ELSE 区都使用了 CREATE TABLE 语句或 SELECT INTO 语句，那么 CREATE TABLE 语句或 SELECT INTO 语句必须指向相同的表名。
- IF...ELSE 语句可用于批处理、存储过程和即时查询。
- IF...ELSE 可以嵌套（可在 IF 之后或 ELSE 下面嵌套另一个 IF 语句）。在 T-SQL 中最多可嵌套 32 级；在 SQL Server 2016 中，嵌套级数的限制取决于可用内存。

例 5-15　求学号为 110008 的同学的平均成绩，如果平均成绩大于或等于 90 分，则输出"优秀"。

```
IF (SELECT AVG(分数) FROM 教学成绩表 WHERE 学号='110008' GROUP BY 学号)>=90
    PRINT '优秀'
```

5.4.4　CASE 语句

根据测试/条件表达式的值的不同，返回多个可能结果表达式之一。

CASE 具有两种格式：简单 CASE；CASE 搜索函数。

（1）简单 CASE 函数：将某个表达式与一组简单表达式进行比较以确定结果。

（a）语法：

```
CASE input_expression
    WHEN when_expression THEN result_expression
    [ ...n ]
    [ ELSE else_result_expression ]
END
```

（b）参数摘要：

- when_expression：与 input_expression 进行比较的简单表达式。
- result_expression：当 input_expression = when_expression 比较的结果为 TRUE 时返回的表达式。

- else_result_expression：当 input_expression=when_expression 比较的结果不为 TRUE 时返回的表达式。
- input_expression、when_expression、result_expression 和 else_result_expression 可以是任何有效的 SQL Server 表达式，但前两者、后两者的数据类型必须分别相同或能分别隐式地进行转换。

（c）结果类型：result_expression 和 else_result_expression 中最高优先级类型。

（d）返回值：

- 首先计算 input_expression，然后按指定顺序对每个 WHEN 子句计算 input_expression = when_expression，返回计算结果为 TRUE 的第一个 result_expression。
- 在 input_expression=when_expression 的计算结果都不为 TRUE 的情况下，如果指定了 ELSE 子句则返回 else_result_expression，如果没有指定 ELSE 子句则返回 NULL。

例 5-16 CASE 语句示例 1。

```
DECLARE @Score decimal, @Grade nchar(3)
SET @Score = 88
SET @Grade =
  CASE FLOOR(@Score /10)
    WHEN 10 THEN N'优秀'
    WHEN 9 THEN N'优秀'
    WHEN 8 THEN N'良好'
    WHEN 7 THEN N'中等'
    WHEN 6 THEN N'及格'
    ELSE N'不及格'
  END
PRINT @Grade
```

（2）CASE 搜索函数：计算一组逻辑表达式以确定结果。

（a）语法：

```
CASE
  WHEN logical_expression THEN result_expression
  [ ...n ]
  [ ELSE else_result_expression ]
END
```

（b）参数摘要：result_expression 和 else_result_expression 可以是任何有效的 SQL Server 表达式。

（c）结果类型：result_expression 和 else_result_expression 中返回最高优先级类型。

（d）返回值：按指定顺序对每个 WHEN 子句求 logical_expression 值，返回计算结果为 TRUE 的第一个 logical_expression 的 result_expression；当 logical_expression 的计算结果都不为 TRUE 时，如果指定了 ELSE 子句则返回 else_result_expression，否则返回 NULL。

例 5-17 CASE 语句示例 2。

```
DECLARE @Score decimal, @Grade nchar(3)
SET @Score = 88
SET @Grade =
  CASE
    WHEN @Score >=90 AND @Score <=100 THEN N'优秀'
    WHEN @Score >=80 AND @Score <90 THEN N'良好'
```

```
            WHEN @Score >=70 AND @Score <80 THEN N'中等'
            WHEN @Score >=60 AND @Score <70 THEN N'及格'
            ELSE N'不及格'
        END
    PRINT @Grade
```

5.4.5 GOTO 语句

GOTO 语句可以使程序直接跳到指定的标有标识符的位置上继续执行，而位于 GOTO 语句和标识符之间的程序将不会执行。GOTO 语句和标识符可以用在语句块、批处理和存储过程中，标识符可以为数字与字符的组合，但必须以冒号（:）结尾，如 "A1:"。

（1）语法：

```
    GOTO label
```

（2）参数摘要。label：如果 GOTO 语句指向该标签，则其为处理的起点。标签必须符合标识符规则。无论是否使用 GOTO 语句，标签均可作为注释方法使用。

（3）说明：GOTO 语句和标签可在过程、批处理或语句块中的任何位置（若用在批处理内则不能跳转到该批处理以外）；GOTO 分支可跳转到定义在 GOTO 之前或之后的标签；GOTO 语句可嵌套使用。

例 5-18 利用 GOTO 语句求出 1 加到 5 的总和。

```
        DECLARE @sum int, @count int
        SELECT @sum = 0, @count = 1
    A1: SELECT @sum = @sum + @count
        SELECT @count = @count + 1
        IF @count <= 5 GOTO A1
        SELECT @count, @sum
```

返回的结果集包含一行两列，值分别为 6 和 15。

5.4.6 WHILE 语句

WHILE 语句的作用是为重复执行某一语句或语句块设置条件。只要指定的条件为真，就重复执行语句。可以使用 BREAK 和 CONTINUE 在循环内部控制 WHILE 循环中语句的执行。

（1）语法：

```
    WHILE logical_expression
        BEGIN
            { sql_statement | statement_block }
            [ BREAK ]
            { sql_statement | statement_block }
            [ CONTINUE ]
            { sql_statement | statement_block }
        END
```

（2）参数摘要：

● BREAK：立即无条件跳出循环，并开始执行紧接着的 END（循环结束的标记）后面的语句。

● CONTINUE：跳出本次循环，开始执行下一次循环（忽略 CONTINUE 后面的语句）。

（3）说明：如果嵌套了两个或多个 WHILE 循环，则内层的 BREAK 将退出到下一个外层循环；将首先运行内层循环结束之后的所有语句，然后重新开始下一个外层循环。

例 5-19 下面的程序输出 100 以内的素数。

```
BEGIN
    DECLARE @i int, @d int, @j int
    SET @i=2
    WHILE @i<100
        BEGIN
            SET @d=sqrt(@i)
            SET @j = 2
            WHILE @j<=@d
                BEGIN
                    IF(@i % @j = 0) BREAK
                    SET @j = @j + 1
                END
            IF(@j > @d) PRINT cast(@i as varchar) + ' '
            SET @i = @i + 1
        END
END
```

5.4.7 RETURN 语句

RETURN 语句用于无条件退出查询或过程。

（1）语法：

```
RETURN [integer_expression]
```

（2）参数摘要。integer_expression：整数表达式。RETURN 语句可向调用过程返回一个整数值。

（3）返回类型：可以选择返回 int。

（4）说明：

● RETURN 的执行是即时且完全的，可在任何时候用于从过程、批处理或语句块中立即退出。当前过程、批处理或语句块中 RETURN 之后的语句不会被执行。

● 一般只在存储过程中才用到返回结果，调用存储过程的语句可根据 RETURN 返回的值判断下一步应该执行的操作。除非专门说明，系统存储过程返回值为 0 表示调用成功，否则表示调用有问题。

● 如果用于存储过程，RETURN 不能返回空值。

● 在执行了 RETURN 语句的批处理或过程中，可以在后续执行的 T-SQL 语句中包含 RETURN 语句返回的状态值，但必须以下列格式输入：EXECUTE @return_status = <procedure_name>。

5.4.8 WAITFOR 语句

WAITFOR 语句用于在达到指定时间或时间间隔之前，或者指定语句至少修改或返回一行之前，暂时停止执行批处理、存储过程或事务。

（1）语法：

```
WAITFOR
{ DELAY 'time_to_pass' | TIME 'time_to_execute'
```

```
|(receive_statement) [, TIMEOUT timeout ]
}
```

（2）参数摘要：

- DELAY 'time_to_pass'：继续执行批处理、存储过程或事务之前必须等待的指定时间，最长 24 小时。
- TIME 'time_to_execute'：指定运行批处理、存储过程或事务的时间。
- 'time_to_pass'和'time_to_execute'的数据类型为 datatime，格式为 hh:mm:ss。可使用 datetime 数据可接受的格式之一指定时间，也可将其指定为局部变量。
- receive_statement：有效的 RECEIVE 语句。包含 receive_statement 的 WAITFOR 语句仅适用于 Service Broker 消息。
- TIMEOUT timeout：指定消息到达队列前等待的时间（以毫秒为单位）。指定包含 TIMEOUT 的 WAITFOR 仅适用于 Service Broker 消息。

（3）说明：

- 执行 WAITFOR 语句时，事务应正在运行，并且其他请求不能在同一事务下运行。
- WAITFOR 不更改查询的语义。如果查询不返回任何行，WAITFOR 语句将一直等待，或等到满足 TIMEOUT 条件（如果已指定）。
- 不能对 WAITFOR 语句打开游标或定义视图。
- 如果查询超出了系统定义的 QUERY WAIT 选项的值，则 WAITFOR 语句参数不运行即可完成。
- 若要查看活动进程和正在等待的进程，请使用 sp_who。
- 每个 WAITFOR 语句都有与其关联的线程。如果对同一服务器指定了多个 WAITFOR 语句，可将等待这些语句运行的多个线程关联起来。SQL Server 将监视与 WAITFOR 语句关联的线程数，并在服务器遇到线程不足的问题时，随机选择其中部分线程退出。

例 5-20　WAITFOR 语句的使用。

- 使用 WAITFOR TIME，在 22：20 执行存储过程 sp_update_job，代码如下。

```
USE msdb;
EXECUTE sp_add_job @job_name = 'TestJob';
BEGIN
    WAITFOR TIME '22:20';
    EXECUTE sp_update_job @job_name = 'TestJob',
    @new_name = 'UpdatedJob';
END
```

- 使用 WAITFOR DELAY，在两小时的延迟后执行存储过程 sp_helpdb，代码如下。

```
BEGIN
    WAITFOR DELAY '02:00';
    EXECUTE sp_helpdb;
END
```

- 对 WAITFOR DELAY 使用局部变量。创建一个存储过程，该过程将等待可变的时间段，然后将经过的小时、分钟和秒数信息返回给用户，代码如下。

```
IF OBJECT_ID('dbo.time_delay','P') IS NOT NULL
    DROP PROCEDURE dbo.time_delay;
```

```
Go
CREATE PROCEDURE time_delay @DELAYLENGTH char(9)
AS
DECLARE @RETURNINFO varchar(255)
BEGIN
    WAITFOR DELAY @DELAYLENGTH
    SELECT @RETURNINFO = 'A total time of ' +
        SUBSTRING(@DELAYLENGTH, 1, 2) + ' hours, ' +
        SUBSTRING(@DELAYLENGTH, 4, 2) + ' minutes, and ' +
        SUBSTRING(@DELAYLENGTH, 7, 2) + ' seconds ' +
        'has elapsed! Your time is up.';
    PRINT @RETURNINFO;
END
-- This next statement executes the time_delay procedure
EXEC time_delay '00:00:10'
```

结果集：

A total time of 00 hours,00 minutes,and 10 seconds has elapsed.Your time is up.

5.5 系统内置函数

T-SQL 中的函数可分为系统定义函数（系统内置函数）和用户定义函数。本节介绍系统定义函数中的数学函数、聚合函数、字符串函数、日期时间函数、系统函数、游标函数、元数据函数。

5.5.1 数学函数

数学函数将输入值作为函数参数执行计算，返回一个数字值。SQL Server 2016 中定义了 23 种数学函数（表 5-18），本节介绍其中常用的几个数学函数。

表 5-18　SQL Server 2016 的数学函数

函数	功能
ABS	返回给定数字表达式的绝对值
ACOS	返回余弦为给定的 float 表达式的角度值（弧度）；亦称反余弦
ASIN	返回正弦为给定的 float 表达式的角度值（弧度）；亦称反正弦
ATAN	返回正切为给定的 float 表达式的角度值（弧度）；亦称反正切
ATN2	返回正切为两个给定的 float 表达式相除的角度值（弧度）
CEILING	返回大于或等于所给数字表达式的最小整数
COS	返回给定表达式中给定角度（以弧度为单位）的三角余弦值
COT	返回给定的 float 表达式中指定角度（以弧度为单位）的三角余切值
DEGREES	当给出以弧度为单位的角度时，返回相应的以度数为单位的角度
EXP	返回常量 e 的指定的 float 表达式的幂
FLOOR	返回小于或等于所给数字表达式的最大整数
LOG	返回给定的 float 表达式的自然对数

续表

函数	功能
LOG10	返回给定的 float 表达式的以 10 为底的对数
PI	返回圆周率 PI 的常量值
POWER	返回给定表达式的指定次幂
RADIANS	对于在数字表达式中输入的度数值返回弧度值
RAND	返回 0 到 1 之间的随机 float 值
ROUND	返回数字表达式并四舍五入为指定的长度或精度
SIGN	返回给定表达式为正数（+1）、零（0）或负数（-1）
SIN	以近似数字（float）表达式返回给定角度（以弧度为单位）的三角正弦值
SQRT	返回给定表达式的平方根
SQUARE	返回给定表达式的平方
TAN	返回输入表达式（以弧度为单位）的正切值

1. ABS 函数

ABS 函数返回指定数值表达式的绝对值。

（1）语法：ABS(numeric_expression)

（2）返回类型：与 numeric_expression 相同。

（3）说明：ABS 函数可能产生溢出错误。例如，tinyint 数据类型只具有 0～255 的值，因此，当 variable=-256 时，ABS(variable)将产生溢出错误。

2. CEILING 函数

CEILING 函数返回大于或等于所给的数字表达式的最小整数。

（1）语法：CEILING (numeric_expression)

（2）返回类型：与 numeric_expression 相同。

例 5-21　显示使用 CEILING 函数的正数、负数和零值。

```
SELECT CEILING($123.45), CEILING($-123.45), CEILING($0.0)
```

结果集：

```
124.00    -123.00    0.00
```

3. EXP 函数

EXP 函数返回指定的 float 表达式的指数值（即常量 e 的 float 表达式次幂）。

（1）语法：EXP(float_expression)

（2）返回类型：float。

（3）说明：

- 常量 e（2.718281…）是自然对数的底数。
- 数字的指数是常量 e 使用该数字进行幂运算。例如，$EXP(1.0)=e^{1.0}= 2.71828182845905$，而 $EXP(10) = e^{10} = 22026.4657948067$。
- 数字的自然对数的指数是数字本身：$EXP(LOG(n)) = n$。数字的指数的自然对数是数字本身：$LOG(EXP(n)) = n$。

例 5-22　使用 EXP 函数计算 e^{10}、10 的自然对数的指数值、10 的指数的自然对数值。

```
SELECT EXP(10),EXP( LOG(10)), LOG( EXP(10))
```

结果集：

    22026.4657948067   10   10

4. FLOOR 函数

FLOOR 函数返回小于或等于所给的数字表达式的最大整数。

（1）语法：FLOOR (numeric_expression)

（2）返回类型：与 numeric_expression 相同。

例 5-23 正数、负数和货币值在 FLOOR 函数中的运用。

    SELECT FLOOR(123.45), FLOOR(-123.45), FLOOR($123.45)

该语句的结果为返回与 numeric_expression 数据类型相同的计算值的整数部分：

    123   -124   123.0000

5. LOG 函数

LOG 函数返回指定的 float 表达式的自然对数。

（1）语法：LOG (float_expression)

（2）返回类型：float。

（3）说明：

- 常量 e（2.71828182845905…）是自然对数的基数。
- 自然对数的基数是常量 e（2.71828182845905…）。LOG(e)=1.0。
- 某数的指数值的自然对数是该数自身：LOG(EXP(n))=n。某数的指数值的自然对数是该数自身：EXP(LOG(n))=n。

例 5-24 计算指定的 float 表达式的对数（LOG）。

    DECLARE @var float
    SET @var=10
    PRINT 'The LOG of the variable is : '+CONVERT(varchar,LOG(@var))
    PRINT LOG(EXP(@var))

结果集：

    The LOG of the variable is : 2.30259

    10

6. LOG10 函数

LOG10 函数返回指定的 float 表达式的常用对数（即：以 10 为底的对数）。

（1）语法：LOG10（float_expression）

（2）返回类型：float。

（3）说明：LOG10 和 POWER 函数彼此反向相关。例如，$10^{LOG10(n)}$=n。

例 5-25 计算变量以 10 为底的对数，输出对以 10 为底的对数执行指定幂计算的结果。

    DECLARE @var float
    SET @var=145.175643
    PRINT 'The LOG 10 of the variable is:'+CONVERT(varchar,LOG10(@var))
    PRINT POWER(10,LOG10(5))

结果集：

    The LOG 10 of the variable is : 2.16189

    5

7. POWER 函数

返回指定表达式的指定幂的值。

（1）语法：POWER(numeric_expression, power_value)

（2）参数摘要：power_value 是对 numeric_expression 进行幂运算的幂值；power_value 可以是精确数值或近似数值数据类别的表达式（bit 数据类型除外）。

（3）返回类型：与 numeric_expression 相同。

（4）说明：不恰当的 power_value 将使 POWER 函数产生溢出。例如，SELECT POWER(2.0, -100.0)的计算结果为 0.0，产生浮点下溢。

例 5-26　计算 2^3、2^4。

```
SELECT POWER(2,3), POWER(2,4)
```

结果集：

```
8              16
```

8. RAND 函数

RAND 函数返回 0 到 1 之间的随机 float 值。

（1）语法：RAND ([seed])

（2）参数摘要：seed 为给出的种子值或起始值的整型表达式（tinyint、smallint 或 int）。

（3）返回类型：float。

（4）说明：使用相同的 seed 值反复调用 RAND()函数将产生相同的值。

例 5-27　通过 RAND 函数产生两个不同的随机值。

```
DECLARE @seed smallint
SET @seed = 1
WHILE @seed < 3
    BEGIN
        PRINT 'Random_Number_'+STR(@seed,1,1) + ' = '+STR(RAND(@seed),12,10)
        SET @seed = @seed + 1
    END
```

结果集：

```
Random_Number_1 = 0.7135919932
Random_Number_2 = 0.7136106262
```

9. ROUND 函数

ROUND 函数返回将给出的数值表达式四舍五入为指定的长度或精度的数值。

（1）语法：ROUND(numeric_expression, length [,function])

（2）参数摘要：

- length：numeric_expression 的舍入精度。length 必须是 tinyint、smallint 或 int 类型。如果 length 为正数，则将 numeric_expression 舍入到 length 指定的小数位数；如果 length 为负数，则将 numeric_expression 小数点左边部分舍入到 length 指定的长度。

- function：要执行的操作的类型。function 必须为 tinyint、smallint 或 int 类型。如果省略 function 或其值为 0（默认值），则舍入 numeric_expression；否则截断 numeric_expression。

（3）返回类型：与 numeric_expression 相同。

（4）说明：如果 length 为正数，且小于 numeric_expression 小数点后的数字个数，则 ROUND 函数返回值的最后一位数为估计值；如果 length 为负数，并绝对值大于或等于 numeric_expression 小数点前的数字个数，则 ROUND 将产生算术溢出（例如，SELECT ROUND(748.58,-3)）。

例 5-28　ROUND 函数的使用。

1）使用 ROUND 函数。

```
SELECT ROUND(748.58,3),ROUND(748.58,2),ROUND(748.58,1),
        ROUND(748.58,0),ROUND(748.58,-1),ROUND(748.58,-2)
```

结果集：

748.58	748.58	748.60	749.00	750.00	700.00

2）使用 ROUND 函数的舍入和截断功能。下面的 SELECT 语句两次调用 ROUND 函数，用于阐释舍入和截断之间的区别：第一次调用 ROUND 函数取舍入结果，第二次调用取截断结果。

```
SELECT ROUND(150.75,0), ROUND(150.75,0,1)
```

结果集：

151.00	150.00

10. SQRT 函数

SQRT 函数返回指定表达式的平方根。

（1）语法：SQRT(float_expression)

（2）返回类型：float。

例 5-29　计算 1、2、3、4 的平方根。

```
DECLARE @x float
SET @x=1
SELECT SQRT(@x), SQRT(@x+1), SQRT(@x+2), SQRT(@x+3)
```

结果集：

1	1.4142135623731	1.73205080756888	2

11. SQUARE 函数

返回指定表达式的平方。

（1）语法：SQUARE (float_expression)

（2）返回类型：float。

例 5-30　计算半径为 1cm、高为 5cm 的圆柱的体积。

```
DECLARE @h float, @r float
SET @h=5
SET @r=1
PRINT PI() * SQUARE(@r) * @h
```

结果集：

15.707963267949

5.5.2　聚合函数

聚合函数对一组值执行计算并返回单一的值（各种统计数据）。聚合函数忽略空值（COUNT 函数除外）。聚合函数经常与 SELECT 语句的 GROUP BY 子句一同使用。所有聚合函数都具有确定性。任何时候用一组给定的输入值调用它们时，每次都返回相同的值。

仅在下列项中聚合函数允许作为表达式使用：①SELECT 语句的选择列表（子查询或外部查询）；②COMPUTE 或 COMPUTE BY 子句；③HAVING 子句。

表 5-19 列举了 T-SQL 编程语言提供的聚合函数。

表 5-19　T-SQL 编程语言提供的聚合函数

函数	功能
AVG	返回组中值的平均值。空值将被忽略
BINARY_CHECKSUM	返回对表中的行或表达式列表计算的二进制校验值。可用于检测表中行的更改
CHECKSUM	返回在表的行上或在表达式列表上计算的校验值。用于生成哈希索引
CHECKSUM_AGG	返回组中值的校验值。空值将被忽略
COUNT	返回组中项目的数量。返回 int 数据类型值
COUNT_BIG	返回组中项目的数量。返回 bigint 数据类型值
GROUPING	产生一个附加的列，当用 CUBE 或 ROLLUP 运算符添加行时，附加列值为 1；当所添加的行不是由 CUBE 或 ROLLUP 产生时，附加列值为 0
MAX	返回给定的表达式的最大值
MIN	返回给定的表达式的最小值
SUM	返回给定的表达式中所有值的和，或只返回 DISTINCT 值。只能用于数字列。忽略空值
STDEV	返回给定的表达式中所有值的统计标准偏差
STDEVP	返回给定的表达式中所有值的总体统计标准偏差
VAR	返回给定的表达式中所有值的统计方差（无偏差方差）
VARP	返回给定的表达式中所有值的填充的统计方差（有偏差方差）

1. AVG 函数和 SUM 函数

AVG 函数、SUM 函数分别返回表达式中指定范围内各值的平均值、代数和，忽略空值，只用于数字列。

（1）语法：AVG（[ALL | DISTINCT] expression）

（2）参数摘要：

● ALL：对所有的值应用此聚合函数。ALL 是默认值。

● DISTINCT：指定聚合函数只在每个值的唯一非空实例上执行，不管该值出现了多少次。

● expression：列名表达式，精确数值或浮点类型（bit 除外）。不得用聚合函数和子查询。

（3）返回类型：由 expression 的计算结果类型确定，见表 5-20。

表 5-20　AVG 函数、SUM 函数的返回类型

表达式	返回类型
integer 类型	int
decimal 类型(p,s)	decimal(38,s)
money 和 smallmoney 类型	money
float 和 real 类型	float

（4）说明：

● 如果 expression 是别名数据类型，则返回类型也具有别名数据类型。但是，如果别名数据类型的基本数据类型得到提升（例如，从 tinyint 提升到 int），则返回值具有提升的数据类型。

- 使用 CUBE 或 ROLLUP 时，不支持区分聚合，如 AVG(DISTINCT column_name)、COUNT(DISTINCT column_name)、MAX(DISTINCT column_name)、MIN(DISTINCT column_name)和 SUM(DISTINCT column_name)。如果使用这类聚合，则 SQL Server 2016 将返回错误消息并取消查询。

2. COUNT 函数

COUNT 函数返回表达式中指定范围内的行的总数。

（1）语法：COUNT ({ [[ALL | DISTINCT] expression] | * })

（2）参数摘要：

- expression：列名表达式，为除 text、image、ntext 外的任何类型。不得用聚合函数和子查询。
- *：返回表中所有或满足约束条件（如果有 WHERE 的话）的行的总数（包括 NULL 和重复行）。

（3）返回类型：int。

（4）说明：对于大于 2^{31}-1 的返回值，COUNT 将产生错误，这时应改用 COUNT_BIG，其他参见 AVG 函数的说明。

3. MAX 函数与 MIN 函数

MAX 函数、MIN 函数分别返回表达式中指定范围内的列的最大值、最小值，忽略空值。

（1）语法：

MAX ([ALL | DISTINCT] any_expression)

MIN ([ALL | DISTINCT] any_expression)

（2）返回类型：与 any_expression 相同。

（3）说明：参见 AVG 函数的说明。

例 5-30 AVG 函数、COUNT 函数、SUM 函数、MAX 函数、MIN 函数的使用。

1）不带 DISTINCT 使用聚合函数：计算 FinanceDetail 表中 2019 年的支出项数、平均每笔支出金额、总支出金额、最大一笔支出金额、最小一笔支出金额。

```
USE FamilyFinancingSystem
GO
SELECT COUNT(FinanceAmount) '支出项数', AVG(FinanceAmount) '平均每笔支出金额',
SUM(FinanceAmount) '总支出金额',
MAX(FinanceAmount) '最大一笔支出金额', MIN(FinanceAmount) '最小一笔支出金额'
FROM FinanceDetail WHERE FinanceTypeKey = 'OUT' AND is_deleted = 0
AND input_date BETWEEN '2019-01-01' AND '2019-12-31'
```

2）带 DISTINCT 使用聚合函数：计算 FinanceDetail 表中 2019 年有多少种不同金额的支出项、不同金额的平均每笔支出金额、不同金额的总支出金额、最大一笔支出金额、最小一笔支出金额。

```
USE FamilyFinancingSystem
GO
SELECT COUNT(DISTINCT FinanceAmount) '不同金额的支出项数', AVG(DISTINCT FinanceAmount)
'不同金额的平均每笔支出金额', SUM(DISTINCT FinanceAmount) '不同金额的总支出金额',
MAX(DISTINCT FinanceAmount) '最大一笔支出金额', MIN(DISTINCT FinanceAmount) '最小一笔
支出金额'
```

FROM FinanceDetail WHERE FinanceTypeKey = 'OUT' AND is_deleted = 0
AND input_date BETWEEN '2019-01-01' AND '2019-12-31'

3）计算 FinanceDetail 表中每个家庭成员 2019 年有多少种不同的支出项、不同金额的平均每笔支出金额、不同金额的总支出金额、最大一笔支出金额、最小一笔支出金额。

```
USE FamilyFinancingSystem
GO
SELECT FamilyMemberID, COUNT(FinanceAmount) '不同金额的支出项数', AVG(FinanceAmount) '不同金额的平均每笔支出金额',
    SUM(FinanceAmount) '不同金额的总支出金额',
    MAX(FinanceAmount) '最大一笔支出金额', MIN(FinanceAmount) '最小一笔支出金额'
FROM FinanceDetail WHERE FinanceTypeKey = 'OUT' AND is_deleted = 0
AND input_date BETWEEN '2019-01-01' AND '2019-12-31'
GROUP BY FamilyMemberID
```

当与 GROUP BY 子句一起使用时，每个聚合函数都针对每一组生成一个值。

4. STDEV 函数、STDEVP 函数、VAR 函数、VARP 函数

STDEV 函数、STDEVP 函数、VAR 函数、VARP 函数分别返回表达式中指定范围内所有值的标准差、总体标准差、方差、总体方差，忽略空值，只用于数字列。

（1）语法：

STDEV ([ALL | DISTINCT] expression)
STDEVP ([ALL | DISTINCT] expression)
VAR ([ALL | DISTINCT] expression)
VARP ([ALL | DISTINCT] expression)

（2）参数摘要：同 AVG 函数。

（3）返回类型：float。

（4）说明：如果在 SELECT 语句中的所有项目上使用该函数，则计算中包括结果集内每个值。

例 5-32　STDEV 函数、STDEVP 函数、VAR 函数、VARP 函数的使用。计算 AdventureWorks 的所有雇员的人数及休假小时的均值、标准差、总体标准差、方差、总体方差。

```
USE AdventureWorks;
SELECT COUNT(*) AS '人数',',',
    AVG(VacationHours * 1.0) AS '均值',',',
    STDEV(VacationHours) AS '标准差',
    STDEVP(VacationHours) AS '总体标准差',',',
    VAR(VacationHours) AS '方差',',',
    VARP(VacationHours) AS '总体方差'
FROM HumanResources.Employee
```

结果集：

人数 均值　　标准差　　　　总体标准差　　　方差　　　　　总体方差
290,50.613793,28.7862150320948,28.7365407672451,828.646175874001,825.788775267539

5.5.3　字符串函数

字符串函数可以对二进制数据、字符串和表达式执行不同的运算。大多数字符串函数只能用于 char 和 varchar 数据类型以及明确转换成 char 和 varchar 的数据类型，少数几个字符串函数也可以用于 binary 和 varbinary 数据类型。T-SQL 的字符串函数见表 5-21。

表 5-21　T-SQL 的字符串函数

函数	功能
ASCII	返回字符表达式最左端字符的 ASCII 代码值
CHAR	将 int 数据类型的 ASCII 代码值转换为字符
CHARINDEX	返回字符串中表达式指定的起始位置
DIFFERENCE	以整数返回两个字符表达式的 SOUNDEX 值之差
LEFT	返回字符串中从左边开始指定个数的字符
LEN	返回给定字符串表达式的字符（而不是字节）个数，其中不包含尾随空格
LOWER	将大写字符数据转换为小写字符数据后返回字符表达式
LTRIM	删除所有前导空格后返回字符表达式
NCHAR	根据 Unicode 标准所进行的定义，用给定整数代码返回 Unicode 字符
PATINDEX	返回指定表达式中某模式第一次出现的起始位置，没有找到该模式，则返回零
REPLACE	用给定的第三个字符串表达式替换给定的第一个字符串表达式中出现的所有给定的第二个字符串表达式
QUOTENAME	返回带有分隔符的 Unicode 字符串，使字符串成为有效的 SQL Server 分隔标识符
REPLICATE	以指定的次数重复字符表达式
REVERSE	返回字符表达式的反转
RIGHT	返回字符串中从右边开始指定个数的字符
RTRIM	截断所有尾随空格后返回字符串
SOUNDEX	返回由四个字符组成的代码（SOUNDEX）以评估两个字符串的相似性
SPACE	返回由重复的空格组成的字符串
STR	返回由数字数据转换来的字符数据
STUFF	删除指定长度的字符并在指定的起始点插入另一组字符
SUBSTRING	返回字符、binary、text 或 image 表达式的一部分
UNICODE	按照 Unicode 标准的定义，返回输入表达式的第一个字符的整数值
UPPER	返回将小写字符转换为大写字符的字符表达式

1．ASCII 函数

ASCII 函数返回字符表达式中最左侧的字符的 ASCII 值。

（1）语法：ASCII(character_expression)

（2）返回类型：int。

例 5-33　打印"SQL"字符串中每个字符的 ASCII 值。

```
DECLARE @position int, @string char(3), @char1 char(1)
SET @position = 1; SET @string = 'SQL';   PRINT N'字符    ASCII 值';
WHILE @position <= DATALENGTH(@string)
  BEGIN
    SELECT @char1=SUBSTRING(@string,@position,1),@position=@position+1
    SELECT CHAR(ASCII(@char1)), ASCII(@char1)
  END
```

结果集：

字符	ASCII 值
S	83
Q	81
L	76

2. CHAR 函数

CHAR 函数将 int 类型的 ASCII 值转换为字符。

（1）语法：CHAR (integer_expression)

（2）参数摘要：integer_expression 为 0～255 的整数，若不在此范围内则返回 NULL。

（3）返回类型：char(1)。

（4）说明：利用 CHAR 函数可将控制字符（例如，制表符 CHAR(9)，回车符 CHAR(13)）插入到字符串中。

例 5-34　使用 CHAR 函数插入控制字符。

```
DECLARE @string1 char(3),@string2 char(4)
SET @string1= 'New'; SET @string2= 'Moon'
PRINT @string1+CHAR(32)+@string2+ CHAR(13)+@string1+ @string2
```

结果集：

New Moon

NewMoon

3. CHARINDEX 函数

CHARINDEX 函数返回字符串中指定的表达式的开始位置（不能用于 text、ntext、image 类型）。

（1）语法：CHARINDEX (expression1 ,expression2[, start_location])

（2）参数摘要：

● expression1：字符串数据类型的表达式，其值是要查找的字符串。

● expression2：字符串数据类型的表达式，指定的待搜索的字符串。

● start_location：整数表达式，指定从 expression2 的第 start_location 个字符开始搜索 expression1，如果未指定或为负数或为零，则从 expression2 的开头开始搜索。

（3）返回类型：若 expression2 的数据类型为 varchar(max)、nvarchar(max)或 varbinary(max)，则为 bigint，否则为 int。

（4）说明：

● 如果在 expression2 内找不到 expression1，则 CHARINDEX 返回 0。

● 如果 expression1 或 expression2 是 Unicode 数据类型（nvarchar 或 nchar），而另一个不是，则将另一个转换为 Unicode 数据类型。

● 如果 expression1 或 expression2 为 NULL，且数据库兼容级别为 70 或更高，则返回 NULL。如果数据库兼容级别为 65 或更低，则在 expression1 和 expression2 都为 NULL 时才返回 NULL。

例 5-35　从字符序列"Moon，New Moon"的第 6 个字符开始查找"Moon"。

```
PRINT CHARINDEX ( 'Moon', 'Moon, New Moon',6 )
```

结果集：

11

4. DIFFERENCE 函数

DIFFERENCE 函数返回一个整数值，指示两个字符表达式的 SOUNDEX 值之间的差异。

（1）语法：DIFFERENCE(character_expression, character_expression)

（2）参数摘要：character_expression 为 char、varchar 或 text（仅前 8000 个字节有效）数据类型。

（3）返回类型：int。

（4）说明：返回的整数是 SOUNDEX 值中相同字符的个数，返回值从 0 到 4 不等，0 表示两个 character_expression 几乎不同或完全不同，4 表示几乎相同或完全相同。

例 5-36 字符串"Greene"与"Green"和"Blotchet-Halls"的 SOUNDEX 值进行比较。

```
SELECT SOUNDEX('Green'), SOUNDEX('Greene'), DIFFERENCE('Green','Greene')
SELECT SOUNDEX('Blotchet-Halls'), SOUNDEX('Greene'),
    DIFFERENCE('Blotchet-Halls', 'Greene')
```

结果集：

```
G650    G650    4
B432    G650    0
```

5. LEFT 函数和 RIGHT 函数

LEFT 函数返回字符串中从左边开始指定个数的字符。

RIGHT 函数返回字符串中从右边开始指定个数的字符。

（1）语法：

```
LEFT (character_expression , integer_expression)
RIGHT (character_expression , integer_expression)
```

（2）参数摘要：integer_expression 如为正整数，指定返回的字符数；如为负数则返回错误。

（3）返回类型：varchar 或 nvarchar。

例 5-37 LEFT 函数和 RIGHT 函数的使用。

```
SELECT LEFT(N'abcdefg',3)+ ', '+RIGHT(N'abcdefg',2)+ ', '
    +LEFT(N'数据库原理与应用',2)+ ', '+RIGHT(N'数据库原理与应用',2)
```

结果集：

```
abc, fg, 数据, 应用
```

6. LEN 函数

LEN 函数返回指定字符串表达式的字符（而不是字节）数，其中不包含尾随空格。

（1）语法：LEN (string_expression)

（2）返回类型：如果 string_expression 的数据类型为 varchar(max)、nvarchar(max)或 varbinary(max)，则为 bigint，否则为 int。

例 5-38 LEN 函数的使用。

```
SELECT LEN(N'ABC '),LEN(' ABC'),LEN(N' 数据库原理'),LEN(N'数据库原理 ')
```

结果集：

```
3    4    6    5
```

7. LOWER 函数和 UPPER 函数

LOWER 函数将大写字符数据转换为小写字符数据后返回字符表达式。

UPPER 函数将小写字符数据转换为大写字符数据后返回字符表达式。

（1）语法：

LOWER(character_expression)

UPPER(character_expression)

（2）返回类型：varchar 或 nvarchar。

例 5-39　LOWER 函数和 UPPER 函数的使用。

DECLARE @string char(7)

SET @string='AbcdEfg'

SELECT @string+CHAR(32) + LOWER(@string) + CHAR(32) + UPPER(@string)

结果集：

AbcdEfg abcdefg ABCDEFG

8．LTRIM 函数与 RTRIM 函数

LTRIM 函数返回删除了前导空格之后的字符串。

RTRIM 函数返回截断所有尾随空格后的字符串。

（1）语法：

LTRIM (character_expression)

RTRIM (character_expression)

（2）返回类型：varchar 或 nvarchar。

例 5-40　使用 LTRIM 函数和 RTRIM 函数分别删除字符串变量中的前导空格和尾随空格。

DECLARE @string char(14)

SET @string=SPACE(4) + 'ABCDEF' + SPACE(4)

SELECT '1:"'+@string+'", 2:"'+LTRIM(@string)+'", 3:"'+RTRIM(@string)+'"'

结果集：

1:"　　ABCDEF　　", 2:"ABCDEF　　", 3:"　　ABCDEF"

9．NCHAR 函数

NCHAR 函数根据 Unicode 标准的定义，返回具有指定的整数代码的 Unicode 字符。

（1）语法：NCHAR (integer_expression)

（2）参数摘要：integer_expression 是 0～65535 的正整数，若超出该范围则返回 NULL。

（3）返回类型：nchar(1)。

例 5-41　使用 UNICODE 和 NCHAR 函数打印"数据库原理"字符串中第二个字符的 UNICODE 值和 NCHAR（Unicode 字符），并打印第二个字符。

DECLARE @nstring nchar(5)

SET @nstring = N'数据库原理'

SELECT UNICODE(SUBSTRING(@nstring,2,1)), NCHAR(UNICODE(SUBSTRING(@nstring,2,1)))

结果集：

25454　　　据

10．PATINDEX 函数

PATINDEX 函数返回指定表达式中某模式第一次出现的起始位置；如果在全部有效的文本和字符数据类型中没有找到该模式，则返回零。

（1）语法：PATINDEX ('%pattern%' , character_expression)

（2）参数摘要：pattern 是一个文字字符串，其中可以使用通配符，但 pattern 之前和之后必须有%字符（搜索第一个或最后一个字符时除外）。pattern 是字符串数据类型的表达式。

（3）返回类型：如果 character_expression 的数据类型为 varchar(max)或 nvarchar(max)，则为 bigint，否则为 int。

（4）说明：如果 pattern 或 character_expression 为 NULL，则当数据库兼容级别为 70 时返回 NULL；如果数据库兼容级别小于或等于 65，则仅当 pattern 和 character_expression 同时为 NULL 时才返回 NULL。

例 5-42　使用通配符查找模式（'%父%'），查找"父"在 FamilyMember 表中的 FamilyMemberTitle 列的某一特定行中的开始位置。

```
SELECT PATINDEX(N'%父%',FamilyMemberTitle) FROM FamilyMember
WHERE FamilyMemberTitle = N'父亲'
```

结果集：

```
1
```

如果没有限制要搜索的行，查询将返回表中所有行，对在其中找到该模式的行报告非零值。

11. QUOTENAME 函数

QUOTENAME 函数返回带有分隔符的 Unicode 字符串。分隔符的加入可使输入的字符串成为有效的 Microsoft SQL Server 2016 分隔标识符。

（1）语法：QUOTENAME ('character_string' [, 'quote_character'])

（2）参数摘要：

- 'character_string'：Unicode 字符数据构成的字符串，是 sysname 值。
- 'quote_character'：用作分隔符的单字符字符串，可以是单引号（'）、左方括号（[）、右方括号（]）或英文双引号（"）；如果未指定，则使用方括号。

（3）返回类型：nvarchar(258)。

例 5-43　接受字符串"abc[]def"创建有效的 SQL Server 分隔标识符。

```
SELECT QUOTENAME('abc[]def')
```

结果集：

```
[abc[]]def]
```

12. REPLACE 函数

REPLACE 函数用第三个表达式替换第一个字符串表达式中所有与第二个字符串表达式匹配的项。

（1）语法：REPLACE('string_expression1','string_expression2','string_expression3')

（2）参数摘要：

- 'string_expression1'：要搜索的字符串表达式，可以是字符数据或二进制数据。
- 'string_expression2'：被替换掉的字符串表达式，可以是字符数据或二进制数据。
- 'string_expression3'：用于替换的字符串表达式，可以是字符数据或二进制数据。

（3）返回类型：如果其中有一个输入参数属于 nvarchar 数据类型，则返回 nvarchar；否则返回 varchar；如果任何一个参数为 NULL，则返回 NULL。

例 5-44　使用字符串"xxx"替换字符串"abcdefghicde"中的字符串"cde"。

```
SELECT REPLACE('abcdefghicde','cde','xxx')
```

结果集：

```
abxxxfghixxx
```

13. REPLICATE 函数

REPLICATE 函数以指定的次数重复字符表达式。

（1）语法：REPLICATE (character_expression ,integer_expression)

（2）参数摘要：integer_expression 为正整数（可以是 bigint 类型），若为负则返回错误。

（3）返回类型：与 character_expression 相同。

（4）说明：如果 character_expression 的类型不是 varchar(max)或 nvarchar(max)，则截断返回值，截断长度为 8000 字节；如果返回值大于 8000 字节，则必须将 character_expression 显式转换为适当的大值数据类型；如果结果值大于返回类型支持的最大值，则会出现错误。

例 5-45　REPLICATE 函数的使用。

```
SELECT REPLICATE ( 'ABC,',4), REPLICATE (N'数据库,',3)
```

结果集：

ABC,ABC,ABC,ABC,数据库,数据库,数据库,

14. REVERSE 函数

REVERSE 函数返回字符表达式的逆向表达式。

（1）语法：REVERSE (character_expression)

（2）返回类型：varchar 或 nvarchar。

例 5-46　用 REVERSE 函数反转字符串。

```
SELECT 'Abcd' + ',' + REVERSE('Abcd') + ',' + N'数据库'+',' + REVERSE(N'数据库')
```

结果集：

Abcd,dcbA,数据库,库据数

15. SOUNDEX 函数

SOUNDEX 函数返回一个由四个字符组成的代码 （SOUNDEX），该代码用于评估两个字符串的相似性。

（1）语法：SOUNDEX (character_expression)

（2）参数摘要：character_expression 是字符数据的字母与数字表达式，可以是常量、变量或列。

（3）返回类型：varchar。

（4）说明：SOUNDEX 将字母与数字字符串转换成四个字符组成的代码，用于查找发音相似的词或名称。代码的第一个字符是 character_expression 的第一个字符，第二个到第四个字符是数字。除非字符串的第一个字母是元音字母，否则 character_expression 中的元音字母被忽略。可嵌套字符串函数。

例 5-47　显示 SOUNDEX 函数及相关的 DIFFERENCE 函数。例中返回所有辅音字母的标准 SOUNDEX 值。Smith 和 Smythe 返回的 SOUNDEX 结果相同，因为不包括所有元音字母、字母 y、连写字母和字母 h，DIFFERENCE 函数返回 Smith 和 Smythe 的差异为 4（可能的最小差异）。

```
SELECT SOUNDEX ('Smith'), SOUNDEX ('Smythe'),DIFFERENCE('Smith', 'Smythe')
```

结果集：

S530　S530　4

注意：例 5-47 的这三个函数在不同的 SQL Server 版本中可能会返回不同的结果。

16. SPACE 函数

SPACE 函数返回由重复的空格组成的字符串。

（1）语法：SPACE (integer_expression)

（2）参数摘要：integer_expression 为指示空格个数的正整数，如果为负，则返回空串。

（3）返回类型：char。

（4）说明：若要在 Unicode 数据中包括空格或返回 8000 个以上空格字符，请使用 REPLICATE。

例 5-48　SPACE 函数的使用。

```
SELECT 'ABC' + SPACE(3) + 'DEF'
```

结果集：

```
ABC    DEF
```

17. STR 函数

STR 函数返回由数字数据转换来的字符数据。

（1）语法：STR(float_expression [,length [,decimal]])

（2）参数摘要：

- float_expression：带小数点的近似数字，为 float 数据类型的表达式。
- length：结果总长度（正数，默认 10），包括小数点、符号、数字及空格。
- decimal：小数点后的位数（正数，默认 0），必须小于或等于 16，大于 16 位则舍弃。

（3）返回类型：char。

（4）说明：

- float_expression 的小数位数多于 decimal 时，则舍弃多余的。
- length 应大于或等于 float_expression 小数点前面的部分加上数字符号（如果有）的长度，此时结果右对齐（例如，STR(12.23,7,2)的结果是" 12.23"）；否则返回长度为 length 的由"*"组成的字符串。
- 即使数字数据嵌套在 STR 内，结果也是指定格式的字符数据。例如，SELECT STR(FLOOR(123.45),8,3)将返回"123.000"。
- 若要转换为 Unicode 数据，请在 CONVERT 或 CAST 转换函数内使用 STR。

例 5-49　STR 函数的使用。

```
PRINT '_'+STR(12.345,6,2)+'_'+STR(12.345,2,2)+'_'+STR(1234.5,3,2)+'_'
```

结果集：

```
_ 12.35_12_***_
```

18. STUFF 函数

STUFF 函数删除指定长度的字符，并在指定的起点处插入另一组字符。

（1）语法：STUFF (character_expression, start, length,character_expression)

（2）参数摘要：

- start：整数（可以是 bigint 类型），指定删除和插入的开始位置；如果 start 或 length 为负或 start 比第一个 character_expression 长，则返回空字符串。
- length：整数（可以是 bigint 类型），指定要删除的字符数；如果 length 比第一个 character_expression 长，则最多删除到 character_expression 中的最后一个字符。

（3）返回类型：如果 character_expression 是字符数据类型，则返回字符数据，如果是 binary 数据类型，则返回二进制数据。

（4）说明：如果结果值大于返回类型支持的最大值，则产生错误。

例 5-50　在第一个字符串"abcdef"中删除从第 2 个位置（字符 b）开始的三个字符，然后在删除的起始位置插入第二个字符串"ijklmn"，从而创建并返回一个字符串。

```
SELECT   STUFF('abcdef',2,3,'ijklmn')
```

结果集：

```
aijklmnef
```

19. SUBSTRING 函数

SUBSTRING 函数返回字符表达式、二进制表达式、文本表达式或图像表达式的一部分。

（1）语法：SUBSTRING (expression ,start , length)

（2）参数摘要：

- expression：字符串、二进制字符串、文本、图像、列或包含列的表达式，不要使用包含聚合函数的表达式。
- start：指定子字符串开始位置的整数（可以为 bigint 类型）。
- length：一个正整数（可为 bigint），指定返回的字符数或字节数，其为负则返回错误。

（3）返回类型：与 expression 相同，但 expression 为 char、text 类型时返回 varchar 类型；为 nchar、ntext 类型时返回 nvarchar 类型；为 binary、image 类型时返回 varbinary 类型。

（4）说明：

- 必须以字符数指定使用 ntext、char 或 varchar 数据类型的偏移量（start 和 length）；以字节数指定使用 text、image、binary 或 varbinary 等数据类型的偏移量。
- 因为 start 和 length 指定了字节数，所以对 text 类型使用 SUBSTRING 可能会在结果的开始或结束位置导致字符拆分。建议对 DBCS 字符使用 ntext 或 varchar(max)类型。

例 5-51　对字符串使用 SUBSTRING 函数。

```
PRINT SUBSTRING('abcdef',2,3)+SUBSTRING(N'数据库原理与应用',4,2)
```

结果集：

```
bcd 原理
```

20. UNICODE 函数

UNICODE 函数按照 Unicode 标准的定义，返回输入的表达式的第一个字符的整数值。

（1）语法：UNICODE ('ncharacter_expression')

（2）参数摘要：'ncharacter_expression'为 nchar 或 nvarchar 表达式。

（3）返回类型：int。

例 5-52　使用 UNICODE 和 NCHAR 函数输出字符串中第一个字符的 UNICODE 值及第一个字符。

```
DECLARE @nstring1 nchar(3),@nstring2 nchar(3)
SET @nstring1 = N'ABC'
SET @nstring2 = N'数据库'
SELECT @nstring1, UNICODE(@nstring1), NCHAR(UNICODE(@nstring1))
SELECT @nstring2, UNICODE(@nstring2), NCHAR(UNICODE(@nstring2))
```

结果集：

```
ABC   65          A
数据库 25968        数
```

5.5.4 日期时间函数

日期时间函数用于对日期和时间数据进行各种不同的处理和运算，并返回一个字符串、数字值或日期和时间值。可在 SELECT 语句的 SELECT 和 WHERE 子句以及表达式中使用日期时间函数。日期时间函数的语法及功能见表 5-22。

表 5-22 日期时间函数的语法及功能

语法	功能
DATEADD(datepart,number,date)	以 datepart 指定的方式，返回 date 与 number 之和
DATEDIFF(datepart,date1,date2)	以 datepart 指定的方式，返回 date2 与 date1 之差
DATENAME(datepart,date)	返回日期 date 中 datepart 指定部分所对应的字符串
DATEPART(datepart,date)	返回日期 date 中 datepart 指定部分所对应的整数值
DAY(date)	返回指定日期的天数
GETDATE()	返回当前的日期和时间
MONTH(date)	返回指定日期的月份数
YEAR(date)	返回指定日期的年份数

1. GETDATE 函数

GETDATE 函数按 datetime 值的 MS SQL Server 标准内部格式返回当前系统日期和时间。

（1）语法：GETDATE ()

（2）返回类型：datetime。

（3）说明：GETDATE 函数可用在 SELECT 语句的选择列表或用在查询的 WHERE 子句中；设计报表时，GETDATE 函数可用于在每次生成报表时打印当前日期和时间；GETDATE 函数对于跟踪活动也很有用，如记录事务在某一账户上发生的时间。

例 5-53 用 GETDATE 函数返回当前日期和时间。

    SELECT GETDATE()

结果集：

    2019-04-21 16:57:53.843

2. DATEADD 函数

DATEADD 函数在向指定日期加上一段时间的基础上，返回新的 datetime 值。

（1）语法：DATEADD (datepart, number, date)

（2）参数摘要：

● datepart：指定对日期的哪一部分进行计算。表 5-23 列出了 MS SQL Server 识别的日期部分和缩写。

表 5-23 MS SQL Server 识别的日期部分和缩写

日期部分	缩写	日期部分	缩写	日期部分	缩写	日期部分	缩写
年份	yy、yyyy	每年的某一日	dy、y	工作日	dw	秒	ss、s
季度	qq、q	日期	day、dd、d	小时	hh	毫秒	ms
月份	mm、m	星期	wk、ww	分钟	mi、n		

- number：用来增加 datepart 的值。如果指定一个不是整数的值，则将废弃此值的小数部分。例如，如果 datepart 为 day，number 为 1.75，则 date 将增加 1。
- date：datetime 或 smalldatetime 类型值或日期格式字符串的表达式。

（3）返回类型：datetime 类型，但如果 date 是 smalldatetime 类型则返回 smalldatetime 类型。

（4）说明：如果只指定年份的最后两位数字，则小于或等于"两位数年份截止期"配置选项值的最后两位数字对应的年所在世纪与截止年所在世纪相同。大于该选项值的最后两位数字所在世纪为截止年所在世纪的前一个世纪。例如，如果两位数年份截止期为 2049（默认），则 49 被解释为 2049，50 被解释为 1950。为避免混淆，请使用四位数的年份。

例 5-54　返回当前日期及加上 21 天、21 周、21 年后的日期。

SELECT GETDATE() '当前日间', DATEADD(day,21,GETDATE()) '21 天后的日期时间'
SELECT DATEADD(wk,21,GETDATE()) '21 周后的日期时间', DATEADD(yy,21,GETDATE()) '21 年后的日期时间'

返回的结果如图 5-5 所示。

图 5-5　例 5-54 的返回结果

3. DATEDIFF 函数

DATEDIFF 函数返回跨两个指定日期的日期和时间边界数。

（1）语法：DATEDIFF (datepart, startdate, enddate)

（2）参数摘要：datepart 的含义参见 DATEADD 函数；startdate、enddate 分别是计算的开始日期、终止日期，指定为 datetime 或 smalldatetime 类型值或日期格式字符串的表达式。

（3）返回类型：integer。

（4）说明：计算方法是从 enddate 减去 startdate，如果 startdate 比 enddate 晚则返回负值。结果超出整数值范围时产生错误（对于毫秒，最大数是 24 天 20 小时 31 分钟零 23.647 秒；对于秒，最大数是 68 年），其他参见 DATEADD 函数的说明。

例 5-55　返回当前日期与"1978 年 11 月 7 日"相差的天数。

SELECT GETDATE() '当前日期 ', DATEDIFF(d,'1978-11-07',GETDATE()) '与 1978 年 11 月 7 日相差天数')

结果集：

2019-04-11 16:08:52.227　　　　　14765

4. DATENAME 函数

DATENAME 函数返回指定日期的指定部分的字符串。

（1）语法：DATENAME (datepart, date)

（2）返回类型：nvarchar。

（3）说明：SQL Server 自动在字符值和 datetime 值间按需要进行转换，例如，当将字符值与 datetime 值进行比较时，则进行上述转换。

例 5-56 DATENAME 函数的使用。

```
PRINT DATENAME(yyyy,GETDATE())+'-'+DATENAME(mm,GETDATE())+'-'+
DATENAME(dd,GETDATE())
```

结果集：

```
2019-04-11
```

5. DATEPART

DATEPART 函数返回指定日期的指定部分的整数。

（1）语法：DATEPART (datepart, date)

（2）返回类型：int。

（3）说明：同前述 DATEADD 函数的说明。

6. YEAR 函数、MONTH 函数、DAY 函数

YEAR 函数返回一个表示日期中的"年"部分的整数，等价于 DATEPART(year,date)。

MONTH 函数返回一个表示日期中的"月"部分的整数，等价于 DATEPART(month,date)。

DAY 函数返回一个表示日期的"日"部分的整数，等价于 DATEPART(day,date)。

（1）语法：

```
YEAR(date)
MONTH(date)
DAY(date)
```

（2）结果类型：DT_I4（即 SQL Server 中的 int 类型在 SSIS 中的等效数据类型）。

例 5-57 从指定日期中提取表示年、月、日的整数。

```
SELECT DATEPART(year,'2008-07-21'),YEAR('2008-07-21')
SELECT DATEPART(month,'2008-07-21'),MONTH('2008-07-21')
SELECT DATEPART(day,'2008-07-21'),DAY('2008-07-21')
```

结果集：

```
2008    2008
7       7
21      21
```

5.5.5 系统函数

系统函数主要执行系统统计或操作，并返回标识系统信息的数值。

T-SQL 系统函数的主要语法、功能、返回类型及其确定性属性见表 5-24。

表 5-24 T-SQL 系统函数的主要语法、功能、返回类型及其确定性属性

函数及语法	功能	返回类型	确定性
APP_NAME()	返回当前会话的应用程序名称（如果应用程序进行了设置）	nvarchar(128)	无
CASE 表达式（参见 5.5.4 节）	计算条件列表并返回多个可能结果表达式之一	参见 5.5.4 节	有
CAST 和 CONVERT（语法见后述）	显式转换数据类型		
COALESCE(expression [, ...n])	返回其参数中第一个非空表达式		有
COLLATIONPROPERTY (collation_name,property)	返回指定排序规则的属性	sql_variant	无

续表

函数及语法	功能	返回类型	确定性
COLUMNS_UPDATED()	返回 varbinary 位模式，它指示表或视图中插入或更新了哪些列	varbinary	无
CURRENT_TIMESTAMP()	返回当前日期和时间	datetime	无
CURRENT_USER()	返回当前用户名称	sysname	无
DATALENGTH (expression)	返回表达式的字节数	int 或 bigint	有
@@ERROR	返回执行的上一个语句的错误号	integer	无
ERROR_LINE()	返回发生错误的行号，该错误导致运行 TRY…CATCH 构造的 CATCH 块	int	无
ERROR_MESSAGE()	返回导致 TRY…CATCH 构造的 CATCH 块运行的错误的消息文本	nvarchar(4000)	无
ERROR_NUMBER()	返回错误的错误号，该错误会导致运行 TRY…CATCH 结构的 CATCH 块	int	无
ERROR_PROCEDURE()	返回其中出现导致 TRY…CATCH 构造的 CATCH 块运行的错误的存储过程或触发器名称	nvarchar(126)	无
ERROR_SEVERITY()	返回导致TRY…CATCH构造的CATCH块运行的错误严重级别	int	无
ERROR_STATE()	返回导致TRY…CATCH构造的CATCH块运行的错误状态号	int	无
fn_helpcollations()	返回 MS SQL Server 2016 支持的所有排序规则的列表	sysname 或 nvarchar(1000)	有
fn_servershareddrives()	返回群集服务器使用的共享驱动器名	驱动器名或空行集	无
fn_virtualfilestats ({database_id|NULL}, {file_id|NULL})	返回数据库文件（包括日志文件）的 I/O 统计信息		无
FORMATMESSAGE (msg_number, [param_value [, ...n]])	根据 sys.messages 中现有的消息构造一条消息	nvarchar	无
GETANSINULL(['database'])	返回当前数据库默认的 NULL 值	int	无
HOST_ID()	返回工作站标识号	char(10)	无
HOST_NAME()	返回工作站名	nchar	无
IDENT_CURRENT('table_name')	返回为某个会话和作用域指定的表或视图生成的最新的标识值	sql_variant	无
IDENT_INCR('table_or_view')	返回增量值，该值是在带有标识列的表或视图中创建标识列时指定的	numeric	无
IDENT_SEED('table_or_view')	返回种子值，该值是在带有标识列的表或视图中创建标识列时指定的	numeric	无
@@IDENTITY	返回最后插入的标识值	numeric	无

续表

函数及语法	功能	返回类型	确定性
IDENTITY(data_type [,seed, increment]) AS column_name	将标识列插入到新表中，只用于在带有 INTO table 子句的 SELECT 语句中	同 data_type	无
ISDATE(expression)	确定输入表达式是否为有效日期	int	无
ISNULL(check_expression, replacement_value)	使用指定的替换值替换 NULL	同 check_expression	有
ISNUMERIC(expression)	确定表达式是否为有效的数值类型	int	有
NEWID()	创建 uniqueidentifier 类型的唯一值	uniqueidentifier	无
NULLIF (expression1, expression2)	如果两个指定的表达式等价，则返回空值	同 expression1	有
PARSENAME ('object_name', object_piece)	返回对象名称的指定部分	nchar	有
@@ROWCOUNT	返回已执行的上一语句影响的行数	int	无
ROWCOUNT_BIG()	返回受上一语句影响的行数	bigint	无
SCOPE_IDENTITY()	返回插入到同一作用域中的标识列内的最后一个标识值	numeric	无
SERVERPROPERTY (propertyname)	返回有关服务器实例的属性信息	sql_variant	无
SESSIONPROPERTY (option)	返回会话的 SET 选项设置	sql_variant	无
SESSION_USER	返回当前数据库中当前上下文用户名	nchar	无
STATS_DATE (table_id,index_id)	返回上次更新指定索引的统计信息的日期	datetime	无
sys.dm_db_index_physical_stats ({ database_id | NULL }, { object_id | NULL }, { index_id | NULL | 0 }, { partition_number | NULL }, { mode | NULL | DEFAULT })	返回指定表或视图的数据和索引的大小和碎片信息		无
SYSTEM_USER	返回登录名/用户名	nchar	无
@@TRANCOUNT	返回当前连接的活动事务数	nteger	无
UPDATE(column)	返回一个布尔值，指示是否对表或视图指定列进行了 INSERT 或 UPDATE 尝试	boolean	无
USER_NAME ([id])	基于指定的标识号返回数据库用户名	nvarchar(256)	无
XACT_STATE ()	报告会话的事务状态的标量函数，指示会话是否有活动事务及可否提交事务	smallint	无

下面介绍一些常用的系统函数。

1．CASE 表达式

参见 5.5.4 节"CASE 语句"

2．CAST 和 CONVERT 函数

CAST 和 CONVERT 函数功能相似，它们将一种数据类型的表达式显式转换为另一种数据类型。

（1）语法：
　　CAST (expression AS data_type [(length)])
　　CONVERT (data_type[(length)],expression [,style])
（2）参数摘要：

- expression：源表达式，可以为任何有效的表达式。
- data_type：目标数据类型，包括 xml、bigint 和 sql_variant，不能用别名数据类型。
- length：nchar、nvarchar、char、varchar、binary 或 varbinary 数据类型的可选参数；对于 CONVERT 函数，length 默认为 30 个字符。
- style：用于将 datetime 或 smalldatetime 数据转换为字符数据（nchar、nvarchar、char、varchar）的日期格式样式；或用于将 float、real、money 或 smallmoney 数据转换为字符数据（nchar、nvarchar、char、varchar）的字符串格式样式；若 style 为 NULL，则返回结果为 NULL。

（3）返回类型：与 data_type 相同。
（4）说明：除非与 datetime、smalldatetime 或 sql_variant 一起使用，其他时候都具有确定性。

例 5-58　使用 CAST 和 CONVERT 函数将字符串数据转换为整型数据。
```
DECLARE @ch_var char(10), @int_var1 int, @int_var2 int
SET @ch_var = '1234'
SET @int_var1=CAST(@ch_var AS int); SET @int_var2=CONVERT(int,@ch_var)
SELECT @int_var1, @int_var2, @int_var1+ @int_var2
```
结果集：
　　1234　　　　1234　　　　2468

3. ISDATE 函数

ISDATE 函数验证指定的表达式是否为有效日期。

（1）语法：ISDATE (expression)
（2）参数摘要：expression 为需要验证是否为日期的表达式，是 text、ntext、image 表达式以外的任意表达式，可隐式转换为 nvarchar。如果 expression 是有效日期则返回 1，否则返回 0。
（3）返回类型：int。

例 5-59　ISDATE 函数的使用。
```
SELECT ISDATE('数据库原理'),ISDATE('2018-01-20'),ISDATE('19/01/20')
```
结果集：
　　0　　　　1　　　　1

4. ISNULL 函数

ISNULL 函数验证指定的表达式是否为 NULL，若是则用指定的替换值替换 NULL。

（1）语法：ISNULL (check_expression,replacement_value)
（2）参数摘要：

- check_expression：被检查的是否为 NULL 的表达式，可以为任何类型。
- replacement_value：当 check_expression 为 NULL 时要返回的表达式。Replacement_value 必须是可以隐式地转换为 check_expresssion 类型的数据类型。

（3）返回类型：与 check_expression 相同。

例 5-60 ISNULL 函数的使用。

```
DECLARE @v1 int, @v2 int, @v3 char(3); SELECT @v1=123,@v2=NULL,@v3='ABC'
SELECT ISNULL(@v1,@v3),ISNULL(@v3,@v3)
```

结果集：

```
123          ABC
```

5. ISNUMERIC 函数

ISNUMERIC 函数验证表达式是否为数字（包括字符形式数字），是则返回 1，否则返回 0。

（1）语法：ISNUMERIC (expression)

（2）返回类型：int。

例 5-61 ISNUMERIC 的使用。

```
SELECT ISNUMERIC(123),ISNUMERIC(' 123'),ISNUMERIC('123 数据库')
```

结果集：

```
1            1            0
```

6. PARSENAME 函数

PARSENAME 函数返回对象名称的指定部分。可以检索的部分有对象名、所有者名称、数据库名称和服务器名称。

（1）语法：PARSENAME ('object_name', object_piece)

（2）参数摘要：

- object_name：要检索其指定部分的对象的名称。Object_name 的数据类型为 sysname，此参数是限定对象名称。如果对象名称的所有部分都是限定的，则此名称可包含四部分：服务器名称、数据库名称、所有者名称以及对象名称。
- object_piece：要返回的对象部分，其数据类型为 int 值，可以为下列值，1=对象名称；2=架构名称；3=数据库名称；4=服务器名称。

（3）返回类型：nchar。

例 5-62 用 PARSENAME 返回有关 FamilyFinancingSystem 数据库中 FamilyMember 表的信息。

```
USE FamilyFinancingSystem
GO
SELECT N'对象名称：', PARSENAME('FamilyFinancingSystem..FamilyMember',1),
       N'架构名称：', PARSENAME('FamilyFinancingSystem..FamilyMember',2)
SELECT N'数据库名称：', PARSENAME('FamilyFinancingSystem..FamilyMember',3),
       N'服务器名称：', PARSENAME('FamilyFinancingSystem..FamilyMember',4)
```

结果集：

```
对象名称：FamilyMember                      架构名称：NULL
数据库名称：FamilyFinancingSystem           服务器名称：NULL
```

7. @@ROWCOUNT 函数

@@ROWCOUNT 函数返回受上一语句影响的行数。

（1）语法：@@ROWCOUNT

（2）返回类型：int。

例 5-63 使用@@ROWCOUNT 检测执行 UPDATE 语句更改的行数。

```
USE FamilyFinancingSystem
GO
```

UPDATE LoginUser SET LoginPassword = '20-2C-B9-62-AC-59-07-5B-96-4B-07-15-2D-23-4B-70'
WHERE LoginUserName = N '程喜红'
PRINT STR(@@ROWCOUNT) + N '行被更新'

结果集：

　　1 行被更新

5.5.6　游标函数

所有游标函数都是非确定性的。这意味着即便使用相同的一组输入值，也不会在每次调用这些函数时都返回相同的结果。T-SQL 的游标函数见表 5-25。

表 5-25　T-SQL 的游标函数

函数及语法	功能	返回类型
@@CURSOR_ROWS	返回连接上打开的上一个游标中的当前限定行的数目	int
@@FETCH_STATUS	返回针对连接当前打开的任何游标发出的上一条游标 FETCH 语句的状态	int
CURSOR_STATUS ({ 'local','cursor_name'} |{ 'global','cursor_name'} |{'variable','cursor_variable'})	标量函数，它允许存储过程的调用方确定该存储过程是否已为给定的参数返回了游标和结果集	

5.5.7　元数据函数

所有元数据函数都具有不确定性。T-SQL 的元数据函数见表 5-26。

表 5-26　T-SQL 的元数据函数

函数及语法	功能	返回类型
@@PROCID	返回当前模块的对象标识符（ID）	int
COL_LENGTH('table','column')	返回列的定义长度（以字节为单位）	smallint
COL_NAME (table_id,column_id)	根据指定的表和列标识号返回列名	sysname
COLUMNPROPERTY(id,column,property)	返回有关列或过程参数的信息	int
DATABASEPROPERTY(database,property)	返回数据库的命名属性值	int
DATABASEPROPERTYEX(database,property)	返回数据库指定选项或属性的当前设置	sql_variant
DB_ID(['database_name'])	返回数据库标识（ID）号	int
DB_NAME([database_id])	返回数据库名称	nvarchar(128)
FILE_ID(file_name)	返回当前数据库中给定逻辑文件名的文件标识（ID）号	smallint
FILE_IDEX (file_name)	返回当前数据库中数据、日志或全文文件的指定逻辑文件名的文件（ID）号	int（出错时返回 NULL）
FILE_NAME (file_id)	返回给定文件 ID 号的文件逻辑名	nvarchar(128)
FILEGROUP_ID('filegroup_name')	返回指定文件组名称的文件组 ID 号	int
FILEGROUP_NAME(filegroup_id)	返回指定文件组 ID 号的文件组名	nvarchar(128)

函数及语法	功能	返回类型
FILEGROUPPROPERTY (filegroup_name,property)	提供文件组和属性名时，返回指定的文件组属性值	int
FILEPROPERTY (file_name,property)	指定文件名和属性名时，返回指定的文件名属性值	int
fn_listextendedproperty ({default|'property_name'|NULL}, {default|'level0_object_type'|NULL}, {default|'level0_object_name'|NULL}, {default|'level1_object_type'|NULL}, {default|'level1_object_name'|NULL}, {default|'level2_object_type'|NULL}, {default|'level2_object_name'|NULL})	返回数据库对象的扩展属性值	Sysname(objtype, Objname,name) sql_variant(value)
FULLTEXTCATALOGPROPERTY ('catalog_name','property')	返回有关全文目录属性的信息	int
FULLTEXTSERVICEPROPERTY('property')	返回有关全文服务级别属性的信息	int
INDEX_COL ('[database_name. [schema_name].|schema_name] table_or_view_name',index_id,key_id)	返回索引列名称 （对于 XML 索引返回 NULL）	nvarchar (128)
INDEXKEY_PROPERTY(object_ID,index_ID, key_ID,property)	返回有关索引键的信息（对于 XML 索引返回 NULL）	int
INDEXPROPERTY (object_ID, index_or_ statistics_name,property)	根据指定的表标识号、索引或统计信息名及属性名，返回已命名的索引或统计信息属性值（对于 XML 索引返回 NULL）	int
OBJECT_ID('[database_name. [schema_name].|schema_name.] object_name'[,'object_type'])	返回架构范围内对象的数据库对象标识号	int
OBJECT_NAME (object_id)	返回架构范围内对象的数据库对象名	sysname
OBJECTPROPERTY (id,property)	返回当前数据库中架构范围内的对象的有关信息	int
OBJECTPROPERTYEX (id,property)	返回当前数据库中架构范围内的对象的有关信息	sql_variant
SQL_VARIANT_PROPERTY (expression, property)	返回有关 sql_variant 值的基本数据类型和其他信息	sql_variant
TYPE_ID ([schema_name] type_name)	返回指定数据类型名称的 ID	int
TYPE_NAME (type_id)	返回指定类型 ID 的未限定的类型名称	sysname
TYPEPROPERTY (type,property)	返回有关数据类型的信息	int

5.6 用户自定义函数

在 SQL Server 中，除系统内置函数外，用户还可自己定义函数，来补充和扩展内置函数。

5.6.1　自定义函数概述

自定义函数是 T-SQL 语句组成的子程序，可用于封装代码以便重复使用。自定义函数的输入参数可以为零个或多个，输入的参数可以是除 timestamp、cursor 和 table 以外的其他变量。

在 SQL Server 中使用用户定义函数有以下优点：

- 允许模块化程序设计。只需创建一次函数并将其存储在数据库中，以后便可以在程序中调用任意次。用户定义函数可以独立于程序源代码进行修改。
- 执行速度更快。与存储过程相似，T-SQL 用户定义函数通过缓存计划并在重复执行时用它来降低 T-SQL 代码的编译开销，这意味着每次使用用户定义函数时均无需重新解析和重新优化。
- 减少网络流量。某种无法用单一标量的表达式表示的复杂约束来过滤数据的操作，可以表示为函数，然后，此函数便可以在 WHERE 子句中调用，以减少发送至客户端的数字或行数。

根据用户定义函数返回值的类型，可以将用户定义函数分为 3 类。

1）标量函数：返回值为标量值。标量函数返回在 RETURNS 子句中定义的类型的单个数据值。返回类型可以是除 text、ntext、image、cursor 和 timestamp 以外的任何数据类型。

2）内联表值函数：返回值为可更新的表。内联表值函数返回 table 数据类型，表是单个 SELECT 语句的结果集且可以更新。

3）多语句表值函数：返回值为不可更新的表。用户定义函数包含多个 SELECT 语句且该函数返回的表不可更新。

5.6.2　标量函数

在 SQL Server 2016 中创建用户定义函数主要有两种方式：一种方式是通过在查询窗口中执行 T-SQL 语句创建，另一种方式是在 SQL Server Management Studio 中使用向导创建。

1. 用 CREATE FUNCTION 语句创建标量函数

在 SQL Server 2016 中，可以执行 T-SQL 语句创建用户定义函数。T-SQL 提供了用户定义函数创建语句 CREATE FUNCTION。

（1）语法：

```
CREATE FUNCTION [schema_name.]function_name        -- 定义函数的所有者与函数名
    ( [{ @parameter_name                           -- 定义函数的形参名称
        [AS] [type_schema_name.]parameter_data_type -- 定义形参的数据类型
      [=default] }                                 -- 定义形参的默认值
      [, ...n]] )                                  -- 可定义多个形参
RETURNS return_data_type                           -- 定义函数返回数据类型
    [WITH <function_option> [, ...n]]              -- 定义函数选项
    [AS]
BEGIN
    function_body                                  -- 定义函数主体
    RETURN scalar_expression                       -- 定义函数返回值
END
```

（2）参数摘要：

- schema_name、function_name：函数的所有者（默认为 dbo）、函数名，它们须符合标识符规则，对于所有者，函数名在数据库中必须唯一。
- @parameter_name、parameter_data_type、default：函数的形参名（可定义零或多个形参，形参名必须用@符号开头，是该函数的局部变量）、形参的数据类型、形参的默认值。
- return_data_type：函数返回值的数据类型。
- function_body：函数的主体。
- scalar_expression：函数的返回值。

（3）说明：用户定义的函数属于数据库，只能在该数据库下调用该函数，其他数据库不能调用该函数。

例 5-64 自定义一个函数，将一个百分制的成绩按范围转换为 5 个等级。

```
CREATE FUNCTION Score2Grade(@grade int)
RETURNS NVARCHAR(8)
AS
BEGIN
    DECLARE @info NVARCHAR(6)
    IF (@grade>=90) SET @info=N'优秀'
    ELSE IF (@grade>=80) SET @info=N'良好'
    ELSE IF (@grade>=70) SET @info=N'中等'
    ELSE IF (@grade>=60) SET @info=N'及格'
    ELSE SET @info=N'不及格'
    RETURN @info
END
```

2. 在 SQL ServerManagement Studio 中使用向导创建标量函数

（1）在 SQL Server Management Studio 中，用户可以通过向导在图形界面环境下创建用户定义函数。创建步骤如下：

- 展开"对象资源管理器"中"数据库"对象的"可编程性"对象，鼠标右键单击"函数"对象，选择快捷菜单中的"新建"→"标量值函数"命令，如图 5-6 所示。

图 5-6　利用 SSMS 新建标量值函数

● 系统自动创建一个新的查询窗口，并显示用户定义函数的模板代码，如图 5-7 所示。
用户可以通过修改用户定义函数模板里的代码并运行代码内容，定义一个用户定义标
量函数。

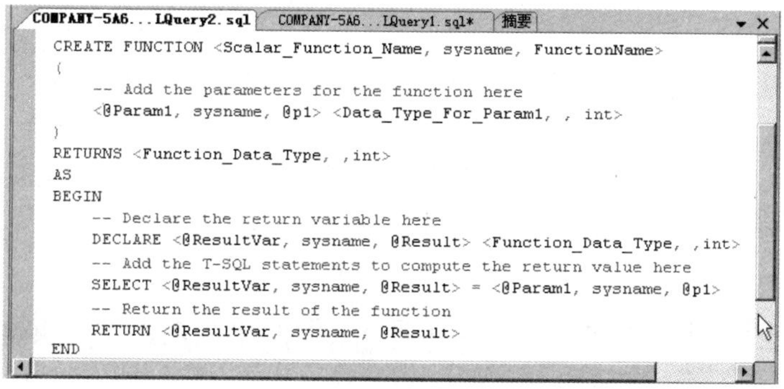

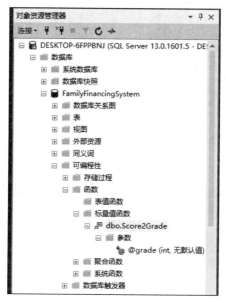

```
COMPANY-5A6...LQuery2.sql    COMPANY-5A6...LQuery1.sql*    摘要              ▼ × ▲
CREATE FUNCTION <Scalar_Function_Name, sysname, FunctionName>
(
    -- Add the parameters for the function here
    <@Param1, sysname, @p1> <Data_Type_For_Param1, , int>
)
RETURNS <Function_Data_Type, ,int>
AS
BEGIN
    -- Declare the return variable here
    DECLARE <@ResultVar, sysname, @Result> <Function_Data_Type, ,int>
    -- Add the T-SQL statements to compute the return value here
    SELECT <@ResultVar, sysname, @Result> = <@Param1, sysname, @p1>
    -- Return the result of the function
    RETURN <@ResultVar, sysname, @Result>
END
```

图 5-7　用户定义函数模板

函数定义成功后，SQL Server Management Studio 的"对象资源管理器"窗口中会出现一
个新建的标量值函数，如图 5-8 所示。

图 5-8　"对象资源管理器"中显示的用户标量函数

（2）用户标量函数的调用说明如下所述。

1）语法：

SELECT schema_name.function_name(@parameter_name[,...n])

或

EXECUTE|EXEC [schema_name.]function_name @parameter_name[,...n]

2）参数摘要：

● schema_name.function_name：函数的所有者.函数名。用 SELECT 方式调用用户标量
函数时，必须包括函数的所有者和函数名；用 EXEC 方式调用时，所有者可以省略。

- @parameter_name[,...n]：实参序列，应遵循函数调用的一般规则。

例 5-65 调用用户定义的标量函数 Score2Grade()。

```
SELECT dbo.Score2Grade(85)
```

结果集：

良好

（3）用户标量函数的删除方式有以下两种。

1）利用"对象资源管理器"。

在 SSMS 中，展开"对象资源管理器"中的数据库对象的"可编程性"对象，用鼠标右键单击"函数"对象中拟删除的用户标量函数图标，在快捷菜单选项中选择"删除"命令，如图 5-9 所示。

图 5-9 利用"对象资源管理器"删除用户标量函数

然后，在系统弹出的确认删除窗口中单击"确定"按钮，即可删除用户标量函数。

2）在查询窗口中执行 DROP FUNCTION 语句。

- 语法：

```
DROP FUNCTION {[schema_name.]fution_name) [, ...n]
```

- 说明：删除用户标量函数时，函数的所有者名可以省略。

例 5-66 删除用户定义的标量函数 Score2Grade()。

```
DROP FUNCTION Score2Grade
```

在 SQL Server Management Studio 中利用"对象资源管理器"可以很方便地查看和修改用户标量函数，只要在图 5-9 所示的右键快捷菜单选项中分别按需要选择"属性""查看依赖关系"和"修改"等命令即可。

修改自定义函数的语法较为简单，可使用 T-SQL 的 ALTER FUNCTION 语句修改自定义函数，语法格式类似 CREATE FUNCTION，只要将语句中的"CREATE"关键字换成"ALTER"即可。

例 5-67　修改用户定义的函数 Score2Grade。

```
ALTER FUNCTION Score2Grade(@grade int)
RETURNS NVARCHAR(8)
AS
BEGIN
    DECLARE @info NVARCHAR(6)
    IF (@grade>=90) SET @info=N'优秀'
    ELSE IF (@grade>=80) SET @info=N'良好'
    ELSE IF (@grade>=70) SET @info=N'中等'
    ELSE IF (@grade>=60) SET @info=N'及格'
    ELSE SET @info=N'不及格'
    RETURN @info
END
```

5.6.3　内联表值函数

内联表值函数返回一个数据集（查询结果），定义方式如下。

（1）语法。

```
CREATE FUNCTION [schema_name.]function_name          -- 定义函数的所有者与函数名
    ( [{ @parameter_name                             -- 定义函数的形参名称
        [AS] [type_schema_name.]parameter_data_type  -- 定义形参的数据类型
    [=default] }                                     -- 定义形参的默认值
    [, ...n]] )                                       -- 可定义多个形参
RETURNS TABLE                                        -- 指定返回一个逻辑上的"表"
    [WITH <function_option> [, ...n]]                -- 定义函数选项
    [AS]
BEGIN
    function_body                                    -- 定义函数主体
    RETURN select_expression                         -- 返回一个 SELECT 语句的查询结果
END
```

（2）参数摘要：

- schema_name、function_name：函数的所有者（默认为 dbo）、函数名，它们须符合标识符规则，对于所有者，函数名在数据库中必须唯一。

- @parameter_name、parameter_data_type、default：函数的形参名（可定义零或多个形参，形参名必须用@符号开头，是该函数的局部变量）、形参的数据类型、形参的默认值。

- function_body：函数的主体。

- select_expression：函数的返回结果，是一个 SELECT 语句的查询结果集。

（3）说明：用户定义函数属于数据库，只能在该数据库下才能调用该函数；其他数据库不能调用该函数。

例 5-68　定义一个内联表值函数，通过家庭成员编号和起止日期，可以查询某家庭成员相应的未被删除的收支明细。

```
USE FamilyFinancingSystem
GO
```

```
CREATE FUNCTION GetDetail (@FamilyMemberID INT, @BeginDate DATETIME, @EndDate
DATETIME)
RETURNS TABLE
AS
RETURN (SELECT FamilyMemberID, FinanceTypeKey, FinanceAmount, FinanceRemark,
INPUT_DATE FROM FinanceDetail WHERE FamilyMemberID = @FamilyMemberID AND
INPUT_DATE BETWEE @BeginDate AND @EndDate AND IS_DELETED = 0)
```

内联表值函数定义好以后，可以供其他 T-SQL 语句调用，调用规则与标量函数基本相同，应注意调用实参与定义的形参要匹配。

例 5-69 调用例 5-68 定义的内联表值函数

```
SELECT * FROM dbo.GetDetail(1, '2019-01-01', '2019-12-31')
```

内联表值函数的查询、修改、删除操作与标量值函数完全一致，这里不再介绍。

5.6.4 多语句表值函数

多语句表值函数返回一个表变量的值的集合，定义方式如下所述。

（1）语法：

```
CREATE FUNCTION [schema_name.]function_name      -- 定义函数的所有者与函数名
    ( [{ @parameter_name                          -- 定义函数的形参名称
        [AS] [type_schema_name.]parameter_data_type  -- 定义形参的数据类型
      [=default] }                                -- 定义形参的默认值
      [, ...n]] )                                 -- 可定义多个形参
RETURNS table_variable                            -- 指定返回一个表变量的名称
    [WITH <function_option> [, ...n]]             -- 定义函数选项
    [AS]
BEGIN
    function_body                                 -- 定义函数主体
    RETURN                                        -- 返回
END
```

（2）参数摘要：

- schema_name、function_name：函数的所有者（默认为 dbo）、函数名，它们须符合标识符规则，对于所有者，函数名在数据库中必须唯一。
- @parameter_name、parameter_data_type、default：函数的形参名（可定义零或多个形参，形参名必须用@符号开头，是该函数的局部变量）、形参的数据类型、形参的默认值。
- table_variable：返回的表的表变量名，以"@"符号开头。
- function_body：函数的主体。

（3）说明：用户定义函数属于数据库，只能在该数据库下才能调用该函数，其他数据库不能调用该函数。

例 5-70 定义一个员工信息表，包含员工编号、上级员工编号、员工姓名等列，再定义一个多语句表值函数，通过参数所给定的员工编号，返回所有直接或间接向给定员工报告的职员对应的表。

```
CREATE table employee
(
```

```
        empid nchar(5) constraint employee_empid_pk primary key(empid),
        empname nvarchar(12),
        mgrid nchar(5) constraint employee_mgrid_pk references employee(empid),
        title nvarchar(30)
)
go
create function fn_FindReports (@InEmpId nchar(5))
returns @retFindReports table
(
        empid nchar(5)    primary key,
        empname nvarchar(12),
        mgrid nchar(5),
        title nvarchar(30)
)
as
begin
        declare @RowsAdded int
        declare @reports table
        (
            empid nchar(5) primary key,
            empname nvarchar(12),
            mgrid nchar(5),
            title nvarchar(30),
            processed tinyint default(0)
        )
        insert @reports select empid, empname, mgrid, title, 0 from employee where empid=@InempId
        set @RowsAdded = @@rowcount
        while @RowsAdded > 0
        Begin
            update @reports set processed = 1 where processed = 0
            insert @reports select e.empid, e.empname, e.mgrid, e.title, 0 from employee e, @reports r
where e.mgrid=r.empid and e.mgrid<>e.empid and r.processed = 1
            set @RowsAdded=@@rowcount
            update @reports set processed=2 where processed=1
        end
        insert @retFindReports select empid, empname, mgrid, title from @reports
        return
    end
```

多语句表值函数定义好以后，可以供其他 T-SQL 语句调用。调用规则与标量函数基本相同。要注意调用实参与定义的形参的匹配。

例 5-71　调用例 5-69 定义的多语句表值函数。

Select * From dbo.GetDetail(1, '2019-01-01', '2019-12-31')

多语句表值函数的查询、修改、删除操作与标量值函数完全一致，这里不再介绍。

小　结

本章介绍了 T-SQL 和 SQL Server 2016 的标识符、数据类型、常量与变量、运算符与表达式、批处理与流程控制语句，系统内置函数以及用户自定义函数的创建、修改、引用与删除。

这些内容是学习、使用 T-SQL 的基础。

标识符是用来定义服务器、数据库、数据库对象和变量等的名称。

常规标识符是不需使用分隔符进行分隔的标识符。常规标识符的首字符必须是字母、下划线、at 符号（@）或"井"字符号（#），不能与关键字相同；分隔标识符是不符合常规标识符规则、必须使用分隔符进行分隔的标识符；保留关键字（保留字、关键字）是具有特定含义的标识符。

数据类型是指列、参数、表达式和局部变量的数据特征，它决定了数据的存储格式。

SQL Server 2016 的数据类型主要有精确数字（整数、固定精度和小数位数的小数、货币类）、近似数字（浮点数）、日期/时间类和字符串类（非 Unicode 字符串、Unicode 字符串、二进制字符串）。

整数包括 bigint、integer、smallint、tinyint、bit；固定精度和小数位数的数值数据类包括 decimal 和 numeric；货币数据类包括 money 和 smallmoney；浮点数包括 float 和 real；日期/时间数据类包括 datetime 和 smalldatetime；非 Unicode 字符数据包括 char、varchar 和 text；Unicode 字符数据（双字节数据）包括 nchar、nvarchar 和 ntext；二进制数据用十六进制数形式表示；大型的图像、文本数据可使用 text、ntext 和 image 数据类型。

常量包括整型常量、实型常量、字符串常量、双字节字符串（Unicode 字符串）常量、日期型常量、货币型常量、二进制常量等。

T-SQL 中有两种形式的变量：用户定义的局部变量；系统提供的全局变量。

局部变量可由用户定义，作用域从声明变量处开始到声明变量的批处理或存储过程的结尾。局部变量以标志"@"开始，必须先用 DECLARE 定义后才可使用，只能用 SELECT 或 SET 语句赋值。

全局变量在 SQL Server 系统内部定义，可被系统和所有用户程序调用，引用时以"@@"开始。

SQL Server 2016 的运算符有算术运算符（+、-、*、/、%）、字符串连接运算符（+）、比较运算符（>、>=、=、<>、<、<=、!=、!<、!>）、逻辑运算符（AND、OR、NOT、IN、LIKE、BETWEEN、EXISTS、ALL、ANY、SOME）、赋值运算符（=）、位运算符（&、|、^）和一元运算符（+、-、~）。运算符有优先级。

表达式是标识符、值和运算符的组合，可以是常量、变量、列名、函数、子查询、CASE、NULLIF 或 COALESCE。简单表达式由单个常量、变量、列或标量函数构成；复杂表达式由运算符将两个或多个简单表达式连接而成。

批处理是包含若干 T-SQL 语句的组，SQL Server 将批处理的语句编译为一个可执行单元。

T-SQL 语句使用的流程控制语句与常见的程序设计语言类似，主要有以下几种：BEGIN...END 语句、IF...ELSE 语句、CASE 语句、GOTO 语句、WHILE 语句、RETURN 语句。

T-SQL 中的函数可分为系统定义函数（系统内置函数）和用户定义函数。其中系统定义函数包括数学函数、聚合函数、字符串函数、日期时间函数、系统函数、游标函数、元数据函数。

SQL Server 2016 有 23 个数学函数，常用的有求随机数函数 RAND，求绝对值函数 ABS，舍入函数 ROUND，取整函数 CEILING 和 FLOOR，求对数函数 LOG 和 LOG10，求平方根函数 SQRT，幂运算函数 SQUARE、EXP 和 POWER，三角函数类函数 SIN、COS、TAN、COT、ASIN、ACOS、ATAN 和 ATN2。

聚合函数返回统计数据，常用的有求和函数 SUM，求均值函数 AVG，求最大值、最小值函数 MAX、MIN，行计数函数 COUNT，求标准差函数 STDEV 和 STDEVP，求方差函数 VAR 和 VARP。

SQL Server 2016 有 23 个字符串函数，常用的有数字与字符转换函数 STR、ASCII、CHAR、NCHAR、UNICODE，字符串搜索函数 CHARINDEX 和 PATINDEX，求字符串长度函数 LEN，截取字符串部分字符函数 LEFT、RIGHT 和 SUBSTRING，字符大小写转换函数 LOWER 和 UPPER，删除字符串前导空格和尾随空格函数 LTRIM 和 RTRIM，替换字符串函数 REPLACE，重复字符函数 SPACE 和 REPLICATE。

SQL Server 2016 有 8 个日期时间函数，其中常用的有求指定日期的和、差的函数 DATEADD、DATEDIFF，求日期中 datepart 部分对应的字符串或整数的函数 DATENAME 和 DATEPART，求当前日期和时间的函数 GETDATE。（其中，datepart 可为年份、季度、月份、星期、日、小时、分钟、秒、毫秒数）

常用的系统函数有返回程序名函数 APP_NAME，数据类型转换函数 CAST 和 CONVERT，用于错误显示的函数 @@ERROR、ERROR_LINE、ERROR_MESSAGE、ERROR_NUMBER、ERROR_PROCEDURE、ERROR_SEVERITY 和 ERROR_STATE，消息构造函数 FORMATMESSAGE，返回工作站标识的函数 HOST_ID 和 HOST_NAME，确定表达式性质的函数 ISDATE、ISNULL 和 ISNUMERIC，返回对象名的指定部分的函数 PARSENAME，返回已执行的上一语句影响的行数的函数 @@ROWCOUNT 等。

自定义函数是由一个或多个 T-SQL 语句组成的子程序。

用户自定义函数的创建、修改、删除主要有两种方式：①使用 T-SQL 语句，在查询窗口用 CREATE FUNCTION 语句创建用户定义函数、用 ALTER FUNCTION 语句修改用户定义函数、用 DROP FUNCTION 语句删除用户定义函数；②在 SQL Server Management Studio 中使用向导创建、查看、修改、删除用户定义函数。

习　题

1. 名词解释

标识符　常规标识符　分隔标识符　关键字　精确数字数据类型　货币数据类型
二进制数据类型　双字节字符串　局部变量　全局变量　批处理　自定义函数　标量函数

2. 简答题

（1）简述常规标识符的定义规则。

（2）数据库对象名的全称由哪些部分组成？

（3）常用的整数数据类型、货币数据类型、日期时间数据类型、字符数据类型分别有哪些？

（4）如何定义和使用二进制数据类型？

（5）如何定义和使用局部变量？如何使用全局变量？

（6）BREAK 和 CONTINUE 在循环内部控制 WHILE 循环中语句的执行有何异同？

（7）简单 CASE 函数和 CASE 搜索函数有何异同？

（8）常用的数学函数、聚合函数、字符串函数、日期时间函数分别有哪些？

（9）什么是自定义函数？自定义标量函数和内联表值函数的区别是什么？

（10）如何调用自定义函数？

3. 应用题

（1）分别使用 T-SQL 语句和 SQL Server Management Studio 向导创建、修改、删除一个求阶乘的用户定义标量函数。

（2）调用（1）中创建的求阶乘函数计算 1～10 的阶乘。

第 6 章　数据库和表

本章介绍 SQL Server 2016 的数据库、表的基本概念，以及创建、删除、修改数据库和表的基本操作。本章学习的重点内容：数据库与表的基本概念，使用 SSMS 图形方式和 T-SQL 语句创建、修改、删除数据库和表的方法，实现数据完整性的方法。本章的难点内容是 ALTER DATABASE、CREATE TABLE、ALTER TABLE 等语句的语法。

通过本章学习，应达到下述目标：

- 理解物理数据库、逻辑数据库、主文件、辅文件、日志文件、文件组、数据页的概念。
- 掌握使用 SSMS 图形方式和 T-SQL 语句创建、修改、删除数据库和表的方法。
- 掌握使用 SSMS 图形方式和 T-SQL 语句实现主键约束、外键约束、唯一性约束、CHECK 约束、非空约束及 DEFAULT 定义的方法。
- 掌握使用 SSMS 图形方式和 T-SQL 语句添加记录、修改记录和删除记录的方法。
- 理解 CREATE DATABASE 语句、ALTER DATABASE 语句、CREATE TABLE 语句、ALTER TABLE 语句、INSERT 语句、UPDATE 语句、DELETE 语句的主要语法。

本章及以后各章所述的数据库、表等概念，均指 SQL Server 2016 数据库。

6.1　数据库的基本概念

SQL Server 2016 数据库的概念可以从不同的角度描述。从模式层次角度看，可以分别描述为物理数据库和逻辑数据库；从创建对象角度看，可以分为系统数据库和用户数据库（实际上，系统数据库和用户数据库都是基于逻辑数据库的概念）。

6.1.1　物理数据库与文件

物理数据库从数据库的物理结构角度描述数据库，它将数据库映射到一组操作系统文件上，即物理数据库是构成数据库的物理文件（操作系统文件）的集合。

1. 数据库文件

SQL Server 2016 数据库有 3 种类型的物理文件：主数据文件、辅助数据文件和事务日志文件。它们是 SQL Server 2016 数据库系统真实存在的物理文件基础，而逻辑数据库是建立在该基础之上的关于数据库的逻辑结构的抽象。

（1）主数据文件（Primary）简称为主文件，又称为基本数据文件，是数据库的关键文件。它包含了数据库的启动信息，并指向数据库中的其他文件，其中还存储数据库的部分或全部数据。每个数据库必有且只有 1 个主文件。主文件的默认文件扩展名是.mdf。

（2）辅助数据文件（Secondary）简称为辅文件，又称为次要数据文件，由用户定义并存储未包含在主文件内的其他数据。辅助数据文件是可选的，一个数据库可有一个或多个辅助文件，也可没有辅文件。通过将文件放在不同的磁盘驱动器上，辅助文件可将数据分散到多个磁盘上。另外，如果数据库的大小超过了单个 Windows 文件的最大值的限制，可使用辅文件以使数据库能继续增长。辅文件的默认文件扩展名是.ndf。

（3）事务日志文件（Transaction Log）简称日志文件，是用于存储事务日志信息（数据库更新情况）以备恢复数据库所需的文件。它包含一系列记录，这些记录的存储不以页为单位。日志文件是必需的，一个数据库可以有一个或多个事务日志文件。日志文件的默认文件扩展名是.ldf。

一个数据库有且只有一个主文件，有一个或多个日志文件，可没有或有多个辅助文件。这些文件的名字是操作系统文件名，不由用户直接使用，而是由系统使用。虽然 SQL Server 2016 不强制使用.mdf、.ndf 和.ldf 文件扩展名，仍建议在创建数据库时使用这些默认扩展名，以便标识文件用途。

默认情况下，数据和事务日志被放在同一驱动器上的同一路径下，这是为处理单磁盘系统而采用的方法。但在生产环境中，这可能不是最佳方法。建议将数据和日志文件放在不同的磁盘上。

2. 文件组

为了便于管理和分配数据，可以将多个数据文件集合起来形成一个文件组（File Group）。通过文件组，可以将特定的数据库对象与该文件组相关联，对数据库对象的操作都将在该文件组中完成，这样可以提高数据的查询性能。例如，可以分别在 3 个磁盘驱动器上创建 3 个文件，Data1.ndf、Data2.ndf 和 Data3.ndf，然后将它们分配给文件组 fgroup1；然后，可以明确地在文件组 fgroup1 上创建一个表，对表中数据的查询将分散到 3 个磁盘上，从而提高系统的性能。

（1）主文件组（Primary Filegroup）。创建数据库时，系统自动创建主文件组，并将主文件及系统表的所有页都分配到主文件组中。此文件组还包含未放入其他文件组的辅助文件。每个数据库有且只有一个主文件组。

（2）次要文件组（Secondary FileGroup）。次要文件组是由用户创建的文件组，该组中包含逻辑上一体的数据文件和相关信息。大多数数据库只需要一个主文件组和一个日志文件就可很好地运行，但如果库中的文件很多，就要创建用户定义的文件组，以便管理。使用时，可以通过 SSMS 中的"对象资源管理器"或 T-SQL 语句中的 FILEGROUP 子句指定需要的次要文件组。

（3）默认文件组（Default Filegroup）。在每个数据库中，同一时间只能有一个文件组是默认文件组。在创建数据库对象时如果没有指定将其放在哪一个文件组中，就会将它放在默认文件组中。使用 T-SQL 的 ALTER DATABASE 语句可以指定、更改默认文件组（但系统对象和表仍然分配给主文件组）。如果没有指定默认文件组，则主文件组为默认文件组。

一个文件只能存在于一个文件组中，一个文件组只能被一个数据库使用。事务日志文件不属于任何文件组。

6.1.2 逻辑数据库与数据库对象

逻辑数据库从数据库的逻辑结构角度描述数据库，是关于数据库的逻辑结构的抽象。逻辑数据库将数据库视为数据库对象的集合，即存放数据的表和支持这些数据的存储、检索、安全性和完整性的逻辑成分所组成的集合。组成数据库的这些逻辑成分称为数据库对象，用户连接到数据库后所看到的是这些逻辑对象,而不是物理的数据库文件。

SQL Server 2016 的数据库对象包括表、视图、存储过程、触发器、索引、约束、规则、角色、用户定义数据类型(User-defined Data Types)、用户定义函数(User-defined Functions)等。

下面介绍几个重要的数据库对象。

1. 表(Table)

表是 SQL Server 中最重要的数据库对象,是由行(记录、元组)和列(字段、属性)构成的实际关系,用于存放数据库中的所有数据。

(1)基本表简称表,是用户定义的、存放用户数据的实际关系。一个数据库中的表可多达 20 亿个,每个表中可以有 1024 列和若干行(取决于存储空间),每行最多可存储 8092B 数据。

(2)特殊表。在基本表之外,SQL Server 2016 还提供下列在数据库中起特殊作用的表:

- 临时表。临时表有两种类型:本地表和全局表。本地临时表只对于创建者可见,且在用户与 SQL Server 实例断开连接后被删除;全局临时表在创建后对任何用户和任何连接都可见,在引用该表的所有用户都与 SQL Server 实例断开连接后被删除。

- 系统表。SQL Server 将定义服务器配置及其所有表的数据存储在系统表中。除通过专用的管理员连接(DAC,只能在 Microsoft 客户服务的指导下使用)外,用户无法直接查询或更新系统表;可以通过目录视图查看系统表中的信息。

2. 视图(View)

视图是为了用户查询方便或数据安全需要而建立的虚拟表,其内容由查询定义。除索引视图外,视图数据不作为非重复对象存储在数据库中。数据库中存储的是生成视图数据的 SELECT 语句,视图的行和列数据来自由定义视图的查询所引用的表(可以是当前或其他数据库的一个或多个表)或者其他视图,并且是在引用视图时动态生成的。分布式查询也可用于定义使用多个异类源数据的视图。用户可采用引用表时所使用的方法,在 T-SQL 语句中引用视图名称来使用此虚拟表。

通过视图进行查询没有任何限制,通过视图进行数据修改时的限制也很少。

3. 存储过程(Stored Procedures)

存储过程是用 T-SQL 编写的程序,包括系统存储过程和用户存储过程。系统存储过程由 SQL Server 提供,其过程名以 SP_开头;用户存储过程由用户编写,可自动执行过程中的任务。

存储过程可接受输入参数并以输出参数格式向调用过程或批处理返回多个值,可包含用于在数据库中执行操作(包括调用其他过程)的编程语句,可向调用过程或批处理返回状态值,以指明成功或失败(以及失败的原因)。

可以使用 T-SQL 的 EXECUTE 语句来运行存储过程。存储过程与函数不同,存储过程不返回取代其名称的值,也不能直接在表达式中使用。

4. 触发器(Triggers)

触发器是一种特殊的存储过程,在发生特殊事件时执行。例如,可为表的插入、更新或删除操作设计触发器,执行这些操作时,相应的触发器自动启动。触发器主要用于保证数据的完整性。

SQL Server 2016 包括两大类触发器:DDL 触发器和 DML 触发器。DDL 触发器是 SQL Server 2016 的新增功能,当服务器或数据库中发生数据定义语言(DDL)事件时将调用 DDL

触发器；当数据库中发生数据操作语言（DML）事件时将调用 DML 触发器。

5．索引（Indexes）

索引是用来加速数据访问和保证表的实体完整性的数据库对象。索引包含从表或视图中的一个或多个列生成的键（这些键存储在 B 树结构中，使 SQL Server 可快速有效地查找与键值关联的行），以及映射到指定数据的存储位置的指针。良好的索引可显著提高数据库查询和应用程序的性能。

SQL Server 2016 中有聚集和非聚集两种索引。聚集索引使表的物理顺序与索引顺序一致，一个表只能有一个聚集索引；非聚集索引与表的物理顺序无关，一个表可建立多个非聚集索引。

当修改了表数据后，SQL Server 会自动维护表或视图的索引。

6．约束（Constraints）

约束是用于强制实现数据完整性的机制。SQL Server 2016 的基本表可定义 6 类约束。

（1）PRIMARY KEY（主键约束）：创建表的主键（PK）以强制实现表的实体完整性。一个表只能有一个 PRIMARY KEY。

（2）FOREIGN KEY（外键约束）：创建表的外键（FK）以强制实现表的引用完整性。

（3）UNIQUE（唯一性约束）：确保在非主键的列或列组合中不输入重复值。一个表可定义多个 UNIQUE；UNIQUE 允许 NULL 值但每列只能有一个；UNIQUE 可被 FOREIGN KEY 引用。

（4）CHECK（条件约束）：限制列的值的范围以强制实现域完整性。可将多个 CHECK 应用于单个列，也可通过表级 CHECK 将一个 CHECK 用于多个列。可通过任何逻辑表达式创建 CHECK，使得指定列不接受表达式计算结果为 FALSE 的值。注意：执行 DELETE 语句时不验证 CHECK 约束。

（5）NOT NULL（非空值约束）：指定某一列不允许有空值。如果列内不允许空值，向表中输入数据时必须在列中输入一个值，否则数据库将不接收该行。

（6）DEFAULT（默认值定义）：用于对未给出输入数据的列赋予确定的默认值，以避免列出现空值。每一列都可包含一个 DEFAULT 定义。

7．规则（Rules）

规则是一个向后兼容的功能，用于执行一些与 CHECK 约束相同的功能。一个列只能应用一个规则。规则是作为单独的对象创建，然后绑定到列上。注意：后续版本的 Microsoft SQL Server 将删除该功能，应在已经或准备使用该功能的应用程序中改用 CHECK 约束。

8．角色（Roles）

角色又称为职能组，是由一个或多个用户组成的单元。角色是针对数据库的，一个数据库可定义多个角色，并对各角色定义不同权限。当角色获得某种数据库操作权时，角色中的每个用户都具有这种操作权。一个用户可成为多个角色中的成员。

用户在引用对象时，需给出对象的名字。可给出两种对象名，即完全限定对象名和部分限定对象名。完全限定对象名由 4 个标识符组成：服务器名称、数据库名称、所有者名称和对象名称。其语法格式如下：

```
[[[Server.][database.].][schema_name.]object_name
```

6.1.3　系统数据库与用户数据库

1. 系统数据库

系统数据库是由系统创建和维护的数据库。系统数据库中记录着 SQL Server 2016 的配置情况、任务情况和用户数据库的情况等系统管理信息，实际上它就是数据字典。

（1）master 数据库：记录 SQL Server 的所有系统级信息，包括实例范围的元数据（例如登录账户）、端点、链接服务器和系统配置设置，所有其他数据库是否存在以及这些数据库文件的位置，系统初始化信息（如果 master 数据库不可用则 SQL Server 无法启动）等。master数据库是 SQL Server 系统中最重要的数据库。在 SQL Server 2016 中，系统对象不再存储在master 中，而是存储在 Resource 数据库中。

（2）model 数据库：是 SQL Server 所有数据库的模板，所有在 SQL Server 中创建的新数据库的内容，在刚创建时都和 model 数据库完全一样。如果 SQL Server 专门用作一类应用，而这类应用都需要某个表，甚至在这个表中都包括同样的数据，则可在 model 数据库中创建这样的表并向表中添加公共的数据，这样以后每一个新创建的数据库中都会自动包含这个表和这些数据。也可向 model 数据库中增加其他数据库对象，这些对象都能被以后创建的数据库继承。

（3）msdb 数据库：SQL Server Agent（代理）用来安排报警、作业、记录操作员操作的数据库。

（4）tempdb 数据库：用于为临时表、临时存储过程和其他临时操作提供存储空间，存放所有连接到系统的用户临时表和临时存储过程以及 SQL Server 产生的其他临时性的对象。tempdb 数据库是 SQL Server 中负担最重的数据库（几乎所有查询都可能要使用它），它的容量太小将直接影响系统性能（特别是采用行版本控制事务隔离时）。tempdb 数据库不能备份或还原，每次启动 SQL Server 时都重新创建 tempdb 数据库。断开与 SQL Server 的连接时会自动删除临时表和存储过程，并且在系统关闭后没有活动连接。因此 tempdb 数据库中不会有内容从一个 SQL Server 会话保存到另一个会话。

2. 系统数据库的物理文件

安装 SQL Server 2016 时，安装程序自动创建系统数据库的数据文件和事务日志文件。数据文件和日志文件的默认位置为 C:\Program Files\Microsoft SQL Server\Mssql.n\data，其中 n 是SQL Server 实例的序号。常用的系统数据库文件见表 6-1。

表 6-1　SQL Server 2016 系统数据库文件

系统数据库名	主文件名	日志文件名
master	master.mdf	mastlog.ldf
model	model.mdf	modellog.ldf
msdb	msdbdata.mdf	msdblog.ldf
tempdb	tempdb.mdf	templog.ldf

SQL Server 不支持用户直接更新系统对象（如，系统表、系统存储过程和目录视图）中的信息，但提供了一套工具（如 SSMS）使用户可充分管理系统和数据库中的所有用户和对象。SQL Server 不支持对系统表定义触发器（可能更改系统的操作），也不支持用 T-SQL 语句直接查询系统表。

3．示例数据库

如果安装时选择了安装 Reporting Services 组件，SQL Server 2016 安装程序还将安装名为 ReportServer 和 ReportServerTempDB 的两个数据库，供用户使用。

4．用户数据库

用户数据库是用户根据应用需要创建的数据库，其中保存着用户需要的各种信息。

SQL Server 2016 允许用户通过使用 SSMS 图形界面（在 SSMS 中使用向导）或执行 T-SQL 语句两种方式进行用户数据库的操作。

6.2 数据库的创建

下面以创建"_家庭财务数据库"为例，说明创建数据库的过程。（若无特别说明，本书后续各章节的操作示例均以该"_家庭财务数据库"为例进行）。

6.2.1 使用 SSMS 图形界面创建数据库

在 SQL Server Management Studio 中使用向导创建数据库是一种最快捷的方式。用户可以通过向导，在图形界面环境下创建数据库。创建步骤如下：

（1）启动 SSMS 并连接数据库服务器，进入 SSMS 主界面。

（2）鼠标右键单击"对象资源管理器"中的"数据库"对象，选择快捷菜单中的"新建数据库"命令（图 6-1）。

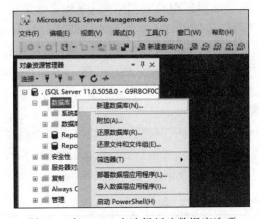

图 6-1　在 SSMS 中选择新建数据库选项

（3）打开"新建数据库"对话框，默认进入"常规"页设置窗口，如图 6-2 所示。用户可以在"常规"页窗口上部的"数据库名称"输入框内、"所有者"输入框内分别定义新建数据库的逻辑名称、所有者，并设置是否使用全文索引。

在"常规"页窗口的中部显示了系统按默认值自动定义的新建数据库主文件和日志文件的文件类型、文件组、初始大小、增长方式和文件存放路径，并且随着用户在"数据库名称"输入框中输入数据库名（例如"_家庭财务数据库"），系统同时自动命名主文件和日志文件的逻辑名。用户可以修改主文件和日志文件的逻辑名、初始大小、增长方式和存放路径进行。例如，用鼠标选中"路径"栏可分别修改主文件和日志文件的存放路径（如"D:\FFS"）。

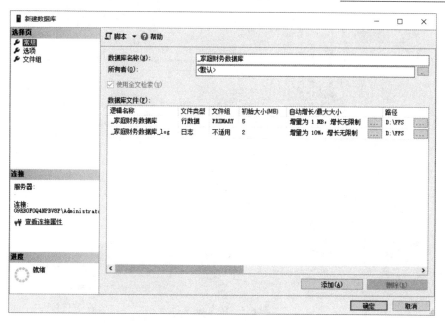

图 6-2 "新建数据库"的"常规"页设置窗口

（4）在"常规"页窗口下部有"添加"和"删除"按钮，通过它们可向数据库添加或删除辅文件和事务日志文件，可在"常规"页窗口中部用鼠标选中添加的数据库文件的相应栏以设置添加的文件的逻辑名称、文件类型、文件组、初始大小、增长方式和存放路径，并可设置新文件组的名称（如"次文件组"）、更改增长设置，如图 6-3、图 6-4、图 6-5 所示。

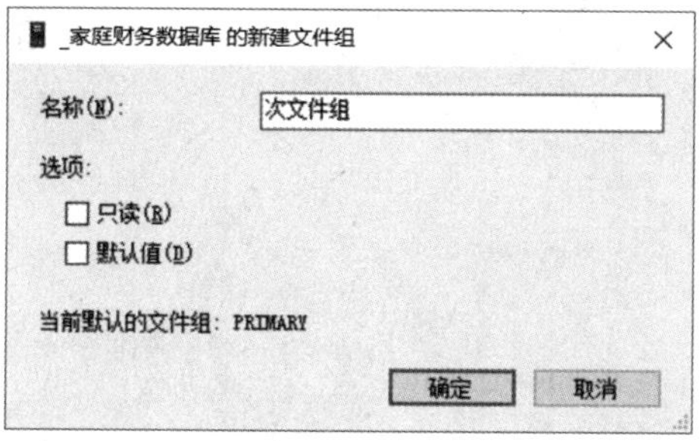

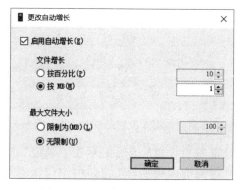

图 6-3 指定新建文件组的名称

图 6-4 "更改自动增长"设置

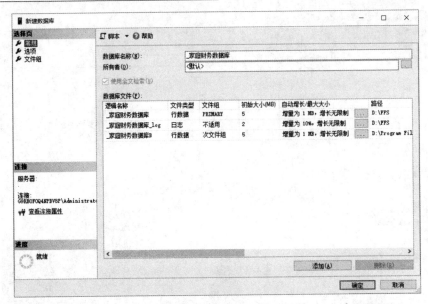

图 6-5　添加辅文件

（5）在"新建数据库"对话框的"文件组"页窗口中，可显示文件组和文件的统计信息，还可在此设置默认文件组，如图 6-6 所示。

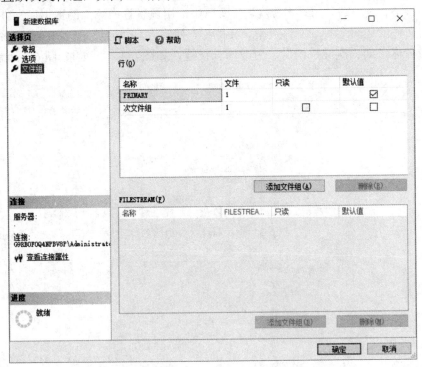

图 6-6　"新建数据库"对话框的"文件组"页窗口

（6）"新建数据库"对话框各页设置完毕后，单击"确定"按钮，SQL Server 数据库引擎会创建所定义的数据库。在"对象资源管理器"窗口中出现新建的"_家庭财务数据库"图标。生成的物理数据库位于在"新建数据库"窗口指定的位置。例如，"_家庭财务数据库"

的主文件"_家庭财务数据库.mdf"和日志文件"_家庭财务数据库_log.ldf"位于"D:\FFS\"目录下，辅文件"_家庭财务数据库 B.ndf"存放在"D:\Program Files\Microsoft SQL Server\MSSQL11.MSSQLSERVER\MSSQL\DATA\"目录下，如图 6-7 所示。

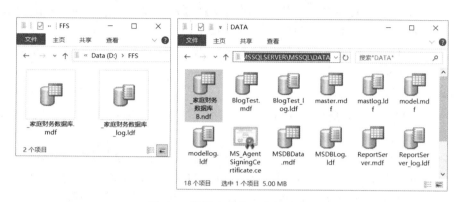

图 6-7　数据库文件及存储路径

6.2.2　使用 T-SQL 语句创建数据库

在 SQL Server 2016 中，可用 CREATE DATABASE 语句创建数据库。

（1）语法摘要。

```
CREATE DATABASE database_name
[ ON [ PRIMARY ]　<filespec> [,...n]
[,FILEGROUP filegroup_name [DEFAULT] { <filespec>[,...n] } [,....n] ]
[ LOG ON <filespec> [,...n] ]
] [;]
```

其中：

```
<filespec>::=
( NAME = logical_file_name , FILENAME = 'os_file_name'
[ , SIZE = size [ KB|MB|GB|TB ] ]
[ , MAXSIZE = { max_size [ KB|MB|GB|TB ] | UNLIMITED } ]
[ ,FILEGROWTH = growth_increment [ KB|MB|GB|TB| % ] ]
) [,...n]
```

（2）CREATE DATABASE 语句中的参数摘要与说明。下列参数中的所有名称均必须符合标识符规则。

- database_name：新数据库名称，在 SQL Server 的实例中必须唯一。
- ON：ON 子句指定主文件、辅文件和文件组属性，定义存储数据库数据部分的操作系统文件；若未指定则系统自动创建主文件并使用系统生成的名称，大小为 3MB。
- PRIMARY：指定关联的<filespec>置于主文件组。在主文件组的<filespec>项中指定的第一个文件将成为主文件，默认值是 CREATE DATABASE 语句中列出的第一个文件。
- <filespec>：用以定义主文件组的文件属性。其中，
  - ➢ NAME=logical_file_name：指定文件的逻辑名称。logical_file_name 必须在数据库中唯一，可以由字符、Unicode 常量、常规标识符、分隔标识符组成，默认值是 database_name。

➢ FILENAME='os_file_name'：指定操作系统（物理）文件名称。os_file_name 是创建文件时由操作系统使用的路径和文件名。路径可以是已经存在的本地服务器上的路径或 UNC 路径；如果指定为 UNC 路径，则不能设置 SIZE、MAXSIZE 和 FILEGROWTH 参数；不要将文件放在压缩文件系统中（只读的辅助文件除外）；文件名的默认值是 database_name。

➢ SIZE=size：指定文件的初始大小。size 是整数，其默认单位为 MB。默认大小为 1MB。

➢ MAXSIZE={max_size|UNLIMITED}：指定文件可增大到的最大值。max_size 是整数，其默认单位为 MB。如果未指定或指定为 UNLIMITED，则日志文件最大为 2TB，数据文件最大为 16TB。

➢ FILEGROWTH=growth_increment：指定文件的自动增量。growth_increment 是每次为文件添加的空间量，默认自动增长且值是 1MB（数据文件）和 10%（日志文件）；指定的大小将舍入为最接近的 64KB 的倍数；不能超过 MAXSIZE 设置；值为 0 表明关闭自动增长。

● FILEGROUP filegroup_name [DEFAULT]：指定文件组的逻辑名称。filegroup_name 必须在数据库中唯一，可以由字符、Unicode 常量、常规标识符或分隔标识符组成，但不能是 PRIMARY 和 PRIMARY_LOG。DEFAULT 指定 filegroup_name 文件组为数据库的默认文件组，只能指定 1 个。

● LOG ON：指定事务日志文件属性，其后是定义日志文件的<filespec>列表；若未指定，则系统自动创建一个大小为该数据库数据文件大小总和的 25%或 512KB（取较大者）的日志文件。

使用 SSMS 向导创建数据库后，可以查看创建数据库使用的 T-SQL 语句：鼠标右键单击"对象资源管理器"窗口中"数据库"项下的"_家庭财务数据库"，选择快捷菜单的"编写数据库脚本为"→"CREATE 到"→"新查询编辑器窗口"命令，可进入查询编辑器窗口（图 6-8）。

图 6-8　在查询编辑器窗口查看创建数据库使用的 T-SQL 语句

在图 6-8 所示的查询编辑器窗口中显示了与上述使用 SSMS 向导创建数据库等价的 T-SQL 语句。

用户也可直接在 SSMS 的查询编辑器窗口通过编写、运行 T-SQL 代码创建数据库，如例 6-1 所示。

例 6-1 通过 T-SQL 代码创建一个名为"课程库"的数据库，各属性均采用系统默认值；创建一个名为"教师库"的数据库，要求它有 3 个数据文件，其中主文件初始大小为 5MB，最大值为 50MB，自动增量为 1MB；辅文件初始大小为 2MB，属于"次文件组"，最大值不限，自动增量为 10%；事务日志文件大小为 2MB，最大值为 100MB，自动增量为 2MB。

创建步骤：

（1）启动查询编辑器（可在 SSMS 窗口中鼠标左键单击标准工具栏上的"新建查询"按钮，或按 Alt+N 组合键或选择系统菜单"文件"→"新建"→"使用当前连接查询"命令实现）。

（2）在查询编辑器窗口编写下列 T-SQL 语句。

```
CREATE DATABASE 课程库              --新建"课程库"数据库，各属性均采用系统默认值
CREATE DATABASE 教师库              --新建"教师库"数据库
   ON   ( NAME=N'教师库_主文件', FILENAME='D:\FFS\教师库.mdf',
        SIZE=5MB, MAXSIZE=50MB, FILEGROWTH=1MB),     --初始大小，最大值，增量
   FILEGROUP  次文件组                              --文件组
      ( NAME=N'教师库_辅文件', FILENAME='D:\FFS\教师库.ndf',
        SIZE=5,MAXSIZE=UNLIMITED,FILEGROWTH=10%)    --初始大小，不限增长，增量
   LOG ON ( NAME='教师库_log1', FILENAME='D:\FFS\教师库_log.ldf',
        SIZE=2MB, MAXSIZE=100MB, FILEGROWTH=2MB)    --初始大小，最大值，增量
```

（3）单击工具栏中的"执行"按钮或按 F5 键，执行查询，创建数据库。

结果：执行查询后，选择"对象资源管理器"窗口中"数据库"项的右键快捷菜单中的"刷新"命令，即可看到"课程库""教师库"数据库均已创建成功，如图 6-9 所示。

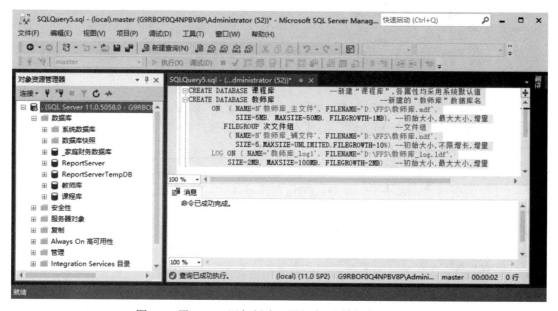

图 6-9　用 T-SQL 语句创建"课程库""教师库"数据库

6.3　数据库的修改

6.3.1　使用 SSMS 图形界面修改数据库

鼠标右键单击"对象资源管理器"窗口中"数据库"项下的拟修改数据库"_家庭财务数据库",选择快捷菜单的"属性"命令,可进入"数据库属性"对话窗口(图 6-10),在这里可快捷地修改数据库。

图 6-10　"数据库属性"对话窗口

通过选择不同的选项页,可以修改数据库的各种属性和设置,简述如下。

- "常规"页:显示当前数据库的基本情况,如数据库名称、状态、所有者、创建日期、大小、可用空间、排序规则等,但不能修改。
- "文件"页:显示当前数据库文件信息。可以在此窗口修改数据库的所有者,数据库文件的逻辑名、大小、文件组、增长方式等属性,以及设置或取消使用全文索引。
- "文件组"页:显示当前数据库文件组信息,可以在此页修改数据库的默认文件组。
- "选项"页:显示当前数据库的排序规则、恢复模式、恢复选项、游标选项组、杂项组、状态选项组和自动选项组等信息,并可以修改这些属性。
- "权限"页:显示当前数据库的用户或角色以及他们相应的权限信息,可以为当前数据库添加、删除用户或角色,以及修改他们相应的权限。
- "扩展属性"页:可以在此窗口为当前数据库建立、添加、删除扩展属性。

- "镜像"页：显示当前数据库的镜像设置属性，可以在设置当前数据库的镜像属性过程中配置涉及的所有服务器实例的安全性，以及服务器网络地址、运行模式等。
- "事务日志传送"页：显示当前数据库的日志传送配置信息，可以为当前数据库设置事务日志备份计划、辅助数据库实例以及监视服务器实例。

6.3.2　使用 T-SQL 语句修改数据库

在 SQL Server 2016 中，可用 ALTER DATABASE 语句修改数据库。
（1）语法摘要。

ALTER DATABASE database_name
{ <新增或修改文件>|<新增或修改文件组>|MODIFY NAME=new_database_name }[;]

其中：

- <新增或修改文件>::=
  {ADD FILE <filespec>[,...n] [TO FILEGROUP {filegroup_name|DEFAULT}] }
  | ADD LOG FILE <filespec>[,...n]
  | REMOVE FILE logical_file_name
  | MODIFY FILE <filespec>}
  - ➢ <filespec>::=
    (NAME = logical_file_name [, NEWNAME = new_logical_name]
      [, FILENAME = 'os_file_name'] [, SIZE = size [KB|MB|GB|TB]]
       [, MAXSIZE = { max_size [KB|MB|GB|TB] |UNLIMITED }]
      [, FILEGROWTH = growth_increment [KB|MB|GB|TB|%]]
)
- <新增或修改文件组>::=
  { ADD FILEGROUP filegroup_name
   | REMOVE FILEGROUP filegroup_name
  | MODIFY FILEGROUP filegroup_name
   { { READ_ONLY|READ_WRITE } | DEFAULT | NAME = new_filegroup_name }
   }

（2）参数摘要与说明。

- database_name：要修改的数据库的名称。
- MODIFY NAME = new_database_name：用指定的 new_database_name 重命名数据库。
- <新增或修改文件>：对数据库进行添加、删除或修改的操作，其中：
  - ➢ ADD FILE <filespec>[,...n]：将要添加的数据文件添加到数据库。
  - ➢ TO FILEGROUP { filegroup_name | DEFAULT }：将要添加的数据文件添加到指定的文件组，DEFAULT 表示将文件添加到当前默认文件组中。
  - ➢ ADD LOG FILE <filespec>[,...n]：将要添加的日志文件添加到数据库。
  - ➢ REMOVE FILE logical_file_name：从数据库中删除逻辑文件说明并删除物理文件（若文件非空则无法删除），logical_file_name 是在 SQL Server 中引用文件时所用的逻辑名称。
  - ➢ MODIFY FILE <filespec>：用于修改文件，一次只能更改一个<filespec>。须在<filespec>中指定 NAME 以标识拟修改的文件，如果指定 SIZE，则新指定的大小须大于文件的当前大小。

> ➢ <filespec>：定义添加、修改或删除的文件的属性，具体请参见 6.2.2 节的<filespec>部分。
- <新增或修改文件组>：在数据库中添加、删除文件组或修改文件组属性，其中：
  - ➢ ADD FILEGROUP filegroup_name：将文件组添加到数据库。
  - ➢ REMOVE FILEGROUP filegroup_name：从数据库中删除文件组。若文件组非空则无法删除，因此应先将所有文件移至另一个文件组，然后再删除文件组。
  - ➢ MODIFY FILEGROUP filegroup_name：修改 filegroup_name 文件组的属性，其中：
    - ◆ READ_ONLY：设置文件组为只读（不允许更新其中的对象）；主文件组不能设置为只读；对于只读数据库，系统启动时将跳过自动恢复过程、不收缩、不锁定（这可以加快查询速度）。
    - ◆ READ_WRITE：设置文件组为读/写（允许更新其中的对象）。
    - ◆ DEFAULT：将数据库的默认文件组更改为 filegroup_name 文件组。
    - ◆ NAME = new_filegroup_name：将文件组名称更改为 new_filegroup_name。

例 6-2　向例 6-1 所建的"教师库"中增加一个辅文件，逻辑名为"教师档案"，置于次文件组，物理名为"教师档案.ldf"（存放在 D:\FFS\），大小为 10MB，增长不受限制，每次增加 10%。

```
ALTER DATABASE    教师库
    ADD FILE ( NAME = N'教师档案',FILENAME ='D:\FFS\教师档案.ldf',
              SIZE=10MB, MAXSIZE=UNLIMITED, FILEGROWTH=10%)
        TO FILEGROUP 次文件组
```

例 6-3　将例 6-1 所建的"课程库"的主文件大小改为 8MB，增长受限，最大 50MB，每次增长 2MB；修改日志文件的大小为 3MB，增长不限，每次增长 10%。

```
ALTER DATABASE    课程库
    MODIFY FIlE ( NAME = '课程库', SIZE=8, MAXSIZE=50, FILEGROWTH=2 );
ALTER DATABASE    课程库
    MODIFY FILE ( NAME='课程库_log', SIZE=3, MAXSIZE=UNLIMITED, FILEGROWTH=10% );
```

例 6-4　删除例 6-2 所添加的辅文件。

```
ALTER DATABASE    教师库    REMOVE FILE    教师档案
```

6.4　数据库的删除

用户可以根据自己的权限删除用户数据库，但不能删除当前正在使用（正打开供用户读写）的数据库，也不能删除系统数据库（msdb、model、master、tempdb）。

6.4.1　使用 SSMS 图形界面删除数据库

在 SSMS 中可以快捷地删除数据库，其步骤如下：

（1）用鼠标右键单击"对象资源管理器"窗口中"数据库"项下的拟删除的数据库，选择快捷菜单的"删除"命令（图 6-11），进入"删除对象"对话窗口。

（2）在"删除对象"对话窗口中单击"确定"按钮（图 6-12），即可删除数据库。

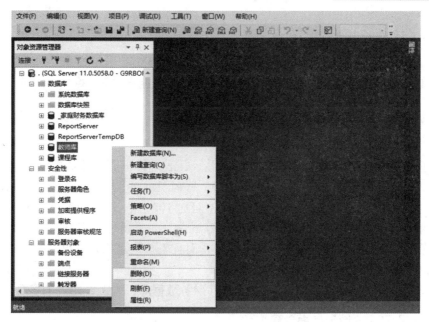

图 6-11　选择删除数据库

图 6-12　删除数据库

6.4.2　使用 T-SQL 语句删除数据库

T-SQL 提供了删除数据库语句 DROP DATABASE，其语法格式如下：

```
DROP DATABASE { database_name [,...n] } [;]
```

例 6-5 删除例 6-1 中创建的"课程库"数据库。

DROP DATABASE 课程库

使用 SSMS 图形界面删除数据库和利用 DROP DATABASE 语句删除数据库都将删除该数据库中包含的所有对象及该数据库的所有物理文件,且不能恢复。

6.5 表的创建

数据库中包含许多对象,其中最重要的就是表。表是数据库存放数据的对象,表中数据的组织形式为行、列的组合。每行表示一条记录,每列表示一个属性。在 SQL Server 2016 中,一个数据库中可创建多达 20 亿个表,每个表最多可达 1024 列,每行最多存储 8092 字节数据。

创建表的实质就是定义表的结构以及约束等属性。创建表时需使用不同的数据库对象,包括数据类型、约束、默认值、触发器和索引等,而且表必须建在某一数据库中,不能单独存在,也不能以操作系统文件的形式存在。

从本节开始,以本章 6.2.1 节创建的"_家庭财务数据库"为例介绍表的各种操作。

6.5.1 使用 SSMS 图形界面创建表

使用 SSMS 图形界面创建表的步骤如下所述。

(1)打开表设计器对话框窗口。在 SSMS 中用鼠标右键单击"对象资源管理器"窗口中"数据库"→"_家庭财务数据库"→"表"项,选择快捷菜单的"新建"中的"表"命令(图 6-13),打开表设计器对话窗口。

图 6-13 选择新建表

(2)创建表的列架构。在表设计器对话框窗口的"列名"下输入财务项目表的所有列名;在"数据类型"列下选择每列的数据类型;在"允许空"列下设置每列可否为空(打 √ 表示该列允许空值;不打√表示不允许为空值,即设置为非空约束),如图 6-14 所示。

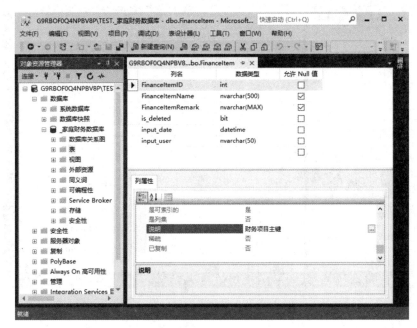

图 6-14 在表设计器窗口及列属性页创建表的列架构

(3)设置列属性。数据库中数据的完整性非常重要。通过对列属性的设置,可在某些方面保证数据的完整性。列属性设置也称为列约束,通常包括以下几种。

* PRIMARY KEY:主键约束。设置为主键的列不能有空值或重复值。
* UNIQUE:唯一性约束。设置了唯一性约束的列不能有重复值,可以但最多有一个数据为空。
* CHECK:检查约束。设置了检查约束的列的值必须符合检查约束所设置的条件。
* DEFAULT:默认值约束。设置了默认值约束的列的值可输入,不输入时取值为默认值。
* NOT NULL:非空约束。设置了非空约束的列的取值不能为空。
* IDENTITY:标识规范(指系统按照给定的种子自动生成唯一的序号值,只适用于 decimal、int、numeric、smallint、bigint、tinyint 数据类型)。设置了标识规范的列的值由系统自动生成,从标识种子(表中第一行的值)开始每次加 1 个标识增量。

在表设计器及其下部的"列属性"页(图 6-14),可以设置各列的上述列属性,如下所述。

1)设置主键和标识规范。FinanceItemID(财务项目号)是 int 型数据,不允许相同且是连续的,可对该列设置主键和标识规范。鼠标右键单击表设计器"列名"栏的 FinanceItemID 行,选择快捷菜单中的"设置主键"命令(图 6-15),则 FinanceItemID 列就被设置为主键(FinanceItemID 列名的左边出现主键图标 ☞),同时允许空值标记√号被去掉。在"列属性"页设置 FinanceItemID 列的属性,选择"说明"行,单击说明输入按钮,在弹出的文本输入框中输入"财务项目主键"并单击"确认"按钮,展开"标识规范"选项,将"(是标识)"设为"是",在"标识增量"文本框中输入数字 1,在"标识种子"文本框中输入数字 10001(图 6-15)。此后 FinanceItemID 列不能输入数据,其值由系统从标识种子值开始每次加 1(即标识增量)。

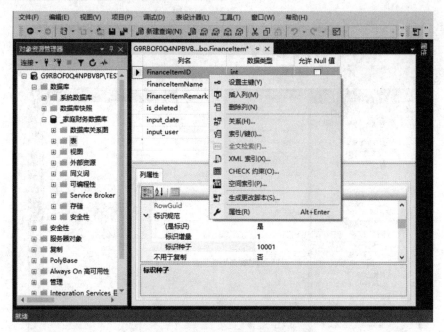

图 6-15　在表设计器窗口设置主键

2）设置 CHECK 约束。设 FinanceItemName（财务项目名称）名称长度必须大于 2，则可为其设置 CHECK 约束。右键单击表设计器"列名"栏的 FinanceItemNameE 行，选择快捷菜单中的"CHECK 约束"命令，在弹出的 CHECK 约束设置窗口单击"添加"按钮（图 6-16），在"（名称）"行为约束命名（CK_FinanceItemName）。选择"表达式"行，单击其右边的输入按钮，在弹出的"约束表达式"输入框中输入约束条件"len（[FinanceItemName]）>2"，然后单击"确认"按钮，关闭 CHECK 约束设置窗口，即为 FinanceItemName 列设置了名为"CK_FinanceItemName"的 CHECK 约束。

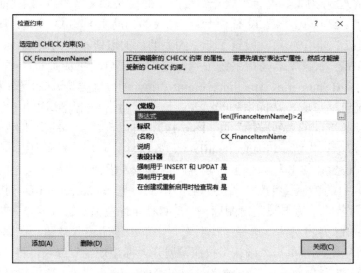

图 6-16　设置 CHECK 约束

3）设置默认值。设置 input_date（记录时间）最常用的值是"系统当前时间"。下面为

input_date 列设置默认值"系统当前时间"：选中 input_date 列，在属性页的"默认值或绑定"行文本框中输入"getdate()"（图 6-17），当 input_date 列不输入数据时，系统自动获取系统当前时间写入该列中。

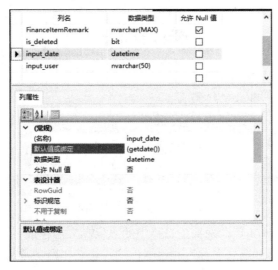

图 6-17　设置默认值

4）设置非空约束。input_user（记录人）列不允许为空，应为其设置非空约束。单击表设计器"允许空"栏的 input_user 行，去掉允许空标记 √ 号即可。此后 input_user 列没有数据输入时，系统将提示不允许为空。

5）设置唯一性约束。假设要为 FinanceItemName 设置唯一性约束，则可进行如下操作：右键单击表设计器"列名"栏的 FinanceItemName 行，选择快捷菜单中的"索引/键"命令（图6-18），在弹出的"索引/键"设置窗口的"名称"行为约束命名（IX_FinanceItemName），选择"类型"行，单击其右边的组合框下拉按钮，将组合框内的值设置为"唯一键"（图6-19），关闭"索引/键"设置窗口，完成唯一性约束设置。

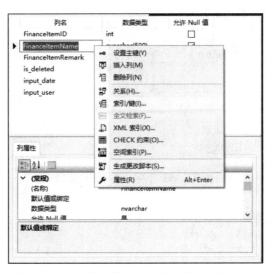

图 6-18　在表设计器窗口选择"索引/键"命令

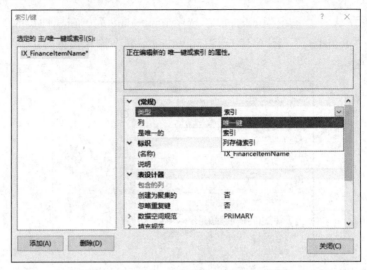

图 6-19　设置唯一性约束

（4）保存表。表设计完后，选择工具栏中的"保存"命令或系统菜单的"文件"→"保存"命令，系统随即弹出"选择名称"对话框，输入表名"财务项目表"，然后单击"确定"按钮，即可将表结构设计结果存盘。

表存盘后，在 SSMS "对象资源管理器"中展开"数据库"→"_家庭财务数据库"的表选项，可以看到新建的"财务项目表"以及该表的列设计梗概（图 6-20）。

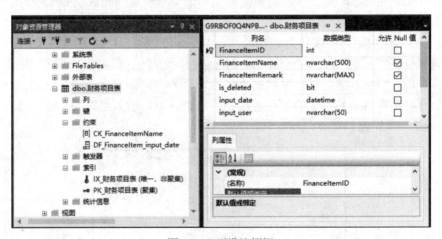

图 6-20　列设计梗概

6.5.2　使用 T-SQL 语句创建表

在 SQL Server 2016 中，可用 CREATE TABLE 语句创建表。

（1）语法摘要。

```
CREATE TABLE   table_name
    （ { <列定义> } [,...n] )
    [;]
```

其中：

- <列定义>::=　column_name　<数据类型>
  [列约束　[DEFAULT constant_expression]]
  [IDENTITY [(seed,increment)]
  [NULL | NOT NULL]
  [<column_constraint> [, ...n]]
  - ➢ <数据类型>::= [type_schema_name.]type_name [(precision[,scale] | max)]
  - ➢ <列约束>::=
    [CONSTRAINT constraint_name]
    { { PRIMARY KEY | UNIQUE } 　[CLUSTERED | NONCLUSTERED]
    | [FOREIGN KEY] REFERENCES[schema_name.]referenced_table_name [(ref_column)]
    | CHECK [NOT FOR REPLICATION] (logical_expression) }

（2）参数摘要与说明。

- table_name：新表的名称，须遵循标识符规则 [本地临时表名以单个 "井" 字符号（#）开头]。
- <列定义>：关于列的定义。其中，
  - ➢ column_name：列名。必须遵循标识符规则并在表中唯一。
  - ➢ <数据类型>：指定列的数据类型。其中，
    - ◆ [type_schema_name.]type_name：指定列的数据类型及该列所属架构。
    - ◆ (precision[,scale]|max)：precision 指定数据精度；scale 指定数据的小数位数；max 只适用于 varchar、nvarchar 和 varbinary 数据类型。
  - ➢ NULL|NOT NULL：指定列中是否允许空值。
  - ➢ 列约束：指定列的约束的名称。
  - ➢ DEFAULT constant_expression：定义列的默认值。constant_expression 可以是常量、NULL 或标量函数；该项定义不能用于 timestamp 列或 IDENTITY 列。
  - ➢ IDENTITY [(seed ,increment)]：IDENTITY 表示新列是标识列；seed 是种子值；increment 是增量值。该列可用于 tinyint、smallint、int、bigint、decimal(p,0)或 numeric(p,0)数据类型的列。每个表只能有一个标识列，且不能对标识列使用绑定默认值和 DEFAULT 约束。必须同时指定种子和增量或两者都不指定；如果二者都未指定，则取默认值(1,1)。

例 6-6　用 CREATE TABLE 语句在本章 6.2.1 节创建的 "_家庭财务数据库" 内创建两个表："财务类型表" 和 "财务明细表"。

1）"财务类型表" 表包括下列字段：财务类型编号 FinanceTypeID (int,自增,主键)、财务类型名称 FinanceTypeName (nvarchar (500),非空)。

```
CREATE TABLE [财务类型表](
    [FinanceTypeID] [int] IDENTITY(1,1) PRIMARY KEY NOT NULL,        --财务类型编号
    [FinanceTypeName] [nvarchar](500) NULL                          --财务类型名称
)
```

2）"财务明细表" 表包括下列字段：财务明细编号 FinanceDetailID(int 型,标识种子1,标识增量1,主键(约束名称 "PK_FinanceDetailID"))、家庭成员编号 FamilyMemberID(int)、财务项目编号 FItemID(int)、财务类型编号 FTypeID(int,默认值 2(约束名称 "DF_ FTypeID")，财务类型表(FTypeID)的外键（约束名称 "FK_FTypeID"))、财务金额 FinanceAmount (decimal(18, 5),

金额不小于 0)、财务备注 FinanceRemark(可变字符串类型,可以为空)。

```
CREATE TABLE [财务明细表](
    [FinanceDetailID] [int] IDENTITY(1,1)                          --财务明细编号
        CONSTRAINT   PK_FinanceDetailID   PRIMARY KEY,
    [FamilyMemberID] [int] NULL,                                   --家庭成员编号
    [FItemID] int NULL,                                            --财务项目编号
    [FTypeID] int NOT NULL                                         --财务类型编号
        CONSTRAINT DF_FTypeID DEFAULT 2
        CONSTRAINT FK_FTypeID   REFERENCES  财务类型表(FinanceTypeID),
    [FinanceAmount] [decimal](18,5) NOT NULL                       --财务金额
        CONSTRAINT CHK_FinanceAmount CHECK(FinanceAmount>=0),
    [FinanceRemark] [nvarchar](max) NULL,                          --财务备注
)
```

6.6 表的修改

6.6.1 使用 SSMS 图形界面修改表

在 SSMS 中可以快捷地修改表,其步骤如下所述。

(1)在 SSMS 中,展开"对象资源管理器"窗口中"数据库"项下的拟修改的表所在数据库的"表"项,鼠标右键单击拟修改的表,选择快捷菜单中的"设计"命令(图 6-21),进入表设计器窗口。

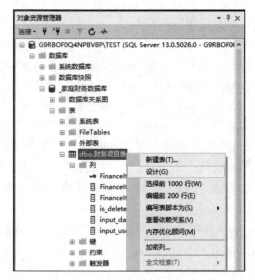

图 6-21 选择修改表

(2)在表设计器窗口可以直接修改列的名称和各项属性(参见 6.5.1 节)。

(3)鼠标右键单击列,通过选择快捷菜单选项,可进行列的插入、删除、CHECK 约束设置等修改。

(4)鼠标左键单击列左边的标志块,使列所在行呈灰色,然后左键按住灰色或列左边的标志块拖动列,可改变列的顺序。

6.6.2　使用 T-SQL 语句修改表

在 SQL Server 2016 中，可用 ALTER TABLE 语句修改表。

（1）语法摘要。

```
ALTER TABLE    table_name
    { ALTER COLUMN column_name <数据类型> [NULL|NOT NULL]
    | ADD {<列定义>|<表约束>}[,...n]
    | DROP { [CONSTRAINT] constraint_name | COLUMN column_name } [,...n]
    } [ ; ]
```

其中：

- <数据类型>::= [type_schema_name.]type_name [(precision[,scale] | max)]
- <列定义>::=
  ```
  column_name <数据类型> [ NULL|NOT NULL ]
      [ [CONSTRAINT constraint_name] DEFAULT constant_expression
        | IDENTITY [(seed,increment)] [ NOT FOR REPLICATION ] ]
      [ <列约束>[ ...n ] ]
  ```
- <列约束>::=
  ```
          [CONSTRAINT constraint_name ]
          { {PRIMARY KEY|UNIQUE}    [CLUSTERED|NONCLUSTERED]
           |[FOREIGN KEY] REFERENCES [schema_name.]referenced_table_name [(ref_column)]
           |CHECK    (logical_expression) }
  ```
- <表约束>::=
  ```
  [ CONSTRAINT constraint_name ]
  { { PRIMARY KEY|UNIQUE } [CLUSTERED|NONCLUSTERED] (column [ASC|DESC][,...n])
    | FOREIGN KEY (column [,...n])
          REFERENCES referenced_table_name [(ref_column [,...n])]
    | DEFAULT constant_expression FOR column [ WITH VALUES ]
    | CHECK    ( logical_expression )
  }
  ```

（2）参数摘要与说明。

- database_name.schema_name.table_name：表所属的数据库名称.架构名称.表名称。
- ALTER COLUMN：用于更改表中现有的 column_name 列的属性。
  - ➢ 更改后的列不能为以下任意一种情况：用在索引中的列（除非该列数据类型为 varchar、nvarchar 或 varbinary，数据类型没有更改，且新列大小等于旧列大小）；用于由 CREATE STATISTICS 语句生成的统计信息中的列；用于 PRIMARY KEY 或 FOREIGN KEY 约束中的列；用于 CHECK 或 UNIQUE 约束中的列（但允许更改用于 CHECK 或 UNIQUE 约束中的长度可变的列的长度）；与默认定义关联的列（但如果不更改数据类型，则可更改列的长度、精度或小数位数）。
  - ➢ 仅能通过下列方式更改 text、ntext 和 image 列的数据类型：text 或 ntext 改为 varchar(max)、nvarchar(max)或 xml；image 改为 varbinary(max)。
- ADD <列定义>|<表约束>：向表中添加列或表约束。
- DROP {[CONSTRAINT] constraint_name|COLUMN column_name}：从表中删除指定的 column_name 列或 constraint_name 约束，可删除多个列或约束，不能删除以下列：

用于索引的列；用 CHECK、FOREIGN KEY、UNIQUE 或 PRIMARY KEY 约束的列；与默认值（由 DEFAULT 关键字定义）相关联的列，绑定到默认对象的列；绑定到规则的列。

> ➤ <数据类型>：指定要更改或添加的列的数据类型,其参数说明参见 6.5.2 节。
> ➤ NULL|NOT NULL：指定要更改或添加的列可否为空值。如果列不允许空值，则仅在指定了默认值或表为空时，才能用 ALTER TABLE 语句添加该列。如果新列不允许空值且表不为空，则 DEFAULT 定义必须与新列一起添加，且加载新列时，每个现有行的新列中将自动包含默认值。只有列中不包含空值时，才可在 ALTER COLUMN 中指定 NOT NULL。
> ➤ <列定义>：关于列的定义，其中，
>   ♦ IDENTITY [(seed,increment)]：指定新增列为标识列（参见 6.5.2 节），但不能向已发布的表添加标识列。
>   ♦ <列定义>中其他参数的说明参见 6.5.2 节。
> ➤ <列约束>：定义列的约束，其中各参数的说明参见 6.5.2 节。
> ➤ <表约束>：关于表约束的定义，其中，
>   ♦ CLUSTERED | NONCLUSTERED：意义同 6.5.2 节对应项，但如果表中已存在聚集约束或聚集索引，则不能指定 CLUSTERED，且 PRIMARY KEY 约束默认为 NONCLUSTERED。
>   ♦ DEFAULT constant_expression   FOR column：指定表级默认值及其相关联的列。
>   ♦ <表约束>中其他参数的说明参见 6.5.2 节中的对应项说明。

例 6-7   用 ALTER TABLE 语句修改 6.5.2 节例 6-6 创建的"财务明细表"。

1）解除 FinanceDetailID 的主键约束：

```
ALTER TABLE 财务明细表 DROP CONSTRAINT PK_FinanceDetailID   --注意引用的约束名
```

2）增加三个列，input_date（datetime，不允许空值）、input_user［char(10)，不允许空值］、C_DPS 列［int，财务类型表(FinanceTypeID)的外键（约束名称 FK_DPS）］：

```
ALTER TABLE 财务明细表
ADD input_date datetime NOT NULL, input_user CHAR(10) NOT NULL ,
C_DPS int CONSTRAINT FK_DPS REFERENCES  财务类型表(FinanceTypeID)
```

3）删除刚才增加的 C_DPS 列（注意，删除某列前要先解除与该列关联的约束等关系）：

```
ALTER TABLE   财务明细表   DROP CONSTRAINT FK_DPS, COLUMN C_DPS
```

4）将刚才增加的 input_user 列的数据类型改为 nvarchar(50)：（要先解除与该列关联的约束，并注意非空表中该列已有的数据应能隐式转换为新的数据类型）

```
ALTER TABLE   财务明细表   ALTER COLUMN input_user nvarchar(50)
```

5）将财务类型编号的默认值改为 1：

```
ALTER TABLE   财务明细表   DROP   CONSTRAINT DF_FTypeID;
ALTER TABLE   财务明细表
   ADD CONSTRAINT DF_FTypeID DEFAULT 1 FOR FTypeID
```

6）重新将 FinanceDetailID 设置为主键约束名称"PK_FDetailID"：

```
ALTER TABLE 财务明细表 ADD CONSTRAINT PK_FDetailID PRIMARY KEY (FinanceDetailID)
```

6.7　数据完整性的实现

数据完整性是指数据的正确性和相容性。正确性是指数据必须合法、有效，必须属于其定义域的范围；相容性是指表示同一事实的两个数据应当一致。数据完整性关系到数据库系统能否真实地反映现实世界，非常重要。

与大多数主流 DBMS 一样，SQL Server 也支持一些完整性并有一套实现方法，具体描述如下。

1．域完整性及其 T-SQL 语句实现

域完整性又称为列完整性，是指通过限制输入列中的内容以保证列数据的有效性。

T-SQL 可通过限制列的类型（使用数据类型）、格式（使用 CHECK 约束和规则）或取值范围（使用 FOREIGN KEY 约束、CHECK 约束、DEFAULT 定义、NOT NULL 定义和规则）三种方法来实现域完整性，详见 6.5.2 节 CREATE TABLE 语句及 6.6.2 节 ALTER TABLE 语句的相关子句的描述及例 6-6、例 6-7 的 T-SQL 程序。

规则用于执行一些与 CHECK 约束相同的功能。一个列只能应用一个规则，但可应用多个 CHECK 约束。CHECK 约束被指定为 CREATE TABLE 语句的一部分，与表存储在一起，删除表时，约束也将同时被删除；规则是作为单独的对象创建，然后绑定到列上，它独立于表，可被多个表操作引用，删除数据库时，规则才被删除。鉴于后续版本的 Microsoft SQL Server 将删除规则，应用系统应使用 CHECK 约束取代规则，因此本书不介绍规则的使用。

例如，在 6.5.2 节例 6-6 创建的"财务明细表"中，通过将 FinanceAmount 列（财务金额）设置为 decimal 数据类型、NOT NULL（非空）、CHECK 约束（FinanceAmount≥0），从而使得不符合约束条件的其他数据类型或数据值都不能输入 FinanceAmount 列，实现了 FinanceAmount 列的域完整性。

2．实体完整性及其 T-SQL 语句实现

实体完整性又称为行完整性，是指表的每一行都必须能唯一标识、不存在重复的数据行。

T-SQL 可通过索引、UNIQUE 约束、PRIMARY KEY 约束或 IDENTITY 属性来强制表的实体完整性，详见 6.5.2 节 CREATE TABLE 语句及 6.6.2 节 ALTER TABLE 语句的相关子句的描述。

例如，在 6.5.2 节例 6-6 创建的"财务明细表"中，通过将 FinanceDetailID 列（财务明细编号）设置 IDENTITY 属性和 PRIMARY KEY 约束，从而使得 FinanceDetailID 列能够唯一标识该表的每一行、保证不存在重复的数据行，实现了实体完整性。

3．参照完整性及其 T-SQL 语句实现

参照完整性又称为引用完整性，是指当一个表（子表）的某列（外键）引用了另一个表（父表）中某候选键列（主键或唯一键）的数据时，要防止非法的数据更改（插入、修改或删除），以保持表之间已定义的关系。设置参照完整性可确保键值在所有的关联表中都一致，这种一致性不允许引用父表中不存在的值，如果候选键的值更改了，整个数据库中对该键值的引用也要进行一致的更改。

T-SQL 可以通过 FOREIGN KEY 和 CHECK 约束来实现参照完整性，详见 6.5.2 节 CREATE TABLE 语句及 6.6.2 节 ALTER TABLE 语句的相关子句的描述及例 6-6 和例 6-7 的 T-SQL 程序。

例如，在 6.5.2 节例 6-6 创建的"财务明细表"中，通过将 FTypeID 列设置为"财务类型表"FinanceTypeID 列的外键，使得 FTypeID 列中不会出现"财务类型表"FinanceTypeID 列中不存在的非空值，实现了 FTypeID 列的参照完整性。

4. 用户定义的完整性及其 T-SQL 语句实现

用户定义的完整性即用户针对某一具体关系数据库的约束条件，反映某一具体应用所涉及的数据必须满足的语义要求。

T-SQL 可以在表的创建或修改时，在 CREATE TABLE 语句或 ALTER TABLE 语句中附加相关的属性或约束设置子句或关键字以实现上述各类数据完整性。相关内容请参见 6.5.2 节 CREATE TABLE 语句及 6.6.2 节 ALTER TABLE 语句的相关子句的描述及例 6-6 和例 6-7 的 T-SQL 程序。

除了使用 T-SQL 语句来实现数据完整性外，也可使用 SSMS 图形界面实现数据完整性。

6.8　表的删除

删除表的操作将删除关于该表的所有定义（包括表的结构、索引、触发器、约束等）和数据。

删除表前，必须先删除所有引用该表的视图或存储过程；必须先删除通过 FOREIGN KEY 引用该表（父表）的引用表（子表），或先在子表中删除对应的 FOREIGN KEY 约束。

6.8.1　使用 SSMS 图形界面删除表

在 SSMS 中可以快捷地删除表（以删除例 6-7 创建的"财务明细表"为例），其步骤如下所述。

● 在 SSMS 中，展开"对象资源管理器"窗口中"数据库"项下的拟删除表所在数据库的"表"项，鼠标右键单击拟删除表，选择快捷菜单中的"删除"命令，进入"删除对象"窗口。

● 在"删除对象"对话窗口中单击"确定"按钮（图 6-22），即可删除表。

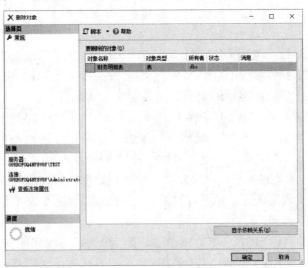

图 6-22　删除表

6.8.2 使用 T-SQL 语句删除表

（1）语法：DROP TABLE table_name[,...n][;]
（2）说明：如果在同一个 DROP TABLE 语句中删除子表和父表，必须先列出子表。

6.9 表的数据操作

表的数据操作包括添加记录、修改记录和删除记录。

在对表中的数据进行操作时，对于设置为 IDENTITY 的列，不能输入、修改和删除数据；对于设置为 NOT NULL 但未设置 DEFAULT 值的列，必须赋值；对于 PRIMARY 约束或 UNIQUE 约束的列，不能赋空值或重复值（UNIQUE 列可赋一个空值）；对于设置了 CHECK 约束的列，所赋的值必须能使 CHECK 约束的条件表达式为真；对通过 FOREIGN KEY 约束引用父表的子表赋值时，外键列的值必须已存在于父表的对应主键列中，或先向父表插入相应数据后再向子表插入数据；删除父表记录或修改父表主键列的值时，要考虑对各子表数据的影响。

6.9.1 使用 SSMS 图形界面添加、修改、删除表的数据

使用 SSMS 图形界面可以便捷地添加、修改、删除表的数据，其步骤大致如下所述。

（1）在 SSMS 中，展开"对象资源管理器"窗口中"数据库"项下的拟操作的表所在数据库的"表"项，鼠标右键单击拟修改的表，选择快捷菜单中的"编辑前 200 行"命令（图 6-23），进入表操作窗口。

图 6-23 表数据操作窗口

（2）在表数据操作窗口中，可以添加、修改数据，结合鼠标右键快捷菜单，还可以进行

剪切、复制、粘贴数据和删除记录等操作。

6.9.2 使用 T-SQL 语句添加、修改、删除表的数据

1. 用 INSERT 语句向表中添加记录

（1）语法摘要。

```
INSERT INTO   table_name [ ( column_name [ ,...n ] ) ]
    {
     VALUES ( { NULL | expression } )   | SELECT <select_criteria>
    }
    [ OPTION ( <query_option> [ ,...n ] ) ]   [;]
```

（2）参数摘要与说明。

- （column_name）：要在其中插入数据的列的列表（用逗号分隔）。
- VALUES：引入要插入的数据值的列表，其后的数据值的列表必须与 column_list（如果已指定）或 table_or_view_name 中的列数量相同、数据类型匹配；如果 VALUES 列表中的各值与表中各列的顺序不相同，或未包含表中各列的值，则须使用 column_list 指定存储每个输入值的列。
- expression：一个常量、变量或表达式，不能包含 SELECT 或 EXECUTE 语句。

（3）备注：一条 INSERT 语句一次只能添加一条记录。

例 6-8　用 INSERT 语句向"_家庭财务数据库"的"财务项目表"中添加两条记录：{"衣服饰品""记录购买衣服、裤子、鞋帽、包包、化妆饰品等物件情况"，False，"2019-02-13""钱小美"}和{"生活消费类"，，False，"2019-02-14""王国庆"}

```
INSERT   财务项目表
(FinanceItemName, FinanceItemRemark, is_deleted, input_date, input_user)
VALUES
(N'衣服饰品', N'记录购买衣服、裤子、鞋帽、包包、化妆饰品等物件情况', 0, '2019-02-13', N'钱小美');
INSERT  财务项目表   (FinanceItemName,is_deleted,input_date,input_user)
VALUES (N'生活消费类',0, '2019-02-14',N'王国庆');
```

2. 用 UPDATE 语句修改表中的数据

（1）语法摘要。

```
UPDATE [database_name.[schema_name].|schema_name.]table_or_view_name
    SET {column_name={expression|DEFAULT|NULL}
       | column_name{.WRITE(expression,@Offset,@Length)}
       | @variable=column=expression [,...n]
       } [,...n]
    [WHERE <search_condition>] [;]
```

（2）参数摘要与说明。

- SET：指定要更新的列或变量名称的列表。
- column_name：包含要更改的数据的列，不能更新标识列。
- expression：返回单个值的变量、文字值、表达式或嵌套 SELECT 语句（加括号）；返回的值替换 column_name 或@variable 中的现有值。
- DEFAULT：指定用为列定义的默认值替换列中的现有值。

- .WRITE(expression,@Offset,@Length)：修改 column_name 值的一部分，从 column_name 的@Offset（从 0 开始计算）处开始，用 expression 替换@Length 个单位；仅用于 varchar(max)、nvarchar(max)、varbinary(max)列；column_name 不能为 NULL，也不能由表名或表别名限定。
- @variable：已声明的变量，该变量将设置为 expression 所返回的值。
- SET @variable=column=expression：将变量设置为与列相同的值。
- WHERE <search_condition>：指定只更新满足<search_condition>条件的行。

（3）备注：如果省略 WHERE 子句，则修改表中所有行的指定列。

例 6-9　使用 UPDATE 语句修改 "_家庭财务数据库"：将 "财务项目表" 中财务项目编号为 10004 的记录时间修改为 2019 年 2 月 12 日。

```
UPDATE 财务项目表　SET　input_date ='2019-2-12' WHERE FinanceItemID=10004;
```

3．用 DELETE 语句删除表中的记录

（1）语法摘要。

```
DELETE [database_name.[schema_name].|schema_name.]table_or_view_name
    [WHERE<search_condition>] [;]
```

（2）参数摘要与说明。

WHERE <search_condition>：指定只删除满足<search_condition>条件的行。

（3）备注：如果省略 WHERE 子句，则删除表中所有行。

小　结

SQL Server 2016 的数据库可以分别描述为物理数据库和逻辑数据库。物理数据库将数据库看成一组操作系统文件的集合；逻辑数据库将数据库视为数据库对象的集合。

SQL Server 2016 数据库有 3 种物理文件：主文件（.mdf 文件）、辅文件（.ndf 文件）和日志文件（.ldf 文件）。一个数据库有且只有一个主文件，有一个或多个日志文件，可有零或多个辅文件。

文件组是多个数据文件的集合。每个数据库有且只有一个主文件组（由系统自动创建，其中含主数据文件、系统表及未放入其他文件组的辅文件），可有多个次要文件组（由用户创建），有且只有一个默认文件组（默认是主文件组，也可是用户指定的次要文件组）。

数据库对象是组成数据库的逻辑成分的集合，包括表、视图、存储过程、触发器、索引、约束、规则、角色、用户定义数据类型、用户定义函数等。

表是最重要的数据库对象，由行（记录）和列（字段）构成，用于存放数据，主要包括基本表（由用户定义）和系统表。视图是为了用户查询方便或数据安全需要而建立的虚拟表。存储过程是用 T-SQL 编写的程序。触发器是在发生特殊事件时执行的一种特殊存储过程。索引是用来加速数据访问和保证表的实体完整性的数据库对象。约束是用于强制实现数据完整性的机制，主要有 PRIMARY KEY（主键约束）、FOREIGN KEY（外键约束）、UNIQUE（唯一性约束）、CHECK（条件约束）、NOT NULL（非空值约束）及 DEFAULT（默认值定义）6 种。规则用于执行一些与 CHECK 约束相同的功能，但它独立于表。角色是由一个或多个用户组成的单元，不同的角色可有不同的权限。

系统数据库是由系统创建和维护的数据库，用以记录系统管理信息。用户数据库是用户根据应用要求创建的数据库，其中保存着用户需要的各种信息。

实例本质上是 SQL Server 数据库引擎组件。包括默认实例和命名实例。会话是用户与数据库系统进行交互的活跃进程。元数据是关于数据的结构和意义的信息。

数据库和表的操作（创建、修改、删除、完整性定义等）及数据的操作（添加、修改、删除）均可使用 SQL Server Management Studio（SSMS）的"对象资源管理器"等图形界面或 T-SQL 语句实现。

- 可以分别用 CREATE DATABASE 语句、ALTER DATABASE 语句、DROP DATABASE 语句创建、修改、删除数据库；分别用 CREATE TABLE 语句、ALTER TABLE、DROP TABLE 创建、修改、删除表；用 INSERT 语句向表中添加记录，用 UPDATE 语句修改表中的数据，用 DELETE 语句删除表中的记录。
- 可以在表的创建或修改时，在 CREATE TABLE 语句或 ALTER TABLE 语句中附加相关的属性或约束设置子句或关键字以实现数据完整性：通过限制列的类型（使用数据类型）、格式（使用 CHECK 约束和规则）或取值范围（使用 FOREIGN KEY 约束、CHECK 约束、DEFAULT 定义、NOT NULL 定义和规则）实现域完整性；通过索引、UNIQUE 约束、PRIMARY KEY 约束或 IDENTITY 属性来强制表的实体完整性；通过 FOREIGN KEY 和 CHECK 约束来实现参照完整性。

删除表前，必须先删除所有引用该表的视图或存储过程；必须先删除通过 FOREIGN KEY 引用该表（父表）的引用表（子表），或先在子表中删除对应的 FOREIGN KEY 约束。

在对表中的数据进行操作时，对于设置为 IDENTITY 的列，不能输入、修改和删除数据；对于设置为 NOT NULL 但未设置 DEFAULT 值的列，必须赋值；对于设置了 PRIMARY 约束或 UNIQUE 约束的列，不能赋空值或重复值（UNIQUE 列可赋一个空值）；对于设置了 CHECK 约束的列，其所赋的值必须能使 CHECK 约束的条件表达式为真；对通过 FOREIGN KEY 约束引用父表的子表赋值时，外键列的值必须已存在于父表的对应主键列中，或先向父表插入相应数据后再向子表插入数据；删除父表记录或修改父表主键列的值时，要考虑对各子表数据的影响。

习　题

1．名词解释

物理数据库　逻辑数据库　数据库对象　主文件　辅文件　日志文件　文件组　数据页　基本表　系统表

2．简答题

（1）简述组成 SQL Server 2016 数据库的 3 种类型的文件及其默认扩展名。

（2）数据库和表有什么不同？

（3）日志文件、文件组各有何作用？

（4）主键约束、唯一性约束有何异同？

（5）如何实现域完整性、行完整性？

（6）SQL Server 2016 的参照完整性的实现策略有哪 4 种？

3．应用题

（1）分别使用 SSMS 图形方式和 T-SQL 语句创建数据库"学生库"，要求它有 3 个数据文件，其中主数据文件为 3MB，最大值为 100MB，每次增长 2MB；辅数据文件为 2MB，最大值不受限制，每次增长 5%；日志文件为 1MB，最大值为 100MB，每次增长 10MB。

（2）分别使用 SSMS 图形方式和 T-SQL 语句在数据库"学生库"中创建表"班级表"和"学生表"，表的结构自拟，要求适当使用数据类型、PRIMARY KEY 约束、FOREIGN KEY 约束、CHECK 约束、DEFAULT 定义、NOT NULL 定义。

第7章　查询、视图、索引与游标

本章介绍 SQL Server 2016 数据库的数据查询、视图、索引及游标的基本概念及其创建、使用、删除等内容。本章的重点内容：SELECT 语句的基本结构与主要子句，常用的查询方法（简单查询，连接查询，子查询，统计查询），查询结果整理（合并，删除，分组，排序）与存储（存储到新表、文件），搜索条件中的模式匹配；视图、索引和游标的概念、用途、创建、使用、删除；视图的更新。本章的难点内容：SELECT 语句的灵活运用，相关子查询；索引的设计；游标的类型与使用。

通过本章学习，应达到下述目标：

- 掌握 SELECT 语句的基本结构与主要子句的简单应用。
- 掌握简单查询，连接查询，无关子查询，统计查询，搜索条件中的模式匹配，查询结果整理（合并，删除，分组，排序）与存储（存储到新表、文件）；理解相关子查询，函数查询。
- 掌握视图的概念、用途、创建、更新、使用、删除。
- 掌握索引的概念、用途、类型、创建、修改、删除。
- 理解游标的概念、用途、类型、声明、打开、读取、关闭、删除。

查询是用户使用数据库（DB）的基本手段；视图、索引和游标是用户迅速、准确、安全地从庞大的数据库（DB）中提取、处理所需数据的重要手段。

7.1　数据查询

数据查询是按照用户的需要从数据库（DB）中提取并适当组织、输出相关数据的过程，是数据库系统（DBS）应用中最基本、最重要的核心操作。

SQL Server 2016 的数据查询使用 T-SQL 语言，其基本的查询语句是 SELECT 语句。

7.1.1　SELECT 语句的基本结构与语法

SELECT 语句是 SQL 中地位最重要、功能最丰富、使用最频繁、用法最灵活的语句。

（1）语法摘要。

```
SELECT [ALL|DISTINCT] [TOP expression [PERCENT]] <select_list>
    [INTO new_table]
    [FROM {<table_source>}[,...n]]
    [WHERE <select_condition>]
    [GROUP BY group_by_expression [,...n]
    [HAVING <search_condition>]
    [ORDER BY {order_by_expression [ASC|DESC]}[,...n]]
```

（2）参数摘要与说明。

- [ALL|DISTINCT]：ALL 指定在结果集中可包含重复行（默认设置）；DISTINCT 指定在结果集中只包含唯一行（对于 DISTINCT 而言，NULL 值是相等的）。
- TOP expression [PERCENT]：指示只从查询结果集返回 expression（数值表达式）指定的数目或百分比数目的行，PERCENT 指示查询只返回结果集中前 expression%的行。
- INTO new_table_name：指定使用结果集来创建新表，详见 7.1.7 节。
- FROM <table_source>：指定 select_list 的数据来源（源表），源表可以是基本表、视图、连接表；除 select_list 中仅包含常量、变量和算术表达式外，FROM 子句是必需的。
- WHERE select_conditions：定义要返回的行应满足的条件（其中谓词数量无限制）。
- GROUP BY 子句：根据 group_by_expression 描述将结果集分组输出。
- HAVING 子句：用于分组结果集的附加筛选，其 search_condition 指定组的搜索条件，详见 7.1.7 节。
- ORDER BY {order_by_expression [ASC|DESC]}：定义结果集中行的排序依据及方式，ASC 为升序排序，DESC 为降序排序，详见 7.1.7 节。

（3）备注。

- SELECT 语句中的子句必须按规定的顺序书写。
- 对数据库对象的每个引用都不得引起歧义，必要时在被引用对象名称前标示其父对象。

SELECT 语句的使用非常灵活，使用它可以构造出各种各样的查询，可以实现关系模型的选择、投影、连接 3 种基本关系运算。下面通过实例介绍利用 SELECT 语句进行各种查询的操作。

7.1.2　简单查询

例 7-1　进入查询编辑器窗口。执行 SELECT 语句前，先要进入查询编辑器窗口，方法如下：

（1）启动 SSMS（SQL Server Management Studio），选择要查询的数据库。

（2）鼠标右键单击 SSMS 标准工具栏中的"新建查询"按钮（图 7-1）；或右键单击要查询的数据库，在快捷菜单中选择"新建查询"命令（图 7-1）；或选择系统菜单的"文件"→"新建"→"使用当前连接查询"命令，均可新建一个查询编辑器窗口，随后可在其中编写 SQL 语句（图 7-2）。

例 7-2　简单查询。查询财务项目表中的全部信息。

在查询编辑器窗口输入下列语句，然后单击 SSMS 主窗口上方的 SQL 编辑器工具栏中的"执行"按钮或按 F5 键即可，如图 7-2 所示。

SELECT * FROM　财务项目表

例 7-3　简单条件查询。查询"财务项目表"中由"钱小美"录入的"财务项目编号""财务项目名称"和"财务项目备注"。图 7-2 为本例执行情况。

SELECT FinanceItemID AS '财务项目编号' ,FinanceItemName AS '财务项目名称',

FinanceItemRemark AS '财务项目备注' FROM　财务项目表　　WHERE input_user='钱小美'

本例通过 select_list（FinanceItemID，FinanceItemName，FinanceItemRemark）对"财务项

目表"进行投影操作（筛选列）并改变结果集中列的顺序；通过子句"WHERE input_user= ' 钱小美'"对"财务项目表"进行选择操作（筛选行）。

图 7-1　新建查询编辑器窗口方法

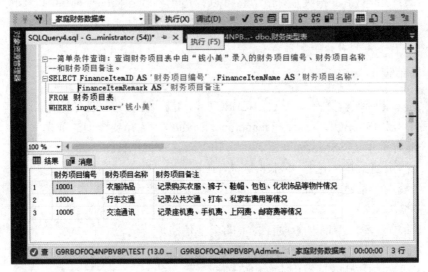

图 7-2　简单条件查询结果

例 7-4　利用 NULL 值的条件查询。查询消费时间为"2019 年 2 月 14 日"且"财务备注"不为空的财务明细情况。图 7-3 为本例执行结果。

```
SELECT FinanceDetailID AS '财务明细编号',FinanceAmount AS '财务金额',
FinanceRemark AS '财务备注',input_date AS '消费时间' FROM 财务明细表
WHERE input_date ='2019-2-14' AND FinanceRemark IS NOT NULL
```

图 7-3　利用 NULL 值的条件查询结果

7.1.3　连接查询

连接是基本关系运算之一。连接查询一般是基于多个表的查询，但也可以是单表查询（实际上是进行表内连接）。T-SQL 提供传统连接和 SQL 连接两种连接方式。

1. 传统连接方式

传统连接方式不使用 JOIN…ON 关键字，而是将所有参与连接的表或视图名放在 FROM 子句中，用逗号分隔；将连接条件 join_condition 和选择条件 select_conditions 放在 WHERE 子句中，用逻辑运算符串接。其语法格式如下：

SELECT column_name [,...n]　　FROM table_or_view_name [,...n]

WHERE join_condition　　[AND select_conditions]

例 7-5　传统连接查询 "钱小美" 个人消费情况详情。图 7-4 为本例执行结果。

SELECT FinanceAmount AS '财务金额' ,FinanceRemark AS '财务备注',

财务明细表.input_date AS '消费时间'

FROM　财务明细表,家庭成员表

WHERE　财务明细表.FMemberID=家庭成员表.FamilyMemberID AND FamilyMemberName='钱小美'

	财务金额	财务备注	消费时间
1	800.00	彩虹系列口红	2019-01-11 00:00:00.000
2	1600.00	Gucci包包	2019-01-29 00:00:00.000
3	200.00	手机费	2019-02-01 00:00:00.000
4	30.00	打的士	2019-02-11 00:00:00.000
5	1200.00	皮衣	2019-02-14 00:00:00.000

图 7-4　传统连接方式的多表连接查询结果

本例采用传统的连接方式，在 FROM 子句中罗列参与连接的所有表，WHERE 子句列出连接条件和选择条件，进行两个表的连接及其结果集的投影、选择操作。

2. SQL 连接方式

SQL 连接方式使用 FROM…JOIN…ON 关键字描述源表（放在 FROM 关键字后、用 JOIN…ON 关键字串接）和连接条件（放在 ON 关键字后）；选择条件则放在 WHERE 子句中，其语法格式请参见 7.1.1 节相关内容。

SQL 连接分为 INNER、LEFT、RIGHT 等几种，分别举例介绍如下。

例 7-6　INNER（默认设置），内连接，指定返回所有匹配的行，放弃两个表中不匹配的行。例如，查询 "钱天啸" 在 "2019 年 2 月 15 日" 的消费详情（图 7-5）。

SELECT FamilyMemberName, FinanceAmount ,FinanceRemark,财务明细表.input_date

FROM　财务明细表　INNER JOIN　家庭成员表

ON (财务明细表.FMemberID=家庭成员表.FamilyMemberID)

WHERE　　财务明细表 .input_date='2019-02-15' AND FamilyMemberName='钱天啸'

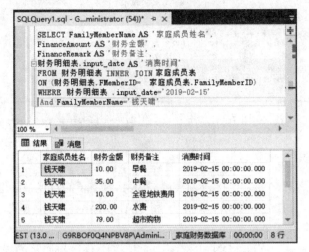

```
SQLQuery1.sql - G...ministrator (54))*  ⊣ ×
  SELECT FamilyMemberName AS '家庭成员姓名',
  FinanceAmount AS '财务金额',
  FinanceRemark AS '财务备注',
  财务明细表.input_date AS '消费时间'
  FROM 财务明细表 INNER JOIN 家庭成员表
  ON (财务明细表.FMemberID= 家庭成员表.FamilyMemberID)
  WHERE 财务明细表 . input_date='2019-02-15'
  And FamilyMemberName='钱天啸'
```

100 % ◀

▦ 结果 消息

	家庭成员姓名	财务金额	财务备注	消费时间
1	钱天啸	10.00	早餐	2019-02-15 00:00:00.000
2	钱天啸	35.00	中餐	2019-02-15 00:00:00.000
3	钱天啸	10.00	全程地铁费用	2019-02-15 00:00:00.000
4	钱天啸	200.00	水费	2019-02-15 00:00:00.000
5	钱天啸	79.00	超市购物	2019-02-15 00:00:00.000

EST (13.0 ... | G9RBOF0Q4NPBV8P\Admini... | 家庭财务数据库 | 00:00:00 | 8 行

图 7-5　内连接方式的多表连接查询

例 7-7　LEFT [OUTER]，左连接，指定在结果集中包括左表中所有行，对于各行来自右表的列的值，如果在右表中有匹配行则返回右表中的值，否则设为 NULL。例如，查询家庭成员的消费情况记录，列出成员名字、称谓、财务备注和财务金额（如果该名家庭成员未消费，则财务备注和财务金额为空）。图 7-6 所示为本例执行结果。

SELECT FamilyMemberName,FamilyMemberTitle, FinanceRemark,FinanceAmount
FROM 家庭成员表 LEFT JOIN 财务明细表 ON (FamilyMemberID =FMemberID)

```
SQLQuery1.sql - G...ministrator (53))*  ⊣ ×
⊟ SELECT FamilyMemberName,FamilyMemberTitle,
  FinanceRemark,FinanceAmount
  FROM 家庭成员表 LEFT JOIN 财务明细表
  ON (FamilyMemberID =FMemberID)
```

100 % ◀

▦ 结果 消息

	FamilyMemberName	FamilyMemberTitle	FinanceRemark	FinanceAmount
1	钱建军	爷爷	NULL	NULL
2	李丽	奶奶	NULL	NULL
3	钱天啸	父亲	早餐	10.00
4	钱天啸	父亲	中餐	35.00
5	钱天啸	父亲	全程地铁费用	10.00
6	钱天啸	父亲	水费	200.00
7	钱天啸	父亲	超市购物	79.00
8	钱天啸	父亲	书报杂志	8.00

EST (13.0 ... | G9RBOF0Q4NPBV8P\Admini... | 家庭财务数据库 | 00:00:00 | 20 行

图 7-6　左连接方式的多表连接查询

例 7-8　RIGHT [OUTER]，右连接，指定在结果集中包括右表中所有行，对于各行来自左表的列的值，如果在左表中有匹配行则返回左表中的值，否则设为 NULL。例如，查询家庭成员的消费情况记录，列出成员名字、财务备注和财务金额（如果财务明细表中未标明消费人员，则家庭成员姓名为 NULL）。图 7-7 为本例执行结果。

SELECT FamilyMemberName, FinanceRemark, FinanceAmount
FROM 家庭成员表 RIGHT JOIN 财务明细表 ON (FamilyMemberID =FMemberID)

例 7-9　FULL [OUTER]，全连接，指定在结果集中包括左右两表中的所有行，对于各行来自另一个表的列的值，如果在另一个表中有匹配行则返回其值，否则设为 NULL。例如，将"家庭成员表"和"财务明细表"按家庭成员编号全连接，列出成员名字、财务备注和财务金额。图 7-8 为本例执行结果。

```
SELECT FamilyMemberName, FinanceRemark, FinanceAmount
FROM  家庭成员表  FULL JOIN  财务明细表  ON (FamilyMemberID =FMemberID)
```

	FamilyMemberName	FinanceRemark	FinanceAmount
7	王国庆	手机费	200.00
8	NULL	全年物业费	2000.00
9	钱小美	超市购物	168.00
10	钱天啸	早餐	10.00
11	钱天啸	中餐	35.00

图 7-7 右连接方式的多表连接查询结果

	FamilyMemberName	FinanceRemark	FinanceAmount
1	NULL	全年物业费	2000.00
2	NULL	大米和食物油	200.00
3	李丽	NULL	NULL
4	刘朵	NULL	NULL
5	钱建军	NULL	NULL

图 7-8 全连接方式的多表连接查询结果

7.1.4 子查询

在实际应用中，经常有一些 SELECT 语句需要使用其他 SELECT 语句的查询结果。例如，查询所要求的结果来自一个关系，但相关的条件却涉及多个关系，此时需要子查询。

1. 子查询的概念与类型

子查询是嵌套在另一个 SELECT 语句中的查询（实际上，子查询可以嵌套在 SELECT、INSERT、UPDATE、DELETE 语句的 WHERE 子句和 HAVING 子句中或其他子查询中，任何允许使用表达式的地方都可以使用子查询），也称为嵌套查询。外部的 SELECT 语句称为外围查询，内部的 SELECT 语句称为子查询。子查询的结果将作为外围查询的参数，就好像是函数调用嵌套，将嵌套函数的返回值作为调用函数的参数。

虽然子查询和连接都要查询多个表，但子查询和连接不一样。子查询是一个更复杂的查询，因为子查询的外围查询可以是多种 SQL 语句，而且实现子查询有多种途径。

使用子查询获得的结果时，通常可以通过使用多个 SQL 语句分开执行而获得，可将多个简单的查询语句连接在一起，构成一个复杂的查询。虽然多数情况下子查询和连接等价，但子查询有一个显著的优点：子查询可以计算一个变化的聚集函数值，并返回到外围查询进行比较。

根据内、外层查询是否互相关联，子查询分为内、外层不互相关联的子查询（简称为无关子查询）和内、外层互相关联的子查询（简称为相关子查询）。

根据子查询所处的位置或用法，子查询可以分为使用别名的子查询、使用 IN 或 NOT IN 的子查询、使用 UPDATE、DELETE 和 INSERT 语句中的子查询、使用比较运算符的子查询、使用 ANY、SOME 或 ALL 修改的比较运算符的子查询、使用 EXISTS 或 NOT EXISTS 的子查询替代表达式的子查询。

使用时，子查询要用括号（）括起来，且其结果必须与外围查询 WHERE 语句的数据类型匹配。

2. 内、外层不互相关联的子查询

内、外层不互相关联的子查询的操作不使用外围查询的数据（子查询操作与外围查询无关，又称无关子查询）。

无关子查询的子查询操作在外围查询之前执行，然后返回数据供外围查询使用。最常用的查询方式是使用 IN（或 NOT IN）运算符。其语法格式如下：

```
SELECT select_list1 FROM table_name1 WHERE condition1 [NOT] IN
    (SELECT select_list2  FROM table_name2 WHERE condition2)
```

由关键字 IN（表示匹配）或 NOT IN 引入的子查询的 SELECT 的 select_list 中只能有一项内容（一个列名或表达式）。如果是 IN，条件满足返回结果，否则不返回结果；如果是 NOT IN，条件不满足返回结果，否则不返回结果。

内、外层不互相关联的子查询还经常使用关系运算符与逻辑运算符。其中逻辑运算符 ANY（只要满足比较对象中的任何一个就返回真值）、ALL（必须满足全体比较对象才返回真值）引导的子查询的结果可以是一个值或一个集合，其他关系运算符引导的子查询的结果只能是一个值。

例 7-10 查询进行了“生活消费类”的家庭成员编号、财务备注和财务金额。先用子查询求出“生活消费类”的财务项目编号，返回结果供外围查询使用；查出符合条件的家庭成员编号、财务备注和财务金额。图 7-9 为本例执行结果。

```
SELECT FMemberID,FinanceRemark,FinanceRemark FROM 财务明细表
WHERE FItemID IN(SELECT FinanceItemID FROM 财务项目表
WHERE FinanceItemName='生活消费类')
```

例 7-11 查询比 3 号家庭成员最高消费额还高的财务明细记录。图 7-10 为本例执行结果。

```
SELECT FMemberID,FinanceRemark,FinanceAmount FROM 财务明细表
WHERE FinanceAmount >ALL(SELECT FinanceAmount FROM 财务明细表 WHERE FMemberID='3')
```

	FMemberID	FinanceRemark	FinanceAmount
1	4	盒饭	25.00
2	8	超市购物	168.00
3	3	早餐	10.00
4	3	中餐	35.00

图 7-9 使用 IN 的无关子查询结果

	FMemberID	FinanceRemark	FinanceAmount
2	8	Gucci包包	1600.00
3	8	皮衣	1200.00
4	4	送礼请客	500.00
5	1	羽绒服	674.00

图 7-10 使用 ALL 的无关子查询结果

例 7-12 查询比 3 号家庭成员某一个消费金额高的财务明细记录。图 7-11 为本例执行结果。

```
SELECT FMemberID,FinanceRemark,FinanceAmount FROM 财务明细表
WHERE FinanceAmount >ANY(SELECT FinanceAmount FROM 财务明细表
WHERE FMemberID='3')
```

	FMemberID	FinanceRemark	FinanceAmount
4	8	打的士	30.00
5	8	皮衣	1200.00
6	4	盒饭	25.00
7	9	手机费	200.00

图 7-11 使用 ANY 关键字的无关子查询

3. 内、外层互相关联的子查询

内、外层互相关联的子查询在执行时要使用外围查询的数据（即子查询操作依赖于外围查询，因此又称为“相关子查询”）。先由外围查询选择数据提供给子查询，子查询对数据进行

查询操作，然后将结果返回给外围查询，再由外围查询最终完成外围查询操作。这种子查询通常使用关系运算符与逻辑运算符（EXISTS，AND，ALL，SOME，ANY）。

　　EXISTS（包括 NOT EXISTS）关键字常用于引入子查询并对该子查询结果进行存在性测试（测试是否存在满足子查询条件的数据）。如果子查询返回结果是空集，则 EXISTS 返回假值（NOT EXISTS 则返回真值）；如果子查询结果非空，则 EXISTS 返回真值（NOT EXISTS 则返回假值）。EXISTS 一般直接跟在外围查询的 WHERE 关键字后面，它的前面没有列名、常量或表达式。子查询的 SELECT 列表一般由"*"组成。

　　EXISTS 一般与相关子查询一起使用，使用时，对外围查询提供的每行数据都进行子查询操作并返回结果集（该子查询结果集可能为空，也可能非空），供 EXISTS 测试。

　　AND、ALL、ANY、SOME 用于相关子查询时，一般都是多表子查询，且只能用在关系运算符之后。

　　例 7-13　查询有"生活消费类"的家庭成员编号、财务备注和财务金额。图 7-12 为本例的执行结果。

```
SELECT FMemberID,FItemID,FinanceRemark,FinanceAmount FROM 财务明细表
WHERE EXISTS(SELECT * FROM 财务项目表
WHERE FinanceItemName='生活消费类' AND FItemID=FinanceItemID)
```

　　例 7-14　查询消费了所有财务项目的家庭成员姓名。图 7-13 为本例的执行结果。

```
SELECT FamilyMemberName FROM 家庭成员表
WHERE NOT EXISTS( SELECT * FROM 财务项目表
WHERE NOT EXISTS(SELECT * FROM 财务明细表
WHERE FamilyMemberID =FMemberID AND FinanceItemID =FItemID))
```

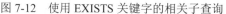

图 7-12　使用 EXISTS 关键字的相关子查询　　　图 7-13　使用 NOT EXISTS 运算符的相关子查询

7.1.5　统计查询

　　T-SQL 提供了一组聚合函数（Aggregation Function），以便用户使用查询进行一些简单的统计计算。聚合函数对一组值执行计算，并返回单个值。除 COUNT()函数以外，聚合函数都忽略空值。

　　聚合函数只能在下述位置作为表达式使用：SELECT 语句的选择列表；COMPUTE 或 COMPUTE BY 子句；HAVING 子句。聚合函数经常与 SELECT 语句的 GROUP BY 子句一起使用。

主要的聚合函数及其功能：AVG（求算术均值），COUNT（对行计数），MAX（求最大值），MIN（求最小值），SUM（求数值和），STDEV（求标准差），STDEVP（求总体标准差），VAR（求方差），VARP（求总体方差）。这些聚合函数的功能与语法的详细解释请参见 5.4.2 节。

例 7-15 计算每个财务项目的平均消费金额。图 7-14 为本例执行结果。

```
SELECT FinanceItemName AS '财务项目名称',CAST(AVG(FinanceAmount) AS decimal(5,2))
AS '平均消费金额' FROM 财务明细表 INNER JOIN 财务项目表 ON (FinanceItemID=FItemID)
GROUP BY FinanceItemName
```

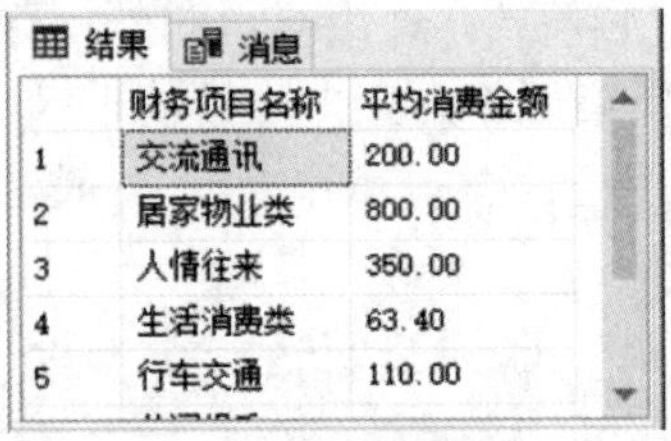

图 7-14　使用聚合函数运算的执行结果

本例使用内连接从"财务项目表"中获取全部"财务项目名称"（"财务明细表"中的 FItemID 是"财务项目表"中的 FinanceItemID 的外键），然后按聚合函数的默认设置直接使用，求得相关数据，并使用 CAST()函数将平均值转换为符合要求的数据类型。

7.1.6　查询结果处理

1．查询结果的分组与排序

可使用 GROUP BY 子句对查询结果进行分组，或/和使用 ORDER BY 子句使查询结果排序输出。

（1）语法摘要。

```
SELECT select_list   FROM table_source   [WHERE select_conditions]
    [GROUP BY group_by_expression [,...n]]
    [HAVING <search_condition>]
    [ORDER BY {order_by_expression [ASC|DESC]}[,...n]]
```

（2）参数摘要与说明。

- 对 select_list、FROM table_source 及 WHERE select_conditions 的说明详见 7.1.1 节。
- GROUP BY 子句根据 group_by_expression 描述将结果集分组输出。group_by_expression 指定分组依据，其中描述的所有列都必须能从 table_source 获取，不能用结果集中的 column_alias（新列名），可以含在聚合函数中。如果 group_by_expression 有多个，则表示多次分组（按多个条件的与关系分组）。
- HAVING 子句将分组结果再选择。search_condition 指定分组或聚合应满足的搜索条件。HAVING 通常在 GROUP BY 子句中使用，不满足 HAVING 条件的行将不参加分组或聚合。HAVING 子句中不能使用 text、image 和 ntext 数据类型。
- ORDER BY 子句定义结果集中行的排序依据及方式。但 ORDER BY 子句在子查询中无效。order_by_expression 指定排序依据（据以排序的列）。可按列名或列别名指定；可由表名或表达式限定；可包括选择列表中未出现的项；可指定多个排序列。ORDER

BY 子句中排序列的顺序决定排序后结果集的结构。ASC|DESC 指定排序方式，ASC 为升序（默认值），DESC 为降序。

（3）备注。

- 未使用 ORDER BY 子句的 GROUP BY 子句返回的组没有任何特定的顺序。
- 关于空值：排序时视为最小值；分组时将分组列为空值的所有行分在同一个独立的组。
- 使用 GROUP BY 子句时，select_list 和 ORDER BY 子句中的列都必须包含在 GROUP BY 子句或聚合函数中。参见例 7-15。
- HAVING 子句与 WHERE 子句相似，差异仅在 HAVING 子句针对 GROUP 或聚合，WHERE 子句针对 SELECT。而且，不使用 GROUP BY 子句的 HAVING 子句的行为与 WHERE 子句一样。

例 7-16　GROUP BY、ORDER BY 的使用。统计家庭成员 2019 年 2 月份的消费总额。图 7-15 是本例的执行结果。

图 7-15　GROUP、ORDER 的使用结果

```
SELECT  FamilyMemberName AS '家庭成员名字',
FamilyMemberTitle
AS '家庭昵称',CAST(SUM(FinanceAmount) AS
decimal(10,2)) AS '消费总额'
FROM  家庭成员表  LEFT JOIN  财务明细表  ON (FamilyMemberID=FMemberID)
WHERE DATEPART(yyyy,(财务明细表.input_date))=2019
AND DATEPART(mm,(财务明细表.input_date))=2
GROUP BY FamilyMemberName, FamilyMemberTitle
ORDER BY   '消费总额'
```

2．查询结果的合并与删除

可利用 T-SQL 的 UNION、EXCEPT 和 INTERSECT 三种集合操作可完成查询结果的合并与删除。

这三种集合操作必须遵守的基本规则：所有查询中的列数和列顺序相同，数据类型兼容。

（1）查询结果的合并。UNION 运算符将两个或更多查询的结果合并为单个结果集，该结果集包含联合查询中的所有查询的全部行或全部非重复的行。UNION 运算不同于连接查询。

- 语法摘要。

```
{<query_expression>} UNION [ALL] {<query_expression>}
[ UNION [ALL] <query_expression> [...n] ]
```

- 参数摘要与说明。
  - ➤ query_expression：查询表达式，用以返回与另一个查询表达式所返回的数据合并的数据。
  - ➤ UNION：指定合并多个结果集并将其作为单个结果集返回。
  - ➤ ALL：将全部行并入结果中（包括重复行），如果未指定该参数，则删除其中的重复行。

（2）查询结果的删除。EXCEPT 和 INTERSECT 运算比较两个查询的结果，返回非重复值。

- 语法摘要。

```
{<query_expression>} {EXCEPT|INTERSECT} {<query_expression>}
```

- 参数摘要与说明。
  - EXCEPT 从左查询中返回右查询没有找到的所有非重复值。
  - INTERSECT 返回左、右两个查询都返回的所有非重复值。

例 7-17 查询结果的合并。图 7-16 为本例的执行结果。

```
SELECT FinanceItemID,FinanceItemName,FinanceItemRemark FROM 财务项目表 WHERE
FinanceItemID<10004 UNION ALL SELECT FinanceItemID, FinanceItemName,FinanceItemRemark
FROM 财务项目表 WHERE FinanceItemID<10003
SELECT FinanceItemID, FinanceItemName,FinanceItemRemark FROM 财务项目表 WHERE
FinanceItemID<10004  UNION SELECT FinanceItemID, FinanceItemName,FinanceItemRemark
FROM 财务项目表 WHERE FinanceItemID<10003
```

本例第一个 UNION 使用 ALL 关键字，结果集为左、右两个查询的全部数据行（5 行，图 7-16 上栏）；第二个 UNION 未使用 ALL 关键字，结果集为左、右两个查询的非重复数据行（3 行，图 7-16 下栏）。

结果 消息

	FinanceItemID	FinanceItemName	FinanceItemRemark
1	10001	衣服饰品	记录购买衣服、裤子、鞋帽、包包、化妆饰品等物件情况
2	10002	生活消费类	记录日常消费情况
3	10003	居家物业类	记录房租、物业、水电煤气和维修保养情况
4	10001	衣服饰品	记录购买衣服、裤子、鞋帽、包包、化妆饰品等物件情况
5	10002	生活消费类	记录日常消费情况

	FinanceItemID	FinanceItemName	FinanceItemRemark
1	10001	衣服饰品	记录购买衣服、裤子、鞋帽、包包、化妆饰品等物件情况
2	10002	生活消费类	记录日常消费情况
3	10003	居家物业类	记录房租、物业、水电煤气和维修保养情况

图 7-16 查询结果的合并

例 7-18 查询结果的删除。图 7-17 为本例的执行结果。

```
SELECT FinanceItemID, FinanceItemName,FinanceItemRemark FROM 财务项目表 WHERE
FinanceItemID<10004 EXCEPT SELECT FinanceItemID, FinanceItemName,FinanceItemRemark
FROM 财务项目表 WHERE FinanceItemID<10003
SELECT FinanceItemID, FinanceItemName,FinanceItemRemark FROM 财务项目表 WHERE
FinanceItemID<10004 INTERSECT SELECT FinanceItemID, FinanceItemName,FinanceItemRemark
FROM 财务项目表 WHERE FinanceItemID<10003
```

本例用 EXCEPT 从左查询的结果（3 行，即第 10001、10002、10003 号财务项目记录）中删除了在右查询结果中存在的相同记录（第 10001、10002 号财务项目记录），结果集为第 10003 号财务项目记录 1 行）；用 INTERSECT 返回左、右两个查询都返回的所有非重复值，即第 10001、10002 号财务项目记录，如图 7-17 所示。

结果 消息

	FinanceItemID	FinanceItemName	FinanceItemRemark
1	10003	居家物业类	记录房租、物业、水电煤气和维修保养情况

	FinanceItemID	FinanceItemName	FinanceItemRemark
1	10001	衣服饰品	记录购买衣服、裤子、鞋帽、包包、化妆饰品等物件情况
2	10002	生活消费类	记录日常消费情况

图 7-17 查询结果的删除

3. 查询结果的存储

SQL Server 2016 可将查询结果以关系形式输出到新表或以文本方式输出到文件中进行存储。

（1）输出到新表。使用 INTO 子句将 SELECT 查询结果输出到一个新表。

● 语法摘要。

SELECT select_list INTO new_table_name FROM table_source ...

● 参数摘要与说明。

new_table_name：指定将使用 SELECT 的查询结果集来创建的新表名称。new_table 中的每列与 select_list（选择列表）中的相应表达式具有相同的名称、数据类型、值以及顺序。

● 备注。

➢ INTO new_table_name 子句应放在 FROM table_source 子句之前。

➢ 如果当前数据库内已有 new_table_name 表时，INTO new_table_name 将不会完成。

➢ 新表中仅有 SELECT 结果集数据，不复制 table_source 中涉及这些数据的与其他数据对象的关系。

当 select_list 包括计算列时，新表中的相应列不是计算列，而是执行 SELECT...INTO 时计算出的值。

例 7-19 将查询结果存储到一个新表。图 7-18 为本例的执行结果。

SELECT FinanceItemID, FinanceItemName,FinanceItemRemark INTO 临时表

FROM 财务项目表

SELECT * FROM 临时表

（2）输出到文件。通过将查询结果输出形式设置为"将结果保存到文件"而实现。

图 7-18 将查询结果存储到一个新表

7.1.7 搜索条件中的模式匹配

实际工作中，常需对搜索条件中的字符进行某种约束（例如，搜索题目中包含"数据结构"的论文等），这时需要用到字符的模式匹配。T-SQL 提供了进行字符模式匹配的 LIKE 关键字。

LIKE 关键字确定特定字符串是否与指定模式相匹配。模式可以包含常规字符和通配符。模式匹配过程中，常规字符必须与字符串中指定的字符完全匹配。但是，通配符可以与字符串的任意部分相匹配。与使用=和!= 字符串比较运算符相比，使用通配符可使 LIKE 运算符更灵活。

（1）语法摘要。

match_expression [NOT] LIKE pattern [ESCAPE escape_character]

（2）参数摘要与说明。

● match_expression：任何有效的字符数据类型的表达式。

- pattern：要在 match_expression 中搜索并可包括表 7-1 所列有效通配符的特定字符串。pattern 的最大长度为 8000 字节。
- escape_character：放在通配符之前用于指示通配符应当解释为常规字符而不是通配符的字符。escape_character 是字符表达式，无默认值，并且计算结果必须仅为一个字符。

表 7-1　可以与 LIKE 关键字配合使用的字符通配符

通配符	含义
%	包含零个或多个字符的任意字符串
_	任何单个字符
[]	指定范围（例如[a-f]）或集合（例如[abcdef]）内的任何单个字符
[^]	不在指定范围（例如[^a-f]）或集合（例如[^abcdef]）内的任何单个字符

（3）备注。

- LIKE 关键字搜索与指定模式匹配的字符串、日期或时间值。它使用常规表达式包含值所要匹配的模式。模式包含要搜索的字符串，字符串中可包含表 7-1 所列的 4 种通配符的任意组合。
- 使用 LIKE 执行字符串比较，模式字符串中的所有字符都有意义（包括前导或尾随空格）。如果查询要返回包含"abc "（abc 后有一个空格）的所有行，则不会返回包含"abc"（abc 后没有空格）的列所在行。也可忽略模式所要匹配的表达式中的尾随空格。如果查询中要返回包含 "abc"（abc 后没有空格）的所有行，则返回以"abc"开始并具有零个或多个尾随空格的所有行。
- 请将通配符和字符串用单引号引起来，例如：

LIKE 'Mc%' 将搜索以字母 Mc 开头的所有字符串（如 McBadden）。

LIKE '%inger' 将搜索以字母 inger 结尾的所有字符串（如 Ringer 和 Stringer）。

LIKE '%en%' 将搜索任意位置包含字母 en 的所有字符串（如 Bennet、Green 和 McBadden）。

LIKE '_heryl' 将搜索以字母 heryl 结尾的所有六个字母的名称（如 Cheryl 和 Sheryl）。

LIKE '[CK]ars[eo]n' 将搜索 Carsen、Karsen、Carson 和 Karson。

LIKE '[M-Z]inger' 将搜索以 inger 结尾、M 到 Z 中任何单个字母开头的所有名称（如 Ringer）。

LIKE 'M[^c]%' 将搜索以字母 M 开头，并且第二个字母不是 c 的所有名称（如 MacFeather）。

- 可将通配符模式匹配字符作为文字字符使用。若将通配符作为文字字符使用，请将通配符放在方括号中。表 7-2 列出了几个使用 LIKE 关键字和[]通配符的示例。

表 7-2　使用 LIKE 关键字和[]通配符的示例

符号	含义	符号	含义
LIKE '5[%]'	5%	LIKE '[[]'	[
LIKE '[_]n'	_n	LIKE ']'	]
LIKE '[a-cdf]'	a、b、c、d 或 f	LIKE 'a[_]d'	a_d
LIKE '[-acdf]'	-、a、c、d 或 f	LIKE 'abc[def]'	abcd、abce 和 abcf

- 使用 ESCAPE 子句的模式匹配：可搜索包含一或多个特殊通配符的字符串。若要搜索作为字符而不是通配符的百分号（%）、下划线（_）或左括号（[），必须提供 ESCAPE 关键字和转义符。例如，搜索在 comment 列（该列含文本"30%"）中的任何位置包含字符串"30%"的任何行，语句如下：

SELECT comment FROM table_source
WHERE comment LIKE '%30!%%' ESCAPE '!'

如果未指定 ESCAPE 和转义符，则返回包含字符串"30"的所有行。

- 如果 LIKE 模式中的转义符后面没有字符，则该模式无效并且 LIKE 返回 FALSE；如果转义符后面的字符不是通配符，则将放弃转义符并将该转义符后面的字符作为该模式中的常规字符处理，这包括百分号（%）、下划线（_）和左括号（[）通配符（如果它们包含在双括号（[]）中）。
- 另外，在双括号字符（[]）内，可使用转义符并将插入符号（^）、连字符（-）和右括号（]）转义。
- IS NOT NULL 子句可与通配符和 LIKE 子句结合使用。

例 7-20　查询姓"钱"的家庭成员的消费情况。图 7-19 为本例的执行结果。

SELECT FamilyMemberName,FinanceRemark,FinanceAmount　FROM 财务明细表 INNER JOIN 家庭成员表 ON (FamilyMemberID =FMemberID) WHERE FamilyMemberName LIKE '钱%'

图 7-19　例 7-20 的查询结果

7.2　视图

7.2.1　视图概述

1. 视图的概念

视图是关系数据库系统（RDBS）提供给用户以多种角度观察数据库中数据的重要机制。

视图是按某种特定要求从 DB 的基本表或其他视图中导出的虚拟表。从用户角度看，视图也是由数据行和数据列构成的二维表，但视图展示的数据并不以视图结构实际存在，而是其引用的基本表的相关数据的映像。

视图的内容由查询来定义。视图一经定义便存储在数据库中［注意，存储的是视图的定义（确切地说是 SELECT 语句），而不是通过视图看到的数据］。视图的操作与表一样，可进行查询、修改、删除。对通过视图看到的数据所作的修改可返回基本表，基本表的数据变化也可自动反映到视图中。

2. 视图的类型

在 SQL Server 2016 中，视图可以分为标准视图、索引视图和分区视图。

（1）标准视图。标准视图组合了一个或多个表中的数据，用户可以使用标准视图对数据库中自己感兴趣和有权限使用的数据进行查询、修改、删除等操作。

（2）索引视图。索引视图是被具体化了的视图，即它已经过计算并存储。可以为视图创建索引，即对视图创建一个唯一的聚集索引。索引视图可以显著提高某些类型查询的性能。索引视图尤其适于聚合许多行的查询。但它们不太适于经常更新的基本数据集。

（3）分区视图。分区视图在一台或多台服务器间水平连接一组成员表中的分区数据，这样，数据看上去如同来自于一个表。连接同一个 SQL Server 实例中的成员表的视图是一个本地分区视图。如果视图在服务器间连接表中的数据，则它是分布式分区视图，用于实现数据库服务器联合。

3. 视图的用途与优点

视图的主要用途和优点表现在下列几个方面。

（1）简化用户操作。可将经常使用的连接、投影、联合查询和选择查询等定义为视图，这样，用户每次对特定数据执行操作时，不必指定所有条件和限定。例如，一个用于报表目的，并执行子查询、外连接及联合以从一组表中检索数据的复合查询，就可创建为一个视图，这样，每次生成报表时无须提交基础查询，而是查询视图即可。

（2）定制用户数据。对其中所引用的基础表来说，视图的作用类似于筛选。定义视图的筛选可以来自当前或其他数据库的一个或多个表，或者其他视图。因而视图能为不同的用户提供他们需要和允许获取的特定数据，帮助他们完成所负责的特定任务，而且允许用户以不同的方式查看数据，即使同时使用相同的数据时也如此。这在具有不同目的和技术水平的用户共享同一个数据库时尤为有利。例如，可定义一个视图不仅查询由客户经理处理的客户数据，还可根据使用该视图的客户经理的登录 ID 决定查询哪些数据。

（3）减少数据冗余。数据库内只需将所有基本数据最合理、开销最小地存储在各个基本表中，对于各种用户对数据的不同要求，可通过视图从各基本表提取、聚集，形成他们所需要的数据组织，不需要在物理上为满足不同用户的需求而按其数据要求重复组织数据存储，因而大大减少数据冗余。

（4）增强数据安全。可将分布在若干基本表中、允许特定用户访问的部分数据通过视图提供给用户，而屏蔽这些表中对用户来说不必要或不允许访问的其他数据，并且可用同意（GRANT）和撤回（REVOKE）命令为各种用户授予在视图上的操作权限，不授予用户在表上的操作权限。这样通过视图，用户只能查询或修改各自所能见到的数据，数据库中的其他数据用户是不可见或不可修改的，从而自动对数据提供一定的安全保护。

（5）方便导出数据。可以建立一个基于多个表的视图，然后用 SQL Server Bulk Copy Program（批复制程序）复制视图引用的行到一个平面文件中。这个文件可以加载到 Excel 或类似的程序中供分析用。

4．创建和使用视图的注意事项

若要创建视图，必须获得数据库所有者授予创建视图的权限，并且如果使用架构绑定创建视图，必须对视图定义中所引用的表或视图具有适当的权限。

由于行通过视图进行添加或更新，当其不再符合定义视图的查询的条件时，它们即从视图范围中消失。例如，创建一个定义视图的查询，该视图从表中查询员工的薪水低于 3000 元的所有行。如果某员工的薪水涨到 3200，因其薪水不符合视图所设条件，查询时视图不再显示该员工。

可对敏感性视图的定义进行加密，以确保不让任何人得到它的定义，包括视图的所有者。

7.2.2　视图的创建

1．创建视图应当遵循的准则

（1）只能在当前数据库中创建视图。但如果使用分布式查询定义视图，则新视图所引用的表和视图可以存在于其他数据库甚至其他服务器中。

（2）视图名称必须遵循标识符的规则，且对每个架构都必须唯一。此外，该名称不得与该架构包含的任何表的名称相同。

（3）可以对其他视图创建视图。SQL Server 2016 允许视图嵌套，但嵌套不得超过 32 层。根据视图的复杂性及可用内存，视图嵌套的实际限制可能低于该值。

（4）不能将规则、DEFAULT 定义、AFTER 触发器与视图相关联（INSTEAD OF 触发器可与之相关联）。

（5）定义视图的查询不能包含 COMPUTE 子句、COMPUTE BY 子句、INTO 关键字、TABLESAMPLE 子句、OPTION 子句；不能包含 ORDER BY 子句（除非在 SELECT 语句的选择列表中还有一个 TOP 子句）。

（6）不能为视图定义全文索引定义。

（7）不能创建临时视图，也不能对临时表创建视图。

（8）不能删除参与到使用 SCHEMABINDING 子句创建的视图中的视图、表或函数，除非该视图已被删除或更改而不再具有架构绑定。另外，如果对参与具有架构绑定的视图的表执行 ALTER TABLE 语句，而这些语句又会影响该视图的定义，则这些语句将会失败。

（9）查询引用已配置全文索引的表时，视图定义可包含全文查询，但不能对视图执行全文查询。

（10）下列情况下必须指定视图中每列的名称：视图中的任何列都是从算术表达式、内置函数或常量派生而来；视图中有两列或多列具有相同名称（通常由于视图定义包含连接，因此来自两个或多个不同表的列具有相同的名称）；希望为视图中的列指定一个与其源列不同的名称。

在 SQL Server 2016 中，可以通过在 SSMS 中使用向导或在查询编辑器窗口中执行 T-SQL 语句两种方式创建标准视图。

2．使用向导创建视图

在 SSMS 中使用向导创建视图是一种最快捷的方式。创建步骤如下所述。

（1）启动新建视图。激活"对象资源管理器"→展开需建立视图的数据库→鼠标右键单击"视图"节点→在快捷菜单中选择"新建视图"命令（图 7-20）→出现"添加表"对话框（图 7-21）。

图 7-20　启动"新建视图"窗口

（2）指定源表。在"添加表"对话框，选择新视图需要使用的表、视图等（图 7-21），将其添加作为视图的数据来源。添加完毕后关闭该对话框。

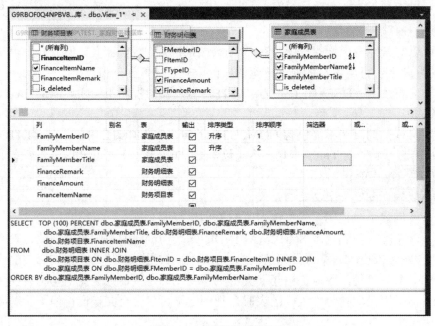

图 7-21　视图设计器窗口

（3）设计视图。视图设计器窗口分为 4 部分：最上部是源表描述区（"添加表"对话框关闭后，若要再添加表，可在此区内单击鼠标右键，在快捷菜单中选择"添加表"命令，重新打开"添加表"对话框）；中上部是用户输入区，用户在此输入、编辑 select_list、select_condition、ORDER BY 等内容；中下部是查询语句描述区，系统根据用户在中上部指定的内容自动构建的 SQL 查询语句显示在该区域；最下部是视图执行结果显示区，在视图设计器的各区域都可通过鼠标右键的快捷菜单执行视图，结果将显示在该区域。（图 7-21）。

（4）存储视图。视图创建完毕后，关闭视图设计器，给视图命名并存盘退出。这时"对象资源管理器"窗口下"视图"节点中就会出现该视图，说明视图创建成功。

例 7-21　使用向导创建一个查询家庭成员消费情况的视图。

如上所述，在"添加表"对话框添加"家庭成员表""财务明细表"和"财务项目表"，再在视图设计器窗口就视图将要查询的内容、条件、输出格式等进行如图 7-21 所示的设计，然后关闭视图设计器，在弹出的对话框中输入新视图名称"查消费情况记录 1"，将所设计的视图保存。

3. 使用 T-SQL 语句创建视图

可以使用 T-SQL 提供的视图创建语句 CREATE VIEW 创建视图。

（1）语法摘要。

```
CREATE VIEW [schema_name.]view_name[(column[,...n])]
    [ WITH {[ENCRYPTION] [SCHEMABINDING] [VIEW_METADATA]}[,...n] ]
    AS select_statement [;]
    [ WITH CHECK OPTION ]
```

（2）参数摘要与说明。

- schema_name：视图所属架构的名称。
- view_name：视图的名称，必须符合有关标识符的规则。可选择是否指定视图所有者名称。
- column：视图中的列使用的名称（请参见创建视图应当遵循的第 10 条准则）；如果未指定 column，则视图列将获得与 SELECT 语句中的列相同的名称。
- AS：指定视图要执行的操作。
- select_statement：定义视图的 SELECT 语句。该语句可以使用多个表和其他视图。请参见创建视图应当遵循的准则。
- CHECK OPTION：强制针对视图执行的所有数据修改语句都必须符合在 select_statement 中设置的条件；如果在 select_statement 中的任何位置使用 TOP，则不能指定 CHECK OPTION。
- ENCRYPTION：对 sys.syscomments 表中包含 CREATE VIEW 语句文本的条目进行加密。
- SCHEMABINDING：将视图绑定到基础表的架构。如果指定了 SCHEMABINDING，则不能按照影响视图定义的方式修改基表或表。如果视图包含别名数据类型列，则无法指定 SCHEMABINDING。另外，请参见创建视图应当遵循的准则。
- VIEW_METADATA：指定为引用视图的查询请求浏览模式的元数据时，SQL Server 实例将向 DB-Library、ODBC 和 OLEDB 的 API（应用程序编程接口）返回有关视图的元数据信息，而不返回基本表的元数据信息。

（3）备注。

- 只能在当前数据库中创建视图。视图最多可以包含 1024 列。
- 可以使用多个表或带任意复杂性的 SELECT 子句的其他视图创建视图。
- 在索引视图定义中，SELECT 语句必须是单个表的语句或带有可选聚合的多表 JOIN。
- UNION 或 UNION ALL 分隔的函数和多个 SELECT 语句可在 select_statement 中使用。
- 即使指定了 CHECK OPTION，也不能依据视图来验证任何直接对视图的基础表执行的更新。

例 7-22 用 CREATE VIEW 创建一个名为"查消费情况记录 2"的查询各家庭成员的消费总额的视图。

CREATE VIEW 查消费情况记录 2 AS SELECT TOP(100)
PERCENT 家庭成员表.FamilyMemberName AS '家庭成员名字', 家庭成员表.FamilyMemberTitle
AS '家庭成员昵称', CAST(SUM(dbo.财务明细表.FinanceAmount) AS decimal(8,2)) AS '消费总金额'
FROM 财务明细表 INNER JOIN 财务项目表
ON 财务明细表.FItemID = 财务项目表.FinanceItemID INNER
JOIN 家庭成员表 ON 财务明细表.FMemberID =家庭成员表.FamilyMemberID
GROUP BY 家庭成员表.FamilyMemberName, 家庭成员表.FamilyMemberTitle

在查询编辑器窗口输入以上语句并执行即可。

例 7-23 用 CREATE VIEW 创建一个名为"家庭成员情况"的查询家庭成员基本情况的视图。

CREATE VIEW 家庭成员情况 AS SELECT '家庭成员编号'=FamilyMemberID,
'家庭成员姓名'=FamilyMemberName, '家庭成员昵称号'=FamilyMemberTitle
FROM 家庭成员表

7.2.3 视图的使用

1. 查询视图数据

可以通过使用对象资源管理器或 T-SQL 语句两种方式查询视图数据。

（1）使用对象资源管理器查询视图数据的步骤：激活"对象资源管理器"→展开需查询的视图所在的数据库→展开视图节点→鼠标右键单击需查询的视图→在弹出的快捷菜单中选择"打开视图"命令。

例 7-24 使用对象资源管理器查询"查消费情况记录 2"视图。按上述步骤，打开"查消费情况记录 2"视图，即可看到该视图的全部数据。

（2）使用 T-SQL 语句查询视图数据：在查询编辑器窗口输入 T-SQL 查询语句并执行即可。

例 7-25 使用 T-SQL 语句，通过"查消费情况记录 2"视图查询总消费金额大于 1000 的记录详情。在查询编辑器窗口输入并执行以下语句即可。

SELECT * FROM 查消费情况记录 2 WHERE 消费总金额>=1000

2. 更新视图数据

更新视图数据是指通过视图更新基本表的数据（修改方式与通过 UPDATE、INSERT 和 DELETE 语句修改表中数据一样）。但并非所有的视图都可更新，不满足以下任一限制的视图不能进行更新。

● 任何修改（包括 UPDATE、INSERT 和 DELETE 语句）都只能引用一个基表的列。

● 视图中被修改的列必须直接引用表列中的基础数据，它们不能通过其他方式派生。例如，通过聚合函数、计算（如表达式计算）以及集合运算形成的列得出的计算结果不可更新。

● 正在修改的列不受 GROUP BY、HAVING 或 DISTINCT 子句的影响。

上述限制应用于视图的 FROM 子句中的任何子查询；但并非都应用于分区视图。

因此，例 7-21 和例 7-22 所建视图不可更新，例 7-23 所建视图可以更新。

另外，更新视图数据还将应用以下附加准则：

● 如果在视图定义中使用了 WITH CHECK OPTION 子句,则所有在视图上执行的数据修改语句都必须符合定义视图的 SELECT 语句设置的条件，修改行时需注意不要让它们在修改完成后从视图中消失。任何可能导致行消失的修改都会被取消，并显示错误。

- INSERT 语句必须为不允许空值并且没有 DEFAULT 定义的基础表中的所有列指定值。
- 在基础表的列中修改的数据必须符合对这些列的约束，例如为空性、约束及 DEFAULT 定义等。例如，如果要删除一行，则相关表中的所有 FOREIGN KEY 约束必须仍然得到满足，操作才能成功。
- 不能使用由键集驱动的游标更新分布式分区视图（远程视图）。
- 不能对视图中的 text、ntext 或 image 列使用 READTEXT 语句和 WRITETEXT 语句。

例 7-26 更新例 7-23 创建的"家庭成员情况"视图数据。图 7-22 为本例执行结果。

```
SELECT * FROM 家庭成员情况 WHERE 家庭成员编号=8
INSERT INTO 家庭成员情况 VALUES(8,'刘爱英','儿媳')
SELECT * FROM 家庭成员情况 WHERE 家庭成员编号=8
UPDATE 家庭成员情况 SET 家庭成员姓名='刘晓燕' WHERE 家庭成员编号=8
SELECT * FROM 家庭成员情况 WHERE 家庭成员编号=8
DELETE FROM 家庭成员情况 WHERE 家庭成员编号=8
SELECT * FROM 家庭成员情况 WHERE 家庭成员编号=8
```

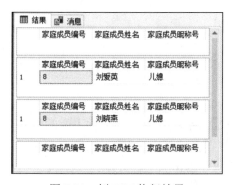

图 7-22 例 7-26 执行结果

本例用 INSERT 语句在"家庭成员情况"视图插入 1 条记录，然后用 UPDATE 语句修改该记录的"家庭成员姓名"值，最后用 DELETE 语句删除该记录。这些语句的执行效果得到其后的 SELECT 语句的证实。上述对"家庭成员情况"视图数据进行的更新操作实质上是对该视图引用的基本表"家庭成员表"的操作。

7.2.4 视图的修改

修改视图是指更改视图的名称或视图的定义（不要与 7.2.3 节中的更新视图数据混淆）。

视图定义之后，可以更改视图的名称或视图的定义而无需删除并重新创建视图。删除并重新创建视图会造成与该视图关联的权限丢失。修改视图并不会影响相关对象（例如存储过程或触发器），除非对视图定义的更改使得该相关对象不再有效。也可以修改视图以对其定义进行加密，或确保所有对视图执行的数据修改语句都遵循定义视图的 SELECT 语句中设定的条件集。

1. 更改视图定义

更改视图定义是指修改视图的指定列的列名、别名、表名、是否输出、顺序类型等属性，这与修改表结构不一样（修改表结构是指重新定义列名、属性、约束等）。

可以通过使用"对象资源管理器"或 T-SQL 语句两种方式更改视图定义。

（1）使用"对象资源管理器"更改视图定义是修改视图的一种最快捷的方式。

- 激活视图设计器。激活"对象资源管理器"→展开需修改的视图所在的数据库→展开视图节点→鼠标右键单击需修改的视图→在弹出的快捷菜单中选择"设计"命令，则 SSMS 的视图设计器（图 7-21）被激活。

- 修改视图定义。在视图设计器的用户输入区修改视图将要查询的内容、条件、输出格式等（操作方法与创建新视图一样，参见图 7-21），也可直接在查询语句描述区修改 SQL 语句。

- 保存修改内容。修改完毕后关闭视图设计器，在弹出的对话框中选择"保存"命令对修改进行保存。

（2）使用 T-SQL 语句修改视图定义。T-SQL 提供了视图修改语句 ALTER VIEW。

- 语法摘要。

ALTER VIEW [schema_name.] view_name [(column[,...n])]
[WITH {[ENCRYPTION] [SCHEMABINDING] [VIEW_METADATA]}[,...n]]
AS select_statement[;]
[WITH CHECK OPTION]

- 参数摘要与说明。

除 ALTER 关键字外，其他内容与 7.2.2 节中"使用 T-SQL 语句创建视图"部分描述的 CREATE VIEW 语句基本相同，请参考相应内容。

- 备注。

  ➢ 只有在 ALTER VIEW 执行前后列名称不变的情况下，列的权限才会保持不变。

  ➢ 如果原来的视图定义是使用 WITH ENCRYPTION 或 CHECK OPTION 创建的，则只有在 ALTER VIEW 中也包含这些选项时，才会启用。

  ➢ 如果当前所用的视图使用 ALTER VIEW 来修改，则数据库引擎使用对该视图的排他架构锁。

  ➢ ALTER VIEW 可应用于索引视图，但是，ALTER VIEW 会无条件地删除视图的所有索引。

例 7-27 修改例 7-23 创建的"家庭成员情况"视图，增加一个"记录时间"列。

ALTER VIEW 家庭成员情况
AS SELECT '家庭成员编号'=FamilyMemberID, '家庭成员姓名'=FamilyMemberName,
'家庭成员昵称号'=FamilyMemberTitle,'记录时间'=input_date
FROM 家庭成员表

在查询编辑器窗口执行上述语句即可。

2. 更改视图名称

可以使用"对象资源管理器"更改视图名称。在图 7-20 所示界面选择需要更改名称的视图，选择"重命名"命令，然后直接更改即可（新名称必须符合有关标识符的规则）。

7.2.5　视图的删除

可以通过使用"对象资源管理器"或 T-SQL 语句两种方式删除视图。

（1）使用"对象资源管理器"删除视图。在图 7-20 所示界面选择需要删除的视图，选择"删除"命令，然后在弹出的"删除对象"对话框中单击"确定"按钮即可删除指定的视图。

（2）使用 T-SQL 语句删除视图。T-SQL 提供了删除视图的语句 DROP VIEW。

● 语法摘要。

DROP VIEW [schema_name.]view_name [...,n] [;]

● 参数摘要与说明。

➢ schema_name：该视图所属架构的名称。

➢ view_name：要删除的视图的名称。

● 备注。

➢ DROP VIEW 可从当前数据库中删除一个或多个视图。

➢ 删除视图时，将从系统目录中删除视图的定义和有关视图的其他信息，以及视图的所有权限。

➢ 对索引视图执行 DROP VIEW 时，将自动删除视图上的所有索引。

➢ 使用 DROP TABLE 删除的表上的任何视图，都必须使用 DROP VIEW 进行显式删除。

7.3　索引

7.3.1　索引概述

1. 索引的概念

通俗地说，数据库中的索引与书籍中的目录类似。书的目录和数据库中的索引都是为快速找到所需信息而设置。在一本书中，利用目录可快速找到所需章节，无需逐页翻阅整本书；在数据库中，利用索引可快速找到所需数据，无需逐行扫描整个表。书的目录是关于章节标题的列表，其中注明了各章节所在的页码；数据库中的索引是关于表中列的搜索关键字的列表，其中注明了表中各关键字所在行的存储位置。书的目录按章节页码排序；数据库中的索引按键值（关键字的值）排序。

从数据库的角度看，索引是一种特殊的数据对象，是为从庞大的 DB 中迅速找到所需数据而建立的、与表或视图相关联的一种数据结构。索引包含从表或视图中一个或多个列生成的键，以及映射到指定数据的存储位置的指针。这些键按照一种称为 B 树的数据结构，使 SQL Server 可以快速有效地查找与键值关联的行。

简要地说，索引是按 B 树存储的、关于记录的键值逻辑顺序与记录的物理存储位置的映射的一种数据库对象。

2. 索引的用途与优点

索引的用途与优点主要表现在下述两大方面。

（1）加速数据操作。数据检索是表数据的查询（SELECT）、排序（ORDER BY）、分组（GROUP BY）、连接（JOIN）、插入（INSERT）、删除（DELETE）等操作的基础。由于索引包含从表中一个或多个列生成的键及映射到指定数据的存储位置的指针，加上 B 树的特点是降低查找树层次、减少比较次数，能对存储在磁盘上的数据提供快速的访问能力，因此，使用索引能够显著减少数据检索的查找次数、减少为返回查询结果集而必须读取的数据量、提高检索效率，从而显著提高数据的查询、插入、排序、删除等操作的速度。另外，数据库的重要功能之一——查询优化功能也是建立在索引技术的基础上的。查询优化器的基本工作原理就是分析要查找的数据情况，决定是否使用索引（例如，需返回的记录占记录总数的比例很大时，应考虑不使用索引）以及使用哪些索引以使该查询最快。

（2）保障实体完整性。通过创建唯一索引，可以保证表中的数据不重复。在数据表中建立唯一性索引时，组成该索引的字段或字段组合在表中具有唯一值，即对于表中的任何两行记录，索引键的值都不相同。用 INSERT 或 UPDATE 语句添加或修改记录时，SQL Server 将检查所使用的数据是否会造成唯一性索引键值的重复，如果会造成重复，则拒绝 INSERT 或 UPDATE 操作。

然而，索引所带来的好处是有代价的。首先是空间开销显著增加，带索引的表要占据更多的空间；对数据进行插入、更新、删除时，维护索引也要耗费时间资源。

3. 索引的类型

SQL Server 2016 支持的索引可以按如下两种方法分类。

（1）按照索引与记录的存储模式，分为聚集索引与非聚集索引。

- 聚集索引根据数据行的键值在表或视图中排序和存储这些数据行。它按支持对行进行快速检索的 B 树结构实现，索引的底层（叶层）包含表的实际数据行。每个表只有一个聚集索引。

- 非聚集索引具有独立于数据行的结构。非聚集索引的每一行都包含非聚集索引键值和指向包含该键值的数据行的指针（该指针称为行定位器，其结构取决于数据页是存储在堆中还是聚集表中。对于堆，行定位器是指向行的指针；对于聚集表，行定位器是聚集索引键）。非聚集索引中的行按索引键值的顺序存储，但不保证数据行按任何特定顺序存储。一个表可有多个非聚集索引。

非聚集索引也采用 B 树结构，它与聚集索引的显著差别有两点：基础表的数据行不按非聚集键的顺序排序和存储；非聚集索引的叶层是由索引页而不是由数据页组成。

只有当表包含聚集索引时，表中的数据行才按排序顺序存储（该表称为聚集表）。如果表没有聚集索引，则其数据行存储在一个称为堆的无序结构中。

在查询（SELECT）记录的场合，聚集索引比非聚集索引有更快的数据访问速度。在添加（INSERT）或更新（UPDATE）记录的场合，由于使用聚集索引时需要先对记录排序，然后再存储到表中，所以使用聚集索引要比非聚集索引速度慢。

（2）按照索引的用途，分为唯一索引、包含性列索引、索引视图、全文索引和 XML 索引。

- 唯一索引确保索引键不包含重复的值，因此，表或视图中的每一行在某种程度上是唯一的。聚集索引和非聚集索引都可以是唯一索引。主键索引是唯一索引的特殊类型，在数据库关系图中为表定义一个主键时，将自动创建主键索引。

- 包含性列索引是一种非聚集索引，它扩展后不仅包含键列，还包含非键列。在 SQL Server 2016 中，可以通过包含索引键列和非键列来扩展非聚集索引。非键列存储在索引 B 树的叶级别。包含非键列的索引在它们包含查询时可提供最大的好处，这意味着索引包含查询引用的所有列。

- 索引视图是建有唯一聚集索引的视图，它具体化（执行）视图并将结果集永久存储在唯一的聚集索引中，其存储方法与带聚集索引的表相同。创建聚集索引后，可为视图添加非聚集索引。

- 全文索引是一种基于标记的功能性索引，由 MS SQL Server 全文引擎（MSFTESQL）服务创建和维护，用于帮助在字符串数据中搜索复杂的词。全文索引依赖于常规索引。
- XML 数据类型索引是 xml 型数据列中 XML 二进制大型对象（BLOB）的已拆分的持久表示形式。

7.3.2　索引的设计

索引设计不佳和缺少索引都是提高数据库和应用程序性能的主要障碍，为数据库及其工作负荷选择正确的索引，是一项需要在查询速度与更新所需开销之间取得平衡的复杂任务，窄索引（列数少的索引）所需的磁盘空间和维护开销都较少，而宽索引则可覆盖更多的查询。在设计和使用索引时，应确保对性能的提高程度大于在存储空间和处理资源方面所付出的代价。

合理的索引设计建立在对各种查询的分析和预测上，且可能要试验若干不同的设计才能找到最有效的索引。设计索引时应考虑使索引可以添加、修改和删除而不影响数据库架构或应用程序设计。因此，应试验多个不同的索引。

1. 索引设计的任务

索引设计是一项关键任务。索引设计包括：确定要使用的列，选择索引类型（例如聚集或非聚集），选择适当的索引选项，以及确定文件组或分区方案布置。

为此，必须了解数据库本身的特征，了解最常用的查询的特征，了解查询中使用的列的特征，确定哪些索引选项可在创建或维护索引时提高性能，确定索引的最佳存储位置。

例如，将非聚集索引存储在表文件组所在磁盘以外的某个磁盘上的一个文件组中可以提高性能，因为可以同时读取多个磁盘。

2. 索引设计常规指南

索引设计时，一般应考虑下列因素和注意事项。

（1）数据库。经常更新的表索引不宜过多，且应使用窄索引，以免大量的索引维护开销影响 INSERT、UPDATE 和 DELETE 语句的性能；数据量大而更新少的表，可考虑较多的索引，以提高 SELECT 语句的性能（查询优化器有更多的索引可选择，以确定最快的访问方法）；小表的索引通常效果不佳，因为小表的索引可能从来不用（遍历索引的时间开销可能比简单的表扫描还多），其维护开销却一点也不少；对于包含聚集函数或连接的视图，索引可显著提升其性能。

（2）查询。创建索引前应先了解访问数据的方式，避免添加不必要的列（太多的索引列将增加对磁盘空间和索引维护开销）；覆盖查询因使用涵盖索引（包含查询中所有列的索引）而可大大提高查询性能（要求的数据全部存在于索引中，查询优化器只需访问索引页，不需访问表）。

（3）列。检查列的唯一性（同一个列组合的唯一索引将提供有关使索引更有用的查询优化器的附加信息）；检查列中的数据分布（为非重复值很少的列创建索引或在这样的列上执行连接将导致长时间运行的查询）；适当安排包含多个列的索引中的列的顺序（使用=、>、<或 BETWEEN 搜索条件的 WHERE 子句或参与连接的列应放在最前面，其他列按从数据最不重复的列到最重复的列排序）。

（4）索引类型。索引类型主要有，聚集或非聚集；唯一或非唯一；单列或多列；索引中的列是升序或降序排序。确定某一索引适合某一查询后，可选择最适合具体情况的索引类型。

例如，范围查询宜使用聚集索引；返回同一源表多列数据的覆盖查询宜使用非聚集索引；经常同时存取多列，且每列都含有重复值可考虑建立组合索引，且要尽量使关键查询形成索引覆盖，其前导列一定是使用最频繁的列；对小表或只有很少的非重复值的列建立索引则可能得不偿失（大多数查询将不使用索引，因为此时表扫描通常更有效）。

3. 聚集索引设计指南

聚集索引适合于实现下列功能：提供高度唯一性；范围查询；经常使用的查询。

（1）查询。考虑对具有以下特点的查询使用聚集索引：范围查询（如使用 BETWEEN、>、>=、<和<=运算符返回一系列值的查询。找到包含第一个值的行后，聚集索引确保包含后续索引值的行物理相邻）；返回大型结果集的查询；使用 JOIN 子句（外键列）的查询；使用 ORDER BY 或 GROUP BY 子句的查询（子句中指定列的聚集索引可使数据库引擎不必对数据进行排序）。

（2）列。一般而言，聚集索引键使用的列越少越好，索引键长度宜短。

- 具有下列属性的列可考虑建立聚集索引：非重复值很少或 IDENTITY 列；按顺序被访问的列；经常用于对表中检索到的数据排序的列（按该列对表进行聚集可在查询该列时节省排序成本）。
- 具有下列属性的列不适合聚集索引：频繁更新的列（数据库引擎为保持聚集将进行大量的整行数据移动）；非重复值很少的列；宽键（宽键是若干列或大型列的组合。所有非聚集索引都把聚集索引的键值用作查找键，宽键的聚集索引将使同一表的所有非聚集索引都增大许多）。

（3）索引选项。创建聚集索引时，可指定若干索引选项。因为聚集索引通常都很大，所以应特别注意下列选项：SORT_IN_TEMPDB；DROP_EXISTING；FILLFACTOR；ONLINE。

4. 非聚集索引设计指南

通常，设计非聚集索引是为改善经常使用的、没有建立聚集索引的查询的性能。查询优化器搜索数据时，先搜索索引以找到数据在表中的位置，然后直接从该位置检索数据。这使非聚集索引成为完全匹配查询的最佳选择，因为索引包含说明数据在表中的位置的项。查询优化器在索引中找到所有项后，可直接转到准确的页和行检索数据。

（1）查询。考虑对具有以下属性的查询使用非聚集索引：使用 JOIN 或 GROUP BY 子句的查询（为其中涉及的非外键列创建多个非聚集索引）；不返回大型结果集的查询；包含经常包含在查询条件（如返回完全匹配的 WHERE 子句）中的列的查询。

（2）列。具有以下一个或多个属性的列可考虑非聚集索引：频繁更新的列；具有大量非重复值的列（前提是聚集索引被用于其他列）；覆盖查询中的列（使用包含列的索引来添加覆盖列，而不是创建宽索引键。注意，如果表有聚集索引，则该聚集索引中定义的列将自动追加到表上每个非聚集索引的末端。这可用以生成覆盖查询，而不用在非聚集索引定义中指定聚集索引列。例如，表在列 C 上有聚集索引，则该表上关于列 A 和列 B 的非聚集索引的键值列包括 A、B 和 C）。

（3）索引选项。创建非聚集索引时可指定若干索引选项。要尤其注意 FILLFACTOR、ONLINE 选项。

5. 唯一索引设计指南

仅当唯一性是数据本身特征时，才能创建唯一索引；多列唯一索引能保证索引键中值的每个组合是唯一的；聚集索引和非聚集索引都可以是唯一索引；唯一非聚集索引可包括包含性非键列。

PRIMARY KEY 或 UNIQUE 约束自动为列创建唯一索引。UNIQUE 约束与独立于约束的唯一索引无明显区别。若目的是实现数据完整性，应使用 UNIQUE 或 PRIMARY KEY 约束，使索引目标明确。

唯一索引的优点包括确保定义的列的数据完整性和提供对查询优化器有用的附加信息。因此，如果数据是唯一的且希望强制实现唯一性，建议通过 UNIQUE 约束来创建唯一索引，为查询优化器提供附加信息，从而生成更有效的执行计划。

创建唯一索引时可指定若干索引选项。特别要注意下列选项：IGNORE_DUP_KEY、ONLINE。

7.3.3 索引的创建

索引设计完成后，可着手创建索引。在创建索引前，应先考虑一些注意事项。

1. 创建索引的注意事项

（1）确定最佳的创建方法。根据实际应用情况，选择以下方法之一创建索引。

● 通过 CREATE TABLE 或 ALTER TABLE 对列定义 PRIMARY KEY 或 UNIQUE 约束创建索引。该方法创建的索引是约束的一部分，系统将自动给定与约束名称相同的索引名称。

● 使用 CREATE INDEX 语句或对象资源管理器中的"新建索引"对话框创建独立于约束的索引（详见本节后述）。默认情况下，如果未指定聚集或唯一选项，将创建非聚集的非唯一索引。

（2）不要使索引数超出表 7-3 所列出的最大值。

表 7-3 应用于聚集索引、非聚集索引和 XML 索引的最大值

索引限制	最大值	备注
每个表的聚集索引数	1	
每个表的非聚集索引数	249	含 PRIMARY KEY、UNIQUE 创建的非聚集索引，不含 XML 索引
每个表的 XML 索引数	249	包括 XML 数据类型列的主 XML 索引和辅助 XML 索引
每个索引的键列数	16 *	如果表中还包含主 XML 索引，则聚集索引限制为 15 列
最大索引键记录大小	900 字节*	与 XML 索引无关
可包含的非键列数量	1023	

* 通过在索引中包含非键列可以避免受非聚集索引的索引键列和记录大小的限制。

（3）对于空表，创建索引时不会对性能产生任何影响，而向表中添加数据时会对性能产生影响。

（4）对现有表创建索引时，应将 ONLINE 选项设为 ON，使表及其索引可用于数据查询和修改。

（5）对大型表创建索引时应仔细计划以免影响数据库性能。对大型表创建索引的首选方法是先创建聚集索引，然后创建非聚集索引。

（6）创建索引后，索引将自动启用并可以使用。可以通过禁用索引来删除对该索引的访问。

2. 创建索引

SQL Server 2016 创建索引有两种方式：一种是在 SSMS 中使用向导创建；另一种是通过在查询编辑器窗口中执行 T-SQL 语句创建。这两种方式都可用于创建附属于列定义 PRIMARY KEY 或 UNIQUE 约束的索引和独立于约束的索引。本章介绍使用对象资源管理器中的"新建索引"对话框和 CREATE INDEX 语句创建独立于约束的索引。

（1）使用向导创建索引。使用向导创建索引的步骤如下所述。

1）激活"新建索引"对话框。激活"对象资源管理器"→展开需新建索引的数据库→展开"表"节点→展开需新建索引的数据表→鼠标右键单击"索引"节点→在弹出的快捷菜单中选择"新建索引"命令→在自动弹出的"新建索引"对话框（图 7-23）中选择索引类型（聚集、非聚集、XML 以及唯一）。

2）定义指定类型索引。在"新建索引"对话框中指定新索引的各项属性。"新建索引"对话框的界面主要有两部分：左上角是"选择页"，用以选择对话框的"常规""选项""存储"和"扩展属性"4 个对话页；右边是对话页窗口。

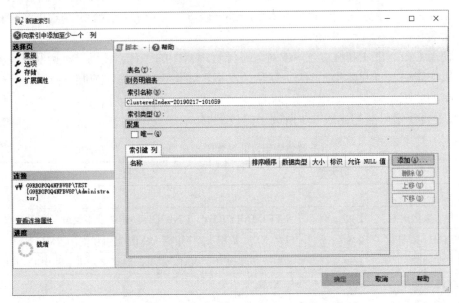

图 7-23 "新建索引"对话框的"常规"页

- 在"常规"页单击"添加"按钮时，会弹出"选择列"对话框，用以选择要添加到索引键的表列。（图 7-24）。
- "选项"页用于指定忽略重复值、自动重新计算统计信息、在访问索引时使用行锁、表锁以及是否允许在创建索引时在线处理 DML 等属性。
- "存储"页用于对指定的文件组或分区方案创建索引等。

4 个对话页的相关内容指定完毕后，单击"新建索引"对话框中的"确定"按钮，即可完成新索引定义。

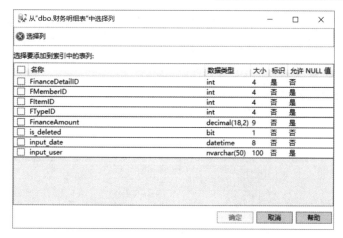

图 7-24　"选择列"对话框

3）创建新索引。一旦用户完成新索引定义，SQL Server 数据库引擎将立即创建所定义的索引。在 SSMS 的"对象资源管理器"窗口中，相应表的"索引"对象下面会显示该索引。

（2）使用 T-SQL 语句创建索引。在 SQL Server 2016 中，可通过执行 T-SQL 的 CREATE INDEX 语句创建索引。

1）语法摘要。

```
CREATE [UNIQUE] [CLUSTERED|NONCLUSTERED] INDEX index_name
    ON table_or_view_name (column_name [ASC|DESC] [,...n])
```

2）参数摘要与说明。

● UNIQUE：指定为表或视图创建唯一索引；视图的聚集索引必须唯一。

● CLUSTERED|NONCLUSTERED：指定创建聚集索引或非聚集索引（默认设置）。

● index_name：索引的名称。索引名称在表或视图中必须唯一，但在数据库中不必唯一。

● column：索引所基于的列。指定两个或多个列名，可为指定列的组合值创建组合索引。在 table_or_view_name 后的括号中，按排序优先级列出组合索引中要包括的列。组合索引键中的所有列必须在同一个表或视图中。

● ASC|DESC：确定特定索引列的升序或降序排序方向，默认值为 ASC。

例 7-28　为"家庭成员表"创建一个基于家庭成员姓名（FamilyMemberName）并升序排序的唯一非聚集索引 IDX_FMName。

```
CREATE UNIQUE NONCLUSTERED INDEX IDX_FMName ON 家庭成员表(FamilyMemberName)
```

7.3.4　索引的修改

使用"对象资源管理器"修改索引是最快捷、方便的方法。

1. 修改索引定义

（1）使用"索引属性"编辑框修改索引定义的步骤如下所述。

1）激活"索引属性"编辑框。激活"对象资源管理器"→展开需修改的索引所在的数据库→展开"表"节点→展开需修改的索引所在的数据表→展开"索引"节点→鼠标右键单击需修改的索引→在弹出的快捷菜单中选择"属性"命令，此时系统将自动弹出"索引属性"编辑框。

2）修改索引定义的具体操作。"索引属性"编辑框（图 7-25）与图 7-23 所示的"新建索引"对话框极为相似。除了增加了"碎片""筛选器"两个选择页及其对话页外,其"常规""选项""扩展属性"和"存储"4 个对话页的内容和用法与"新建索引"对话框一样。

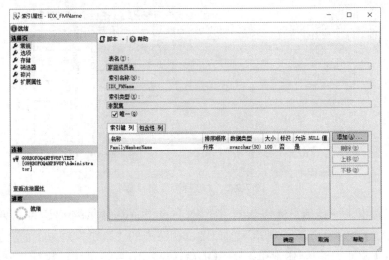

图 7-25   "索引属性"编辑框

3)属性修改完毕后,单击"索引属性"编辑框的"确定"按钮,SQL Server 数据库引擎将立即按照新的定义修改索引。

(2)使用表设计器修改索引定义的步骤如下所述。

1)激活表设计器。展开需修改的索引所在的数据库→展开"表"节点→鼠标右键单击需修改的索引所在的数据表→在弹出的快捷菜单中选择"设计"命令,此时系统将弹出表设计器。

2)激活索引/键编辑框。在表设计器窗口右键单击需修改索引所在列名→在快捷菜单中选择"索引/键"命令,此时系统自动弹出"索引/键"编辑框。

3)修改索引定义。在"索引/键"编辑框内选择需修改的索引的名称,并编辑其各项相关属性。修改完毕后依次关闭"索引/键"编辑框和表设计器,将修改内容保存即可。

2. 更改索引名称

更改索引名称的步骤如下所述。

激活"对象资源管理器"→展开需修改的索引所在的数据库→展开"表"节点→展开需修改的索引所在的数据表→展开"索引"节点→鼠标右键单击需修改的索引→在弹出的快捷菜单中选择"重命名"命令,然后直接修改索引名称即可。

7.3.5 索引的删除

(1)利用"对象资源管理器"删除索引的步骤如下所述。

激活"对象资源管理器"→展开需修改的索引所在的数据库→展开"表"节点→展开需修改的索引所在的数据表→展开"索引"节点→鼠标右键单击需修改的索引→在弹出的快捷菜单中选择"删除"命令,然后在弹出的"删除对象"对话框中单击"确定"按钮即可。

(2)用 T-SQL 的 DROP INDEX 语句删除索引。

● 语法摘要。

```
DROP INDEX table_name.index_name
```

- 参数摘要与说明。
  - ➤ table_name：指定要删除索引的表的名称。
  - ➤ index_name：要删除的索引。
- 备注：DROP INDEX 语句不适用通过定义 PRIMARY KEY 或 UNIQUE 约束创建的索引。

7.4 游标

7.4.1 游标的概念、用途与类型

1．游标的概念

关系数据库中的操作会对整个行集起作用。由 SELECT 语句返回的行集包括满足该语句的 WHERE 子句中条件的所有行。这种由语句返回的完整行集称为结果集。应用程序（特别是交互式联机应用程序）有时需要每次处理一行或一部分行，游标可以满足这种需要。

游标是一种从包括多条数据记录的结果集中每次提取一条记录以便处理的机制，可以看作查询结果的记录指针。

2．游标的用途

SQL Server 2016 通过游标提供对一个结果集进行逐行处理的能力。游标相当于查询结果的记录指针，在某一时刻，该指针只指向一条记录。

游标通过以下方式来扩展结果处理。

- 允许定位在结果集的特定行。
- 从结果集的当前位置检索一行或一部分行。
- 支持对结果集中当前位置的行进行数据修改。
- 为由其他用户对显示在结果集中的数据库数据所做的更改提供不同级别的可见性支持。
- 提供脚本、存储过程和触发器中用于访问结果集中的数据的 T-SQL 语句。

3．游标的类型

游标的类型较多，可以按照其用途、处理特性、移动方式进行分类。

（1）根据游标的用途，分为服务器游标和客户游标。前者包括 API 游标和 T-SQL 游标，使用在服务器端，又称为后台游标；后者又称为前台游标。本章我们主要介绍服务器游标。

- API（应用程序编程接口）游标支持在 OLEDB、ODBC 及 DB_library 中使用游标函数，主要用在服务器上。每次客户端应用程序调用 API 游标函数，MS SQL Server 的 OLEDB 提供者、ODBC 驱动程序或 DB_library 的动态链接库（DLL）都会将这些客户请求传给服务器以对 API 游标进行处理。
- T-SQL 游标由 DECLARE CURSOR 语法定义，主要用在 T-SQL 脚本、存储过程和触发器中。T-SQL 游标在服务器上实现，由从客户端发送给服务器的 T-SQL 语句或批处理、存储过程、触发器中的 T-SQL 语句进行管理。T-SQL 游标不支持提取数据块或多行数据。包含在存储过程和触发器中的 T-SQL 游标效率极高。这是因为所有操作都编译到服务器上的一个执行计划内，不存在与行提取关联的网络流量。

- 客户端游标主要是当在客户机上缓存结果集时使用。在客户端游标中，有一个缺省的结果集被用来在客户机上缓存整个结果集。客户游标仅支持静态游标。由于服务器游标并不支持所有的 T-SQL 语句或批处理，所以客户游标常被用作服务器游标的辅助。一般情况下，服务器游标能支持绝大多数游标操作。

（2）根据游标的处理特性， SQL Server 2016 将游标分为静态游标、动态游标、键集驱动游标和只进游标。

- 静态游标的完整结果集于打开游标时建立在 tempdb 中，它按照打开游标时的原样显示结果集。SQL Server 2016 的静态游标是只读游标，不反映游标打开后数据库中的任何更改（包括 UPDATE、INSERT 和 DELETE），甚至不反映使用打开游标的同一连接所做的修改，但消耗的资源相对很少。
- 动态游标与静态游标相反。滚动游标时，动态游标反映结果集中所做的所有更改，所有用户做的全部 UPDATE、INSERT 和 DELETE 语句均通过游标可见，消耗的资源较多。
- 键集驱动游标由一组唯一标识符（键）控制，这组键称为键集。键集是打开游标时来自符合 SELECT 语句要求的所有行中的一组键值，打开该游标时在 tempdb 中生成。当用户滚动游标时，对非键集列中的数据值所做的更改是可见的。在游标外对数据库所做的插入在游标内不可见。键集驱动游标反映游标打开后数据库的更新能力和资源消耗介于动态游标与静态游标之间。
- 只进游标不支持滚动，只支持游标从头到尾顺序提取。行在从数据库中提取出来后才能检索。对所有影响结果集中的行的 INSERT、UPDATE 和 DELETE 语句，在这些行从游标中提取时是可见的。由于游标无法向后滚动，在提取行后对数据库中的行进行的大多数更改通过游标均不可见。当值用于确定所修改的结果集（例如更新聚集索引涵盖的列）中行的位置时，修改后的值通过游标可见。

（3）根据游标移动方式，分为滚动游标和只进游标。

- 滚动游标可以在游标结果集中前后移动，包括移向下一行、上一行、第一行、最后一行、某一行或移到指定行等。
- 只进游标只能在结果集中向前移动，即移到下一行。

（4）根据游标结果集是否允许修改，分为只读游标和可写游标两种。

- 只读游标禁止修改游标结果集中的数据。
- 可写游标可修改游标结果集中的数据，它又分为部分可写和全部可写。部分可写表示只能修改数据行指定的列，而全部可写表示可以修改数据行所有的列。

尽管数据库 API 游标模式把只进游标看成一种单独的游标类型，但 MS SQL Server 2016 将只进和滚动都作为能应用于静态游标、键集驱动游标和动态游标的选项。数据库 API 游标模型则假定静态游标、键集驱动游标和动态游标都是可滚动的。当数据库 API 游标属性设置为只进时，SQL Server 将此游标作为只进动态游标使用。

不要混合使用这些不同类型的游标。如果从一个应用程序中执行 DECLARE CURSOR 和 OPEN 语句，应先将 API 游标属性设置为默认值，否则 SQL Server 将把 API 游标映射到 T-SQL 游标。

服务器游标的一个潜在缺点是它们不支持生成多个结果集的 T-SQL 语句，因此，当应用程序执行包含多个 SELECT 语句的存储过程或批处理时，不能使用服务器游标。服务器游标也不支持包含 COMPUTE、COMPUTE BY、FOR BROWSE 或 INTO 关键字的 SQL 语句。

7.4.2　游标的声明、打开、读取、关闭与删除

1. 声明游标

声明游标是指定义游标的结构、属性，指明游标的结果集包括哪些数据、处理特性等。可使用 DECLARE CURSOR 语句声明游标，有两种方式：标准方式和 T-SQL 扩展方式。

（1）标准方式（SQL-92 格式）。

● 语法摘要。

```
DECLARE cursor_name [INSENSITIVE] [SCROLL] CURSOR FOR select_statement
    [FOR {READ ONLY|UPDATE [OF column_name[,...n]]}] [;]
```

● 参数摘要与说明。

➢ cursor_name：所声明的游标名称。

➢ INSENSITIVE：表示声明一个静态游标。使用 SQL-92 语法时，如果省略 INSENSITIVE，则已提交的（任何用户）对基础表的删除和更新都反映在后面的提取中。

➢ SCROLL：表示声明一个滚动游标。如果未在 SQL-92 的 DECLARE CURSOR 中指定 SCROLL，则为只进游标；如果指定了 FAST_FORWARD，则不能指定 SCROLL。

➢ select_statement：定义游标结果集的标准 SELECT 语句，其内不允许使用关键字 COMPUTE、COMPUTE BY、FOR BROWSE 和 INTO。

➢ READ ONLY：表示声明一个只读游标。在 UPDATE 或 DELETE 语句的 WHERE CURRENT OF 子句中不能引用游标。该选项优于要更新的游标的默认功能。

➢ UPDATE [OF column_name[,...n]]：表示声明一个可写游标。如果指定了 OF column_name[,...n]，则只允许修改列出的列；如果指定了 UPDATE，但未指定列的列表，则可更新所有列。

（2）T-SQL 扩展方式（T-SQL 格式）。

● 语法摘要。

```
DECLARE cursor_name CURSOR [LOCAL|GLOBAL] [FORWARD_ONLY|SCROLL]
    [STATIC|KEYSET|DYNAMIC|FAST_FORWARD]
[READ_ONLY|SCROLL_LOCKS|OPTIMISTIC]
    [TYPE_WARNING] FOR select_statement [FOR UPDATE[ OF column_name[,...n]]][;]
```

● 参数摘要与说明。

➢ cursor_name：所声明的游标名称。

➢ LOCAL：指定该游标是局部游标，其作用域限于声明该游标的批处理、存储过程或触发器中，该游标在离开作用域时自动释放。

➢ GLOBAL：指定该游标是全局游标，在由连接执行的任何存储过程或批处理中，都可引用该游标名称。该游标仅在断开连接时隐式释放。

如果 GLOBAL 和 LOCAL 参数都未指定，则默认值由数据库的"default to local cursor"选项设置进行控制。

> ➢ FORWARD_ONLY：指定游标只能从第一行滚动到最后一行。FETCH NEXT 是唯一受支持的提取选项。如果在指定 FORWARD_ONLY 时不指定 STATIC、KEYSET 和 DYNAMIC，则游标作为 DYNAMIC 游标进行操作。如果 FORWARD_ONLY 和 SCROLL 均未指定，则除非指定 STATIC、KEYSET 或 DYNAMIC 关键字，否则默认为 FORWARD_ONLY 游标。STATIC、KEYSET 和 DYNAMIC 游标默认为 SCROLL 游标。
>
> ➢ STATIC：表示声明一个静态游标，意义同 INSENSITIVE。
>
> ➢ KEYSET：表示声明一个键集驱动游标。如果查询引用了至少一个无唯一索引的表，则键集游标将转换为静态游标。
>
> ➢ DYNAMIC：表示声明一个动态游标。动态游标不支持 ABSOLUTE 提取选项。
>
> ➢ FAST_FORWARD：表示声明一个快速只进游标。如果指定了 SCROLL 或 FOR_UPDATE，则不能也指定 FAST_FORWARD。在 SQL Server 2000 中，FAST_FORWARD 和 FORWARD_ONLY 游标选项是相互排斥的；在 SQL Server 2016 中，这两个关键字可以用在同一个 DECLARE CURSOR 语句中。
>
> ➢ READ_ONLY：表示声明一个只读游标。请参见 SQL-92 的语法格式说明。
>
> ➢ SCROLL_LOCKS：指明锁被放置在游标结果集所使用的数据上（将行读取到游标中以确保它们对随后的修改可用时，MS SQL Server 将锁定这些行），通过游标进行的定位更新或删除保证会成功。如果指定了 FAST_FORWARD，则不能指定 SCROLL_LOCKS。由于数据被游标锁定，所以当考虑到数据并发处理时，应避免使用该选项。
>
> ➢ OPTIMISTIC：指定如果行从被读入游标以来已得到更新，则通过游标进行的定位更新或定位删除不会成功。当将行读入游标时，SQL Server 不会锁定行。如果还指定 FAST_FORWARD，则不能指定 OPTIMISTIC。
>
> ➢ TYPE_WARNING：指定若游标从所请求类型隐式地转换为另一类型时，则向客户端发送警告消息。
>
> ➢ select_statement：SELECT 语句，其内不能使用 COMPUTE、COMPUTE BY、FOR BROWSE 和 INTO 关键字。
>
> ➢ FOR UPDATE [OF column_name [,...n]]：定义游标中可更新的列，如果提供了 OF column_name[,...n]，则只允许修改列出的列；如果指定了 UPDATE，但未指定列的列表，则除非指定了 READ_ONLY 并发选项，否则可以更新所有的列。

（3）备注。

- T-SQL 扩展方式使用 T-SQL 扩展插件，这些扩展插件允许使用在 ODBC 或 ADO 的数据库 API 游标函数中所使用的相同游标类型来定义游标。
- 不能混淆上述两种方式。如果在 CURSOR 关键字前面指定 SCROLL 或 INSENSITIVE 关键字，则不能在 CURSOR 和 FOR select_statement 关键字之间使用任何关键字；如果在 CURSOR 和 FOR select_statement 关键字之间指定任何关键字，则不能在 CURSOR 关键字的前面指定 SCROLL 或 INSENSITIVE。
- 如果使用 T-SQL 语法的 DECLARE CURSOR，且不指定 READ_ONLY、OPTIMISTIC 或 SCROLL_LOCKS，则默认值如下：如果 SELECT 语句不支持更新，则游标为

READ_ONLY；STATIC 和 FAST_FORWARD 游标默认为 READ_ONLY；DYNAMIC 和 KEYSET 游标默认为 OPTIMISTIC。

- 游标名称只能被其他 T-SQL 语句引用，不能被数据库 API 函数引用。例如，声明游标之后，不能通过 OLEDB、ODBC、ADO 函数或方法引用游标名称；不能使用提取函数或 API 的方法来提取游标行；只能通过 T-SQL FETCH 语句提取这些行。

- 声明游标后，可使用表 7-4 所列的系统存储过程确定游标的特性。

表 7-4　系统存储过程

系统存储过程	说明
sp_cursor_list	返回当前在连接上可视的游标列表及其特性
sp_describe_cursor	说明游标属性，例如，是只前推的游标还是滚动游标
sp_describe_cursor_columns	说明游标结果集中的列的属性
sp_describe_cursor_tables	说明游标所访问的基表

- 在声明游标的 select_statement 中可使用变量。游标变量值在声明游标后不更改。

例 7-29　用 T-SQL 扩展方式声明一个名为"家庭成员姓名"的动态游标，用于修改家庭成员姓名。

```
DECLARE 家庭成员姓名 CURSOR DYNAMIC FOR SELECT FamilyMemberID,
FamilyMemberName FROM 家庭成员表 FOR UPDATE OF FamilyMemberName
```

2. 打开游标

声明游标仅起到定义游标（定义游标的属性）的作用，要使用游标，必须先将其打开。打开游标是指填充游标的结果集。可以用 OPEN 语句打开游标。

（1）语法摘要。

```
OPEN {{[GLOBAL] cursor_name}|cursor_variable_name}
```

（2）参数摘要与说明。

- GLOBAL：指定 cursor_name 是全局游标。

- cursor_name：游标名称。如果全局游标和局部游标都使用 cursor_name 作为其名称，那么如果指定了 GLOBAL，则 cursor_name 为全局游标；否则 cursor_name 为局部游标。

- cursor_variable_name：游标变量名称，该变量引用一个游标。

（3）备注。

- OPEN 语句打开 T-SQL 服务器游标，然后通过执行在 DECLARE CURSOR 或 SET cursor_variable 语句中指定的 T-SQL 语句填充游标。

- 如果使用 INSENSITIVE 或 STATIC 选项声明了游标，那么 OPEN 语句将创建一个临时表以保留结果集。如果结果集中任意行的大小超过 SQL Server 表的最大行值，OPEN 语句将失败。如果使用 KEYSET 选项声明了游标，那么 OPEN 语句将创建一个临时表以保留键集。临时表存储在 tempdb 数据库中。

- 打开游标后，可以使用@@CURSOR_ROWS 函数在打开的游标中接收合格行的数目。

- SQL Server 2016 不支持异步生成键集驱动或静态的 T-SQL 游标。T-SQL 游标操作（如 OPEN 或 FETCH）均为批处理，所以无需异步生成 T-SQL 游标。由于 SQL Server 2016

的每个游标操作都需要进行客户端往返,因此继续支持异步的由键集驱动的或静态的应用程序编程接口（API）服务器游标。对于这些游标,OPEN 语句实现低延迟时间很重要。

例 7-30 打开例 7-29 声明的游标。

```
OPEN 家庭成员姓名
```

3. 读取游标

读取游标是指从游标的结果集返回行。游标打开后,可以用 FETCH 语句读取游标。

（1）语法摘要。

```
FETCH [[NEXT|PRIOR|FIRST|LAST|ABSOLUTE {n|@nvar}|RELATIVE {n|@nvar}] FROM ]
{{[GLOBAL] cursor_name}|@cursor_variable_name} [INTO @variable_name[,...n]]
```

（2）参数摘要与说明。

- NEXT：紧跟当前行返回结果行,并且当前行递增为返回行。如果 FETCH NEXT 为对游标的第一次提取操作,则返回结果集中的第一行。NEXT 为默认的游标提取选项。
- PRIOR：返回紧邻当前行前面的结果行,并且当前行递减为返回行。如果 FETCH PRIOR 为对游标的第一次提取操作,则没有行返回并且游标置于第一行之前。
- FIRST：返回游标中的第一行并将其作为当前行。
- LAST：返回游标中的最后一行并将其作为当前行。
- ABSOLUTE {n|@nvar}：指定返回行的绝对位置,并将返回行变成新的当前行。n 或 @nvar 为正数,则返回从游标头开始的第 n 行；为负数,则返回从游标末尾开始的第 n 行；为 0,则不返回行。n 必须是整数常量,@nvar 的数据类型必须为 smallint、tinyint 或 int。
- RELATIVE {n|@nvar}：指定返回行的相对位置,并将返回行变成新的当前行。n 或 @nvar 为正数,则返回从当前行开始的第 n 行；为负数,则返回当前行之前第 n 行；为 0,则返回当前行。在对游标完成第一次提取时,如果在 n 或@nvar 设置为负数或 0 的情况下指定 FETCH RELATIVE,则不返回行。n 必须是整数常量,@nvar 的数据类型必须为 smallint、tinyint 或 int。
- GLOBAL：指定 cursor_name 是全局游标。
- cursor_name：游标名称。如果以 cursor_name 为名的全局和局部游标同时存在,那么如果指定为 GLOBAL,则 cursor_name 指全局游标,否则指局部游标。
- @cursor_variable_name：游标变量名,指要从中进行提取操作的打开的游标。
- INTO @variable_name[,...n]：允许将提取操作的列数据放到局部变量中。列表中的各个变量从左到右与游标结果集中的相应列相关联。各变量的数据类型必须与相应的结果集列的数据类型匹配,数目必须与游标选择列表中的列数一致。

（3）备注。

- 在 SQL-92 格式的 DECLARE CURSOR 语句中,如果指定了 SCROLL,则支持所有 FETCH 选项；否则 NEXT 是唯一受支持的 FETCH 选项。
- 如果使用 T-SQL DECLARE 游标扩展插件,则应用下列规则：如果指定了 FORWARD_ONLY 或 FAST_FORWARD,则 NEXT 是唯一受支持的 FETCH 选项；如果未指定 DYNAMIC、FORWARD_ONLY 或 FAST_FORWARD 选项,并且指定了

KEYSET、STATIC 或 SCROLL 中的某一个，则支持所有 FETCH 选项；DYNAMIC SCROLL 游标支持除 ABSOLUTE 以外的所有 FETCH 选项。

● 可以使用@@FETCH_STATUS 函数报告上一个 FETCH 语句的状态。

例 7-31　从例 7-30 打开的游标读取数据。

```
FETCH    家庭成员姓名
```

4. 关闭游标

关闭游标是指释放与游标关联的当前结果集。可用 CLOSE 语句关闭游标。

（1）语法摘要。

```
CLOSE {{[GLOBAL] cursor_name}|cursor_variable_name}
```

（2）参数摘要与说明。

请参见 OPEN 语句。

（3）备注：CLOSE 语句释放当前结果集，然后解除定位游标的行上的游标锁定，从而关闭一个开放的游标。CLOSE 将保留数据结构以便重新打开，但在重新打开游标之前，不允许提取和定位更新。必须对打开的游标发布 CLOSE；不允许对仅声明或已关闭的游标执行 CLOSE。

例 7-32　关闭例 7-31 打开的游标读取数据。

```
CLOSE    家庭成员姓名
```

5. 删除游标

删除游标是指释放游标所使用的资源。当游标不再需要时，可以用 DEALLOCATE 语句将其删除。

（1）语法摘要。

```
DEALLOCATE {{[GLOBAL] cursor_name}|@cursor_variable_name}
```

（2）参数摘要与说明。

请参见 OPEN 语句。

（3）备注。DEALLOCATE 语句删除游标与游标名称或游标变量之间的关联，释放游标所使用的所有资源，用于保护提取隔离的滚动锁在 DEALLOCATE 上释放；用于保护更新（包括通过游标进行的定位更新）的事务锁一直到事务结束才释放。

例 7-33　删除"家庭成员姓名"游标。

```
DEALLOCATE    家庭成员姓名
```

7.4.3　游标变量

MS SQL Server 2016 支持 cursor 数据类型的变量。可以通过定义一个 cursor 类型局部变量并对其赋值将游标与 cursor 变量相关联。

游标与 cursor 变量相关联之后，在 T-SQL 游标语句中就可以使用 cursor 变量取代游标名称。存储过程输出参数也可指定为 cursor 数据类型，并与游标相关联，这就允许存储过程有节制地公开其局部游标。

T-SQL 游标名称和变量只能由 T-SQL 语句引用，而不能由 OLEDB、ODBC 和 ADO 的 API 函数引用。这些 API 的应用程序需要使用游标进行处理数据时，应使用在数据库 API 中生成的游标而非 T-SQL 游标。

可以通过使用 FETCH 并将 FETCH 返回的每列绑定到程序变量，然后在应用程序中使用 T-SQL 游标。但是，T-SQL FETCH 不支持批处理，因此，这是将数据返回给应用程序的效率最低的方法，因为每提取一行均需往返服务器一次。使用在数据库 API（支持多行提取）中生成的游标功能更为有效。

例 7-34 游标变量的定义与使用。

```
DECLARE 家庭成员姓名 CURSOR DYNAMIC
FOR SELECT FamilyMemberID,FamilyMemberName FROM 家庭成员表
FOR UPDATE OF FamilyMemberName
DECLARE @MyVariable CURSOR
SET @MyVariable = 家庭成员姓名
OPEN @MyVariable
FETCH @MyVariable
CLOSE @MyVariable
DEALLOCATE @MyVariable
```

小　结

（1）查询是用户使用数据库（DB）的基本手段；视图、索引和游标是帮助用户迅速、准确、安全地从庞大的数据库（DB）中提取、处理所需数据的重要手段。

数据查询是按照用户的需要从数据库（DB）中提取并适当组织输出相关数据的过程。

SELECT 语句是 SQL Server 2016 的基本查询语句，其基本结构如下：

```
SELECT <select_list>
    [INTO new_table]
    [FROM {<table_source>}[,...n]]
    [WHERE <select_condition>]
    [GROUP BY group_by_expression [,...n]]
    [HAVING <search_condition>]
    [ORDER BY {order_by_expression [ASC|DESC]}[,...n]]
```

使用 SELECT 语句可实现关系模型的选择、投影、连接 3 种基本关系运算。

使用 SELECT 语句可构造出各种各样的查询（例如，简单查询，连接查询，子查询，统计查询，函数查询）并可对查询结果进行整理（合并，删除，分组，排序）与存储（存储到新表、文件）。

连接查询可以是基于多个表或单表的查询。T-SQL 提供传统连接和 SQL 连接两种连接方式。

SQL 连接使用"JOIN...ON..."形式，分为 INNER、LEFT、RIGHT、FULL、CROSS 几种。应注意在含有两个及以上的 ON 关键字的 SELECT 语句中，JOIN 与其对应的 ON 的顺序。

子查询是嵌套在 SELECT、INSERT、UPDATE、DELETE 语句中或其他子查询中的查询，也称嵌套查询。子查询可以计算一个变化的聚集函数值，并返回到外围查询进行比较。子查询分为无关子查询和相关子查询。子查询要用括号括起来，其结果必须与外围查询 WHERE 语句的数据类型匹配。

统计查询是使用聚合函数或 COMPUTE 子句，在查询时进行一些简单统计计算的查询。

主要的聚合函数有 AVG（求算术均值）、COUNT（对行计数）、MAX（求最大值）、MIN（求最小值）、SUM（求数值和）、STDEV（求标准差）、STDEVP（总体标准差）、VAR（求方差）、VARP（求总体方差）。利用 COMPUTE 子句可以很便捷地对结果进行汇总，能用同一个 SELECT 语句既查看明细又查看汇总值。

函数查询是指通过调用定义在用户定义函数中的 SELECT 语句执行数据库查询。

可使用 GROUP BY 子句对查询结果分组，或/和使用 ORDER BY 子句使查询结果排序输出。

可利用 T-SQL 的 UNION、EXCEPT 和 INTERSECT 三种集合操作完成查询结果的合并与删除，其基本规则：所有查询中的列数和列顺序相同，数据类型兼容。

可将查询结果以文本方式输出到文件中或使用 INTO 子句以关系形式输出到新表存储起来。

可以使用 LIKE 关键字实现搜索条件中的模式匹配，模式中可以包含常规字符和通配符。

（2）视图是按某种特定要求从 DB 的基本表或其他视图中导出的虚拟表，是 RDBS 提供给用户以多种角度观察数据库中数据的重要机制。视图主要用于简化用户操作、定制用户数据、减少数据冗余、增强数据安全以及方便导出数据。

视图的内容由查询定义，且存储在数据库中。对视图数据可进行查询和更新操作。更新结果可返回基本表，基本表的数据变化也可自动反映在视图中。

在 SQL Server 2016 中，视图可以分为标准视图、索引视图和分区视图。其中标准视图组合了一个或多个表中的数据，是 RDBS 实现提供给用户以多种角度观察数据库中数据机制的主要手段；索引视图是具有一个唯一聚集索引的视图，可以显著提高某些类型查询（如聚合许多行的查询）的性能，但不适于经常更新的基本数据集；分区视图在一台或多台服务器间水平连接一组成员表中的分区数据，使得数据如同来自于一个表。

T-SQL 使用 CREATE VIEW 语句创建视图，使用 ALTER VIEW 语句修改视图定义，使用 DROP VIEW 语句删除视图；使用 SELECT 语句、UPDATE 语句、DELETE 语句分别查询、修改、删除视图数据（这些操作实际上都是对视图引用的基本表进行的）。

（3）索引是按 B 树存储的、关于记录的键值逻辑顺序与记录的物理存储位置的映射的一种数据库对象，其主要用途与优点是加速数据操作和保障实体完整性；主要缺点要占据更多的空间及其维护要耗费时间、空间资源。

按照索引与记录的存储模式，索引分为聚集索引与非聚集索引。聚集索引根据数据行的键值在表或视图中排序和存储这些数据行，每个表只有一个聚集索引；非聚集索引的每一行都包含非聚集索引键值和指向包含该键值的数据行的指针（行定位器），这些索引行按索引键值的顺序存储，但不保证数据行按任何特定顺序存储，一个表可有多个非聚集索引。进行 SELECT 操作时，聚集索引快于非聚集索引；进行 INSERT、UPDATE 操作时，聚集索引慢于非聚集索引。

按照用途，索引分为唯一索引、包含性列索引、索引视图、全文索引和 XML 索引。其中唯一索引确保索引键不含重复值，它可以是聚集的或非聚集的；包含性列索引包含键列和非键列，它是非聚集的；索引视图是建有唯一聚集索引的视图，它具体化视图并将结果集存储在聚集索引中。

索引设计包括，确定要使用的列，选择索引类型，选择索引选项，以及确定文件组或分区方案布置。应确保对性能的提高程度大于在存储空间和处理资源方面的代价。

T-SQL 使用 CREATE INDEX 语句创建索引，使用 DROP INDEX 语句删除索引。

（4）游标是一种从包括多条数据记录的结果集中每次提取一条记录以便处理的机制，可以看作查询结果的记录指针。主要用于提供对一个结果集进行逐行处理的能力。

根据处理特性，SQL Server 2016 将游标分为静态游标、动态游标、只进游标和键集驱动游标。其中，静态游标按照打开游标时的原样显示结果集，不反映游标打开后数据库中的任何更改，但消耗的资源相对很少；动态游标在滚动游标时，即时反映结果集中所做的所有更改，但消耗的资源较多；键集驱动游标的键集是打开游标时来自符合 SELECT 语句要求的所有行中的一组键值，滚动游标时，对非键集列中的数据值所做的更改可见，在游标外对数据库所做的插入不可见，它反映游标打开后数据库的更新的能力和资源消耗介于动态游标与静态游标之间。

根据用途，游标分为服务器游标（后台游标，包括 API 游标和 T-SQL 游标）和客户游标（前台游标）；根据移动方式，分为滚动游标和只进游标；根据结果集能否修改，分为只读游标和可写游标。

T-SQL 用 DECLARE CURSOR 语句声明游标（定义 T-SQL 服务器游标的属性，例如，游标的滚动行为和用于生成游标所操作的结果集的查询）；用 OPEN 语句打开游标（填充结果集）；用 FETCH 语句读取游标（从结果集返回行）；用 CLOSE 语句关闭游标（释放与游标关联的当前结果集）；用 DEALLOCATE 语句删除游标（释放游标所使用的资源）。

游标变量是与游标相关联的 cursor 类型局部变量。

习　题

1．名词解释

连接查询　子查询　无关子查询　相关子查询　统计查询　函数查询　视图　索引视图
索引　聚集索引　非聚集索引　行定位器　唯一索引　包含性列索引　静态游标
动态游标　只进游标　键集驱动游标　游标变量

2．简答题

（1）简述 SELECT 语句的基本结构。

（2）SELECT 语句中的<select_list>可以是哪些表达式？各举一例说明。

（3）SQL 连接查询的连接方式有哪些？各是什么含义？

（4）在含有两个及以上的 ON 关键字的 SELECT 语句中，JOIN 与其对应的 ON 的顺序如何？

（5）怎样将查询结果以文本方式输出到文件中或输出到新表中存储起来？

（6）简述视图的主要用途与优点。

（7）简述视图与基本表、查询的区别和联系。

（8）索引视图适用于哪些查询？不适合哪些查询？

（9）在 SQL Server 2016 中，游标分为哪 4 类？各有何特点？

（10）为什么游标声明之后要打开才能从其中读取数据？

3．应用题

设"教学库"数据库内有如下 4 个表：

系部表(D_DP int PRIMARY KEY, D_HEAD char(8))

学生表(S_NO int PRIMARY KEY,S_NAME char(10),S_AGE int,S_SEX char(10),

S_DP char(10) REFERENCES 系部表(D_DP))

课程表(C_NO int PRIMARY KEY,C_NAME char(12) NOT NULL,

C_DP char(10) REFERENCES 系部表(D_DP))

成绩表(S_NO int REFERENCES 学生表(S_NO),C_NO int REFERENCES 课程表(C_NO),

SC_G int PRIMARY KEY CLUSTERED (S_NO,C_NO))

（1）使用 SELECT 语句和聚合函数，统计教学库内各系部的男、女学生人数和男、女学生的平均年龄。

（2）分别使用查询设计器和 SQL 语句设计一个查询，根据指定的学生学号，从"教学库"数据库查询该生的姓名和各门功课的课程名、成绩。

（3）设计一个视图，根据指定的课程名，从"教学库"数据库查询所有学生修读该课程的成绩，要求按系部升序输出学生学号、姓名、课程名、成绩。

第 8 章 存储过程、触发器、事务

本章介绍 SQL Server 2016 的存储过程、触发器、事务的概念、特点、分类；用户存储过程和触发器的创建、使用、修改、删除；事务的结构与并发控制机制；死锁的预防等内容。本章的重点内容：存储过程和触发器的分类；用户存储过程和触发器的创建、使用、修改；存储过程的输入参数、输出参数及执行状态的传递；事务的构建与并发控制机制；死锁的预防。

通过本章学习，应达到下述目标。
- 理解存储过程、触发器、事务、批处理的基本概念；掌握存储过程和触发器的分类。
- 掌握用户存储过程和触发器的创建、使用、修改、删除；存储过程的参数传递。
- 掌握事务的构建及编码指导原则；死锁的预防；理解并发控制机制。

本章关于存储过程、触发器、事务的讨论都基于 MS SQL Server 2016。

8.1 存储过程

作为一种重要的数据库对象，存储过程在大型数据库系统中起着重要的作用。SQL Server 2016 不仅提供了用户自定义存储过程的功能，而且提供了许多可作为工具使用的系统存储过程。

8.1.1 存储过程概述

1. 存储过程的概念与优点

存储过程（Stored Procedure）是 SQL Server 服务器中一组预编译的 T-SQL 语句的集合，它以一个存储单元的形式保存在服务器上。可以将存储过程理解为数据库服务器上的一组封装的 T-SQL 命名程序块，可供用户、其他过程或触发器调用，向调用者返回数据或实现表中数据的更改以及执行特定的数据库管理任务。

使用 T-SQL 程序时，可用两种方法存储和执行程序：将程序存储在本地，并创建向 SQL Server 发送命令和处理结果的应用程序；将程序作为存储过程存储在 SQL Server 中，并创建执行存储过程和处理结果的应用程序。SQL Server 推荐使用第二种方法。原因在于与直接在应用程序内使用 T-SQL 语句相比，存储过程用途广泛，具有如下优点。

（1）提高应用程序的可移植性、可维护性。存储过程采用模块化组件式编程，保存在数据库中，独立于应用程序。数据库专业人员只要更新存储过程而无需修改应用程序，即可使 DBS 快速适应数据处理业务规则改变，从而极大地提高应用程序的可移植性；存储过程可在客户端重复调用，并可从存储过程内引用其他存储过程，这样可简化一系列复杂的数据处理逻辑，使得编写处理数据的应用程序趋于简单，并支持方便地将业务逻辑转换为应用程序逻辑，从而改进应用程序的可维护性。

（2）提高代码执行效率。创建存储过程时，系统对其进行语法检查、编译并加以优化，因此执行存储过程时，可以立即执行，速度很快。而从客户端执行 SQL 语句，因每次都必须

重新编译和优化，因而速度慢。其次，存储过程在第一次被执行后会在高速缓存中保留下来，以后调用并不需要再将存储过程从磁盘中装载，这样可以提高代码的执行效率。第三，存储过程在服务器上而非客户机上执行，存储过程和待处理的数据都放在同一台运行 SQL Server 的服务器上，使用存储过程查询本地数据效率高。另外，和一般的客户机比较，服务器往往是配置更高、性能更强的计算机，可以比客户机更快地处理 SQL 代码，因此，如果某一操作包含大量的 SQL 代码或被多次执行，那么存储过程要比 SQL 代码批处理的执行速度快很多。

（3）减少网络流量。存储过程时常会包含很多行 SQL 语句，但在客户计算机上调用该存储过程时，网络中传送的只是调用存储过程的语句，而不是多条 SQL 语句，不必像在应用程序直接使用 SQL 语句实现那样多次在服务器和客户机之间传输数据。

（4）提供安全机制。DBA 可以对执行某一存储过程的权限进行限制，从而实现对相应的数据访问权的限制，避免非授权用户对数据的访问，保证数据的安全。其次，如果所有开发人员和应用程序都使用同一存储过程，则所使用的代码都是相同的，从而不必反复建立一系列处理步骤，降低出错的可能性，保证数据的一致性，提高了代码的可重用性。第三，参数化存储过程有助于保护应用程序不受 SQL 代码的注入式攻击。

（5）支持延迟名称解析。可以创建引用尚不存在的表的存储过程。创建时只进行语法检查，直到第一次执行该存储过程时才对其进行编译。在编译过程中才解析存储过程中引用的所有对象。因此，如果语法正确的存储过程引用了不存在的表，仍可以成功创建；但如果引用的表不存在，则存储过程将在运行时失败。

2．存储过程的分类

（1）系统存储过程。系统存储过程是由数据库系统自身所创建的存储过程，目的在于能方便地从系统表中查询信息，为系统管理员管理 SQL Server 提供支持，为用户查看数据库对象提供方便。一些系统存储过程只能由系统管理员使用，而有些通过授权可以被其他用户所使用。从物理意义上讲，系统存储过程存储在 resource 数据库中，并且带有"sp_"前缀；从逻辑意义上讲，系统存储过程出现在每个系统定义数据库和用户定义数据库的 sys 构架中。在 SQL Server 2016 中，可将 GRANT、DENY 和 REVOKE 权限应用于系统存储过程。

（2）用户自定义存储过程。用户自定义存储过程又称本地存储过程，是用户根据特定功能的需要，在用户数据库中由用户所创建的存储过程。过程的名称不宜使用"sp_"前缀（便于与系统存储过程区别）。它是指封装了可重用代码的模块或例程，可以接受输入参数、向客户端返回结果和消息、调用数据定义语言（DDL）和数据操作语言（DML）语句，返回输出参数。在 SQL Server 2016 中，存储过程有两种类型：T-SQL 存储过程和 CLR（公共语言运行时）存储过程。T-SQL 存储过程是指保存的 T-SQL 语句集合；CLR 存储过程是指对 Microsoft .NET Framework 公共语言运行时方法的引用。本章后续内容所述存储过程，若无特别说明则均是指 T-SQL 存储过程。

（3）临时过程。临时过程只能在 tempdb 数据库中创建。数据库引擎支持两种临时过程：局部临时过程和全局临时过程。局部临时过程以"#"为前缀，只对创建该过程的连接可见（只能由创建者执行），在当前会话结束时将被自动删除；全局临时过程以"##"为前缀，连接到 SQL Server 的任何用户都能执行且不需特定权限，在使用该过程的最后一个会话结束时被删除，即创建全局临时过程的用户断开与 SQL Server 的连接时，系统检查是否有其他用户正在执行该全局临时过程，如果没有则立即删除该全局临时过程，否则系统让这些正在执行中的操作继续进行，但不允许任何用户再执行全局临时存储过程，等所有未完成的操作执行完毕后，全局临时存储过程自动被删除。但是，只要 SQL Server 停止运行，不管是局部临时过程还是全局临时过程都将自动被删除。

（4）扩展存储过程。扩展存储过程是在 SQL Server 环境之外编写、能被 SQL Server 实例动态加载和运行的动态链接库（DLL）。扩展存储过程以"xp_"为前缀，扩展了 T-SQL 的功能，直接在 SQL Server 实例的地址空间中运行，可使用 SQL Server 扩展存储过程 API 完成编程，使用方法与系统存储过程相似。

8.1.2　创建存储过程

创建存储过程实际是对存储过程进行定义的过程，主要包含存储过程名称及其参数的说明和存储过程的主体（其中包含 T-SQL 语句）两部分。

在 SQL Server 2016 中创建存储过程有两种方法：一种是直接使用 T-SQL 的 CREATE PROCEDURE 语句；另一种是借助 SSMS 提供的创建存储过程的命令模板（参见例 8-2）。建议读者尽量使用 CREATE PROCEDURE 语句创建存储过程。

（1）语法摘要。
```
CREATE {PROC|PROCEDURE} [schema_name.] procedure_name[;number]
    [{@parameter [type_schema_name.] data_type} [VARYING] [=default] [[OUT[PUT]][,...n]
    [WITH <procedure_option>[,...n]
    [FOR REPLICATION]
AS {<sql_statement>[;][...n]|<method_specifier>} [;]
```
其中：
```
<procedure_option>::= [ENCRYPTION] [RECOMPILE] [EXECUTE_AS_Clause]
<sql_statement>::= {[BEGIN] statements [END]}
<method_specifier>::= EXTERNAL NAME assembly_name.class_name.method_name
```
（2）参数摘要与说明。
- schema_name：过程所属架构的名称。如果未指定，则使用创建过程的用户的默认架构。
- procedure_name：存储过程名称，必须在架构中唯一。可在 procedure_name 前使用一个"#"号创建局部临时过程，使用"##"创建全局临时过程。不要以"sp_"为前缀创建任何存储过程（"sp_"前缀是 SQL Server 用来命名系统存储过程的，使用这样的名称可能会与以后的某些系统存储过程冲突）。存储过程或全局临时存储过程的完整名称（包括##）不能超过 128 个字符；局部临时存储过程的完整名称（包括#）不能超过 116 个字符。
- number：同名存储过程的编号。同一数据库中，可以创建一些同名的存储过程，该参数用于对名称相同的存储过程进行分组的可选整数。这样，使用一个 DROP PROCEDURE 语句可将这些分组过程一起删除。例如，应用程序 orders 可能使用名为 orderproc;1、orderproc;2 的过程。DROP PROCEDURE orderproc 语句将删除整个组（包括 orderproc;1 和 orderproc;2）。
- @parameter：过程中的参数。可声明多个参数。除非定义了参数的默认值或将参数设置为等于另一个参数，否则必须在调用过程时为每个参数提供值。存储过程最多可以有 2100 个参数。通过使用"@"符号作为第一个字符来指定参数名称。每个过程的参数仅用于该过程本身；其他过程中可使用相同的参数名称。默认情况下，参数只能代替常量表达式，而不能用于代替表名、列名或其他数据库对象的名称。如果指定了 FOR REPLICATION，则无法声明参数。

- [type_schema_name.]data_type：参数及所属架构的数据类型。除 table 外的其他所有数据类型均可用作 T-SQL 存储过程的参数。但 cursor 类型只能用于 OUTPUT 参数。如果指定了 cursor 类型，则还必须指定 VARYING 和 OUTPUT 关键字。可为 cursor 数据类型指定多个输出参数。如果未指定 type_schema_name，则 SQL Server 2016 数据库引擎按以下顺序引用 type_name：SQL Server 系统数据类型；当前数据库中当前用户的默认架构；当前数据库中的 dbo 架构。CLR 存储过程不能指定 char、varchar、text、ntext、image、cursor 和 table 作为参数。如果参数的数据类型为 CLR 用户定义类型，则必须对此类型有 EXECUTE 权限。对于带编号的存储过程，数据类型不能为 xml 或 CLR 用户定义类型。
- VARYING：指定作为输出参数支持的结果集。该参数由存储过程动态构造，其内容可能发生改变，仅适用于 cursor 参数。
- default：参数的默认值。定义了 default 值，则无需指定此参数的值即可执行存储过程。默认值必须是常量或 NULL。如果存储过程使用带 LIKE 关键字的参数，则可包含下列通配符：%、_、[]和[^]。
- OUTPUT：指示参数是输出参数。此选项的值可以返回给调用的 EXECUTE 的语句。使用 OUTPUT 参数将值返回给过程的调用方。除非是 CLR 过程，否则 text、ntext 和 image 参数不能用作 OUTPUT 参数。使用 OUTPUT 关键字的输出参数可以为游标占位符（CLR 过程除外）。
- RECOMPILE：指示数据库引擎不缓存该过程的计划，该过程在运行时编译。如果指定了 FOR REPLICATION，则不能使用此选项。对于 CLR 存储过程，不能指定 RECOMPILE。
- FOR REPLICATION：该选项指明了该存储过程只能在复制（Replication）过程中执行，该选项指定不能在订阅服务器上执行为复制创建的存储过程。如果指定了 FOR REPLICATION，则无法声明参数。对于 CLR 存储过程，不能指定 FOR REPLICATION。对于使用 FOR REPLICATION 创建的过程，忽略 RECOMPILE 选项。FOR REPLICATION 过程将在 sys.objects 和 sys.procedures 中包含 RF 对象类型。本书不涉及数据库的 Replication 操作和发送/订阅模式，因此初学者可以不用关注这个选项。
- <sql_statement>：要包含在过程中的一个或多个 T-SQL 语句。

（3）备注。

- T-SQL 存储过程大小的最大值为 128MB，其中的局部变量的最大数目仅受可用内存限制。
- 只能在当前数据库中创建用户定义存储过程（临时存储过程例外）。
- 在单个批处理中，CREATE PROCEDURE 语句不能与其他 T-SQL 语句组合使用。
- CREATE PROCEDURE 定义自身可包括任意数量和类型的 SQL 语句，但以下语句不能在存储过程中：CREATE AGGREGATE，CREATE RULE、CREATE DEFAULT，CREATE SCHEMA，CREATE 或 ALTER FUNCTION，CREATE 或 ALTER TRIGGER，CREATE 或 ALTER PROCEDURE，CREATE 或 ALTER VIEW，SET PARSEONLY，

SET SHOWPLAN_ALL，SET SHOWPLAN_TEXT，SET SHOWPLAN_XML，USE database_name。

- 其他数据库对象均可在存储过程中创建。可引用在同一存储过程中创建的对象，只要引用时已经创建了该对象即可。
- 存储过程中的任何 CREATE TABLE 或 ALTER TABLE 语句都将自动创建临时表。建议对于临时表中的每列，显式指定 NULL 或 NOT NULL。可在存储过程内引用临时表。如果在存储过程内创建本地临时表，则临时表仅为该存储过程而存在，退出该存储过程后，临时表将消失。
- 如果执行的存储过程调用另一个存储过程，则被调用的存储过程可访问由第一个存储过程创建的所有对象，包括临时表。
- 如果执行对远程 SQL Server 实例进行更改的远程存储过程，则不能回滚上述这些更改。远程存储过程不参与事务处理。
- 如果希望其他用户无法查看存储过程的定义，可使用 WITH ENCRYPTION 子句创建存储过程。这样，过程定义将以脚本（源码）不可读的形式存储。
- 创建存储过程时应指定：所有输入参数和向调用过程或批处理返回的输出参数；执行数据库操作（包括调用其他过程）的编程语句；返回至调用过程或批处理以表明成功或失败（以及失败原因）的状态值；捕获和处理潜在的错误所需的任何错误处理语句。

例 8-1 在数据库 FamilyFinancingSystem 中使用 CREATE PROCEDURE 语句创建一个不带参数的存储过程 proc_test，该存储过程显示 2019 年的所有收入项目。

```
USE FamilyFinancingSystem
GO
CREATE PROCEDURE proc_test
AS
SELECT FM.FamilyMemberName 姓名, FI.FinanceItemName 收支项,
FD.FinanceTypeKey 收支类型, FD.FinanceAmount 金额, FD.FinanceRemark 备注
    FROM FamilyMember FM JOIN FinanceDetail FD
    ON FM.FamilyMemberID = FD.FamilyMemberID
    JOIN FinanceItem FI ON    FD.FinanceItemKey = FI.FinanceItemKey
    WHERE FD.FinanceTypeKey = 'IN' AND YEAR(FD.input_date) = 2019 AND FD.is_deleted = 0
GO
```

例 8-1 是一个不带参数的简单存储过程。可以看出，如果过程体仅有一条 T-SQL 语句，可以省略过程体外围的 BEGIN 关键字和 END 关键字。较为复杂的带参数的存储过程将在后面介绍。从这个例子可以看出，存储过程可以看作一个包含了控制语句和 SQL 语句的、封装好的功能模块，可以在数据库服务器上直接运行。

例 8-2 使用 SSMS 的"对象资源管理器"提供的创建存储过程的命令模板创建存储过程，该存储过程完成与例 8-1 所创建的存储过程相同的任务。

步骤：在"对象资源管理器"窗口选择"数据库\FamilyFinancingSystem\可编程性\存储过程"命令，然后鼠标右键单击，在弹出的快捷菜单中选择"新建存储过程"命令，系统弹出查询编辑器窗口，该窗口提供了创建存储过程的命令模板，如图 8-1 所示。将模板的 CREATE

PROCEDURE 语句内容修改为例 8-1 中的代码，然后单击 SQL 编辑器工具栏中的"执行"按钮，关闭查询编辑器窗口。

图 8-1　"对象资源管理器"提供的创建存储过程的命令模板

建立存储过程的命令成功完成后，展开"对象资源管理器"中对应数据库节点下的"可编程性"节点下的"存储过程"节点，可看到新建立的存储过程。

8.1.3　调用存储过程

可以使用 T-SQL 的 EXECUTE 语句调用存储过程。

（1）语法摘要。

```
[{EXEC|EXECUTE}]
    { [@return_status=]
      {module_name[;number]|@module_name_var}
        [[@parameter=]{value|@variable [OUTPUT]|[DEFAULT]}][,...n]
        [WITH RECOMPILE] }[;]
```

（2）参数摘要与说明。

- @return_status：已在存储过程中声明过的整型变量，存储模块（存储过程）的返回状态。
- module_name：要调用的存储过程的名称，扩展存储过程的名称区分大小写。
- number：整数，用于对同名的过程分组，不能用于扩展存储过程。
- @module_name_var：局部变量名，代表模块名称。
- @parameter：module_name 的参数，与在模块中定义的相同。参数名称前必须加符号@。为避免将 NULL 参数值传递给不允许为 NULL 的列，可在模块中添加编程逻辑或使用该列的默认值（使用 CREATE 或 ALTER TABLE 语句中的 DEFAULT 关键字）。
- value：传递给模块或命令的参数值。如果参数名称没有指定，参数值必须以在模块中定义的顺序提供。如果参数值是一个对象名称、字符串或由数据库名称或架构名称限定，则整个名称必须用单引号括起来。如果参数值是一个关键字，则该关键字必须用双引号括起来。如果在模块中定义了默认值，用户执行该模块时可不必指定参数。

- **@variable**：用来存储参数或返回参数的变量。
- **OUTPUT**：指定模块或命令字符串返回一个参数。该模块或命令字符串中的匹配参数必须已使用关键字 OUTPUT 创建；使用游标变量作为参数时使用该关键字。如果 value 定义为对链接服务器执行的模块的 OUTPUT，则 OLEDB 访问接口对相应 @parameter 所执行的任何更改都将在模块执行结束时复制回该变量。使用 OUTPUT 的目的是若在调用模块的其他语句中使用其返回值，则参数值必须作为变量传递，如 @parameter=@variable。如果一个参数在模块中没有定义为 OUTPUT 参数，则不能通过对该参数指定 OUTPUT 执行模块。不能使用 OUTPUT 将常量传递给模块，返回参数需要变量名称。执行存储过程之前必须声明变量的数据类型并赋值。返回参数可以是 LOB 数据类型之外的任意数据类型。
- **DEFAULT**：根据模块的定义，提供参数的默认值。当模块需要的参数值没有定义默认值并且缺少参数或指定了 DEFAULT 关键字，会出现错误。
- **WITH RECOMPILE**：执行模块后强制编译。如果该模块存在现有查询计划，则该计划将保留在缓存中。如果所提供的参数为非典型参数或数据有很大改变，使用该选项。该选项不能用于扩展存储过程。建议尽量少使用该选项，因为它消耗较多系统资源。

（3）备注。
- 执行存储过程时，如果语句是批处理中的第一个语句，则可以不指定 EXECUTE 关键字。
- 可以使用 value 或 @parameter_name=value 提供参数。参数不是事务的一部分，因此，如果更改了以后将回滚的事务中的参数，参数值不会恢复为其以前的值。返回给调用方的参数值总是模块返回时的值。
- EXECUTE 还可以用于调用系统存储过程、标量值的用户定义函数或用户定义的扩展存储过程。

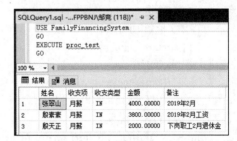

例 8-3 使用 EXECUTE 语句调用例 8-1 创建的存储过程，其结果如图 8-2 表示。语句如下所示。

```
USE FamilyFinancingSystem
GO
EXECUTE proc_test
GO
```

图 8-2 使用 EXECUTE 语句调用不带参数的存储过程

其中，EXECUTE 关键字也可以简写为 EXEC。

8.1.4 查看、修改存储过程

1. 查看存储过程代码

在 SQL Server 2016 中，有多种方法可以查看用户自定义数据库对象。下面介绍两类方便、快捷的方法。

（1）使用"对象资源管理器"。在"对象资源管理器"上用鼠标右键单击要查看的数据库对象，然后在自动弹出的快捷菜单中按如下顺序选择命令"编写××脚本为→CREATE 到→新查询编辑器窗口"（××表示数据库对象类别，如触发器、存触过程、表等），即可在查询编辑器窗口看到数据库对象的源代码等信息。

例 8-4　使用"对象资源管理器"查看 proc_test 存储过程。

步骤：选择下述命令，"对象资源管理器"→数据库→FamilyFinancingSystem→可编程性→存储过程→dbo.proc_test，鼠标右键单击，在弹出的快捷菜单中选择下述命令，编写存储过程脚本为→CREATE 到→新查询编辑器窗口，系统弹出一个新的查询编辑器窗口，其内的 CREATE PROCEDURE 语句内即包含了当前的存储过程 proc_test 的源代码，如图 8-3 所示。查看完代码后关闭查询编辑器窗口（不要执行程序）。

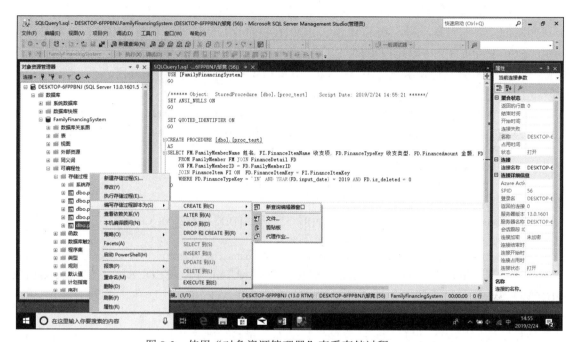

图 8-3　使用"对象资源管理器"查看存储过程 proc_test

另外，在图 8-3 中的快捷菜单中选择"修改"命令可以查看除 DDL 触发器以外的大部分数据库对象。

（2）使用系统存储过程 sp_helptext。存储过程被创建后，其名字存在系统表 sysobjects 中，源代码存在系统表 syscomments 中。用户可通过 SQL Server 提供的 sp_help、sp_helptext、sp_depends 等系统存储过程查看用户自定义的存储过程、触发器（DDL 触发器除外）的相关属性、源代码、关系依赖等信息。

● 语法摘要。

　　sp_helptext [@objname=]'object_name'

● 参数摘要与说明：[@objname=]''object_name'为架构范围内的用户定义对象名称。

● 备注：sp_helptext 在多行中显示创建对象的定义，每行含 255 个字符的 T-SQL 定义。

例 8-5　使用系统存储过程 sp_helptext 查看数据库中的 proc_test 存储过程，如图 8-4 所示。

　　sp_helptext proc_test

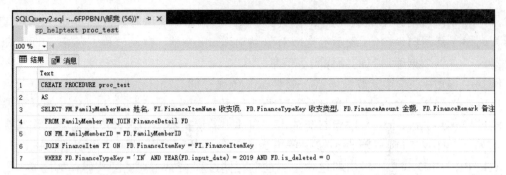

图 8-4　使用系统存储过程 sp_helptext 查看 proc_test 存储过程

2. 修改存储过程内容

如同创建存储过程一样，在 SQL Server 2016 中修改存储过程亦有两种方法：一种是直接使用 T-SQL 的 ALTER PROCEDURE 语句；另一种是借助 SSMS 提供的修改存储过程的命令模板（参见例 8-6）。建议用户使用 ALTER PROCEDURE 语句修改存储过程。

（1）语法摘要。

```
ALTER {PROC|PROCEDURE} [schema_name.] procedure_name[;number ]
    [{@parameter [type_schema_name.]data_type} [VARYING][=default] [[OUT[PUT]][,...n]
    [WITH <procedure_option>[,...n]]
    [FOR REPLICATION]
    AS {<sql_statement> [...n]|<method_specifier>}
```

其中，

```
<procedure_option>::= [ENCRYPTION] [RECOMPILE] [EXECUTE_AS_Clause]
<sql_statement>::= {[BEGIN] statements [END]}
<method_specifier>::=EXTERNAL NAME assembly_name.class_name.method_name
```

（2）参数摘要与说明：除 ALTER 关键字外，ALTER PROCEDURE 语句与 CREATE PROCEDURE 语句几乎同出一辙，各参数说明请见 CREATE PROCEDURE 语句。

（3）备注：不能将 T-SQL 存储过程修改为 CLR 存储过程，反之亦然。

例 8-6　使用 SSMS 提供的修改存储过程的命令模板修改例 8-1 创建的存储过程 proc_test。步骤如下：选择下述命令，"对象资源管理器"→数据库→FamilyFinancingSystem→可编程性→存储过程→dbo.proc_test，单击鼠标右键，在弹出的快捷菜单内选择"修改"命令，系统将弹出查询编辑器窗口，其内提供了修改存储过程的命令模板（图 8-5），将模板内关于存储过程 proc_test 的 ALTER PROCEDURE 语句内容修改为下列语句。

```
USE FamilyFinancingSystem
GO
ALTER PROCEDURE proc_test (@year int)
AS
SELECT  FM.FamilyMemberName 姓名, FI.FinanceItemName 收支项, FD.FinanceTypeKey 收支
类型, FD.FinanceAmount 金额, FD.FinanceRemark 备注
    FROM FamilyMember FM JOIN FinanceDetail FD
    ON FM.FamilyMemberID = FD.FamilyMemberID
    JOIN FinanceItem FI ON    FD.FinanceItemKey = FI.FinanceItemKey
    WHERE FD.FinanceTypeKey = 'IN' AND YEAR(FD.input_date) = @year AND FD.is_deleted = 0
GO
```

图 8-5 使用 SSMS 提供的修改存储过程命令模板修改存储过程

如果将上列语句直接输入 SSMS 的查询编辑器窗口并执行（即 ALTER PROCEDURE 语句），结果与采用上述步骤修改存储过程的效果一样。

3. 修改存储过程名称

尽管 SQL Server 允许使用"对象资源管理器"或系统存储过程 sp_rename 修改存储过程、函数、视图或触发器等数据库对象的名称，但这种修改操作不会更改 sys.sql_modules 类别视图的 definition 列中相应对象的名称。因此，建议不要直接重命名这些对象，而是应删除对象后使用新名称重新创建该对象。下面介绍两种修改存储过程名称的方法。

（1）使用"对象资源管理器"。在图 8-5 所示的"对象资源管理器"窗口中，鼠标右键单击要修改的存储过程，在弹出的快捷菜单内选择"重命名"命令，然后直接修改选定的存储过程的名称。

（2）使用系统存储过程 sp_rename。

● 语法摘要。

    sp_rename [@objname=]'object_name',[@newname=]'new_name'

● 参数摘要与说明。

  ➤ [@objname=]'object_name'：用户对象或数据类型的当前名称。如果要重命名的对象是表的列（或索引），则 object_name 的格式必须是 table.column（或 table.index）。

  ➤ [@newname=]'new_name'：指定对象的新名称。触发器名称不能以#或##开头。

● 备注：只能更改当前数据库中的对象名。大多数系统对象的名称都不能更改。

8.1.5 删除存储过程

不再需要的存储过程应该删除。如果一个存储过程调用某个已被删除的存储过程，SQL Server 2016 将在执行调用进程时显示一条错误消息。但如果定义了具有相同名称和参数的新存储过程来替换已被删除的存储过程，则引用该新定义的存储过程的其他过程仍能成功执行。

下面介绍两种删除存储过程的方法。

（1）使用 SSMS 窗口。在图 8-5 所示的"对象资源管理器"窗口中，鼠标右键单击要删除的存储过程，在弹出的快捷菜单内选择"删除"命令，然后在弹出的"删除对象"对话框内单击"确定"按钮。

（2）使用 T-SQL 的 DROP PROCEDURE 语句。

- 语法摘要。

DROP {PROC|PROCEDURE} {[schema_name.]procedure}[,...n]

- 参数摘要与说明。

  ➤ schema_name：过程所属架构的名称。不能指定服务器名称或数据库名称（这意味着只能删除当前数据库内的存储过程）。

  ➤ procedure：要删除的存储过程或存储过程组的名称。

- 备注：可使用 sys.objects 目录视图查看过程名称列表；使用 sys.sql_modules 目录视图显示过程定义。删除存储过程时，将从 sys.objects 和 sys.sql_modules 目录视图中删除有关该过程的信息。

不能删除编号过程组内的单个过程；但可删除整个过程组。

例 8-7　使用 DROP PROCEDURE 语句删除存储过程 proc_test。

DROP PROCEDURE proc_test

8.1.6　存储过程的参数和执行状态

存储过程与调用者之间数据的传递依赖存储过程的参数，可按需选择参数（包括输入参数和输出参数，由存储过程在创建时指定），或设置存储过程的返回状态。

在实际应用中，存储过程通常有一定的交互性，这就需要在调用存储过程时进行参数传递。参数用于在存储过程和函数以及调用存储过程或函数的应用程序或工具之间交换数据。T-SQL 中，存储过程的参数有两大类：一类是输入参数；一类是输出参数。

输入参数允许调用方将数据值传递到存储过程或函数内，存储过程或函数可以读取这个值。

输出参数由存储过程中的语句为其赋值，允许存储过程将数据值或游标变量传递回调用方（用户定义函数不能指定输出参数）。

每个存储过程向调用方返回一个整数代码，如果存储过程没有显式设置返回代码的值，则返回代码为 0。

执行存储过程或函数时，输入参数的值可为常量或变量。输出参数和返回代码必须将其值返回变量。参数和返回代码可以与 T-SQL 变量或应用程序变量交换数据值。

如果从批处理或脚本调用存储过程，则参数和返回代码值可使用在同一个批处理中定义的 T-SQL 变量。

1. 输入参数

定义存储过程时，可指定输入参数，以@作为参数名称的前置字符，声明若干个参数变量及其数据类型。一个存储过程可指定多达 2100 个参数。

参数的提供方式有两种，即位置标识和名字标识。位置标识即提供的参数顺序严格按过程定义时指定的参数顺序传递（这种方式可省略参数名，直接传递参数值），如例 8-9 所示；

名字标识（显式标识）提供参数时不仅指明参数的值，同时指明值所属的参数名，因而参数的顺序可以任意。

对于输入参数，还可以根据需要设置一个默认值，默认值必须为常量或者 NULL。如果调用存储过程的时候没有为对应的输入参数传递值，而该输入参数设置了默认值的话，则使用默认值。设置默认参数值只需在输入参数的输入类型后面采用"@parameter=default_value"的形式即可。执行存储过程时，除非指定了默认值，否则必须按输入参数的要求传递数据给存储过程。

其他相关语法请参见 8.1.2 节 CREATE PROCEDURE 语句的相关内容。

例 8-8　在数据库 FamilyFinancingSystem 中使用 CREATE PROCEDURE 语句创建一个带输入参数的存储过程 proc_init_user，该存储过程判断表 LoginUser 是否存在，如果不存在，则创建该表，并插入一行用户信息，其中用户编号、用户名称、密码通过输入参数进行传递，密码参数使用默认值"20-2C-B9-62-AC-59-07-5B-96-4B-07-15-2D-23-4B-70"，并将创建 LoginUser 表和向 LoginUser 表中插入数据作为一个事务处理。

```
USE FamilyFinancingSystem
GO
CREATE PROCEDURE proc_init_user (@LoginUserNo nvarchar(50),
@LoginUserName nvarchar(100),@LoginPassword nvarchar(100) =
N'20-2C-B9-62-AC-59-07-5B-96-4B-07-15-2D-23-4B-70')
AS
BEGIN
    DECLARE @ret1 int, @ret2 int
    IF NOTEXISTS (SELECT * FROM sysobjects WHERE id = object_id(N'[LoginUser]')
    AND OBJECTPROPERTY(id, N'IsUserTable') = 1)
    BEGIN
    BEGIN TRAN
        CREATE TABLE LoginUser(
            LoginUserID int IDENTITY(1,1) PRIMARY KEY,
            LoginUserNo nvarchar(50) NULL,
            LoginUserName nvarchar(100) NULL,
            LoginPassword nvarchar(100) NULL,
            LoginIsLocked bit NOT NULL,
            is_deleted bit NOT NULL,
            input_date datetime NOT NULL,
            input_user nvarchar(50) NOT NULL,
        )
        SET @ret1=@@error
        INSERT INTO LoginUser(LoginUserNo,LoginUserName,LoginPassword,LoginIsLocked,
            is_deleted,input_date,input_user)VALUES(@LoginUserNo,@LoginUserName,
            @LoginPassword,0,0, GETDATE(),@LoginUserNo)
        SET @ret2=@@error
        IF(@ret1=0 AND @ret2=0)
            COMMIT TRAN
        ELSE
            ROLLBACK TRAN
```

```
        END
    END
    GO
```

存储过程 proc_init_user 以变量@LoginUserNo、@LoginUserName 和@LoginPassword 作为过程的输入参数，在 SELECT 查询语句中分别对应 LoginUser 表中的字段 LoginUserNo、LoginUserName 和 LoginPassword，变量的数据类型与表中的字段类型一致。

对于带有输入参数的存储过程，调用时需要将参数对应的值写在存储过程名之后，有两种传递参数的方式。

第一种方式是在传递参数的时候，在存储过程名后提供需要传递的参数值列表，无需写存储过程中定义的参数名，系统会自动按照过程中参数的先后顺序为参数赋值，如果参数的个数或者数据类型不匹配，会报错。

第二种方式是在调用过程时不仅提供参数值，还指定该值所赋予的参数。这种情况下可以不按照参数顺序赋值。指定参数名的赋值形式为 papameter_name=value。

例 8-9 使用 EXECUTE 语句调用例 8-8 创建的带有输入参数的存储过程，并为其传递指定的参数。

使用第一种方法，代码如下：

```
USE FamilyFinancingSystem
GO
DECLARE @Password nvarchar(100), @UserName nvarchar(100)
SET @Password = '20-2C-B9-62-AC-59-07-5B-96-4B-07-15-2D-23-4B-70'
SET @UserName = '刘彩凤'
EXEC proc_init_user '1', @UserName, @Password
GO
```

使用第二种方法，代码如下：

```
USE FamilyFinancingSystem
GO
EXECUTE  proc_init_user  @LoginPassword='20-2C-B9-62-AC-59-07-5B-96-4B-07-15-2D-23-4B-70',
@LoginUserNo=1, @LoginUserName='刘彩凤'
GO
```

2. 输出参数

如果要在存储过程中返回计算结果给调用者，可在参数名称后使用 OUTPUT 关键字。同时，为了使用输出参数，必须在创建和执行存储过程时都使用 OUTPUT 关键字。

例 8-10 在数据库 FamilyFinancingSystem 中使用 CREATE PROCEDURE 语句创建一个带输入参数和输出参数的存储过程 proc_clean_financedetail_by_familymenberid。该存储过程彻底删除 FinanceDetail 表中指定的家庭成员 ID 且删除标记为 1 的行。其中指定的家庭成员 ID 通过输入参数传递，另设一输出参数，表示该删除操作删除了 FinanceDetail 表中多少行数据。代码如下：

```
USE FamilyFinancingSystem
GO
CREATE PROCEDURE proc_clean_financedetail_by_familymenberid (@FamilyMemberId int,
@Cnt int OUTPUT)
AS
```

```
        BEGIN
            DELETE FROM FinanceDetail WHERE FamilyMemberId = @FamilyMemberId AND is_deleted = 1
            SET @Cnt = @@ROWCOUNT
        END
        GO
```

例 8-10 创建的存储过程 proc_clean_financedetail_by_familymenberid 中，输出参数（用 OUTPUT 关键字标明）是变量@Cnt。它是存储过程执行后删除了 FinanceDetail 表中多少行数据的变量。

例8-11　在数据库 FamilyFinancingSystem 中使用 CREATE PROCEDURE 语句创建一个带输入参数和输出参数的存储过程 proc_get_amout。该存储过程在表 FinanceDetail 的有效记录中查询指定时间段的家庭收支剩余金额。其中指定时间段通过两个输入参数表示，剩余金额通过一个输出参数表示。

```
        USE FamilyFinancingSystem
        GO
        CREATE PROCEDURE proc_get_amout (@dt1 datetime, @dt2 datetime,
        @amout decimal(18,2) OUTPUT)
        AS
        BEGIN
            IF @dt1 IS NULL OR @dt2 IS NULL OR @amout IS NULL RETURN -1
            DECLARE @ret1 decimal(18,2), @ret2 decimal(18,2)
            SELECT @ret1 = SUM(ISNULL(FD.FinanceAmount,0)) FROM FinanceDetail FD WHERE
            FD.FinanceTypeKey = 'IN' AND FD.input_date BETWEEN @dt1
            AND @dt2 AND FD.is_deleted = 0
            SELECT @ret2 = SUM(ISNULL(FD.FinanceAmount,0)) FROM FinanceDetail FD WHERE
            FD.FinanceTypeKey = 'OUT' AND FD.input_date BETWEEN @dt1 AND @dt2
            AND FD.is_deleted = 0
            SET @amout = @ret1 - @ret2
            RETURN 0
        END
        GO
```

如果存储过程中带有输出参数，调用存储过程时，输出参数只能传递变量，变量在使用前需要使用 DECLARE 语句定义。调用时需要在输出参数的变量名后加 OUTPUT 关键字；调用完毕后，可以使用 SELECT 语句查询输出参数的值。

DECLARE 关键字用于建立局部变量。在建立局部变量时，要指定局部变量名称及变量类型，并以@为前缀。一旦变量被声明，其值会先被设为 NULL。

在存储过程和调用程序中可以为 OUTPUT 参数使用不同或相同的变量名。

例8-12　使用 EXECUTE 语句调用例 8-11 创建的带有输出参数的存储过程 proc_get_amout，并在调用后查询输出参数的值，其结果如图 8-6 表示。

```
        USE FamilyFinancingSystem
        GO
        DECLARE @res decimal(18,2)
        EXEC proc_get_amout '2019-01-01', '2019-12-31', @res OUTPUT
```

```
SELECT @res
GO
```

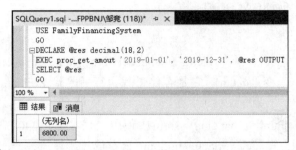

图 8-6　使用 EXECUTE 语句调用带参数的存储过程

3．返回存储过程执行状态

在存储过程的代码中，使用 RETURN 关键字可以无条件退出存储过程而回到调用程序，也可用于退出处理。存储过程执行到 RETURN 语句即停止执行，并回到调用程序中的下一个语句，因而可以使用 RETURN 语句传回存储过程的执行状态。

存储过程在执行后都会返回一个整型值，称为"返回代码值"，表示存储过程的执行状态。RETURN 传回的值必须是一个整数、常数、变量或表达式值。如果存储过程没有使用 RETURN [integer_expression]显式指定表示执行状态的返回值，则 SQL Server 返回 0 表示执行成功；返回-1～-99 之间的整数表示执行失败。例如，返回-1 表示找不到对象，-2 表示数据类型错误，-5 表示语法错误等。也可以在存储过程中使用 RETURN 语句指定一个返回值。在实际应用中，自定义存储过程返回值的情况较少。例如，例 8-11 创建的存储过程 proc_get_amout 检查是否提供了输入参数的值，如果没有，则返回-l，返回 0 表示查到符合输入参数规定的相关记录。

8.1.7　重新编译存储过程

存储过程和触发器所用的查询只在编译时进行优化。如果对数据库进行了索引或其他会影响数据库统计的更改操作后，已编译的存储过程和触发器可能会失去效率，对于这种情况，通过对作用于表上的存储过程和触发器进行重新编译，可以重新优化查询。

SQL Server 2016 重新启动后第一次运行存储过程或存储过程使用的基础表发生变化时，自动执行优化。但如果添加了存储过程可能从中受益的新索引，将不自动执行优化，直到下次 SQL Server 重新启动再运行该存储过程，此时，强制在下次执行存储过程时对其重新编译会很有用。

SQL Server 中，强制重新编译存储过程的方式有以下三种。

（1）使用系统存储过程 sp_recompile 强制在下次执行某存储过程时对其重新编译。格式为

```
sp_recompile [@objname=]'object'
```

（2）创建存储过程时在其定义中指定 WITH RECOMPILE 选项，指明 SQL Server 不为该存储过程缓存计划，每次执行该存储过程时对其重新编译。当存储过程的参数值在各次执行间都有较大差异，导致每次均需创建不同的执行计划时，可使用 WITH RECOMPILE 选项。此选项并不常用，因为每次执行存储过程时都必须对其重新编译，这样会导致存储过程的执行变慢。

（3）通过指定 EXECUTE 语句的 WITH RECOMPILE 选项，强制在执行存储过程时对其重新编译。仅当所提供的参数是非典型参数，或自创建该存储过程后数据发生显著变化时，才应使用此选项。

SQL Server 2016 引入了对存储过程执行语句级重新编译功能。SQL Server 2016 重新编译存储过程时，只编译导致重新编译的语句，而不编译整个过程。因此，SQL Server 重新生成查询计划时，使用重新编译过的语句中的参数值。这些值可能与那些原来传递至过程中的值不同。

例 8-13　使用 sp_recompile 强制使存储过程 proc_get_amout 在下次运行时重新编译。语句如下：

```
sp_recompile proc_get_amout
```

8.2　触发器

触发器是一种特殊的存储过程，主要用于处理复杂的数据处理业务规则或要求。

8.2.1　触发器的概念、特点与用途

触发器是数据库中发生特定事件时自动执行的特殊存储过程，不能由用户直接调用。

如果在数据库中定义了相应的触发器，当发生 DML（数据操作语言）事件（如针对表或视图的 INSERT、UPDATE 或 DELETE 语句操作）或 DDL（数据定义语言）事件（如 CREATE、ALTER 或 DROP 语句操作）时，SQL Server 2016 会自动执行相应的触发器所定义的 SQL 语句，从而确保对数据的处理必须符合由这些 SQL 语句所定义的规则。

作为一种特殊的、能自动触发执行的存储过程，触发器可以完成存储过程能完成的功能，但它具有自己的特点，如下所述。

- 触发器是自动的，它们在事件发生之后立即被激活。这使得它可以及时侦测到数据库内的相关操作并采取相应的措施，但也使得它要占用较多的系统资源。
- 触发器不能通过名称被直接调用，也不允许带参数。触发器被激活是由事件触发的自动执行的行为。
- DML 触发器与表紧密相连，可看作表定义的一部分，它基于某一个表创建，但可对多个表进行操作，实现数据库中相关表的级联更改。
- 触发器可以用于实施更为复杂的数据完整性约束。
- 触发器可以评估数据修改前后的表状态，并根据其差异采取对策。
- SQL Server 允许为特定语句创建多个触发器，对于同一个语句可有多个不同的对策响应。

触发器可以用于实现以下功能。

- 强化约束：这是触发器最主要的用途和优点。触发器主要用于实现由主键和外键所不能保证的复杂的参照完整性和数据一致性，还能够实现比 CHECK 语句更为复杂的约束（例如，CHECK 约束不能引用其他表中的列来完成检查工作，而触发器可以）。
- 跟踪变化：触发器可以侦测数据库内的操作，从而不允许未经许可的特定更新和变化。
- 运行级联：触发器可以侦测数据库内的操作，并自动地级联影响整个数据库的各项内容。例如，A 表的触发器中包含有对 B 表的数据操作（如，删除、更新、插入），该

操作又将导致 B 表的触发器被触发。

- 调用过程：为了响应数据库更新，触发器可以调用一个或多个存储过程，甚至可以通过外部过程的调用，从而在数据库管理系统本身之外进行操作。

8.2.2 触发器的类型

SQL Server 包括两大类触发器：DML 触发器和 DDL 触发器。

1. DML 触发器

当数据库中发生 DML 事件时将调用 DML 触发器。DML 触发器可以查询其他表，还可以包含复杂的 T-SQL 语句，将触发器和触发它的语句作为可在触发器内回滚的单个事务对待，如果检测到错误（例如磁盘空间不足），则整个事务即自动回滚。

DML 触发器在以下方面非常有用：

- DML 触发器可通过数据库中的相关表实现级联更改。不过，通过级联引用完整性约束可以更有效地进行这些更改。
- DML 触发器可以防止恶意或错误的 INSERT、UPDATE 以及 DELETE 操作，并强制执行比 CHECK 约束定义的限制更为复杂的其他限制（例如，DML 触发器可以引用其他表中的列）。
- DML 触发器可以评估数据修改前后表的状态，并根据该差异采取措施。
- 一个表中的多个同类 DML 触发器（INSERT、UPDATE 或 DELETE）允许采取多个不同的操作来响应同一个修改语句。

SQL Server 数据库中的 DML 触发器按被激活的时机可以分为以下两种类型。

（1）AFTER 触发器，又称为后触发器。该类触发器是在更新语句，即语句中指定的所有操作（包括所有的引用级联操作和约束检查）都已成功完成之后才被触发执行。如果更新语句因故失败，触发器将不会执行。此类触发器只能定义在表上，不能创建在视图上。可以为每个触发操作（INSERT、UPDATE 或 DELETE）创建多个 AFTER 触发器。

（2）INSTEAD OF 触发器，又称为替代触发器。此类触发器在数据变动以前被触发，代替触发操作被执行（触发器执行时并不执行其所定义的 INSERT、UPDATE 或 DELETE 操作，而仅是执行触发器本身）。该类触发器可在表或视图上定义。对于每个触发操作（INSERT、UPDATE 和 DELETE）只能定义一个 INSTEAD OF 触发器。

2. DDL 触发器

DDL 触发器是 SQL Server 2016 的新增功能。像常规触发器一样，DDL 触发器将激发存储过程以响应事件。但与 DML 触发器不同的是，它们不会为响应针对表或视图的 UPDATE、INSERT 或 DELETE 语句而触发，而是为响应多种 DDL 语句（主要是以 CREATE、ALTER 和 DROP 开头的语句）而激发。

DDL 触发器可用于管理任务，例如审核和控制数据库操作。如果要执行以下操作，可使用 DDL 触发器：要防止对数据库架构进行某些更改；希望根据数据库中发生的操作以响应数据库架构中的更改；要记录数据库架构中的更改或事件。

触发器的作用域取决于事件。例如，数据库中发生 CREATE TABLE 事件时会触发为响应 CREATE TABLE 事件创建的 DDL 触发器；服务器中发生 CREATE LOGIN 事件时会触发为响应 CREATE LOGIN 事件创建的 DDL 触发器。

仅在运行触发 DDL 触发器的 DDL 语句后，DDL 触发器才会被激发。DDL 触发器无法作为 INSTEAD OF 触发器使用。DDL 触发器不支持执行类似 DDL 操作的系统存储过程。

用户可以设计在运行一个或多个特定 T-SQL 语句后触发的 DDL 触发器，也可以设计在执行属于一组预定义的相似事件的任何 T-SQL 事件后触发的 DDL 触发器。例如，如果希望在运行 CREATE TABLE、ALTER TABLE 或 DROP TABLE 语句后触发的 DDL 触发器，则可以在 CREATE TRIGGER 语句中指定 FOR DDL_TABLE_EVENTS。

数据库范围内的 DDL 触发器都作为对象存储在创建它们的数据库中。

8.2.3　创建触发器

1. 与 DML 触发器相关的逻辑表

DML 触发器使用 Deleted 和 Inserted 逻辑表。它们是特殊的临时表，在结构上类似于定义了触发器的表（即对其尝试执行了用户操作的表）。

这两个表都存在于高速缓存中，包含了在激发触发器的操作中插入或删除的所有记录。用户可以使用这两个临时表来检测某些修改操作所产生的效果。例如，可以使用 SELECT 语句来检查 INSERT 和 UPDATE 语句执行的插入操作是否成功，触发器是否被这些语句触发等。但不允许用户直接修改 Inserted 表和 Deleted 表中的数据。

例如，若要检索 Deleted 表中的所有值，可以使用 "SELECT * FROM Deleted" 语句。

Inserted 表存储着被 INSERT 和 UPDATE 语句影响的新的数据记录。当用户执行 INSERT 和 UPDATE 语句时，新数据记录的备份被复制到 Inserted 临时表中。

Deleted 表存储着被 DELETE 和 UPDATE 语句影响的旧数据记录。在执行 DELETE 和 UPDATE 语句过程中，指定的旧数据记录被用户从基本表中删除，然后转移到 Deleted 表中。

表 8-1 是对以上两个虚拟表在三种不同的数据操作过程中表中记录发生的情况的说明。

表 8-1　Deleted 表、Inserted 表在执行触发器时记录发生的情况

T-SQL 语句	Deleted 表	Inserted 表
INSERT	空	新增加的记录
UPDATE	旧记录	新记录
DELETE	删除的记录	空

UPDATE 操作涉及以上两个表，因为典型的 UPDATE 事务实际上由两个操作组成：首先将旧的数据记录从基本表中转移到 Deleted 表，紧接着将新的数据行同时插入基本表和 Inserted 表。

2. 创建触发器

创建一个触发器，内容主要包括指定触发器名称、与触发器关联的表或视图（DML 触发器）、触发器的作用域、激发触发器的语句和条件、触发器应完成的操作等。

在 SQL Server 2016 中创建触发器有两种方法：一种是直接使用 T-SQL 的 CREATE TRIGGER 语句，另一种是借助 SSMS 提供的创建触发器的命令模板。建议用户尽量使用 CREATE TRIGGER 语句创建触发器。

（1）语法摘要。

● 创建 DML 触发器。

```
CREATE TRIGGER [schema_name.]trigger_name    ON {table|view}
    [WITH <trigger_option>[,...n]]
    {FOR|AFTER|INSTEAD OF} {[INSERT][,][UPDATE][,][DELETE]}
    [NOT FOR REPLICATION]
AS {sql_statement[;][...n]|EXTERNAL NAME <method specifier[;]>}
```

● 创建 DDL 触发器。

```
CREATE TRIGGER trigger_name    ON {ALL SERVER|DATABASE}
    [WITH <trigger_option>[,...n]]
    {FOR|AFTER} {event_type|event_group}[,...n]
AS {sql_statement[;][...n]|EXTERNAL NAME <method specifier>[;]}
```

● 其中：

```
<trigger_option>::= [ENCRYPTION] [EXECUTE AS Clause]
<method_specifier>::= assembly_name.class_name.method_name
```

（2）参数摘要与说明。

● schema_name：DML 触发器所属架构的名称。DML 触发器的作用域是为其创建该触发器的表或视图的架构。对于 DDL 触发器，无法指定 schema_name。

● trigger_name：触发器名称，不能以#或##开头。

● table|view：要对其执行 DML 触发器的表或视图。视图只能被 INSTEAD OF 触发器引用。

● {ALL SERVER|DATABASE}：将 DDL 触发器的作用域应用于当前服务器（ALL SERVER 选项）或当前数据库（DATABASE 选项）。如果指定此参数，则只要当前服务器中的任何位置或当前数据库中出现 event_type 或 event_group，就会激发该触发器。

● ENCRYPTION：对创建 CREATE TRIGGER 语句的文本进行加密。

● EXECUTE AS：指定用于执行该触发器的安全上下文。允许用户控制 SQL Server 实例用于验证被触发器引用的任意数据库对象的权限的用户账户。

● AFTER：指定 DML 触发器是后触发器。如果仅指定 FOR 关键字，则 AFTER 为默认值。不能对视图定义 AFTER 触发器。

● INSTEAD OF：指定 DML 触发器是替代触发器，其优先级高于触发语句的操作。不能为 DDL 触发器指定 INSTEAD OF。不可用于使用 WITH CHECK OPTION 的可更新视图。对于表或视图，每个 INSERT、UPDATE 或 DELETE 语句最多定义一个 INSTEAD OF 触发器。

● {[DELETE][,][INSERT][,][UPDATE]}：指定数据修改语句。这些语句可在 DML 触发器对此表或视图进行尝试时激活该触发器。必须至少指定一个选项。允许使用上述选项的任意顺序组合。

　　对于 INSTEAD OF 触发器，不允许对具有指定级联操作 ON DELETE 的引用关系的表使用 DELETE 选项，不允许对具有指定级联操作 ON UPDATE 的引用关系的表使用 UPDATE 选项。

● event_type：执行之后将导致激发 DDL 触发器的 T-SQL 语言事件的名称。

● event_group：预定义的 T-SQL 语言事件分组的名称。执行任何属于 event_group 的 T-SQL 语言事件之后，都将激发 DDL 触发器。

● NOT FOR REPLICATION：指示当复制代理修改涉及到触发器的表时，不应执行触发器。

● sql_statement：触发条件和操作。用于确定尝试的 DML 或 DDL 语句是否导致执行触发器操作。尝试 DML 或 DDL 操作时，将执行 T-SQL 语句中指定的触发器操作。触发器几乎可包含任意数量和种类的 T-SQL 语句，但有例外。

DML 触发器使用 Deleted 和 Inserted 逻辑（概念）表。

DDL 触发器通过使用 EVENTDATA 函数来获取有关触发事件的信息（该函数返回一个 xml 值，包含：事件时间；执行了触发器的连接的系统进程 ID（SPID）；激发触发器的事件类型）。

- <method_specifier>：对于 CLR 触发器，指定程序集与触发器绑定的方法。该方法不能带任何参数，且必须返回空值。class_name 必须是有效的 SQL Server 标识符，且该类必须存在于可见程序集中。如果该类有一个使用"."来分隔命名空间部分的命名空间限定名称，则类名必须用[]或" "分隔符分隔。该类不能为嵌套类。

（3）备注。

- 关于 DML 触发器，说明如下。

CREATE TRIGGER 必须是批处理中的第一条语句，并且只能应用于一个表。

触发器只能在当前的数据库中创建，但可引用当前数据库的外部对象。

如果指定了触发器架构名称来限定触发器，则将以相同的方式限定表名称。

同一条 CREATE TRIGGER 语句中可为多种操作（如 INSERT 和 UPDATE）定义相同的触发器操作。

如果一个表的外键包含对定义的 DELETE 或 UPDATE 操作的级联，则不能为表定义 INSTEAD OF DELETE/UPDATE 触发器。

触发器内可指定任意的 SET 语句。其设置仅在触发器执行期间有效，然后恢复为原设置。

触发器执行的结果将返回给执行调用的应用程序。若要避免由于触发器触发而向应用程序返回结果，则不要包含返回结果的 SELECT 语句，也不要包含在触发器中执行变量赋值的语句。如果必须在触发器中对变量赋值，则应在触发器开头使用 SET NOCOUNT 语句以避免返回任何结果集。

TRUNCATE TABLE 语句无法引发 DELETE 触发器，因为 TRUNCATE TABLE 语句是无日志记录的。

WRITETEXT 语句不触发触发器。

DML 触发器中不允许使用下列 T-SQL 语句：ALTER DATABASE、CREATE DATABASE、DROP DATABASE、LOAD DATABASE、LOAD LOG、RECONFIGURE、RESTORE DATABASE、RESTORE LOG。

如果对作为触发操作目标的表或视图使用 DML 触发器，则不允许在该触发器的主体中使用下列 T-SQL 语句：CREATE INDEX、ALTER INDEX、DROP INDEX、DBCC DBREINDEX、ALTER PARTITION FUNCTION、DROP TABLE；以及用于执行以下操作的 ALTER TABLE：添加、修改或删除列，切换分区，添加或删除 PRIMARY KEY 或 UNIQUE 约束。

- 对于 DDL 触发器：与 DML 触发器不同，DDL 触发器的作用域不是架构，因此，不能将 OBJECT_ID、OBJECT_NAME、OBJECTPROPERTY 和 OBJECTPROPERTYEX 用于查询有关 DDL 触发器的元数据。
- 一般性问题叙述如下。

多个触发器：SQL Server 2016 允许为每个 DML 或 DDL 事件创建多个触发器。例如，如果为已经有了 UPDATE 触发器的表执行语句 CREATE TRIGGER FOR UPDATE，则将再创建一个 UPDATE 触发器。

递归触发器：如果使用 ALTER DATABASE 启动了 RECURSIVE_TRIGGERS 设置，则 SQL Server 允许递归调用触发器（可以是间接递归或直接递归）。禁用 RECURSIVE_TRIGGERS 设置，只能阻止直接递归。若要同时禁用间接递归，应使用 sp_configure 将 nested triggers 服务器选项设置为 0。

嵌套触发器：触发器最多可以嵌套 32 级。如果链中任一触发器引发无限循环，则会超出嵌套级限制而导致取消触发器。若要禁用嵌套触发器，请用 sp_configure 将 nested triggers 选项设为 0（关闭）。关闭嵌套触发器，则不管 RECURSIVE_TRIGGERS 设置如何，都同时禁用递归触发器。

如果任一触发器执行了 ROLLBACK TRANSACTION，则无论嵌套多少级，都不再执行其他触发器。

延迟名称解析：SQL Server 允许 T-SQL 存储过程、触发器和批处理引用编译时不存在的表。

例 8-14 创建 DML 触发器。使用 SSMS 的对象资源管理器提供的创建触发器的命令模板，为 LoginUser 表建一个触发器，用于禁止删除 LoginUserID 为 1 的用户。

步骤：选择下述命令，"对象资源管理器"→数据库→FamilyFinancingSystem→表→LoginUser→触发器，鼠标右键单击，在弹出的快捷菜单中选择"新建触发器"命令，系统将弹出查询编辑器窗口，内有创建触发器的命令模板（图 8-8），用以下语句取代模板中的 CREATE TRIGGER 语句，单击"执行"按钮，关闭查询编辑器窗口。

```
USE FamilyFinancingSystem
GO
CREATE TRIGGER OnLoginUserDelete ON LoginUser AFTER DELETE
AS
    SET NOCOUNT ON;
    DECLARE @LoginUserID int, @LoginUserName nvarchar(100)
    SELECT @LoginUserID = LoginUserID, @LoginUserName = LoginUserName FROM Deleted
    IF @LoginUserID = 1
    BEGIN
        RAISERROR(N'禁止删除该用户信息',16,1)
        PRINT (N'用户 ID = '+ LTRIM(STR(@LoginUserID)));
        PRINT (N'用户名  = '+ LTRIM(@LoginUserName));
        ROLLBACK TRANSACTION
    END
GO
```

DML 触发器 OnLoginUserDelete 创建后，执行如下语句，

```
DELETE FROM LoginUser WHERE LoginUserID = 1
```

该语句试图在表 LoginUser 中删除 LoginUserID 为 1 的行，触发器会给出如图 8-7 所示的提示。

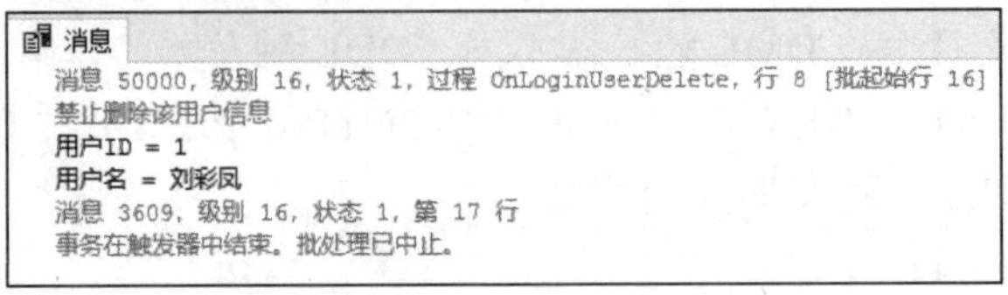

图 8-7　例 8-14 的触发器执行结果

　　也可将例 8-14 所列语句直接写入查询编辑器窗口，然后执行，效果与采用模板方式一样，如图 8-8 所示。

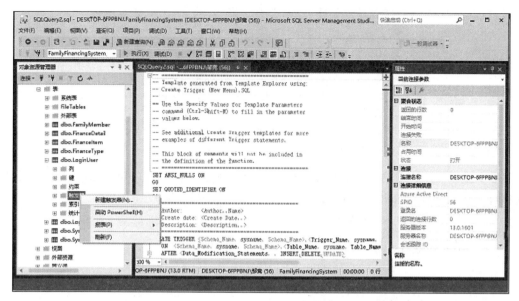

图 8-8　使用 SSMS 提供的新建触发器模板创建触发器

　　例 8-15　创建一个施加在用户登录日志表 LoginUserActionLog 上的 DML 触发器，当对该表执行插入行和更新行时，如果输入日期列为 NULL，则自动设置为当前日期时间。

```
USE FamilyFinancingSystem
GO
CREATE TRIGGER Insert_LoginUserActionLog_Trigger ON LoginUserActionLog AFTER INSERT,
UPDATE
AS
BEGIN
    DECLARE @Input_Date datetime, @LoginUserOperateLogID int
    SELECT @Input_Date = Input_Date, @LoginUserOperateLogID = LoginUserOperateLogID
        FROM Inserted
    IF @Input_Date IS NULL
        UPDATE LoginUserActionLog SET Input_Date = GETDATE() WHERE
                LoginUserOperateLogID = @LoginUserOperateLogID
END
GO
```

　　触发器 Insert_LoginUserActionLog_Trigger 创建后，向 LoginUserActionLog 表插入一行数据，不包含 Input_Date 列的值，语句如下：

```
INSERT INTO LoginUserActionLog(LoginUserName, ActionType, ActionLog, Is_Deleted, Input_User)
VALUES (N'楚留香', N'登录', N'登录成功', 0, N'楚留香')
```

　　插入上述语句中的数据行后，查询 LoginUserActionLog 表，发现新增的这行数据被触发器自动将 Input_Date 列值设为了当前日期时间，如图 8-9 所示。

　　在 UPDATE 触发器内，可使用 UPDATE 函数判断触发器所施加的表中是否更新了指定的列值。

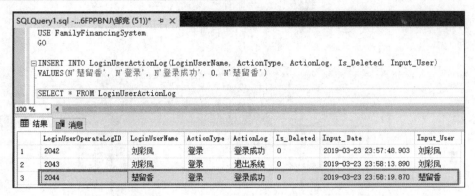

图 8-9 触发器 Insert_LoginUserActionLog_Trigger 的执行效果

例 8-16 编写一个施加在 FinanceItem 表上的触发器，当该表的 FinanceItemKey 列的值发生变更时，将 FinanceDetail 表中对应行的 FinanceItemKey 列的值也同时更新为新值。

```
USE FamilyFinancingSystem
GO
CREATE TRIGGER Update_FinanceItem_Trigger ON FinanceItem FOR UPDATE
AS
    DECLARE @FinanceItemKey_New nvarchar, @FinanceItemKey_Old nvarchar
    IF (UPDATE(FinanceItemKey))
    BEGIN
        SELECT @FinanceItemKey_New = FinanceItemKey FROM Inserted
        SELECT @FinanceItemKey_Old = FinanceItemKey FROM Deleted
        UPDATE FinanceDetail SET FinanceItemKey = @FinanceItemKey_New
        WHERE FinanceItemKey = @FinanceItemKey_Old
    END
GO
```

触发器"Update_FinanceItem_Trigger"创建后，如果执行如下更新语句：

```
UPDATE FinanceItem SET FinanceItemKey = 100 WHERE    FinanceItemKey = 10
```

则在表 FinanceItem 中的数据行原本 FinanceItemKey 为 10 的列值更新为 100 的同时，表 FinanceDetail 中的数据行原本 FinanceItemKey 为 10 的列值也会自动更新为 100。

例 8-17 创建 DDL 触发器。为数据库"FamilyFinancingSystem"创建一个 DDL 触发器，用于禁止对库中任何一个表进行删除或修改表结构的操作。将以下语句写入查询编辑器窗口，然后执行即可。

```
USE FamilyFinancingSystem
GO
CREATE TRIGGER Forbidden_Alter_Drop_Table ON DATABASE FOR ALTER_
TABLE,DROP_TABLE
   AS   RAISERROR('本库禁止删除表或修改表结构的操作!',16,1) WITH NOWAIT
       ROLLBACK
GO
```

图 8-10 是"Forbidden_Alter_Drop_Table"DDL 触发器建成后，试图修改数据库"FamilyFinancingSystem"内的"LoginUserActionLog"结构或删除"LoginUserActionLog"而触发执行触发器后的信息提示。

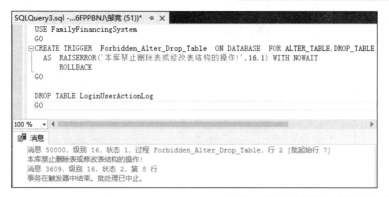

图 8-10　"Forbidden_Alter_Drop_Table" DDL 触发器禁止删除表操作的执行结果

8.2.4　维护触发器

维护触发器是指触发器的查看、禁用、启用、修改、重命名以及删除等操作。

1. 查看触发器

8.1.4 节"查看存储过程代码"部分所列的方法也适用于查看触发器。

例 8-18　使用"对象资源管理器"查看"禁改表结构"DDL 触发器。

步骤：选择下述命令，"对象资源管理器"→数据库→FamilyFinancingSystem→可编程性→数据库触发器→Forbidden_Alter_Drop_Table，鼠标右键单击，在弹出的快捷菜单中选择"编写数据库触发器脚本为→CREATE 到→新查询编辑器窗口"命令，系统弹出一个新的查询编辑器窗口，其内的 CREATE　TRIGGER 语句内包含了当前"Forbidden_Alter_Drop_Table"触发器的源代码，如图 8-11 所示。查看完毕后关闭查询编辑器窗口（不要执行）。

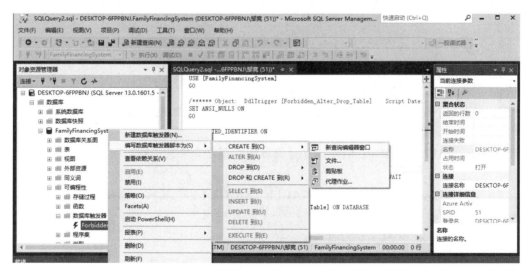

图 8-11　使用"对象资源管理器"查看"禁改表结构" DDL 触发器

例 8-19　使用系统存储过程 sp_helptext 查看"OnLoginUserDelete" DML 触发器的源代码。语句如下：

```
sp_helptext OnLoginUserDelete
```

代码执行后的显示结果如图 8-12 所示。

图 8-12　使用 sp_helptext 查看触发器源代码

例 8-20　使用系统存储过程 sp_depends 查看"OnLoginUserDelete"DML 触发器的关系依赖，语句如下：

　　　　sp_depends OnLoginUserDelete

代码执行后的显示结果如图 8-13 所示。

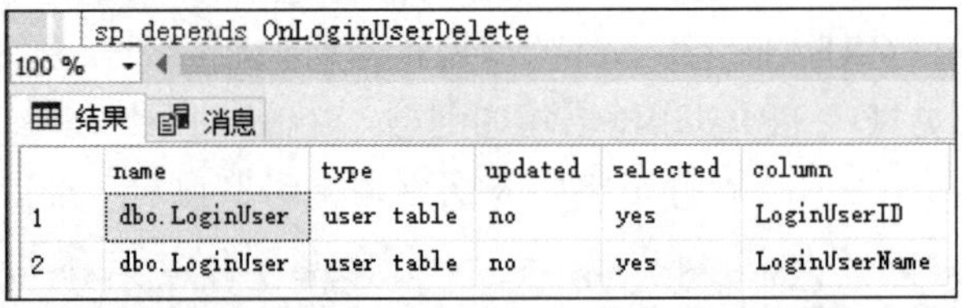

图 8-13　使用 sp_depends 查看 DML 触发器关系依赖

2．禁用、启用触发器

默认情况下，触发器创建后会立即自动启用。

可以分别使用 T-SQL 提供的 DISABLE TRIGGER、ENABLE TRIGGER 语句来禁用或重新启用 DDL 触发器和 DML 触发器。

还可以使用 ALTER TABLE 语句或"对象资源管理器"来禁用或启用为表所定义的 DML 触发器。

（1）使用 DISABLE TRIGGER、ENABLE TRIGGER 语句禁用、启用触发器。

● 语法摘要。

```
{ DISABLE | ENABLE } TRIGGER {[schema.]trigger_name[,...n]|ALL}
    ON { table|view | DATABASE|ALL SERVER } [;]
```

● 参数摘要与说明。

➢ schema_name：DML触发器所属架构的名称。不能为DDL触发器指定schema_name。

➢ trigger_name：要禁用或启用的触发器的名称。

➢ ALL：指示禁用或启用在 ON 子句作用域中定义的所有触发器。

➢ table|view：要对其执行 DML 触发器 trigger_name 的表或视图的名称。

➢ DATABASE|ALL SERVER：表明 DDL 触发器 trigger_name 将在{数据库|服务器}
作用域内执行。

● 备注。

➢ DISABLE、ENABLE 关键字分别表示要禁用、启用指定的触发器。

➢ 禁用触发器不会删除该触发器。该触发器仍然作为对象存在于当前数据库中，
但不会被激发。

例 8-21　使用 DISABLE TRIGGER 语句禁用"Forbidden_Alter_Drop_Table"DDL 触发器
和"Update_FinanceItem_Trigger"DML 触发器。

```
DISABLE TRIGGER Forbidden_Alter_Drop_Table ON DATABASE
GO
DISABLE TRIGGER Update_FinanceItem_Trigger ON FinanceItem
```

例 8-22　使用 ENABLE TRIGGER 语句启用"Forbidden_Alter_Drop_Table"DDL 触发器
和"Update_FinanceItem_Trigger"DML 触发器。

```
ENABLE TRIGGER Update_FinanceItem_Trigger ON FinanceItem
GO
ENABLE TRIGGER Forbidden_Alter_Drop_Table ON DATABASE
```

（2）使用 ALTER TABLE 语句禁用、启用 DML 触发器。

例 8-23　使用 ALTER TABLE 语句禁用、启用"Update_FinanceItem_Trigger"DML 触发
器，语句如下：

```
ALTER TABLE FinanceItem DISABLE TRIGGER   Update_FinanceItem_Trigger    -- 禁用
ALTER TABLE FinanceItem ENABLE TRIGGER    Update_FinanceItem_Trigger    -- 启用
```

（3）使用"对象资源管理器"禁用、启用 DML 触发器。

例 8-24　使用"对象资源管理器"禁用、启用"Forbidden_Alter_Drop_Table"DML 触发器。
步骤如下：选择下述命令，"对象资源管理器"→数据库→FamilyFinancingSystem→可编程性
→数据库触发器→Forbidden_Alter_Drop_Table，鼠标右键单击，在弹出的快捷菜单中选择"禁
用"命令即可，如图 8-14 所示。

图 8-14　使用"对象资源管理器"禁用 DML 触发器

如果要启用已禁用的 DML 触发器，在图 8-14 中选择"启用"命令即可。

3．修改触发器内容

在 SQL Server 2016 中，用户修改触发器应该尽量使用 T-SQL 语句 ALTER TRIGGER。

（1）语法摘要。

● 修改 DML 触发器。

```
ALTER TRIGGER [schema_name.]trigger_name    ON {table|view}
    [WITH <trigger_option>[,...n]]
    {FOR|AFTER|INSTEAD OF} {[INSERT][,][UPDATE][,][DELETE]}
    [NOT FOR REPLICATION]
AS {sql_statement[;][...n]|EXTERNAL NAME <method specifier[;]>}
```

● 修改 DDL 触发器。

```
ALTER TRIGGER trigger_name    ON {ALL SERVER|DATABASE}
    [WITH <trigger_option>[,...n]]
    {FOR|AFTER} {event_type[,...n]|event_group}
AS {sql_statement[;][...n]|EXTERNAL NAME <method specifier>[;]}
```

● 其中，

```
<trigger_option>::= [ENCRYPTION] [EXECUTE AS Clause]
<method specifier>::= assembly_name.class_name.method_name
```

（2）参数摘要与说明，参见 8.2.3 节 CREATE TRIGGER 语句。

（3）备注，参见 8.2.3 节 CREATE TRIGGER 语句。

例 8-25 修改例 8-17 创建的"Forbidden_Alter_Drop_Table" DDL 触发器，使其只禁止在数据库"FamilyFinancingSystem"中修改存储过程，不再限制修改表结构和删除表的操作。将以下语句写入查询编辑器窗口，然后执行即可。

```
USE FamilyFinancingSystem
GO
ALTER TRIGGER Forbidden_Alter_Drop_Table ON DATABASE FOR ALTER_PROCEDURE
AS
    RAISERROR('本数据库禁止修改存储过程的操作!',16,1) WITH NOWAIT
    ROLLBACK
GO
```

建议采用本章例 8-18 的方法，先将 DDL 触发器的当前内容通过 CREATE 脚本的方式发送到查询编辑器窗口，作为 ALTER 的参考脚本，再进行相关修改（首先将其中的 CREATE 关键字改为 ALTER），改后单击"执行"按钮即可。

对于 DML 触发器的修改，建议采用例 8-26 的方法。

例 8-26 修改例 8-14 创建的"OnLoginUserDelete" DML 触发器，禁止删除登录用户 ID 为 1 或 2 的用户。

步骤：选择下述命令，"对象资源管理器"→数据库→FamilyFinancingSystem→表→LoginUser→触发器→OnLoginUserDelete，鼠标右键单击，在弹出的快捷菜单中选择"修改"命令，系统将弹出查询编辑器窗口，内有修改 DML 触发器的命令模板（包括该触发器当前的内容），如图 8-15 所示，在查询编辑器窗口将 IF 语句中的条件"IF @LoginUserID = 1"改为"IF @LoginUserID = 1 OR @LoginUserID = 2"，单击"执行"按钮，关闭查询编辑器窗口。

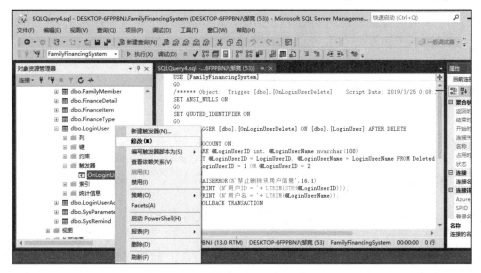

图 8-15　借助"对象资源管理器"快速修改 DML 触发器

4．修改触发器名称

虽然可使用系统存储过程 sp_rename 修改 DML 触发器名称,但建议不要重命名存储过程、函数、视图或触发器。

5．删除触发器

可以使用"对象资源管理器"或 T-SQL 语句两种方式删除触发器。

（1）使用"对象资源管理器"删除触发器。在"对象资源管理器"窗口选择要删除的触发器,鼠标右键单击,在弹出的快捷菜单中选择"删除"命令（图 8-11、图 8-14）,在弹出的"删除对象"对话框中单击"确定"按钮。

（2）使用 T-SQL 删除触发器的语句为 DROP TRIGGER。

- 语法摘要。
  - ➢ 删除 DML 触发器：DROP TRIGGER schema_name.trigger_name[,...n]
  - ➢ 删除 DDL 触发器：DROP TRIGGER trigger_name[,...n] ON {DATABASE|ALL SERVER}
- 参数摘要与说明。
  - ➢ schema_name：待删 DML 触发器所属架构的名称。不能对 DDL 触发器指定 schema_name。
  - ➢ trigger_name：待删触发器名称。若要查看当前触发器的列表,可使用 sys.triggers。
  - ➢ DATABASE|ALL SERVER：指示 DDL 触发器的作用域。如果在创建或修改触发器时指定的是 DATABASE 或 ALL SERVER,则删除时也必须相应地指定 DATABASE 或 ALL SERVER。
- 备注。
  - ➢ 可以通过删除 DML 触发器或删除触发器表来删除 DML 触发器。删除表时,将同时删除与表关联的所有触发器。
  - ➢ 删除触发器时,将从 sys.objects、sys.triggers 和 sys.sql_modules 目录视图中删除有关该触发器的信息。

> ➢ 仅当所有触发器均使用相同的 ON 子句创建时，才能使用一个 DROP TRIGGER 语句删除多个 DDL 触发器。

例 8-27 删除前面创建的"Forbidden_Alter_Drop_Table"DDL 触发器和"Insert_LoginUserActionLog_Trigger"DML 触发器。

```
USE FamilyFinancingSystem
GO
DROP TRIGGER Forbidden_Alter_Drop_Table ON DATABASE
DROP TRIGGER Insert_LoginUserActionLog_Trigger
```

8.2.5 触发器在 SSMS 中的位置

触发器在 SSMS 的"对象资源管理器"中的位置（逻辑位置，非物理存储位置）因其作用域不同而异。

（1）作用域为创建该触发器的表或视图的架构的 DML 触发器在 SSMS 中的位置是在"对象资源管理器\所在 SQL Server 服务器\数据库\所在数据库\表\所在表\触发器\"项下。

（2）作用域是当前数据库的 DDL 触发器在 SSMS 中的位置是在"对象资源管理器\所在 SQL Server 服务器\数据库\所在数据库\可编程性\数据库触发器\"项下。

（3）作用域是当前 SQL Server 服务器的 DDL 触发器在 SSMS 中的位置是在"对象资源管理器\所在 SQL Server 服务器\服务器对象\触发器\"项下。

8.3 事务

8.3.1　事务的基本概念与分类

1. 并发操作与并发控制的概念

在多用户和网络环境下，数据库是一个共享资源，多个用户或应用程序可能同时对数据库的同一数据对象进行读写操作，这种现象称为对数据库的并发操作。

并发操作可充分利用系统资源，提高系统效率。但如果对并发操作不进行控制就可能出现存取不正确数据的情况，从而破坏数据库的一致性，因而数据库管理系统必须提供并发控制机制。

数据库的并发控制就是对数据库的并发操作进行控制，防止多用户并发使用数据库时造成数据错误和程序运行错误，保证数据完整性。并发控制机制是衡量数据库操作安全性的重要性能指标之一。

2. 事务的概念

事务（Transaction）是组合成一个逻辑工作单元的一组数据库操作序列。这些操作不可分割，要么全做，要么全不做。事务是数据库环境中的逻辑工作单位，相当于操作系统环境的进程概念。

事务的开始与结束可以由用户显式地定义。如果用户没有显式地定义事务，则由 DBMS 按默认自动划分事务。一个程序的执行可以通过若干个事务的执行序列来完成。事务不能嵌套，可恢复的操作必须在一个事务的界限内。

3. 事务的特性

事务具有 4 个特性，即原子性、一致性、隔离性和持续性。也称它们为事务的 ACID 特性。

（1）原子性（Atomicity）指事务中包括的诸操作要么都做，要么都不做。即事务是作为一个整体单位被处理，不可分割。例如：银行转账事务包括从转出账号扣款和使转入账号增款两个操作，这两个操作要么都执行，要么都不执行。

（2）一致性（Consistency）指事务执行的结果必须保持数据库的一致性（使数据库从一个一致性状态变到另一个一致性状态），即数据不会因为事务的执行而被破坏。例如：系统运行中的意外故障使得银行转账事务尚未完成就被迫中断，其转出账号扣款操作完成（已写入物理数据库）而转入账号增款操作未完成，这时数据库就处于一种不正确（不一致）状态；而脏读或丢失更新可能造成数据错误并蔓延到不可收拾的程度。这些情况必须避免。

（3）隔离性（Isolation）指一个事务的执行不能被其他事务干扰，即一个事务内部的操作及使用的数据对其他并发事务是隔离的，并发事务执行的结果与这些事务先后单独执行的结果一样。例如：银行转账事务和取款事务并发执行的结果应当与这些事务先后单独执行的结果一样。应采用不同的隔离级别以便数据库系统平衡隔离性与并发性的矛盾（见 8.3.3 节）。

（4）持续性（Durability）也称永久性（Permanence），指一个事务一旦提交，它对数据库的所有更新应长久地反映在数据库中，接下来的其他操作不应对其执行结果有任何影响，即使以后系统发生故障，也应保留这个事务执行的痕迹。例如：取款事务在更新数据表的同时，还应利用日志文件详细记录数据更新的相关信息（取款的金额、取款前的账户金额、事务执行的时间等）。

可通过两条措施帮助保证事务的持续性：确保事务的数据更新操作在事务完成之前写入磁盘；确保事务的更新操作保存足够的信息，足以使数据库系统在遇到故障后重新启动时重构更新操作。

数据库系统必须确保事务的 ACID 特性，应该由 DBMS 的完整性约束机制、并发控制机制以及事务管理子系统、恢复管理子系统和事务程序等密切配合、共同实现。

4. 几个相关概念

- 提交（Commit）：一种保存自启动事务以来对数据库进行的所有更改的操作。它使事务的所有修改都成为数据库的永久组成部分，并释放事务所使用的资源。
- 回滚（Roll Back）：撤销未提交事务所做的一切更改。它使数据库返回事务开始时的状态，并释放事务所使用的资源。注意，回滚是针对数据更新而言的。
- 并发（Concurrency）：多个用户同时访问或更改共享数据的进程。
- 锁定（Lock）：对多用户环境中资源的访问权限的限制。
- 事务日志（Log）：关于所有事务以及每个事务对数据库所做的修改的有序记录。事务日志是数据库的一个重要组件，如果系统出现故障，它将成为最新数据的唯一源。
- 保存点：在事务内设置的标记，用于回滚部分事务。它定义在按条件取消事务的一部分后，该事务可以返回的一个位置。

5. 事务的分类

按照事务的运行模式，SQL Server 2016 将事务分为自动提交事务、显式事务、隐式事务、批处理事务和分布式事务。下列语句可以视为典型的事务语句：ALTER TABLE、CREATE、

DELETE、DROP、FETCH、GRANT、INSERT、OPEN、REVOKE，SELECT、UPDATE、TRUNCATE TABLE。

（1）自动提交事务是指单独的 SQL 语句。每条 SQL 语句在完成时，都被自动提交或回滚，不必指定任何语句来控制事务。自动提交模式是 SQL Server 数据库引擎的默认事务管理模式。只要没有显式事务或隐性事务覆盖自动提交模式，与数据库引擎实例的连接就以此默认模式操作。

（2）显式事务是通过 BEGIN TRAN 语句来显式启动的事务，以前也称为用户定义事务。使用显式事务时，切记事务必须有明确的结束语句（COMMIT TRAN 或 ROLLBACK TRAN），否则系统可能把从事务开始到用户关闭连接之间的全部操作都作为一个事务来对待。

（3）隐式事务是指通过 SET IMPLICIT_TRANSACTIONS ON 语句将隐性事务模式打开，这样，一条语句完成后自动启动一个新事务，事务的开始无须描述，但仍以 COMMIT 或 ROLLBACK 显式完成。

隐性事务模式打开后，首次执行下列任何语句时，都会自动启动一个事务：ALTER TABLE、CREATE、DELETE、DROP、FETCH、GRANT、INSERT、OPEN、REVOKE、SELECT、TRUNCATE TABLE、UPDATE。

（4）批处理事务只适用于多个活动的结果集（MARS），在 MARS 会话中启动的 T-SQL 显式或隐式事务将变成批处理的事务。批处理完成时，如果批处理的事务还没有提交或回滚，SQL Server 将自动回滚该事务。

（5）还有一种特殊的事务，这就是分布式事务。分布式事务是涉及来自两个或多个源的资源的事务，它包含资源管理器、事务管理器、两段提交等要素。在一个比较复杂的环境，可能有多台服务器，要保证在多服务器环境中事务的完整性和一致性，就必须定义分布式事务。在这个分布式事务中，所有的操作都可涉及多个服务器的操作，当这些操作都成功时，所有这些操作都提交到相应服务器的数据库中，如果这些操作中有一条操作失败，则该分布式事务中的全部操作都将被取消。

SQL Server 2016 支持使用 ITransactionLocal（本地事务）和 ITransactionJoin（分布式事务）OLEDB 接口对外部数据进行基于事务的访问。使用分布式事务，SQL Server 可确保涉及多个节点的事务在所有节点中均已提交或回滚。如果提供程序不支持参与分布式事务（不支持 ITransactionJoin），则在事务内仅允许对该提供程序执行只读操作。

下面，我们只讨论本地显式事务。

8.3.2 事务结构与事务处理语句

一个完整的事务包括事务开始标志、事务体（T-SQL 语句序列）、事务结束标志，其中可以有若干保存点。事务的开始标志、结束标志和保存点分别由相应的事务处理语句表示。SQL Server 支持用事务处理语句将 SQL Server 语句集合分组后形成单个的逻辑工作单元。

事务处理语句包括：BEGIN TRANSACTION、SAVE TRANSACTION、COMMIT TRANSACTION、ROLLBACK TRANSACTION。

在事务中不能使用下列语句：ALTER DATABASE、BACKUP、CREATE DATABASE、DROP DATABASE、RECONFIGURE、RESTORE、UPDATE STATISTICS。

注：事务处理语句中的 TRANSACTION 均可简写为 TRAN；transaction_name、

savepoint_name（长度不能超过 32 个字符）均可分别用 @tran_name_variable、@savepoint_variable 取代（变量名长度仅前面 32 个字符有效）。

（1）BEGIN TRANSACTION 语句：标记一个本地显式事务的起点。

● 语法摘要。

BEGIN TRANSACTION [transaction_name [WITH MARK ['description']]]

● 参数摘要与说明。

➢ transaction_name：事务名，仅用于最外层的 BEGIN…{COMMIT|ROLLBACK} 嵌套语句对。

➢ WITH MARK ['description']：指定在日志中用 description 标记事务。

● 备注。

➢ BEGIN TRANSACTION 启动一个事务。根据事务隔离级别，为支持该事务的 T-SQL 语句而获取的资源被锁定，直到使用 COMMIT TRANSACTION 或 ROLLBACK TRANSACTION 语句完成该事务为止。

➢ 虽然 BEGIN TRANSACTION 启动了事务，但在应用程序执行一个必须记录的操作（如 INSERT、UPDATE 或 DELETE 语句）之前，事务不被日志记录。应用程序可以执行一些操作，例如为保护 SELECT 语句的事务隔离级别而获取锁，但直到应用程序执行一个修改操作后日志中才有记录。

➢ 只有当数据库有标记事务更新时，才在事务日志中放置标记；不修改数据的事务不被标记。

➢ BEGIN TRANSACTION 使 @@TRANCOUNT（返回当前连接的活动事务数的系统函数）按 1 递增。

（2）SAVE TRANSACTION 语句：在事务内设置保存点。

● 语法摘要。

SAVE TRANSACTION savepoint_name

● 参数摘要与说明。

➢ savepoint_name：保存点名称。

● 备注。

➢ 如果将事务回滚到保存点，则必须根据需要完成剩余的 T-SQL 语句和 COMMIT TRANSACTION 语句，或通过将事务回滚到起点完全取消事务。

➢ 在事务中允许有重复的保存点名称，但指定保存点名称的 ROLLBACK TRANSACTION 语句只将事务回滚到使用该名称的最近的 SAVE TRANSACTION。

➢ 当事务开始后，事务处理期间使用的资源将一直保留，直到事务完成。当将事务的一部分回滚到保存点时，将继续保留资源直到提交事务或回滚整个事务。

（3）COMMIT TRANSACTION 语句：标志一个事务成功结束（提交）。

● 语法摘要。

COMMIT TRANSACTION [transaction_name]

● 备注。

➢ 仅当事务被引用的所有数据的逻辑都正确时，程序员才应发出 COMMIT TRANSACTION 命令。

> 如果@@TRANCOUNT 为 1，COMMIT TRANSACTION 使得自从事务开始以来所执行的所有数据修改成为数据库的永久部分，释放事务所占用的资源，并将 @@TRANCOUNT 减少到 0；如果@@TRANCOUNT 大于 1，则 COMMIT TRANSACTION 使@@TRANCOUNT 按 1 递减并且事务将保持活动状态。

> 不能在发出 COMMIT TRANSACTION 语句之后回滚事务。

> 建议不要在触发器中使用 COMMIT TRANSACTION 语句。

（4）ROLLBACK TRANSACTION 语句：将事务回滚到事务的起点或事务内的某个保存点。

● 语法摘要。

```
ROLLBACK TRANSACTION [ transaction_name|savepoint_name ]
```

● 备注。

> 不带参数的 ROLLBACK TRANSACTION 回滚到事务起点，将@@TRANCOUNT 减小为 0。嵌套事务时，该语句将所有内层事务回滚到最外层 BEGIN TRANSACTION 语句。

> ROLLBACK TRANSACTION savepoint_name 不减小@@TRANCOUNT，且不释放任何锁。

例 8-28 定义一个事务，依次执行下列操作：向家庭成员表 FamilyMember 中添加 1 条记录；设置保存点；删除该记录；回滚到保存点；提交事务。

```
USE FamilyFinancingSystem
GO
BEGIN TRANSACTION
    INSERT INTO FamilyMember(FamilyMemberName, FamilyMemberTitle, is_deleted, input_date,
    input_user) VALUES (N'殷野王', N'舅舅', 0, '2019-02-22 10:44:14', N'0000')
    SAVE TRANSACTION SP
    DELETE FROM FamilyMember WHERE FamilyMemberName = N'殷野王'
    ROLLBACK TRANSACTION SP
COMMIT TRANSACTION
```

例 8-29 简单模拟银行转账，创建一张账户表，包含账号列和余额列，插入两行数据表示两个不同的账户，并从一个账户转账 2000 元给另一个账户。

```
CREATE TABLE Account --  模拟的账户表
(
    ANo NCHAR(15) CONSTRAINT Account_ANo_PK PRIMARY KEY(ANo),        --账号
    Amount MONEY     --余额
)
GO
INSERT INTO Account(ANo, Amount) VALUES (N'650012345678123', 3000)
INSERT INTO Account(ANo, Amount) VALUES (N'650012345678321', 500)
GO
DECLARE @Amount MONEY, @Ret1 INT, @Ret2 INT
SELECT ANo, Amount FROM Account
SELECT @Amount = Amount FROM Account WHERE ANo = N'650012345678123'
IF (@Amount < 2000)   --余额不足无法转账
    RETURN
BEGIN TRAN
```

```
SAVE TRAN saveflag
UPDATE Account SET Amount = Amount - 2000 WHERE ANo = N'650012345678123'
SET @Ret1 = @@error
UPDATE Account SET Amount = Amount + 2000 WHERE ANo = N'650012345678321'
SET @Ret2 = @@error
IF(@Ret1=0 and @Ret2=0)
    COMMIT TRAN
ELSE
    ROLLBACK TRAN saveflag
SELECT ANo, Amount FROM Account
GO
```

例 8-29 的执行结果如图 8-16 所示。

图 8-16 例 8-29 的执行结果

8.3.3 事务的并发控制

多个用户同时访问数据时，SQL Server 使用下列机制确保事务完整性并维护数据一致性。

● 锁定。每个事务对所依赖的资源（如行、页或表）请求不同类型的锁。锁可以阻止其他事务以某种可能会导致事务请求锁出错的方式修改资源。事务不再依赖锁定的资源时，它将释放锁。

● 行版本控制。启用基于行版本控制的隔离级别时，数据库引擎将维护修改的每一行的版本。应用程序可指定事务使用行版本查看事务，或查询开始时存在的数据，而不是使用锁保护所有读取。这样，读操作阻止其他事务的可能性将大大降低。用户可以控制是否实现行版本控制。

锁定和行版本控制可防止用户读取未提交的数据，还可防止多个用户同时更改同一数据，避免丢失更新、脏读、幻读、不可重复读等并发副作用。

1. SQL Server 使用的锁

SQL Server 数据库引擎使用不同的锁锁定资源。这些锁确定了并发事务访问资源的方式。SQL Server 数据库引擎使用的资源锁模式，见表 8-2。

表 8-2 SQL Server 数据库引擎使用的资源锁模式

锁	说　明
共享（S）	用于不更改或不更新数据的读取操作，如 SELECT 语句
更新（U）	用于可更新资源。防止当多个会话在读取、锁定以及随后可能进行的资源更新时发生常见形式的死锁
排他（X）	用于数据修改操作，如 INSERT、UPDATE 或 DELETE，确保不会同时对同一资源进行多重更新
意向	用于建立锁的层次结构，包括意向共享（IS）、意向排他（IX）及意向排他共享（SIX）
架构	在执行依赖于表架构的操作时使用，包括架构修改（Sch-M）和架构稳定（Sch-S）
大容量更新（BU）	在向表进行大容量数据复制且指定了 TABLOCK 提示时使用
键范围	当使用可序列化事务隔离级别时保护查询读取的行的范围，确保再次运行查询时其他事务无法插入符合可序列化事务的查询的行

2．SQL Server 支持的事务隔离级别

SQL-99 标准定义了 4 个隔离级别：Read Uncommitted（未提交读）、Read Committed（已提交读）、Repeatable Read（可重复读）、Serializable（可序列化），每个隔离级别都比上一个级别提供更好的隔离性。SQL Server 数据库引擎支持所有这些隔离级别。

可以使用 SET TRANSACTION ISOLATION LEVEL 语句设置事务隔离级别，以协调数据完整性与事务并发性的要求。该语句的语法形式如下：

```
SET TRANSACTION ISOLATION LEVEL
    {READ UNCOMMITTED|READ COMMITTED|REPEATABLE READ|SNAPSHOT|
    SERIALIZABLE}
```

SQL Server 2016 数据库引擎还支持使用行版本控制的两个事务隔离级别：一个是 Read Committed 的新实现；另一个是新的事务隔离级别 Snapshot（快照）。

- 将 READ_COMMITED_SNAPSHOT 数据库选项设为 ON 时（默认为 OFF），Read Committed 使用行版本控制提供语句级别的读一致性。读操作只需 SCH-S 表级别的锁，不需页锁或行锁。设置方法如下：

```
ALTER DATABASE 数据库名 SET READ_COMMITTED_SNAPSHOT ON
```

- Snapshot（快照）隔离级别使用行版本控制来提供事务级别的读一致性。读操作不获取页锁或行锁，只获取 SCH-S 表锁。读其他事务修改的行时，读操作将检索启动事务时存在的行的版本。将 ALLOW_SNAPSHOT_ISOLATION 数据库选项设置为 ON 时（默认为 OFF）将启用快照隔离，方法如下：

```
ALTER DATABASE 数据库名 SET ALLOW_SNAPSHOT_ISOLATION ON
```

行版本控制在大量并发的情况下能显著减少锁的使用，将发生死锁的可能性降至最低；与 NOLOCK 相比，它又可显著减少脏读、幻读、丢失更新等现象。但这些好处的取得是以时空开销的增加为代价的。由于它要在 tempdb 中存放已提交更新数据的所有旧版本，无疑将加重本就疲惫不堪的 tempdb 的负担，因此，tempdb 的空间一定不能太小；再者，一条记录的所有版本通过指针构成一个链表，查询时可能需要遍历这个链表才能得到一个正确的行版本。尽管如此，编者仍认为这种以不太大的时空开销换取 DBS 的并发性能的大幅提升是值得的。

3．死锁及其预防

死锁（Dead LOCK）是指两个及以上的事务中的每个事务都请求封锁已被另外的事务封锁的数据，导致大家都长期等待而无法继续运行下去的现象。

在 SQL Server 2016 中，数据库引擎自动检测 SQL Server 中的死锁，如果监视器检测到循环依赖关系，将通过自动取消其中一个事务来结束死锁。在发生死锁的事务中，根据事务处理时间的长短作为规则来确定其优先级。处理时间长的事务具有较高的优先级，处理时间较短的事务具有较低的优先级。在发生冲突时，保留优先级高的事务，取消优先级低的事务。

遵守特定编码惯例，使用下列方法可将发生死锁的可能性降至最小。

- 按同一顺序访问对象。如果所有并发事务按同一顺序访问对象，则发生死锁的可能性会降低。例如，如果两个并发事务先获取 A 表上的锁，然后获取 B 表上的锁，则在其中一个事务完成之前，另一个事务将在 A 表上被阻塞。当第一个事务提交或回滚之后，第二个事务将继续执行，这样就不会发生死锁。将存储过程用于所有数据修改可以使对象的访问顺序标准化。
- 避免事务中的用户交互。避免编写包含用户交互的事务，因为没有用户干预的批处理

的运行速度远快于用户必须手动响应查询时的速度（例如回复输入应用程序请求的参数的提示）。例如，如果事务正在等待用户输入，而用户去吃午餐或回家过周末了，则用户就耽误了事务的完成。这将降低系统的吞吐量，因为事务持有的任何锁只有在事务提交或回滚后才会释放。即使不出现死锁的情况，在占用资源的事务完成之前，访问同一资源的其他事务也会被阻塞。

- 保持事务简短并处于一个批处理中。在同一数据库中并发执行多个需要长时间运行的事务时通常会发生死锁。事务的运行时间越长，它持有排他锁或更新锁的时间也就越长，从而会阻塞其他活动并可能导致死锁。保持事务处于一个批处理中可以最小化事务中的网络通信往返量，减少完成事务和释放锁可能遭遇的延迟。

- 使用较低的隔离级别。确定事务是否能在较低的隔离级别上运行。实现已提交读允许事务读取另一个事务已读取（未修改）的数据，而不必等待第一个事务完成。使用较低的隔离级别（如已提交读）比使用较高的隔离级别（如可序列化）持有共享锁的时间更短，这样就减少了锁争用。

- 使用基于行版本控制的隔离级别。例如：将 READ_COMMITTED_SNAPSHOT 数据库选项设为 ON，使已提交读事务使用行版本控制，或使用快照隔离。这些隔离级别可使在读写操作之间发生死锁的可能性降至最低。

- 使用绑定连接。使用绑定连接则同一应用程序打开的两个或多个连接可以相互合作。可以像主连接获取的锁那样持有次级连接获取的任何锁，反之亦然。这样它们就不会互相阻塞。

8.3.4　事务编码指导原则

以下是编写有效事务的一些指导原则。

- 尽可能使事务保持简短。这一点很重要。事务启动后，DBMS 必须在事务结束之前保留很多资源，以保护事务的 ACID 属性。如果修改数据，则必须用排他锁保护修改过的行，以防止任何其他事务读取这些行，并且必须将排他锁控制到提交或回滚事务时为止。根据事务隔离级别设置，SELECT 语句可以获取必须控制到提交或回滚事务时为止的锁。特别是在有很多用户的系统中，必须尽可能使事务保持简短以减少并发连接间的资源锁争夺。在有少量用户的系统中，运行时间长、效率低的事务可能不会成为问题，但在有许多用户的系统中，将不能忍受这样的事务。

- 不要在事务处理期间要求用户进行输入。应该在事务启动之前，获得所有需要的用户输入。如果在事务处理期间还需要用户输入，则应回滚当前事务，并在获取了用户输入之后重新启动该事务。因为即使用户立即响应输入，人的反应时间也比计算机慢得多。事务占用的所有资源都要保留相当长的时间，这可能会造成阻塞问题。如果用户没有响应，事务仍然保持活动状态，从而锁定关键资源直到用户响应为止，但用户可能会几分钟甚至几个小时都不响应。即使是启用快照隔离级别，长时间运行的事务也将阻止从 tempdb 中删除旧版本。

- 仅在需要时才打开事务。例如，浏览数据时尽量不打开事务；在所有预备的数据分析完成之前不启动事务；在明确了要进行的修改之后，再启动事务，执行修改语句，然后立即提交或回滚。

- 在事务中尽量使访问的数据量最小，这样可减少锁定的行数，从而减少事务之间的争夺。
- 考虑为只读查询使用快照隔离，以减少阻塞。
- 灵活使用更低的事务隔离级别。可以很容易地编写出许多使用只读事务隔离级别的应用程序。并不是所有事务都要求可序列化的事务隔离级别。
- 灵活使用更低的游标并发选项，例如开放式并发选项。在并发更新的可能性很小的系统中，处理"别人在您读取数据后更改了数据"的偶然错误的开销比在读数据时始终锁定行的开销小得多。
- 小心管理隐式事务。使用隐式事务时，COMMIT 或 ROLLBACK 后的下一个 T-SQL 语句会自动启动一个新事务。这可能会在应用程序浏览数据时（甚至在需要用户输入时）打开一个新事务。在完成保护数据修改所需的最后一个事务之后，应关闭隐性事务，从而使 SQL Server 数据库引擎能在应用程序浏览数据以获取用户输入时使用自动提交模式。

8.3.5　批处理与批处理事务

批处理是包含一个或多个 T-SQL 语句的组。将这些 T-SQL 语句从应用程序一次性发送到 SQL Server 执行。SQL Server 将批处理的语句编译为一个可执行单元，称为执行计划。执行计划中的语句每次执行一条。

编译错误（如语法错误）可使执行计划无法编译，因此未执行批处理中的任何语句。

运行时错误（如算术溢出或违反约束）会产生以下两种情况中的一种：大多数运行时错误将停止执行批处理中当前语句和它之后的语句；某些运行时错误（如违反约束）仅停止执行当前语句，继续执行批处理中的其他所有语句。

遇到运行时的错误之前执行的语句的结果不受影响。唯一的例外是如果批处理在事务中的错误导致事务回滚，这种情况下，回滚运行时的错误之前所进行的未提交的数据修改。

设批处理中有 10 条语句，若第 5 条语句有语法错误，则不执行批处理中的任何语句。若编译了批处理，而第二条语句在执行时失败，则第一条语句的结果不受影响，因为它已经执行了。

以下规则适用于批处理：

- CREATE DEFAULT、CREATE FUNCTION、CREATE PROCEDURE、CREATE RULE、CREATE TRIGGER 和 CREATE VIEW 语句不能在批处理中与其他语句组合使用。批处理必须以 CREATE 语句开始，所有跟在该批处理后的其他语句将被解释为第一个 CREATE 语句定义的一部分。
- 不能在同一个批处理中更改表，然后引用新列。
- 如果 EXECUTE 语句不是批处理中的第一条语句，则需要 EXECUTE 关键字。

如果用户希望批处理的操作要么全部完成，要么什么都不做，这时解决问题的办法就是将整个批处理操作组织成一个事务处理，称为批处理事务。

小　结

存储过程和触发器是为实现特定任务保存在服务器上的一组预编译的 T-SQL 语句集合。存储过程供用户、其他过程或触发器调用，向调用者返回数据或更改表中数据以及执行特定的数据库管理任务。与在应用程序内使用 T-SQL 语句相比，存储过程具有提高应用程序可移植性与可维护性、提高代码执行效率、减少网络流量、增强数据安全性和支持延迟名称解析等优点。

存储过程分为系统存储过程（由数据库系统创建，过程名带"sp_"前缀）、用户定义存储过程（由用户创建，包括 T-SQL 存储过程和 CLR 存储过程）、临时过程（局部临时过程名带"#"前缀，全局临时过程名带"##"前缀）、扩展存储过程（SQL Server 环境之外生成的 DLL，带"xp_"前缀）。

创建存储过程要定义过程名、参数和过程体（T-SQL 语句群）。

可以用 CREATE PROCEDURE 语句创建、用 EXECUTE 语句调用、用"对象资源管理器"或系统存储过程 sp_helptext 等查看、用 ALTER PROCEDURE 语句修改、用"对象资源管理器"或 DROP PROCEDURE 语句删除存储过程。

存储过程与调用者之间的直接数据的传递通过存储过程的参数（包括输入参数、输出参数）或设置返回状态实现。参数以@作为其名称的前置字符，可以按位置标识和名字标识两种方式提供。未指定默认值的输入参数必须由调用者提供。输出参数必须在创建和执行存储过程时都使用 OUTPUT 关键字。可使用 RETURN 语句的参数（一个整数表达式）返回存储过程的执行状态。

触发器是数据库中发生特定事件时自动执行的特殊存储过程，不能由用户直接调用。主要用于强制复杂的数据处理业务规则或要求（强化约束、跟踪变化、自动运行级联和调用过程等）。触发器包括 DML 触发器和 DDL 触发器两大类。

DML 触发器响应 DML 事件（INSERT、UPDATE、DELETE 语句操作事件），建立在表上（可看作表定义的一部分），分为 AFTER 触发器（后触发器，在指定的 DML 操作都成功完成后才触发，每种触发操作可定义多个）、INSTEAD OF 触发器（替代触发器，在指定的 DML 操作执行前触发并取代 DML 操作，每种触发操作只能定义 1 个），用于监控数据变化。

DDL 触发器响应 DDL 事件（CREATE、ALTER、DROP 开头的语句操作事件），建立在数据库或服务器层面，在指定的 DDL 语句运行后才触发（但不响应类似 DDL 操作的系统存储过程），用于监控数据库和表的结构变化。

DML 触发器使用 Deleted 和 Inserted 两个特殊的临时表。前者存储被 DELETE 和 UPDATE 语句影响的旧数据记录；后者存储被 INSERT 和 UPDATE 语句影响的新的数据记录。用户可使用这两个表检测指定的 DML 操作的效果，以帮助设计触发器。

创建触发器要指定触发器名称、与触发器关联的表或视图（DML 触发器）、触发器的作用域、激发触发器的语句和条件、触发器应完成的操作等。

可以用 CREATE TRIGGER 语句创建、用"对象资源管理器"或系统存储过程 sp_helptext 等查看、用 DISABLE TRIGGER 语句禁用、用 ENABLE TRIGGER 语句重新启用、（借助"对象资源管理器"）用 ALTER TRIGGER 语句修改、用"对象资源管理器"或 DROP TRIGGER 语句删除触发器。

事务是数据库环境中的逻辑工作单位，具有 ACID 特性。

SQL Server 2016 的事务分为自动提交事务、显式事务、隐式事务和批处理事务。每条 SQL 语句都是一个自动提交事务。显式事务由 BEGIN TRAN 语句启动，结束于 COMMIT TRAN 语句或 ROLLBACK TRAN 语句，其中可设置保存点。批处理事务是包含批处理的事务。

BEGIN TRAN 语句启动一个事务，并开始申请占用资源；SAVE TRAN 语句在事务内设置保存点，以备回滚部分事务；COMMIT TRAN 语句标志事务提交，结束事务并释放资源；ROLLBACK TRAN 语句使事务回滚到起点或事务内的某个保存点，回滚到事务起点时表明事务失败并释放资源。

SQL Server 使用锁定和行版本控制机制确保事务完整性并维护数据一致性。使用的锁有 S 锁、X 锁、U 锁及意向锁、架构锁等。支持的事务隔离级别包括未提交读、已提交读、可重复读、可序列化以及快照，可使用 SET TRANSACTION ISOLATION LEVEL 语句设置事务隔离级别。

发生死锁时，数据库引擎依次先取消处理时间短的事务直到解除死锁。

下列方法有助于将死锁减至最少：按同一顺序访问对象；避免事务中的用户交互；保持事务简短并处于一个批处理中；使用较低的或基于行版本控制的隔离级别；使用绑定连接。

编写事务最重要的注意事项：尽可能使事务保持简短；仅在需要时才打开事务。

批处理是包含一个或多个 T-SQL 语句的组，从应用程序一次性发送到 SQL Server 执行。

习　题

1. 名词解释

存储过程　触发器　系统存储过程　用户定义存储过程　临时过程　扩展存储过程　DML 触发器　AFTER 触发器　INSTEAD OF 触发器　DDL 触发器　自动提交事务　显式事务　隐式事务　批处理事务　保存点　批处理

2. 简答题

（1）简述存储过程与触发器的主要异同点。
（2）与在应用程序内使用 T-SQL 语句相比，存储过程具有哪些优点？
（3）简述存储过程的分类及其命名特点。
（4）简述创建存储过程、触发器的主要任务。
（5）列举创建、调用、修改、删除存储过程的 T-SQL 语句。
（6）如何借助"对象资源管理器"修改存储过程？
（7）如何定义和使用存储过程的输入参数、输出参数？
（8）如何获取存储过程的执行状态？
（9）简述触发器的主要用途与优缺点。
（10）简述触发器的分类及各种触发器的主要特点。
（11）DML 触发器使用 Deleted 和 Inserted 临时表存储什么内容？
（12）简述创建触发器的主要任务。
（13）列举创建、启用、禁用、修改、删除触发器的 T-SQL 语句。
（14）如何在当前结构的基础上修改 DDL 触发器？
（15）举例说明一条 SQL 语句是一个自动提交事务。
（16）简述事务的特点与基本结构。
（17）为什么要尽可能使事务保持简短？
（18）怎样将发生死锁的可能性减至最小？

（19）简述批处理与批处理事务在执行方面的异同点。

3．分析题

分析如下事务的缺陷。

```
BEGIN TRAN
    INSERT INTO  系部表 VALUES('化工系','')
    IF @@error=0  BEGIN  UPDATE  系部表 SET D_HEAD=RTRIM(D_HEAD)+'@'
                          COMMIT TRAN
                  END
    ELSE  ROLLBACK TRAN
```

4．应用题

设数据库"教学库"内有如下 4 个表：

```
系部表(D_DP int PRIMARY KEY, D_HEAD char(8))
学生表(S_NO int PRIMARY KEY,S_NAME char(10),S_AGE int,S_SEX char(10),
    S_DP char(10) REFERENCES  系部表(D_DP))
课程表(C_NO int PRIMARY KEY,C_NAME char(12) NOT NULL,
    C_DP char(10) REFERENCES  系部表(D_DP))
成绩表(S_NO int REFERENCES  学生表(S_NO),C_NO int REFERENCES  课程表(C_NO),
    SC_G int PRIMARY KEY CLUSTERED (S_NO,C_NO))
```

（1）在"教学库"中创建一个名为"S_G1"的存储过程，其功能是根据输入的学生学号，查询该生修读的各门课程的情况，结果集包括该生的学号、姓名、课程名、课程成绩。

（2）在"教学库"中创建一个名为"S_G2"的存储过程，其功能是根据输入的学生学号，统计该生修读的所有课程的平均成绩和总分，并将它们以输出参数的形式返回。

（3）在"教学库"中创建一个名为"S_G3"的存储过程，其功能是根据输入的学号、课程号和成绩，更新该生对应课程的成绩。

（4）在"教学库"的"成绩表"上建立一个 AFTER 触发器，用于撤销新成绩低于旧成绩的成绩修改。

（5）在"教学库"的"成绩表"上建立一个 INSTEAD OF 触发器，用于禁止删除该表的记录。

（6）在"教学库"中建立一个 DDL 触发器，用于禁止在该库增加新表。

（7）编制一个事务，验证 COMMIT TRAN 和 ROLLBACK TRAN 的效果。

第9章 数据备份与还原、分离与附加、导出与导入

本章介绍 SQL Server 2016 的数据库备份与还原的概念、模式、策略和操作；数据库分离与合并、数据导出与导入的概念、数据库的用途和操作等内容。本章学习的重点内容：数据库备份、还原、恢复的概念，备份类型、还原方案与恢复模式的概念、用途与种类；各类备份类型、还原方案与恢复模式的特点与适用场合；备份策略，还原顺序，备份、还原的操作方法；数据库分离与附加、数据导出与导入的操作方法。本章的难点内容有恢复模式的原理，备份类型与还原方案的正确配合使用。

通过本章学习，应达到下述目标：

- 理解数据库备份、还原、恢复、恢复模式、备份类型、还原方案的概念，数据分离、附加、导出、导入的概念与用途。
- 掌握数据库的各类恢复模式、备份类型与还原方案的特点与适用场合，还原顺序。
- 掌握数据库的各类备份与还原的操作方法，数据分离与附加、导出与导入的操作方法。

9.1 数据备份与还原

尽管数据库系统（DBS）中采取了各种措施来防止数据的安全性和完整性被破坏，但系统中的硬件故障、软件错误、操作失误以及外来的恶意破坏等有害因素不能绝对避免。这些有害因素轻则造成数据错误，重则破坏数据库，导致灾难性后果。

数据库备份与还原机制是试图将灾难性后果造成的损失减少到最小的主要手段之一，是防止数据丢失的最后防线。SQL Server 2016 提供了高性能的备份和还原功能，它的备份和还原组件提供了重要的保护手段以保护存储在数据库中的关键数据。实施妥善的备份和还原策略可保护数据库避免由于各种故障造成数据丢失，为有效地应对灾难做好准备。

9.1.1 备份与还原概述

"备份"有两个含义。第一个含义是指按照备份策略将数据库中的信息在备份媒体（例如磁盘、磁带等）上建立、保存数据库副本的过程（Back Up）。这些信息绝非仅限于表中的数据，还包括将数据恢复到数据库中、甚至重建数据库所需要的一切信息，囊括数据库的各种逻辑架构（例如，表、视图、存储过程、触发器、索引、约束、规则、角色、用户定义数据类型、用户定义函数等数据库对象）、物理结构（例如，库文件的存储结构、增长方式和存放路径）以及事务日志等信息。第二个含义则是存储了这些信息的数据库副本（Backup File）。

"还原"（Restore）是从备份的数据复制数据并将事务日志应用于该数据使其前滚到目标恢复点的过程。它不是简单的数据复制，而是一个多阶段过程：首先将备份中的所有数据和日志复制到数据库（加载阶段），然后扫描日志文件（Log File），找出故障发生前已提交的事务记录，将其纳入重做队列，将未提交事务记录纳入撤销队列，继而前滚重做队列中的所有事务（REDO，重做阶段），回滚撤销队列中所有事务（UNDO，撤销阶段），最终使数据库恢复到

备份完成时或故障发生前的正确状态。

"恢复"是指使数据库处于一致且可用的状态并使其在线的一组完整操作。通常，在恢复点，数据库有未提交事务，并处于不一致、不可用状态，在此种情况下，恢复包括回滚未提交事务。

备份、还原工作需要 DBA 干预，恢复工作一般由 DBMS 自动进行。

数据库备份、还原的主要意义在于使发生故障的 DB 得以恢复，但它对于某些例行工作（例如将数据库从一台服务器复制到另一台服务器、设置数据库镜像、机构文件归档等）也很有用。

9.1.2　恢复模式

1. 概念与优点

之所以在介绍备份之前讨论恢复模式，是因为在 SQL Server 2016 中，备份和还原操作都是基于恢复模式的。

恢复模式是数据库的一个属性，它用于控制数据库备份和还原操作的基本行为。例如，恢复模式控制将事务记录在日志中的方式、事务日志是否需要备份以及可用的还原操作。

新数据库可继承 model 数据库的恢复模式。

使用恢复模式具有下列优点：简化恢复计划；简化备份和恢复过程；明确系统操作要求之间的权衡；明确可用性和恢复要求之间的权衡。

2. 种类与选择

SQL Server 2016 提供了三种恢复模式供用户选择。

（1）完整恢复模式。此模式完整记录所有事务，并保留所有的日志记录，直到将它们备份。

如果有一个或多个数据文件已损坏，则恢复操作可以还原所有已提交的事务。正在进行的事务将回滚。在 SQL Server 2016 中，用户可在数据备份或差异备份运行时备份日志。

在 SQL Server 2016 企业版中，如果数据库处于完整恢复模式或大容量日志恢复模式，用户可在数据库未全部离线情况下还原数据库（页面还原：只有被还原的页离线）；而且，如果故障发生后备份了日志尾部（未曾备份的日志记录），完整恢复模式能使数据库恢复到故障时间点。

完整恢复模式支持所有还原方案，可在最大范围内防止故障丢失数据。它包括数据库备份和事务日志备份，并提供全面保护，使数据库免受媒体故障影响。当然，它的时空和管理开销也最大。

图 9-1 说明了完整恢复模式。图例执行了一个数据库备份（Db_1）和两个例行日志备份（Log_1 和 Log_2）。有时在执行 Log_2 备份后，数据库中的数据会丢失。在还原这三个备份前，DBA 必须先备份日志尾部，然后数据库管理员还原 Db_1、Log_1 和 Log_2，而不恢复数据库，接着数据库管理员还原并恢复尾日志备份（Tail）。这将使数据库恢复到故障点，从而恢复所有数据。

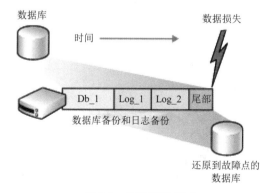

图 9-1　完整恢复模式

完整恢复模式是默认的恢复模式。为了防止在完整恢复模式下丢失事务，必须确保事务日志不受损坏。SQL Server 2016 极力建议使用容错磁盘存储事务日志。

（2）大容量日志恢复模式。此模式简略记录大多数大容量操作（例如，创建索引和大容量加载），但完整记录其他事务。

大容量日志恢复模式保护大容量操作不受媒体故障的危害，提供最佳性能并占用最小日志空间。但是，大容量日志恢复模式增加了这些大容量复制操作丢失数据的风险，因为最小日志记录大容量操作不会逐个事务重新捕获更改。只要日志备份包含大容量操作，数据库就只能恢复到日志备份的结尾，而不是恢复到某个时间点或日志备份中某个标记的事务。

大容量日志恢复模式下，备份包含大容量日志记录操作的日志需访问包含大容量日志记录事务的数据文件。如果无法访问该数据文件，则不能备份事务日志，此时，必须重做大容量操作。

大容量日志恢复能提高大容量操作的性能，常用作完整恢复模式的补充。执行大规模大容量操作时，应保留大容量日志恢复模式。建议在运行大容量操作之前将数据库设置为大容量日志恢复模式，大容量操作完成后立即将数据库设置为完整恢复模式。

大容量日志恢复模式支持所有的恢复形式，但是有一些限制。

（3）简单恢复模式。此模式简略记录大多数事务，所记录信息只是为了确保在系统崩溃或还原数据备份之后数据库的一致性。

简单恢复模式下，每个数据备份后事务日志将自动截断（删除不活动的日志），因而没有事务日志备份。这简化了备份和还原，但这种简化的代价是增加了在灾难事件中有丢失数据的可能。没有日志备份，数据库只可恢复到最近的数据备份时间，而不能恢复到失败的时间点。

图 9-2 说明了简单恢复模式，在该图中，进行了一些数据库备份。在最近的备份 t5 之后的一段时间，数据库中出现数据丢失。DBA 将使用 t5 备份来将数据库还原到备份完成的时间点，该点之后对数据库的更改都将丢失。

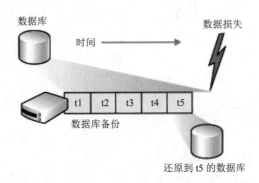

图 9-2　简单恢复模式

简单恢复模式对还原操作有下列限制：文件还原和段落还原仅对只读辅助文件组可用；不支持时点还原；不支持页面还原（页面还原仅替换指定的页，且只有被还原的页离线时方可进行还原操作）。

如果使用简单恢复，则备份间隔不能太短，以免备份开销影响生产工作；但也不能太长，以防丢失大量数据。

与完整恢复模式或大容量日志恢复模式相比，简单恢复模式更容易管理，但如果数据文件损坏，出现数据丢失的风险更高。因此，简单恢复模式通常仅用于测试和开发数据库或包含的大部分数据为只读的数据库，不适合不能接受丢失最新更新的重要的数据库系统。

表 9-1 列出了三种恢复模式的性能比较。

表 9-1　三种恢复模式的性能比较

恢复模式	优点	数据丢失情况	能否恢复到时间点
完整	数据文件丢失或损坏不会导致丢失工作；可恢复到任意时间点	正常情况下没有。如果日志损坏，则必须重做自最新日志备份后所做的更改	可以恢复到任何时间点
大容量日志	允许执行高性能大容量复制操作；大容量操作使用最小日志空间	如果日志损坏或自最新日志备份后执行了大容量操作，则须重做自上次备份后所做的更改；否则不丢失任何工作	可以恢复到任何备份的结尾，随后必须重做更改
简单	允许执行高性能大容量复制操作；回收日志空间以使空间要求较小	必须重做自最新数据库后或差异备份后所做的更改	可以恢复到任何备份的结尾，随后必须重做更改

每种恢复模式对可用性、性能、磁盘和磁带空间以及防止数据丢失方面都有特别要求。选择恢复模式时，必须在下列业务要求之间进行权衡：大规模操作（如创建索引或大容量加载）的性能；数据丢失情况（如已提交的事务丢失）；事务日志的空间占用情况；备份和恢复的简化要求。

为了给数据库选择最佳的备份恢复策略，需要考虑多个方面的因素，包括数据库特征（例如数据库的使用情况、大小及其文件组结构）和数据库的恢复目标和要求。根据所执行的操作，可能存在多个适合的模式，但最佳选择模式主要取决于用户的恢复目标和要求。

1）如果符合下列所有要求，可考虑使用简单恢复模式。

● 丢失日志中的一些数据无关紧要。

● 无论何时还原主文件组，用户都希望始终还原读写辅助文件组（如果有）。

● 是否备份事务日志无所谓，只需要完整差异备份。

● 不在乎无法恢复到故障点以及丢失从上次备份到发生故障时之间的任何更新。

2）如果符合下列任何要求之一，应使用完整恢复模式（可配合使用大容量日志恢复模式）：

● 用户必须能够恢复所有数据。

● 数据库包含多个文件组，并且用户希望逐段还原读写辅助文件组以及只读文件组。

● 用户必须能够恢复到故障点。（注：只有 Enterprise Edition 提供时点恢复功能）

● 用户希望能够还原单个页。

可使用 SSMS 查看或更改数据库的恢复模式，见例 9-1。

例 9-1　查看或更改"_家庭财务数据库"的恢复模式。

在"对象资源管理器"中，单击服务器名称展开服务器树，选择"数据库"→"_家庭财物数据库"项，鼠标右键单击，在弹出的快捷菜单中选择"属性"命令（图 9-3），系统弹出"数据库属性"对话框，在该对话框的"选择页"窗格中选择"选项"命令。

当前恢复模式显示在"恢复模式"列表框中。可以从列表中选择不同的模式来更改恢复模式。可以选择"完整""大容量日志"或"简单"，如图 9-4 所示。

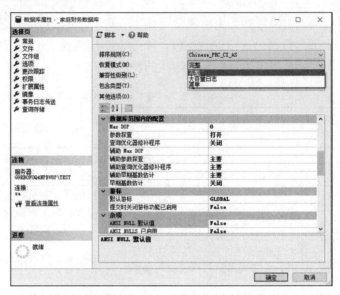

图 9-3　选择查看数据库属性命令　　　　　　图 9-4　查看、更改数据库恢复模式

9.1.3　数据备份

1.　备份类型

SQL Server 2016 提供了十分丰富的数据备份类型。

按照备份内容的横向关系，分为完整数据库备份、差异备份、文件和文件组备份、事务日志备份四种。

（1）完整备份，备份整个数据库，包括事务日志（以便恢复整个备份）。完整备份代表备份完成时的数据库。通过包括在完整备份中的事务日志，可以使用备份恢复到备份完成时的数据库。在简单恢复模式下完成备份后，系统通过删除日志的非活动部分来自动截断事务日志。创建完整备份是单一操作，通常会安排该操作定期发生。完整备份的空间开销和时间开销都大于其他备份类型。

（2）差异备份，是基于所包含数据的前一次最新完整备份。差异备份仅备份自该次完整备份后发生更新的数据。因为只备份改变的内容，所以备份速度较快，可以多次执行，差异备份中同样也备份了部分事务日志。

（3）文件和文件组备份，备份一个或多个文件（或文件组）中所有的数据。

可分别备份和还原数据库中的文件。这使用户可以仅还原已损坏的文件，而不必还原数据库的其余部分，从而提高恢复速度。例如，如果数据库由位于不同磁盘上的若干个文件组成，其中一个磁盘发生故障时，只需还原故障磁盘上的文件。

通常，在备份和还原操作过程中指定文件组相当于列出文件组中包含的每个文件。但是，如果文件组中的任何文件离线（例如由于正在还原该文件），则整个文件组均将离线。

（4）事务日志备份，保存前一个日志备份中没有备份的所有日志记录（即上次备份事务日志后对数据库执行的所有事务的一系列记录）。仅在完整恢复模式和大容量日志恢复模式下才有日志备份。

定期的事务日志备份是采用完整恢复模式或大容量日志恢复模式的数据库的备份策略的重要部分。使用日志备份可将数据库还原到特定的时间点（如故障点），即所谓时点还原。

创建第一个日志备份之前，必须先创建完全备份。还原了完全备份和差异备份（后者可选）之后，必须还原后续的日志备份。

与差异备份类似，事务日志备份的备份文件和时间都会比较短。

2. 备份设备

（1）备份设备的相关概念。首先介绍几个与数据库备份密切相关的概念。

备份文件（Backup File）：存储数据库、事务日志、文件/文件组备份的文件。

备份媒体（Backup Media）：用于保存备份文件的磁盘文件或磁带。

备份设备（Backup Device）：包含备份媒体的磁带机或磁盘驱动器。创建备份时必须选择将数据写入的备份设备。SQL Server 2016 可将数据库、日志和文件备份到磁盘和磁带设备上。磁带设备必须物理连接到运行 SQL Server 实例的计算机上，不支持备份到远程磁带设备上。

媒体集（Media Set）：备份媒体的有序集合。使用固定类型和数量的备份设备向其写入备份操作。给定媒体集可使用磁带机或磁盘驱动器，但不能同时使用两者。

媒体簇（Media Family）：备份操作向媒体集使用的备份设备写入的数据。由在媒体集中的单个非镜像设备或一组镜像设备上创建的备份构成。媒体集使用的备份设备的数量决定了媒体集中的媒体簇的数量。例如，如果媒体集使用两个非镜像备份设备，则该媒体集包含两个媒体簇。

备份集（Backup Set）：备份操作将向媒体集中添加一个备份集。如果备份媒体只包含一个媒体簇，则该簇包含整个备份集；如果备份媒体包含多个媒体簇，则备份集分布在各媒体簇之间。

保持期：指出备份集自备份之日起不被覆盖的日期长度（默认值为 0 天）。如果未等设定的天数过去即使用备份媒体，SQL Server 将发出警告。除非更改默认值，否则 SQL Server 不发警告。

（2）创建备份设备。进行备份时，必须先创建备份设备（备份到本机磁盘或磁带除外）。SQL Server 将数据库、事务日志和文件备份到备份媒体上。

在备份操作过程中，将要备份的数据写入备份设备。可以将备份数据写入 1～64 个备份设备。如果备份数据需要多个备份设备，则所有设备必须对应于一种设备类型（磁盘或磁带）。

将媒体集中的第一个备份数据写入备份设备时，会初始化此备份设备。

可以使用SSMS或系统存储过程sp_addumpdevice将备份设备添加到数据库引擎实例中。

1）使用 SSMS 创建备份设备。

例 9-2　使用 SSMS 创建名为"备份设备-L"的备份设备。

在"对象资源管理器"中展开服务器树，选择"服务器对象"→"备份设备"项，鼠标右键单击，在弹出的快捷菜单中选择"新建备份设备"命令，如图 9-5 所示，系统将弹

图 9-5　选择"新建备份设备"

出"备份设备"对话框，在该对话框中输入设备名称"备份设备-L"。若要确定磁盘目标位置，单击"文件"并指定该文件的完整路径，单击"确定"，新备份设备图标出现在"服务器对象\备份设备"节点下。"备份数据库"对话框如图 9-6 所示。

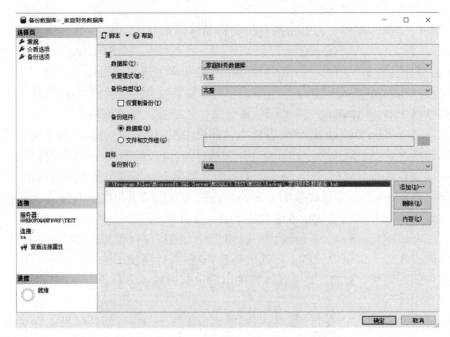

图 9-6　"备份数据库"对话框

2）使用系统存储过程 sp_addumpdevice 创建备份设备。

● 语法摘要。

```
sp_addumpdevice [@devtype=]'device_type',[@logicalname=]'logical_name',
                [@physicalname=]'physical_name'
```

● 参数摘要与说明。

> [@devtype=]'device_type'：备份设备的类型。device_type 的数据类型为 varchar(20)，无默认值，可以是 disk（硬盘文件作为备份设备）或 tape（MS Windows 支持的任何磁带设备）。

> [@logicalname=]'logical_name'：在 BACKUP 和 RESTORE 语句中使用的备份设备的逻辑名称。logical_name 的数据类型为 sysname，无默认值，不能为 NULL。

> [@physicalname=]'physical_name'：备份设备的物理名称，必须遵从操作系统文件名规则或网络设备的通用命名约定，且必须包含完整路径。physical_name 的数据类型为 nvarchar(260)，无默认值，不能为 NULL。如果要添加磁带设备，则该参数必须是 Windows 分配给本地磁带设备的物理名称，例如，使用\\.\TAPE0 作为计算机上的第一个磁带设备名称。磁带设备必须连接到服务器上，不能远程使用。如果名称包含非字母数字的字符，请用引号将其引起来。

● 返回值：0（成功）或 1（失败）。

● 备注。

> sp_addumpdevice 存储过程会将一个备份设备添加到 sys.backup_devices 目录视

图中,然后可在 BACKUP 和 RESTORE 语句中逻辑引用该设备。sp_addumpdevice 不执行对物理设备的访问。只有在执行 BACKUP 或 RESTORE 语句后才会访问指定设备。创建一个逻辑备份设备可简化 BACKUP 和 RESTORE 语句,在这种情况下指定设备名称将代替使用"TAPE="或"DISK="子句指定设备路径。

➢ 不能在事务内执行 sp_addumpdevice。

➢ 在远程网络位置上创建备份设备时,请确保启动数据库引擎时所用的名称对远程计算机有相应的写权限。

例 9-3　使用系统存储过程 sp_addumpdevice 创建备份设备。

```
DECLARE @执行状态 int
EXECUTE @执行状态=sp_addumpdevice 'DISK','备份设备_M',
                    'E:_数据库备份\SSMS\备份设备_M.BAK'
PRINT @执行状态
```

3. 备份策略

创建备份的目的是为了恢复损坏的数据库。但备份和还原数据需要调整到特定环境中,并且必须使用可用资源。因此可靠地使用备份和还原以实现恢复需要有一个备份和还原策略。设计良好的备份和还原策略可以尽量提高数据的可用性及尽量减少数据丢失,并应考虑到特定的业务要求。

设计有效的备份和还原策略需要仔细计划、实现和测试,需要考虑各种因素,包含:用户的组织对数据库的生产目标(尤其是对可用性和防止数据丢失的要求);每个数据库的特性(大小、使用模式、内容特性及其数据要求等);对资源的约束(例如,硬件、人员、存储备份媒体的空间以及存储媒体的物理安全性等)。

备份策略确定备份的内容、时间及类型、所需硬件的特性、测试备份的方法及存储备份媒体的位置和方法(包含安全注意事项)。还原策略定义还原方案、负责执行还原的人员以及执行还原来满足数据库可用性和减少数据丢失的目标与方法。建议将备份和还原过程记录下来并在运行手册中保留文档的副本。

备份策略中最重要的问题之一是如何选择和组合备份类型。因为单纯的采用任何一种备份类型都存在一些缺陷。完整备份执行得过于频繁会消耗大量的备份介质,过于稀疏又无法保证数据备份的质量。单独使用差异备份和事务日志备份在数据还原时都存在风险,会降低数据备份的安全性。通常的备份策略是组合这几种类型形成适度的备份方案,以弥补单独使用一种类型的缺陷。

常见的备份类型组合如下所述。

● 完整备份:每次都对备份目标执行完整备份;备份和恢复操作简单,时空开销最大;适合于数据量较小且更改不频繁的情况。

● 完整备份加事务日志备份:定期进行数据库完整备份,并在两次完整备份之间按一定时间间隔创建日志备份,增加事务日志备份的次数(如每隔几小时备份一次),以减少备份时间。此策略适合于不希望经常创建完整备份,但又不允许丢失太多数据的情况。

● 完整备份加差异备份再加事务日志备份:创建定期的数据库完整备份,并在两次数据库完整备份之间按一定时间间隔(如每隔一天)创建差异备份;在完整备份之间安排差异备份可减少数据还原后需要还原的日志备份数,从而缩短还原时间;再在两次差异备份之间创建一些日志备份。此策略的优点是备份和还原的速度比较快,并且当系统出现故障时，丢失的数据也比较少。

备份策略还要考虑的一个重要问题是如何提高备份和还原操作的速度。SQL Server 2016 提供了以下两种加速备份和还原操作的方式。

● 使用多个备份设备：可将备份并行写入所有设备。备份设备的速度是备份吞吐量的一个潜在瓶颈。使用多个设备可按使用的设备数成比例地提高吞吐量。同样，可将备份并行从多个设备还原。对于具有大型数据库的企业，使用多个备份设备可明显减少执行备份和还原操作的时间。SQL Server 最多支持 64 个备份设备同时执行一个备份操作。使用多个备份设备执行备份操作时，所用的备份媒体只能用于 SQL Server 备份操作。

● 结合使用完整备份、差异备份（对于完整恢复模式或大容量日志恢复模式）以及事务日志备份：可以最大程度地缩短恢复时间。创建差异数据库备份通常比创建完整数据库备份快，并减少了恢复数据库所需的事务日志量。

4. 备份操作

SQL Server 2016 备份数据库是动态的，即在数据库联机或者正在使用时可以执行备份操作。可以使用 SSMS 或使用 T-SQL 的 BACKUP DATABASE 语句进行备份。

（1）使用 SSMS 进行备份。

例 9-4 使用 SSMS 将"_家庭财务数据库"主文件组完全备份到例 9-2 创建的备份设备。

1）在"对象资源管理器"中展开服务器树，选择"数据库"→"_家庭财务数据库"项，鼠标右键单击，在弹出的快捷菜单中选择"任务"→"备份"命令，系统将弹出"备份数据库"对话框，如图 9-6 所示。

2）在"备份数据库"对话框的"常规"页的"源"区指定要备份的数据源：源数据库（_家庭财务数据库）、备份类型（完整备份），在"备份组件"选项区域选择"文件和文件组"单选按钮，在系统弹出的"选择文件和文件组"对话框中选择主文件组（PRIMARY），然后单击"确定"按钮，如图 9-7 所示。

图 9-7　指定文件组

3）回到"备份数据库"对话框，在"备份集"区指定备份集的名称、说明、过期时间，在"目标"区选择原来的备份目标（"E:数据备份\SQL_家庭财务数据库.BAK"）并按"删除"按钮将其删除，单击"添加"按钮，在弹出的"选择备份目标"对话框内选择"备份设备"，在下拉组合框中指定备份设备名称（"备份设备-L"）并单击"确定"按钮。

4）回到"备份数据库"对话框，此时"备份设备-L"已出现在备份目标区的目标名称栏内，进入"备份数据库"对话框的"选项"页，设置覆盖方式等其他属性，全部设置完毕后单击"确定"按钮，SQL Server 立即进行指定的备份，备份完毕后弹出提示信息框，提示对数据库"_家庭财务数据库"的备份已成功完成。

此时，可以通过查看"服务器对象\备份设备\备份设备-L"的属性，了解媒体集中本次备份生成的备份集的基本信息。

（2）使用 BACKUP DATABASE 语句进行备份。SQL Server 2016 提供了一条选项十分丰富的数据库备份语句 BACKUP DATABASE。表 9-2 简要列举了完整恢复模式支持的所有备份类型的 BACKUP 语句的基本语法。

表 9-2　完整恢复模式支持的所有备份类型的基本 BACKUP 语句

类型	基本语句	操作与说明
完整备份	BACKUP DATABASE <database_name> TO <backup_device>	备份完整数据库
文件备份	BACKUP DATABASE <database_name> <file_or_filegroup>[,...n] TO <backup_device> WITH OPTIONS	指定数据库备份要包含的文件或文件组的逻辑名称。指定此类的一系列文件和文件组时，将只备份这些文件和文件组。可指定多个文件或文件组
差异备份	BACKUP DATABASE <database_name> TO <backup_device> WITH DIFFERENTIAL	指定备份只包含自最新完整备份以来更改的数据区数据
事务日志备份	BACKUP LOG <database_name> TO <backup_device> [WITH RECOVERY]	指定事务日志的日常备份。该日志是从上次成功备份日志记录备份到当前日志结尾。备份日志后，如果事务复制或活动事务不再需要，它将被截断

表 9-2 中的基本 BACKUP 语句的参数说明：

- DATABASE：指定一个完整数据库备份。如果指定了一个文件和文件组的列表，则仅备份该列表中的文件和文件组。
- database_name：备份事务日志、部分数据库或完整的数据库时所用的源数据库。
  <backup_device>::={ logical_backup_device_name
  　　　　　　　　　　|{DISK|TAPE }= 'physical_backup_device_name'}
- logical_backup_device_name：逻辑备份设备（由 sp_addumpdevice 创建）的名称。
- { DISK|TAPE }= 'physical_backup_device_name'：指定在磁盘或磁带上创建备份。应输入完整的路径和文件名，例如：DISK='E:_数据库备份\T-SQL_家庭财务数据库.BAK'。
- <file_or_filegroup>：指定包含在备份中的文件或文件组的逻辑名，可指定多个。
- WITH DIFFERENTIAL：指定进行数据库备份或文件备份的差异备份。
- LOG…WITH RECOVERY：指定事务日志的日常备份。
- LOG…WITH NORECOVERY：指定备份日志尾部（活动日志）并使数据库处于正在还原状态。
- WITH COPY_ONLY：指定此备份不影响正常的备份序列，仅复制不会影响数据库的全部备份和还原过程。

例 9-5 使用 BACKUP DATABASE 语句对"_教学库"数据库进行完整备份，如图 9-8 所示。

BACKUP DATABASE _教学库 TO DISK='E:_数据库备份\T-SQL_教学库.BAK'

例 9-6 使用 BACKUP DATABASE 语句对"_教学库"数据库进行差异数据库备份。

BACKUP DATABASE _教学库 TO DISK='E:_数据库备份\T-SQL_教学库.BAK' WITH
DIFFERENTIAL, NOINIT, NAME='测试数据库差异备份',
DESCRIPTION='该语句用于测试数据库的差异备份'

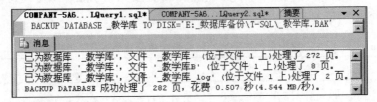

图 9-8　使用 BACKUP DATABASE 语句对"_教学库"数据库进行完整备份

例 9-7　使用 BACKUP DATABASE 语句将"_教学库"数据库中添加的文件组 FirstFileGroup 备份到本地备份设备 abc。

BACKUP DATABASE _教学库 FILEGROUP=' E:_数据库备份\T-SQL\FirstFileGroup'to abc

例 9-8　使用 BACKUP 语句对_教学库数据库执行事务日志备份，要求追加到现有备份设备 abc 上。

BACKUP LOG _教学库 TO abc WITH NOINIT,NAME='数据库事务日志备份',
DESCRIPTION='该语句用于测试数据库的事务日志备份'

9.1.4　数据还原

1．还原方案与顺序

"还原方案"定义从备份还原数据并在还原所有必要备份后恢复数据库的过程。使用还原方案可以还原下列某个级别的数据：数据库、数据文件和数据页。每个级别的影响如下：

- 数据库级别：还原和恢复整个数据库，数据库在还原和恢复操作期间处于离线状态。
- 数据文件级别：还原和恢复一个数据文件或一组文件。在文件还原过程中，包含相应文件的文件组自动变为离线状态。访问离线文件组的任何尝试都会导致错误。
- 数据页级别：可以对任何数据库进行页面还原，而不管文件组数为多少。

注：简单恢复模式不支持数据页级别还原。

如前所述，SQL Server 2016 数据库的数据备份和还原操作是基于恢复模式的，不同恢复模式下进行的数据备份所能采用的还原方案自然也有所差异。

表 9-3 和表 9-4 分别列举了完整日志恢复模式和大容量日志恢复模式、简单恢复模式所支持的几种基本还原方案。

表 9-3　完整恢复模式和大容量日志恢复模式支持的基本还原方案

还原方案	说明
数据库 完整还原	这是基本的还原策略。在完整/大容量日志恢复模式下，数据库完整还原涉及还原完整备份和（可选）差异备份（如果存在），然后还原所有后续日志备份（按顺序）。通过恢复并还原上一次日志备份（RESTORE WITH RECOVERY）完成数据库完整还原
文件还原	还原一个或多个文件，而不还原整个数据库。可在数据库处于离线或数据库保持在线状态（对于某些版本）时执行文件还原。在文件还原过程中，包含正在还原的文件的文件组一直处于离线状态。必须具有完整的日志备份链（包含当前日志文件），并且必须应用所有这些日志备份以使文件与当前日志文件保持一致

续表

还原方案	说明
页面还原	还原损坏的页面。可以在数据库处于离线状态或数据库保持在线状态（对于某些版本）时执行页面还原。在页面还原过程中，包含正在还原的页面的文件一直处于离线状态。必须具有完整的日志备份链（包含当前日志文件），并且必须应用所有这些日志备份以使页面与当前日志文件保持一致
段落还原*	按文件组级别并从主文件组开始，分阶段还原和恢复数据库

* 只有 Enterprise Edition 支持在线还原。

表 9-4 简单恢复模式支持的基本还原方案

方案	说明
数据库完整还原	这是基本还原策略。在简单恢复模式下，数据库完整还原可能涉及简单还原和恢复完整备份。另外，数据库完整还原也可能涉及还原完整备份并接着还原和恢复差异备份
文件还原*	还原损坏的只读文件，但不还原整个数据库。仅在数据库至少一个只读文件组时才可以进行文件还原
段落还原*	按文件组级别并从主文件组和所有读写辅助文件组开始，分阶段还原和恢复数据库
仅恢复	适用于从备份复制的数据已经与数据库一致而只需使其可用的情况

* 只有 Enterprise Edition 支持在线还原。

无论如何还原数据，数据库引擎都会保证整个数据库的逻辑一致性，以便可以使用数据库。例如，若要还原一个文件，则必须将该文件前滚足够长度，以便与数据库保持一致，才能恢复该文件并使其在线。

SQL Server 中还原方案使用一个或多个有序还原步骤（操作）来实现，称为"还原顺序"。还原的顺序与使用的恢复模式、备份类型和方式有关。在简单情况下，还原操作只需要一个完整数据库备份、一个差异数据库备份和后续日志备份。在很多情况下，只需要还原完整备份、完整差异备份以及一个或多个日志备份。在这些情况下，很容易构造一个正确的还原顺序。例如，若要将整个数据库还原到故障点，先备份事务日志（日志尾部），然后，按备份的创建顺序还原最新的完全数据库备份、最新的差异备份（如果有）以及所有后续事务日志备份。

但是，在较为复杂的情况下，需要还原多个数据备份（如文件备份）。这些情况可能需要将数据还原到特定时间点或遍历跨一个或多个恢复分叉的已分叉恢复路径。这时，构造一个正确的还原顺序可能是个复杂的过程，这里就不作介绍了。

2. 还原操作

一般而言，无论使用哪种还原方案、还原顺序，在开始还原备份文件之前，首先备份事务日志尾部总是正确的、必要的。如果日志尾部已确无存在的必要，则在恢复操作中应选择进行覆盖。

可以使用 SSMS 或 T-SQL 的 RESTORE DATABASE 语句进行还原。

（1）使用 SSMS 进行还原。

例 9-9 使用 SSMS 将例 9-4 备份的"_家庭财务数据库"主文件组备份文件还原。

● 在"对象资源管理器"中展开服务器树，选择"数据库"→"_家庭财务数据库"项，鼠标右键单击，在弹出的快捷菜单中选择"任务"→"还原"→"文件和文件组"命令，如图 9-9 所示，系统弹出"还原文件和文件组"对话框。

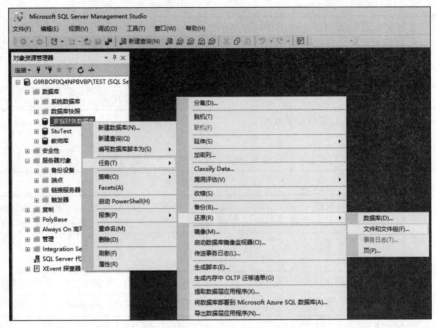

图 9-9　使用 SSMS 启动还原操作

- 在"还原文件和文件组"对话框的"常规"页的"源"区指定要还原的目标数据库（_家庭财务数据库），如图 9-10 所示，在"选择用于还原的备份集"区选择"_家庭财务数据库-完整 文件组 备份"备份集，单击"确定"按钮，SQL Server 立即进行指定的恢复。恢复完毕后系统弹出提示信息框，提示对数据库"_家庭财务数据库"的还原已成功完成。

图 9-10　使用 SSMS 将"_家庭财务数据库"主文件组备份文件还原

（2）使用 RESTORE DATABASE 语句进行还原。

与 BACKUP DATABASE 语句相似，SQL Server 2016 提供的数据库还原语句 RESTORE DATABASE 语句的选项也十分丰富。实际应用中，RESTORE 语句的选项与恢复模式及还原方案密切相关。下面仅介绍完整恢复模式下的数据库完整还原的 RESTORE 语句摘要。

- 语法摘要。

```
RESTORE DATABASE {database_name|@database_name_var}
  [ FROM <backup_device> [ ,...n ] ]
  [ WITH   [{ CONTINUE_AFTER_ERROR | STOP_ON_ERROR } ]
            [[,] FILE = { file_number | @file_number } ]
            [[,] MEDIANAME = { media_name | @media_name_variable } ]
            [[,] { RECOVERY | NORECOVERY
                  | STANDBY={standby_file_name|@standby_file_name_var}}]
            [[,] REPLACE ]
            [[,] RESTART ]
            [[,] RESTRICTED_USER ]
            [[,] STOPAT = { date_time | @date_time_var } ]
  ]
```

其中

```
<backup_device>::={ logical_backup_device_name
                    |{ DISK|TAPE }= 'physical_backup_device_name'}
```

- 参数摘要与说明。
  - ➢ DATABASE：指定目标数据库。如果指定了文件和文件组列表，则只还原那些文件和文件组。对于使用完全恢复模式或大容量日志记录恢复模式的数据库，除非 RESTORE 语句包含 WITH REPLACE 或 WITH STOPAT 子句，否则在没有先备份日志尾部的情况下还原数据库时将导致错误。
  - ➢ database_name|@database_name_var：是将日志或整个数据库还原到的数据库。
  - ➢ FROM {<backup_device>[,...n]|<database_snapshot>}：通常指定要从哪些备份设备还原备份。此外，在 RESTORE DATABASE 语句中，FROM 子句可指定要向哪个数据库快照还原数据库，在这种情况下不允许使用 WITH 子句。如果省略 FROM 子句，则必须在 WITH 子句中指定 NORECOVERY、RECOVERY 或 STANDBY，并且将不还原备份，而是恢复数据库。这样，用户可以恢复用 NORECOVERY 选项还原的数据库，或转到一个备用服务器。
  - ➢ <backup_device>：指定还原操作要使用的逻辑或物理备份设备。
  - ➢ logical_backup_device_name：逻辑备份设备（由 sp_addumpdevice 创建）的名称。
  - ➢ { DISK|TAPE }= 'physical_backup_device_name'：指定在磁盘或磁带上创建备份。应输入完整的路径和文件名，例如，DISK='E:_数据库备份\T-SQL_家庭财务数据库.BAK'。
  - ➢ CONTINUE_AFTER_ERROR：指定遇到错误后继续执行还原操作。
  - ➢ STOP_ON_ERROR：指定还原操作在遇到第一个错误时停止。
  - ➢ FILE={ file_number| @file_number}：标识要还原的备份集。例如，file_number

为 1 指示备份媒体中的第一个备份集，file_number 为 2 指示第二个备份集。默认值为 1，但对 RESTORE HEADERONLY 会处理媒体集中的所有备份集。

➢ MEDIANAME = {media_name|@media_name_variable}：指定媒体名称。如果提供了媒体名称，该名称必须与备份卷上的媒体名称相匹配，否则还原操作将终止。如果没有给出媒体名称，将不会对备份卷执行媒体名称匹配检查。

➢ RECOVERY：指示还原操作回滚未提交事务（默认值）。在恢复进程后即可随时使用数据库。如果安排了后续 RESTORE 操作（RESTORE LOG 或从差异数据库备份 RESTORE DATABASE），则应指定 NORECOVERY 或 STANDBY。

➢ NORECOVERY：指示还原操作不回滚任何未提交事务。如果稍后必须应用另一个事务日志，则应指定 NORECOVERY 或 STANDBY。使用 NORECOVERY 选项执行脱机还原操作时，数据库将无法使用。

还原数据库备份和一个或多个事务日志时，或需多个 RESTORE 语句（如还原一个完整的数据库备份并随后还原一个完整差异备份）时，RESTORE 需要对所有语句使用 WITH NORECOVERY 选项（最后的 RESTORE 除外）。最佳方法是按多步骤还原顺序，对所有语句都使用 WITH NORECOVERY，直到达到所需的恢复点为止，然后仅使用单独的 RESTORE WITH RECOVERY 语句执行恢复。

NORECOVERY 选项用于文件或文件组还原操作时，它会强制数据库在还原操作结束后保持还原状态，这在以下情况中很有用：还原脚本正在运行且始终需要应用日志；使用文件还原序列，且在两次还原操作之间不能使用数据库。

➢ STANDBY=standby_file_name：指定一个允许撤销恢复效果的备用文件。STANDBY 选项可用于脱机还原（包括部分还原），但不能用于联机还原。如果必须升级数据库，也不允许使用 STANDBY 选项。standby_file_name 指定一个备用文件，其位置存储在数据库的日志中。如果某个现有文件使用了指定的名称，该文件将被覆盖，否则数据库引擎会创建该文件。如果指定备用文件所在驱动器上的磁盘空间已满，还原操作将停止。

➢ REPLACE：指定即使存在另一个具有相同名称的数据库，SQL Server 也应该创建指定的数据库及其相关文件，这种情况下将删除现有数据库。如果没有指定 REPLACE，则会进行安全检查，以防意外覆盖其他数据库。安全检查可确保在以下条件同时存在的情况下，RESTORE DATABASE 语句不会将数据库还原到当前服务器：在 RESTORE 语句中命名的数据库已存在于当前服务器中，并且该数据库名称与备份集中记录的数据库名称不同。若无法验证现有文件是否属于正在还原的数据库，则 REPLACE 允许 RESTORE 覆盖该文件。WITH REPLACE 可以用于 RESTORE LOG 选项。

➢ RESTART：指定 SQL Server 从断点重新启动被中断的还原操作。

➢ RESTRICTED_USER：限制只有 db_owner、dbcreator 或 sysadmin 角色的成员才能访问新近还原的数据库。该选项可与 RECOVERY 选项一起使用。

➢ STOPAT=date_time|@date_time_var: 指定将数据库还原到指定的日期和时间时的状态。只有在指定的日期和时间前写入的事务日志记录才能应用于数据库。如

果指定的 STOPAT 时间超出 RESTORE LOG 操作的结束范围，数据库将处于不可恢复状态，其效果与在 RESTORE LOG 中使用 NORECOVERY 一样。

● 备注：离线还原过程中，如果指定的数据库正在使用，则在短暂延迟之后，RESTORE 将强制用户离线。对于非主文件组的在线还原，除非要还原的文件组为离线状态，否则数据库可以保持使用状态，指定数据库中的所有数据都将由还原的数据替换。

表 9-5 简要列举了完整恢复模式下各种基本还原方案的 RESTORE 语句基本语法。

表 9-5　完整恢复模式支持的基本还原方案的 RESTORE 语句

还原方案	语句	操作与说明
数据库完整还原	RESTORE DATABASE <数据库名称> ... WITH NORECOVERY ...	复制备份中的所有数据，如果备份包含日志，还会前滚数据库
文件还原	RESTORE DATABASE <数据库名称> <文件或文件组>[n]...WITH NORECOVERY...	仅从备份复制指定的文件或文件组，如果备份包含日志，则前滚数据库
页面还原*	RESTORE DATABASE <数据库名称> PAGE='文件:页[,...p]' ... WITH NORECOVERY ...	仅从备份中复制指定的页，如果某个页的备份包含日志，还会前滚数据库
段落还原	RESTORE DATABASE <数据库> [<文件组>[n]] ... WITH PARTIAL，NORECOVERY ...	复制主文件组及指定的文件或组，如果备份包含日志则前滚数据库。如果未指定任何文件组则还原备份集的所有内容
日志还原*	RESTORE LOG <数据库名称> ... WITH RECOVERY ...	还原日志备份并使用该日志前滚数据

注　NORECOVERY：指定不发生回滚，从而使前滚按顺序在下一条语句中继续进行。这种情况下，还原顺序可还原其他备份，并执行前滚。如果不指定 NORECOVERY 或指定 RECOVERY 则在完成当前备份前滚之后执行回滚。恢复数据库要求要还原的整个数据集（"前滚集"）必须与数据库一致。如果前滚集尚未前滚到与数据库保持一致的地步，并指定了 RECOVERY，则数据库引擎将发出错误。

PARTIAL：指定进行段落还原。

* 表示该还原方案不支持简单恢复模式。

例 9-10　使用 RESTORE 语句对"_家庭财务数据库"进行完整还原，运行效果如图 9-11 所示，语句如下：

```
RESTORE DATABASE _家庭财务数据库 FROM DISK='D:\FFS\_家庭财务数据库.BAK'
    WITH REPLACE
```

图 9-11　使用 RESTORE DATABASE 语句对"_家庭财务数据库"进行完整还原

例 9-11　使用 RESTORE 语句将例 9-4 创建的"_家庭财务数据库"主文件组备份还原，

运行效果如图 9-12 所示，语句如下：

```
RESTORE DATABASE _家庭财务数据库 FROM DISK='D:\FFS\_家庭财务数据库.BAK'
WITH NORECOVERY,REPLACE
```

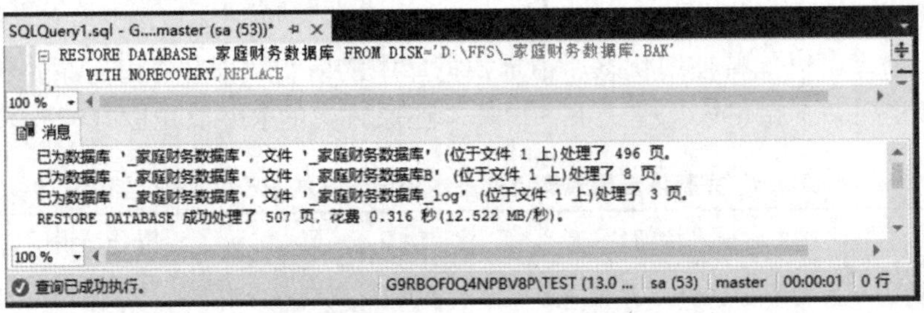

图 9-12　使用 RESTORE 语句将例 9-4 创建的"_家庭财务数据库"主文件组备份还原

9.2　数据分离与附加

9.2.1　概念与用途

可以分离数据库的数据和事务日志文件，然后将它们重新附加到同一或其他 SQL Server 实例。如果要将数据库更改到同一计算机的不同 SQL Server 实例或要移动数据库，分离和附加数据库功能会很有用。

分离数据库是指将数据库从 SQL Server 实例中删除，但使数据库在其数据文件和事务日志文件中保持不变。

如果存在下列任何情况，则不能分离数据库：已复制并发布数据库；数据库中存在数据库快照；数据库处于可疑状态。

附加数据库是分离的逆操作，即利用从 SQL Server 实例分离出来的文件将数据库附加到任何 SQL Server 实例。通常，附加数据库时会将数据库重置为它分离或复制时的状态。

附加数据库时，所有数据文件（MDF 文件和 NDF 文件）都必须可用。如果任何数据文件的路径不同于首次创建数据库或上次附加数据库时的路径，则必须指定文件的当前路径。如果所附加的主数据文件为只读，则数据库引擎会假定数据库也是只读的。

分离再重新附加只读数据库后，会丢失差异基准信息。这会导致 master 数据库与只读数据库不同步，之后所做的差异备份可能导致意外结果。因此，如果对只读数据库使用差异备份，在重新附加数据库后，应通过进行完整备份来建立当前差异基准。

9.2.2　分离操作

（1）使用 SSMS 进行数据库分离。在 SSMS 中，可以很方便地进行数据库分离，参见例 9-12。

例 9-12　使用 SSMS 分离"_家庭财务数据库"。

- 在"对象资源管理器"中展开服务器树，选择"数据库"→"_家庭财务数据库"项，鼠标右键单击，在弹出的快捷菜单中选择"任务"→"分离"命令（图 9-9），系统弹出"分离数据库"对话框。

- 在"分离数据库"对话框（图 9-13）内选择要分离的数据库并设置相关属性，单击"确定"按钮。这时，该数据库的所有文件［扩展名分别为.mdf、.ldf、.ndf（如果有的话）］就可以复制到任何一台计算机上并附加到任何 SQL Server 实例了。

建议在实施分离前通过查询数据库属性记下数据库物理文件的位置，以免分离后去查找。

图 9-13　"分离数据库"对话框

（2）使用系统存储过程 sp_detach_db 进行数据库分离则更加简单，具体参见例 9-13。

例 9-13　使用系统存储过程 sp_detach_db 分离"_家庭财务数据库"。

sp_detach_db '_家庭财务数据库'

9.2.3　附加操作

（1）使用 SSMS 附加数据库。

- 在"对象资源管理器"中展开服务器树，鼠标右键单击"数据库"，在弹出的快捷菜单中选择"附加"命令，系统弹出"附加数据库"对话框。
- 单击"附加数据库"对话框内的"添加"按钮，在弹出的"定位数据库文件"对话框中展开要添加的数据库文件所在文件夹，选定数据库主文件，单击"确定"按钮，返回"附加数据库"对话框。
- "附加数据库"对话框分区域显示将附加的数据库的基本情况，包括数据库名称、物理文件名称及存储路径（如果消息提示未找到文件，可在此修正存储路径）等，如图 9-14 所示。设置完成后，单击"确定"按钮，数据库引擎随即将指定的数据库附加到当前 SQL Server 实例。稍后刷新"数据库"节点，即可看到刚附加进来的数据库，并可使用该数据库。

（2）使用 CREATE DATABASE 语句附加数据库，参见例 9-14。

例 9-14　使用 CREATE DATABASE 语句附加一组数据库文件"D:_SJK_家庭财务数据库.mdf"和"D:_SJK_家庭财务数据库_log.ldf"到当前 SQL Server 实例。

CREATE DATABASE 家庭财务数据库 ON (FILENAME = 'D:_SJK_家庭财务数据库.mdf')
LOG ON (FILENAME = 'D:_SJK_家庭财务数据库_log.ldf')   FOR ATTACH

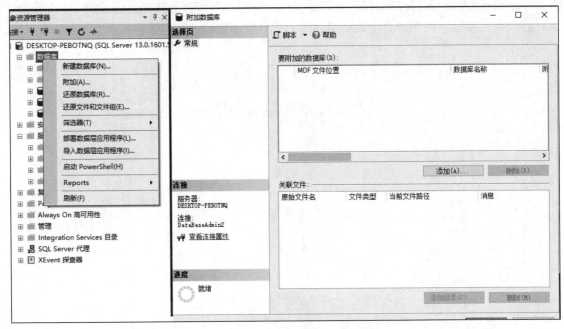

图 9-14   "附加数据库"对话框

9.3   数据导出与导入

9.3.1   概念与方法

数据导出是指将数据从 SQL Server 表复制到其他格式的数据文件；数据导入是指将数据从其他格式的数据文件加载到 SQL Server 表。

在数据库表和其他格式的文件之间移动数据是数据库管理的基本要求之一。通过数据导出和导入操作，SQL Server 2016 可以方便地与外界（例如，Microsoft Excel、Microsoft Access 应用程序等）进行大容量的数据交流。

除了通过将查询结果保存到文件而将 SQL Server 表数据导出外，用户还可以使用语句 BULK INSERT、INSERT…SELECT…，Integration Services（SSIS）、XML 大容量加载、bcp 命令以及 SSMS 的数据导出、数据导入等方法，实现 SQL Server 表与外界的大容量数据交流。本节仅以示例的形式介绍 SSMS 的数据导出、导入功能的使用。

9.3.2   导出操作

例 9-15   使用 SSMS 导出"_家庭财务数据库.财务项目表"的数据到文本文件。

（1）鼠标右键单击"对象资源管理器"中的"数据库"→"_家庭财务数据库"项，在弹出的快捷菜单中选择"任务"→"导出数据"命令，系统弹出"SQL Server 导入和导出向导"

对话框（以下简称为向导）的"数据源"页。

（2）在向导的"数据源"页指定数据源为"SQL Native Client"（SQL 本地客户机）、服务器为本计算机名、数据库为"_家庭财务数据库"，单击"下一步"按钮，向导进入"目标"页。

（3）在"目标"页指定导出目标。单击"目标"框，在下拉选项中选择"平面文件目标"项，"目标"页出现"文件名"等输入框，输入文件名（带路径）等，单击"下一步"按钮，向导进入"指定表复制或查询"页。

"目标"框的下拉选项有 17 项，其中，"Microsoft Access"表示导出到 Access 文件；"Microsoft Excel"表示导出到 Excel 文件；"SQL Native Clint"表示导出到其他 SQL Server 服务器中；"平面文件目标"表示导出到文本文件。

（4）在"指定表复制或查询"页指定"复制一个或多个表或视图的数据"，单击"下一步"按钮，向导进入"配置平面文件目标"页。

（5）在"配置平面文件目标"页单击"源表或源视图"组合框的下拉按钮，在下拉选项中选择"财务项目表"项，单击"下一步"按钮，向导进入"执行并保存包"页。

（6）在"执行并保存包"页选择"立即执行"命令，单击"完成"按钮，向导进入"完成该向导"提示页。

（7）在"完成该向导"提示页单击"完成"按钮，向导进入"执行成功"提示页。

（8）单击"执行成功"提示页的"消息"或"报告"按钮可查看关于本次导出的执行情况。关闭"执行成功"提示页。此时，指定的 SQL Server 数据表的数据已经以指定的格式保存在指定路径和文件名称的文本文件中。

9.3.3　导入操作

例 9-16　使用 SSMS 将一张 Microsoft Excel 数据表导入到"_家庭财务数据库.财务项目表"中。

（1）鼠标右键单击"对象资源管理器"中的"数据库"→"_家庭财务数据库"项，在弹出的快捷菜单中选择"任务"→"导入数据"命令，系统弹出"SQL Server 导入和导出向导"对话框（以下简称为向导）的"选择数据源"页。

（2）在该页的"数据源"选择框指定数据源为"Microsoft Excel"，在"Excel 文件路径"输入框输入（或单击该框右边的"游览"按钮，激活"打开"文件窗口，在其中选择）要导入的文件的路径和文件名"D:_SJK\新财务项目.xls"，单击"下一步"按钮，向导进入"目标"页。

"数据源"框的下拉选项有 20 项，分别表示各种格式的数据文件。其中，"Microsoft Excel"表示 Excel 文件；"平面文件目标"表示文本文件。

（3）在"目标"页指定导入目标为本机上的"_家庭财务数据库"，单击"下一步"按钮，向导进入"指定表复制或查询"页。

（4）在"指定表复制或查询"页指定"复制一个或多个表或视图的数据"，单击"下一步"按钮，向导进入"选择源表和源视图"页。

（5）在"选择源表和源视图"页单击"表和视图"项的输入列表中的"目标"列组合框的下拉按钮，在下拉选项中选择"财务项目表"。

（6）在"选择源表和源视图"页单击"映射"列的"编辑"按钮，在弹出的"列映射"对话框中设置数据导入方式为向表中追加数据。

（7）在"执行并保存包"页选择"立即执行"命令，单击"完成"按钮，向导进入"完成该向导"提示页。

（8）在"完成该向导"提示页单击"完成"按钮，向导进入"执行成功"提示页。

（9）单击"执行成功"提示页的"消息"或"报告"按钮可查看关于本次导入的执行情况。关闭"执行成功"提示页，此时，指定的 Excel 表的数据已经导入到指定的 SQL Server 数据表中。

9.4　SQL Server 2016 新增安全功能介绍

9.4.1　通过 Always Encrypted 安全功能为数据加密

SQL Server 2016 将通过新的始终加密（Always Encrypted）特性使加密工作变得十分简单。Always Encrypted 功能旨在保护 Azure SQL Database 或 SQL Server 数据库中存储的敏感数据，如信用卡号或身份证号。始终加密允许客户端对客户端应用程序内的敏感数据进行加密，并且永远不向数据库引擎（SQL Database 或 SQL Server）显示加密密钥。因此，始终加密分隔了拥有数据（且可以查看它）的人员与管理数据（但没有访问权限）的人员。始终加密确保本地数据库管理员、云数据库操作员或其他高特权但未经授权的用户无法访问加密的数据，使客户能够放心地将敏感数据存储在不受其直接控制的区域。这样，组织便可以静态加密数据并利用 Azure 中的存储，将本地数据库的管理权限委托给第三方，或者降低其自身 DBA 员工的安全核查要求。

加密始终对应用程序透明。安装在客户端计算机上的启用始终加密的驱动程序通过在客户端应用程序中对敏感数据进行加密和解密来实现此目标。该驱动程序先对敏感列中的数据进行加密，然后再将该数据传递到数据库引擎，并且自动重写查询以便保留应用程序的语义。同样，该驱动程序以透明方式对存储在加密数据库列（包含在查询结果中）中的数据进行解密。

9.4.2　动态数据屏蔽

在 SQL Server 2016 上推出了一个很强的新特性叫作动态数据屏蔽（Dynamic Data Masking，DDM），为了尽可能少地对应用层造成影响，该特性允许开发人员或者数据库管理员能够控制敏感数据的暴露程度，并且在数据库层面生成数据，这大大简化了数据库应用层的安全设计和编码。动态数据屏蔽并不会真正改动表中存储的实际数据，只是在查询的时候应用该特性控制查询返回的数据。动态数据屏蔽支持四种数据屏蔽函数：默认屏蔽、随机屏蔽、自定义屏蔽、邮件屏蔽，可以通过此四个函数在数据库层面进行屏蔽。

SQL Server 2016 中的动态数据屏蔽功能允许用户在数据库级别屏蔽数据，而不会更改或混淆表中的实际存储数据。可以说这个功能为 DBA 增加了一个优点，允许他们从具有较少权限的用户集中隐藏敏感数据。此功能节省了当供应商访问您的公司以修复与数据库中的数据相关的某些问题时，对数据进行模糊处理或屏蔽的额外工作量。

小　结

备份有两个含义，一是按照备份策略将数据库中的信息在备份媒体上建立数据库副本的过程；二是存储了这些信息的数据库副本。还原是从备份复制数据并将事务日志应用于该数据使其前滚到目标恢复点的过程。恢复是使数据库处于一致且可用状态并使其在线的一组操作。

在 SQL Server 2016 中，备份和还原操作都是基于恢复模式的。恢复模式是数据库的一个属性，用于控制数据库备份和还原操作的基本行为。使用恢复模式具有下列优点：简化恢复计划；简化备份和恢复过程；明确系统操作要求之间的权衡；明确可用性和恢复要求之间的权衡。

SQL Server 2016 提供了三种恢复模式。最佳选择模式主要取决于用户的恢复目标和要求。

- 完整恢复模式，完整记录所有事务，并保留所有的日志记录，直到将它们备份。该模式支持所有还原方案（包括页面还原、时点还原），可在最大范围内防止丢失数据，时空和管理开销也最大。为防止在完整恢复模式下丢失事务，必须确保事务日志不受损坏。
- 大容量日志恢复模式，简略记录大多数大容量操作，完整记录其他事务。该模式能提高大容量操作的性能，常用作完整恢复模式的补充。大容量日志恢复模式支持所有的恢复形式，但有一些限制。
- 简单恢复模式，简略记录大多数事务。该模式没有事务日志备份，文件还原和段落还原仅对只读辅助文件组可用，不支持时点还原和页面还原。

SQL Server 2016 提供了十分丰富的数据备份类型。

1）主要数据备份类型：按照备份内容的横向关系，分为完整备份、部分备份和文件备份。

- 完整备份：备份整个数据库，包括事务日志，代表备份完成时的数据库，时空开销最大。
- 部分备份：备份主文件组、每个读写文件组及指定的只读文件，主要用于简单恢复模式。
- 文件备份：备份一个或多个文件（或文件组），使用户可仅还原损坏文件，提高恢复速度。

2）按照备份内容的纵向（时间）关系，分为完全备份、差异备份和日志备份。

- 完全备份：备份包含一个或多个数据文件的完整映像，对整个数据库进行完全备份就是完整备份，时空开销大于差异备份和日志备份。
- 差异备份：备份只记录自其基准备份以来进行的更新。基准备份是差异备份所对应的最近一次备份。可对数据库的全部或一部分进行差异备份。每种主要数据备份类型都有相应的差异备份（完整差异备份；部分差异备份；文件差异备份）。差异备份配合对应的主要数据备份类型使用。还原差异备份之前，必须先还原其基准备份。
- 日志备份：备份包括前一个日志备份中没有备份的所有日志记录。定期的日志备份是采用完整恢复模式或大容量日志恢复模式的数据库的备份策略的重要部分。日志备份可使数据库进行时点还原，备份文件和时间都较短。

在 SQL Server 2016 中，备份文件指存储数据库、事务日志、文件和/或文件组备份的文件；备份媒体一般是保存备份文件的磁盘文件或磁带；备份设备指包含备份媒体的磁带机或磁盘驱动器；媒体集是备份媒体的有序集合；媒体簇由在媒体集中的备份构成；备份集一次是备份操作向媒体集中添加的一个备份文件集；保持期指出备份集自备份之日起不被覆盖的日期长度。

备份策略确定备份的内容、时间及类型、所需硬件的特性、测试备份的方法及存储备份媒体的位置和方法（包含安全注意事项）。还原策略定义还原方案、负责执行还原的人员以及执行还原来满足数据库可用性和减少数据丢失的目标与方法。

备份策略中最重要的问题之一是选择和组合备份类型。常用的组合：完整备份（每次都对备份目标执行完整备份；备份和恢复操作简单，时空开销最大；适合于数据量较小且更改不很频繁的情况）、完整备份加事务日志备份（在定期的完整备份之间按一定时间间隔进行日志备份；适合于不想经常完整备份，但又不允许丢失太多数据的情况）、完整备份加差异备份加日志备份（在定期的完整备份之间按一定时间间隔进行差异备份，再在两次差异备份之间进行一些日志备份；备份和还原速度较快，故障时丢失数据较少）。

可以使用 SSMS 或使用 T-SQL 的 BACKUP DATABASE 语句进行备份。

还原方案定义从备份还原数据并在还原所有必要备份后恢复数据库的过程。基本还原方案包括数据库完整还原、文件还原、页面还原、段落还原几种。

在开始还原备份文件之前，首先备份事务日志尾部总是正确的、必要的。可以使用 SSMS 或使用 T-SQL 的 RESTORE DATABASE 语句进行还原。

分离数据库是指将数据库从 SQL Server 实例中删除并转移到指定文件，但使数据库在其数据文件和事务日志文件中保持不变。附加数据库是利用分离出来的文件将数据库附加到 SQL Server 实例。附加数据库时，所有数据文件（MDF 文件和 NDF 文件）都必须可用。

可以很方便地使用 SSMS 或系统存储过程 sp_detach_db 分离数据库，使用 SSMS 或 CREATE DATABASE 语句附加数据库。

数据导出是指将数据从 SQL Server 表复制到其他格式的数据文件；导入是指将数据从其他格式的数据文件加载到 SQL Server 表。

可以很方便地使用 SSMS 的数据导出、导入功能实现 SQL Server 表数据的导出、导入。

习　题

1．名词解释

备份　还原　恢复　恢复模式　完整恢复模式　大容量日志恢复模式　简单恢复模式
完整备份　部分备份　文件备份　完全备份　差异备份　基准备份　日志备份　备份设备
备份集　保持期　备份策略　还原方案　数据库完整还原　文件还原　页面还原
段落还原　时点还原　日志尾部　分离数据库　附加数据库　数据导出　数据导入

2．简答题

（1）"还原"与"恢复"的概念有何区别？

（2）为什么说 SQL Server 2016 的备份、还原操作是基于恢复模式的？

（3）简述 SQL Server 2016 的三种恢复模式的异同点、适用场合。

（4）为什么说简单恢复模式不能使数据库恢复到发生故障前一刻的状态？

（5）为什么 SQL Server 2016 极力建议使用容错磁盘存储事务日志？

（6）SQL Server 2016 的备份是如何分类的？

（7）如何将完整恢复模式下使用完整加差异加日志备份的数据库恢复到故障前一刻的正确状态？

（8）基于完整恢复模式的基本还原方案有哪些？各是何含义？有何优缺点？

3．应用题

（1）使用 T-SQL 语句将一个实验数据库进行完整备份。

（2）使用 SSMS 在（1）题基础上进行完整差异备份。

（3）使用 SSMS 的数据库分离与附加功能将实验数据库从一台计算机移到另一台计算机。

（4）将实验数据库的一个表中的部分数据（条件自定）导出到 Excel 表中。

（5）将一文本文件内的数据（用“，”分隔各列）导入并追加到实验数据库的一个合适的表中。

第 10 章　SQL Server 的安全管理

本章介绍 SQL Server 2016 的安全机制，身份验证模式，账户与登录管理，数据库用户管理，权限管理，角色管理等内容。本章学习的重点内容：身份验证模式的概念与种类，账户的概念、作用、创建与权限设置，数据库用户的概念、创建与删除，权限的类型与设置，角色的类型、意义与各类角色的特点，在角色中添加、删除成员的方法，设置、撤销登录名与数据库用户的角色成员身份的方法，创建、修改、删除自定义角色的方法。

通过本章学习，应达到下述目标：

- 理解身份验证模式的概念与种类；掌握身份验证模式的更改方法。
- 理解账户的概念、作用；掌握账户的建立与权限设置方法。
- 理解数据库用户的概念及其与账户的异同点；掌握创建与删除数据库用户的方法。
- 了解授权主体与安全对象的概念；掌握权限的类型与设置方法。
- 理解角色的概念与意义；掌握角色的分类及在角色中添加、删除成员的方法；掌握设置、撤销登录名及数据库用户的角色成员身份的方法；掌握创建、修改、删除自定义角色的方法。

10.1　安全机制与身份验证模式

10.1.1　SQL Server 2016 的安全机制简介

数据库的安全性和计算机系统的安全性（包括操作系统、网络系统的安全性）密切相关，SQL Server 2016 也不例外。SQL Server 2016 安全机制主要包括以下 5 个方面。

（1）客户机的安全机制。用户必须能登录到客户机，然后才能使用 SQL Server 应用系统或客户机管理工具访问 SQL Server 服务器。对于 Windows 系统的客户，主要涉及 Winodws 账户的安全。

（2）网络传输的安全机制。网络传输的安全问题一般采用数据加密技术解决，但加密的 SQL Server 会使网络速度变慢，所以一般对安全性要求不高的网络都不采用加密技术。

（3）实例级别的安全机制。用户登录到服务器时，必须使用账户（登录名）和密码，这个账户和密码是关于服务器的，服务器会按照不同的身份验证方式来判断这个账户和密码的正确性。

（4）数据库的安全机制。任何能登录到服务器的账户和密码都对应一个默认工作数据库，SQL Server 对数据库级别的权限管理采用的是"数据库用户"的概念。

（5）数据对象的安全机制。用户通过前述的 4 道防线后才能访问数据库中的数据对象，对数据对象能够做什么样的访问称为访问权限，常见的包括数据的查询、更新、插入和删除权限。

在上述这 5 个方面中，除网络传输的安全机制外，其他机制的实现都基于一个共同的基础——用户身份验证。因此可以说 SQL Server 的安全性管理是建立在身份验证和访问许可机制上的。

10.1.2　基本的安全术语

基本安全术语是 SQL Server 安全性的一些基本概念，这些概念对理解 SQL Server 安全性十分重要。下面介绍关于 SQL Server 安全性的一些常用术语。

（1）数据库所有者（DBO）。数据库所有者一般就是数据库的创建者，每个数据库一般只有一个所有者。数据库所有者拥有数据库中的所有特权，可以提供给其他用户访问的权限。

（2）数据库对象。数据库对象一般包括诸如表、视图、存储过程、触发器、索引等。创建数据库对象的用户是数据库对象的拥有者，数据库对象可以授予其他用户使用其拥有对象的权利。

（3）域。域是一组计算机的集合，它们可以共享一个通用安全性数据库。

（4）数据库组。数据库组是一组数据库用户的集合。这些用户接受相同的数据库用户许可。

（5）数据库系统管理员。数据库系统管理员是负责管理 SQL Server 全面性能和综合应用的管理员，简称 SA。数据库系统管理员的工作包括与系统有关的安装、配置、管理和监视磁盘空间、内存的使用，创建数据库、确认用户和授权许可，导入导出数据、备份和恢复数据库等。

（6）角色。角色中包括 SQL Server 预定义的一些权限，可以将角色分别授予不同的主体。

10.1.3　身份验证模式

用户要想连接到 SQL Server 实例，首先必须通过身份验证。身份验证的内容包括确认用户的账户（登录名）是否有效、能否访问系统、能访问系统的哪些数据等。

SQL Server 能在两种身份验证模式（Authentication Modes）下运行：Windows 身份验证模式（Windows Mode）、混合模式（SQL Server 和 Windows 身份验证模式，Mixed Mode）。

1. Windows 身份验证模式

在 Windows 身份验证模式下，SQL Server 依靠 Windows 身份验证方式来验证用户的身份。只要用户能够通过 Windows 用户账户验证，即可连接到 SQL Server。这种模式只适用于能够提供有效身份验证的 Windows 操作系统，实际上是对 Windows 安全管理机制的整合。这种模式下用户不能指定 SQL Server 2016 登录名。

SQL Server 系统按照下列步骤处理 Windows 身份验证方式中的登录账户。

（1）当用户连接到 Windows 系统上时，客户机打开一个到 SQL Server 系统的委托连接。该委托连接将 Windows 的组和用户账户传送到 SQL Server 系统中。

（2）如果 SQL Server 在系统表 syslogins 的 SQL Server 用户清单中找到该用户的 Windows 用户账户或者组账户，就接受这次身份验证连接。这时，SQL Server 不需要重新验证密码是否有效，因为 Windows 已经验证用户的密码是有效的。

（3）在这种情况下，该用户的 SQL Server 系统登录账户既可以是 Windows 的用户账户，也可以是 Windows 组账户。当然，这些用户账户或者组账户都已定义为 SQL Server 系统登录账户。

（4）如果多个 SQL Server 机器在一个域或者在一组信任域中，那么登录到单个网络域上就可以访问全部的 SQL Server 机器。

Windows 身份验证方式具有下列优点：提供了更多的功能，例如，安全确认，密码加密、审核，密码失效，最小密码长度和账户锁定；通过增加单个登录账户，允许在 SQL Server 系统中增加用户组；允许用户迅速访问 SQL Server 系统，而不必使用另一个登录账户和密码。

2. 混合模式

在混合模式下，用户既可使用 Windows 身份验证，也可使用 SQL Server 身份验证。如果用户在登录时提供了 SQL Server 2016 登录用户名，则系统将使用 SQL Server 身份验证对其进行验证；如果没有提供 SQL Server 2016 登录用户名或请求 Windows 身份验证，则使用 Windows 身份验证。

当使用 SQL Server 身份验证时，用户必须提供登录用户名和密码，该登录用户名是 DBA（数据库管理员）在 SQL Server 中创建并分配给用户的，这些用户名和密码与 Windows 的账户无关。这时，SQL Server 按照下列步骤处理自己的登录账户。

（1）当一个使用 SQL Server 账户和密码的用户连接 SQL Server 时，SQL Server 验证该用户是否在系统表 syslogins 中，且其密码是否与以前记录的密码匹配。

（2）如果在系统表 syslogins 中没有该用户账户或密码不匹配，那么这次身份验证失败，系统拒绝该用户的连接。

混合模式的 SQL Server 身份验证方式有下列优点：允许非 Windows 客户、Internet 客户和混合的客户组连接到 SQL Server 中。

身份验证模式是对服务器而言，身份验证方式是对客户端而言。

10.1.4 身份验证模式的更改

在安装过程中，SQL Server 2016 数据库引擎（SQL Server Database Engine）已经将身份验证模式设置为某一种（默认为 Windows 身份验证模式）。用户可以通过修改 SQL Server 2016 服务器属性来更改身份验证模式。具体的操作步骤如下所述。

打开 SSMS，在"对象资源管理器"窗口右击服务器名称，在弹出的快捷菜单选择"属性"菜单命令，如图 10-1 所示。

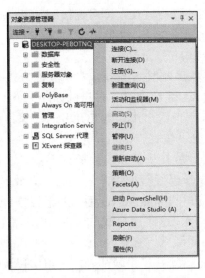

图 10-1 选择"属性"菜单命令

打开"服务器属性"窗口，在"安全性"选项卡中选择对应的"服务器身份验证"模式类型，然后单击"确定"按钮，重新启动 SQL Server 服务，完成身份验证模式的设置，如图 10-2 所示。

图 10-2　"服务器属性"窗口

10.2　账户与登录管理

无论使用哪种身份验证模式，用户都必须以一种合法身份登录。"账户"（又称为"登录名"）是用户合法身份的标识，是用户与 SQL Server 之间建立的连接途径。只有合法的账户才能登录 SQL Server 2016。

SQL Server 2016 的登录管理通过对账户的管理而实现，即通过对用户账户的创建/删除、连接到数据库引擎权限的授予/拒绝、登录活动的启用/禁用等来控制用户对 SQL Server 2016 服务器的登录和访问。

安装 SQL Server 2016 后，系统已自动创建了一些内置账户。在实际的使用过程中，用户经常需要要添加一些登录账户。用户可以将 Windows 账户添加到 SQL Server 2016 中，也可以新建 SQL Server 账户。

10.2.1　创建登录账户

创建登录账户的操作既可以采用 SSMS 完成也可以采用 T-SQL 语句实现。

1. 创建 Windows 账户

Windows 身份验证模式是默认的验证方式，可以直接用 Windows 的账户登录。SQL Server

2016 中的 Windows 登录账户可以映射到单个用户、管理员创建的 Windows 组及 Windows 内部。具体的操作步骤如下所述。

单击"开始"按钮，选择"控制面板"，选择"管理工具"命令打开"管理工具"窗口，双击"计算机管理"选项打开"计算机管理"窗口，选择"系统工具"项下的"本地用户和组"选项，选择"用户"节点，右击并在快捷菜单中选择"新用户"菜单命令，如图 10-3 所示。

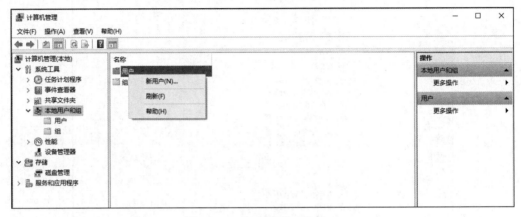

图 10-3　"计算机管理"窗口

在弹出的"新用户"对话框中，输入用户名，在"描述"项输入"数据库管理员"，并设置与密码有关的操作，然后单击"创建"按钮完成新用户的创建。

新用户创建成功后，创建映射到这些账户的 Windows 登录。登录到 SQL Server 2016 之后，在"对象资源管理器"窗口打开服务器下的"安全性"→"登录名"节点，右击"登录名"节点，选择"新建登录名"命令，如图 10-4 所示，打开"登录名-新建"窗口，如图 10-5 所示，单击"搜索"按钮，系统弹出"选择用户或组"对话框，单击"高级"和"立即查找"按钮，从"搜索结果"用户列表中选择刚才创建的用户，如图 10-6 所示。

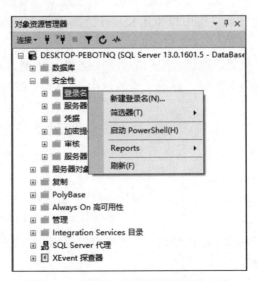

图 10-4　选择"新建登录名"菜单命令

图 10-5 "登录名-新建"窗口

图 10-6 "选择用户或组"对话框

选择用户完毕，单击"确定"按钮，返回"选择用户或组"对话框，单击"确定"按钮，返回"登录名-新建"窗口，在该窗口中选择"默认数据库"为 master，如图 10-7 所示，单击"确定"按钮完成 Windows 身份验证账户的创建工作。

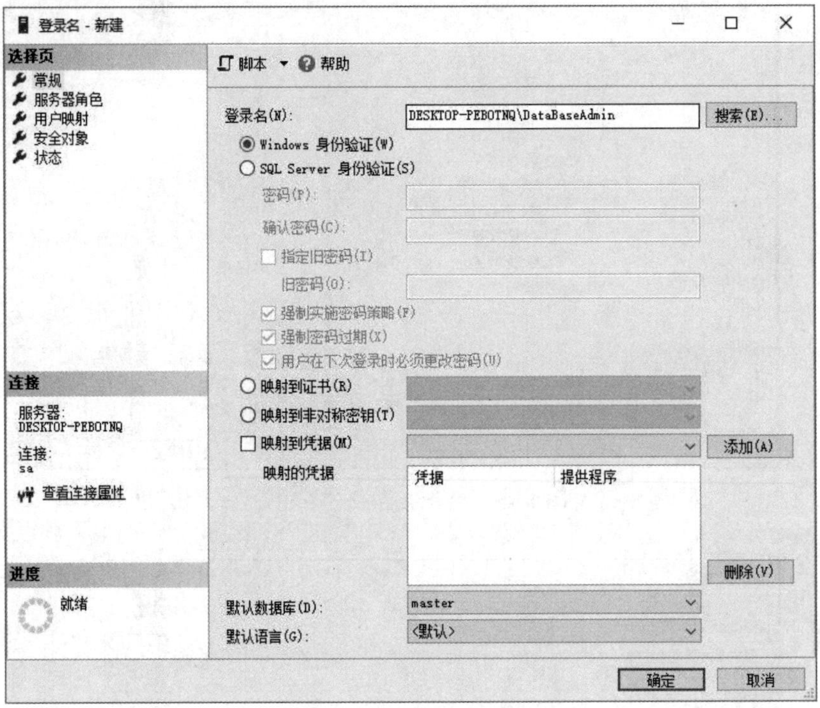

图 10-7　新建 Windows 登录

2. 创建 SQL Server 账户

如果不是将 Windows 账户加入 SQL Server 2016 系统，而是新建一个 SQL Server 账户，用户可以直接在图 10-5 所示的"登录名-新建"对话框的"登录名"输入框中输入一个新的 SQL Server 账户名，并选择"SQL Server 身份验证"，然后单击"确定"按钮。这样新建的账户就可以用于登录采用"SQL Server 和 Windows 身份验证模式"的 SQL Server 2016 实例了。

3. 创建登录账户的 T-SQL 方式

（1）创建登录账户。创建登录账户的 T-SQL 的语句语法格式如下：

```
CREATE LOGIN login_name
WITH
PASSWORD={ 'password' | hashed_password hashed }
[must_change][,]
[sid=0x14585E90117152449347750164BA00A7][,]
[DEFAULT_DATABASE=database_name][,]
[DEFAULT_LANGUAGE=language][,]
[CHECK_EXPIRATION={ON|OFF}][,]
[CHECK_POLICY={ON|OFF}][,]
[CREDENTIAL=credential_name]
```

（2）语法注释。

- login_name，指定创建的登录名。有四种类型的登录：SQL Server 登录、Windows 登录、证书映射登录和非对称密钥映射登录。在创建从 Windows 域账户映射的登录名时，必须以[<domainName>\<login_name>]格式使用 Windows 2000 之前的用户登录名。

- PASSWORD='password' 仅适用于 SQL Server 登录。指定正在创建的登录名的密码。应使用强密码。有关详细信息，请参阅强密码和密码策略。密码是区分大小写的。密码应至少包含 8 个字符，并且不能超过 128 个字符。密码可以包含 a−z、A−Z、0−9 和大多数非字母数字字符；密码不能包含单引号或 login_name。

- PASSWORD=hashed_password 仅适用于 hashed 关键字。指定要创建的登录名的密码的哈希值。hashed 仅适用于 SQL Server 登录。指定在 password 参数后输入的密码已经过哈希运算。如果未选择此选项，则在将作为密码输入的字符串存储到数据库中之前，对其进行哈希运算。此选项应仅用于在服务器之间迁移数据库。切勿使用 hashed 选项创建新的登录名。hashed 选项不能用于 SQL 7 或更早版本创建的哈希。

- must_change 仅适用于 SQL Server 登录。如果包括此选项，则 SQL Server 将在首次使用新登录时提示用户输入新密码。

- sid=sid 用于重新创建登录名。仅适用于 SQL Server 身份验证登录，不适用于 Windows 身份验证登录。指定新 SQL Server 身份验证登录的 sid。如果未使用此选项，SQL Server 将自动分配 sid。sid 结构取决于 SQL Server 版本。SQL Server 登录 sid：基于 GUID 的 16 字节［binary（16）］文本值。例如，"sid=0x14585E90117152449347750164BA00A7"。

- DEFAULT_DATABASE=database，指定将指派给登录名的默认数据库。如果未包括此选项，则默认数据库将设置为 master。

- DEFAULT_LANGUAGE=language，指定将指派给登录名的默认语言。如果未包括此选项，则默认语言将设置为服务器的当前默认语言。即使将来服务器的默认语言发生更改，登录名的默认语言也仍保持不变。

- CHECK_EXPIRATION={ON|OFF}，仅适用于 SQL Server 登录。指定是否应对此登录账户强制实施密码过期策略。默认值为 OFF。

- CHECK_POLICY={ON|OFF}仅适用于 SQL Server 登录。指定应对此登录强制实施运行 SQL Server 计算机的 Windows 密码策略。默认值为 ON。

- CREDENTIAL=credential_name，指定映射到新 SQL Server 登录的证书名称。该证书必须已存在于服务器中。当前此选项只将证书链接到登录名。证书不能映射到系统管理员（sa）登录名。

例 10-1 用 T-SQL 创建一个名为 testuser 的登录用户，密码设置为"123456"，默认数据库为 master，服务器语言为当前默认语言。

```
CREATE LOGIN testuser
WITH
PASSWORD='123456',
--must_change,
--sid=0x14585E90117152449347750164BA00A7,
DEFAULT_DATABASE=master,
--DEFAULT_LANGUAGE=language,
```

```
CHECK_EXPIRATION=OFF,
CHECK_POLICY=OFF,
--CREDENTIAL=[sysadmin]
GO
```

10.2.2　修改登录账户

（1）用户可以通过图形化管理工具修改登录账户。操作步骤如下所述。

打开"对象资源管理器"→"服务器"→"安全性"→"登录名"节点，选择需要修改的账户，右击该用户节点，在弹出的菜单中选择"属性"命令进入"登录属性"窗口，进行对应信息的修改，如图 10-8 所示。

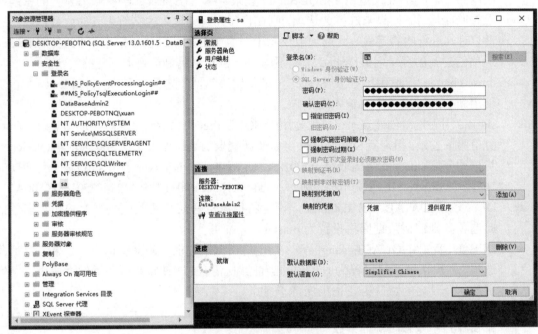

图 10-8　"登录属性"窗口

（2）修改登录的 T-SQL 方式是使用 ALTER LOGIN 语句，其语法格式如下：

```
ALTER LOGIN login_name
{
<status_option>
|WITH<set_option>[,…]
|<cryptographic_credential_option>
}
<status_option>::=
            ENABLE|DISABLE
<set_option>::=
    PASSWORD='password'|hashed_password HASHED
[
    OLD_PASSWORD='oldpassword'|MUST_CHANGE|UNLOCK
]
```

```
|DEFAULT_DATABASE=database
|DEFAULT_LANGUAGE=language
|NAME=login_name
|CHECK_EXPIRATION={ON|OFF}
|CREDENTIAL=credential_name
|NO CREDENTIAL
<cryptographic=credentials_option>：：＝
ADD CREDENTIAL credential_name|DROP CREDENTIAL credential_name
```

上述语句中的大部分参数与 CREATE LOGIN 语句中的作用相同，因此不再复述。

例 10-2　使用 ALTER LOGIN 语句将登录名 DBAabc 修改为 NewAbc。

```
ALTER LOGIN DBAabc WITH NAME=NewAbc
GO
```

10.2.3　删除登录账户

用户管理的另外一个重要项目就是删除不再使用的登录账户，以保障数据库的安全。用户可以在"对象资源管理器"中删除登录账户，操作步骤如下所述。

打开"对象资源管理器"窗口，打开"服务器"→"安全性"→"登录名"节点，右击对应的用户节点，在弹出的快捷菜单中选择"删除"菜单命令，单击"确定"按钮完成登录账户的删除操作。

也可以使用 T-SQL 语句（DROP LOGIN）删除登录账户。DROP LOGIN 语句的语法格式如下：

```
DROP LOGIN login_name
```

其中的 login_name 是登录账户的登录名。

10.3　数据库用户管理

在 SQL Server 2016 中，数据库用户是指对数据库具有访问权的用户。数据库用户管理用来控制用户访问 SQL Server 数据库的权限。

数据库用户和登录是两个不同的概念。登录是对服务器而言，只表明登录者通过了 Windows 或 SQL Server 身份验证，但不能表明其可以对数据库进行操作。而用户是对数据库而言，属于数据库级。数据库用户就是指对该数据库具有访问权的用户。数据库用户是指那些可以访问数据库的人（本书后续内容均指此概念）。

创建登录账户后，如果在数据库中没有授予该用户访问数据库的权限，则该用户仍然不能访问数据库，所以对于每个要求访问数据库的登录（用户），必须将其用户账户添加到数据库中，并授予其相应的活动权限，使其成为数据库用户。

用户管理即实现对数据库用户的创建/删除、权限的授予/撤销。

1. 创建数据库用户

（1）通过"对象资源管理器"创建数据库用户。

例 10-3　为"_家庭财务数据库"创建一个新的数据库用户，其登录名为 abc。

在"对象资源管理器"内选择目标服务器的"_家庭财务数据库"→"安全性"→"用户"

节点，右键单击，在弹出的快捷菜单中选择"新建用户"命令，如图 10-9 所示。在弹出的"数据库用户-新建"窗口中输入对应的数据，如图 10-10 所示。单击"确定"按钮，用户创建成功。

图 10-9　"新建用户"命令

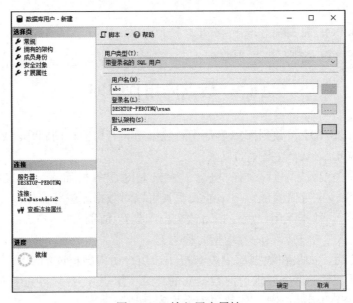

图 10-10　输入用户属性

（2）使用 T-SQL 的 CREATE USER 语句添加数据库用户。

- 语法摘要。

    CREATE USER user_name [FOR LOGIN login_name]
    　　　　　　　　[WITH DEFAULT_SCHEMA=schema_name]

- 参数摘要与说明。

> ➤ user_name：数据库用户名称。
> ➤ FOR LOGIN login_name：指定要创建数据库用户的 SQL Server 登录名。如果忽略 FOR LOGIN，则新的数据库用户将被映射到同名的 SQL Server 登录名。
> ➤ WITH DEFAULT_SCHEMA=schema_name：指定服务器为此数据库用户解析对象名称时搜索的第一个架构。缺省时使用 dbo 为默认架构。DEFAULT_SCHEMA 可为数据库中当前不存在的架构。

- 备注：不能使用 CREATE USER 创建 guest 用户，因为每个数据库中均已存在 guest 用户；可通过授予 guest 用户 CONNECT 权限来启用该用户，例如，

    GRANT CONNECT TO GUEST

2. 删除数据库用户

（1）使用 SSMS 删除数据库用户。

例 10-4　删除例 10-3 创建的数据库用户"abc"。

在"对象资源管理器"内展开目标数据库的"安全性"→"用户"节点，右键单击要删除的数据库用户，在弹出的快捷菜单中选择"属性"命令，在弹出的"删除对象"对话框中单击"确定"按钮即可。

（2）使用 T-SQL 的 DROP USER 语句删除数据库用户。

- 语法摘要。

    DROP USER user_name

- 备注：不能从数据库中删除拥有安全对象的用户，必须先删除或转移安全对象的所有权，才能删除这些数据库用户；不能删除 guest 用户，但可在除 master 或 tempdb 之外的任何数据库中执行 REVOKE CONNECT FROM GUEST 来撤销它的 CONNECT 权限，从而禁用 guest 用户。

10.4　权限管理

权限是关于用户使用和操作数据库对象的权利与限制。SQL Server 使用许可权限来加强数据库的安全性，用户登录到 SQL Server 后，SQL Server 将根据用户被授予的权限来决定用户能够对哪些数据库对象执行哪些操作。

10.4.1　授权主体与安全对象

主体是可以请求 SQL Server 资源的个体、组和过程。主体的影响范围取决于主体定义的范围（Windows、服务器或数据库）以及主体是否不可分。例如：Windows 登录名是一个不可分主体；Windows 组是一个集合主体；Windows 级别的主体有 Windows 域登录名、Windows 本地登录名；SQL Server 级别的主体有 SQL Server 登录名、服务器角色；数据库级别的主体有数据库用户、数据库角色、应用程序角色。每个主体都有一个唯一安全标识符（SID）。

授权的主体指授权时被授权的主体，即被授权的账户、用户或角色。

安全对象是 SQL Server Database Engine 授权系统控制对其进行访问的资源，其中最突出的就是服务器、数据库。通过创建可以为自己设置安全性的、名为"范围"的嵌套层次结构，可以将某些安全对象包含在其他安全对象中。安全对象范围有服务器、数据库和架构，其中：

- 服务器安全对象范围包含以下安全对象：端点，登录账户，数据库。
- 数据库安全对象范围包含以下安全对象：用户，角色，应用程序角色，程序集，消息类型，路由，服务，远程服务绑定，全文目录，证书，非对称密钥，对称密钥，约定，架构。
- 架构安全对象范围包含以下安全对象：类型，XML 架构集合，数据库对象（表，视图，聚合，约束，函数，过程，队列，统计信息，同义词）。

10.4.2　权限的类型

SQL Server 2016 中的权限很多（总计达 196 种），大致可以分为以下 3 大类。

（1）对象权限，表示对特定的安全对象（例如，表、视图、列、存储过程、函数等）的操作权限，它控制用户在特定的安全对象上执行相应的语句、存储过程或函数的能力。如果用户想对某一对象进行操作，必须具有相应的操作权限。主要的对象权限可以分为 11 类，见表 10-1。

表 10-1　主要的对象权限类别与适用对象

对象权限类别	适用对象
SELECT	表和列，视图和列，同义词，\<B\>和列
UPDATE	表和列，视图和列，同义词
INSERT	表，视图，同义词
DELETE	表，视图，同义词
REFERENCES	表和列，视图和列，\<A\>，\<B\>和列，Service Broker 队列
ALTER	\<C\>，Service Broker 队列
CONTROL	\<C\>，Service Broker 队列，同义词
VIEW DEFINITION	\<C\>，Service Broker 队列，同义词
TAKE OWNERSHIP	\<C\>，同义词
EXECUTE	过程（T-SQL 和 CLR），\<A\>，同义词
RECEIVE	Service Broker 队列

注　\<A\>::= 标量函数和聚合函数（T-SQL 和 CLR）
　　\<B\>::= 表值函数（T-SQL 和 CLR）
　　\<C\>::= 过程（T-SQL 和 CLR），\<A\>，表，\<B\>，视图

（2）语句权限，表示对数据库的操作权限，或者说创建数据库及数据库中其他内容所需要的权限类型，通常是一些具有管理性的操作。执行这些操作的语句虽然仍包含有操作对象，但这些对象在执行该语句之前并不存在于数据库中。因此，语句权限针对的是某个 SQL 语句，而不是数据库中已经创建的特定的数据库对象，所以将其归为语句权限范畴。SQL Server 2016 的语句权限亦有数十种之多，表 10-2 列出了几种主要的 CREATE 类和 BACKUP 类语句权限及其作用。

（3）隐含权限，指系统自行预定义而不需要授权就有的权限，包括固定服务器角色、固定数据库角色和数据库对象所有者所拥有的权限。

表 10-2　语句权限及其作用

语句权限	作用	语句权限	作用
CREATE DATABASE	创建数据库	CREATE RULE	在数据库中创建规则
CREATE TABLE	在数据库中创建表	CREATE FUNCTION	在数据库中创建函数
CREATE VIEW	在数据库中创建视图	CREATE ROLE	在数据库中创建数据库角色
CREATE DEFAULT	在数据库中创建默认对象	BACKUP DATABASE	备份数据库
CREATE PROCEDURE	在数据库中创建存储过程	BACKUP LOG	备份日志

10.4.3　权限的设置

权限管理是通过设置账户或数据库用户的权限，完成权限的授予（包括转授）、拒绝、撤销等操作。可以通过使用 SSMS 或 T-SQL 语句两种方式设置权限。

转授是指主体将自己获得并具有转授权限的权限授给其他主体；拒绝是指主体拒绝接受授予自己的权限，通常用于组主体或角色主体，以防止其他主体通过组成员或角色成员身份继承权限。关于角色和继承的介绍见 10.5 节；撤销是指取消已经授予主体的权限（包括取消该主体转授给其他主体的权限）。

1. 使用 SSMS 设置权限

使用 SSMS 设置权限时，虽然服务器级权限与数据库级权限的授权主体（前者主要是账户或角色，后者主要是数据库用户）和安全对象（参见 10.4.1 节）都有较大差别，但操作方法大体相似。

例 10-5　使用 SSMS 为账户"DataBaseAdmin2"设置权限。

在 SSMS 环境中，可以通过 3 种方式为账户设置权限。第一种是为账户指定服务器角色；第二种是为账户指定数据库角色；第三种是直接为账户指定安全对象。这三种方式设置的权限各不相同。下面介绍第三种设置权限方式的过程。

- 在指定账户所在的服务器的"安全性"→"登录名"下，右键单击目标账户，在弹出的快捷菜单中选择"属性"命令，如图 10-11 所示。
- 在"登录属性"对话框的"选择页"区选择"安全对象"命令，进入"安全对象"页，如图 10-12 所示，选择"搜索"命令，选择合适的登录名后单击"确定"按钮，返回"安全对象"页。
- 此时"安全对象页"右上部"安全对象"列表区出现服务器名称，右下部权限列表区列出了可在该服务器使用的相关权限（图 10-13），按需要就相关权限逐一进行设置：选择"授与""具有授予权限"（即转授权限）或"拒绝"，或者取消选择（取消原来的选择即撤销权限。注意，这种撤销包括撤销该账户转授给其他一切主体的该权限）。设置完毕后单击"确定"按钮，数据库引擎立即进行相应的设置操作。

2. 使用 T-SQL 语句设置权限

数据库内的权限始终授予数据库用户、角色和 Windows 用户或组，从不授予 SQL Server

登录。可使用 T-SQL 提供的 GRANT、REVOKE 和 DENY 语句对数据库用户进行权限的授予、撤销和拒绝。

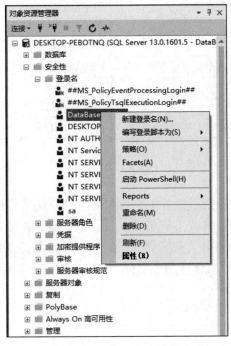

图 10-11　选择账户属性

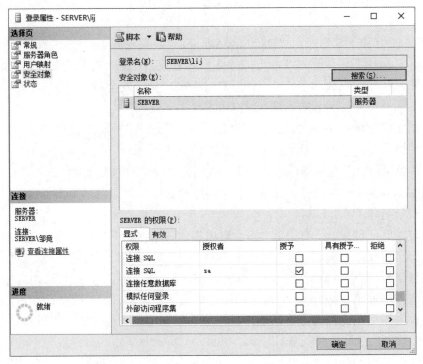

图 10-12　"安全对象"页

计算与对象关联权限时，第一步是检查 DENY 权限，如果该权限被拒绝，则停止计算，并且不授予权限。如果不存在 DENY，则下一步将与对象关联的权限和调用方用户或进程的权限进行比较，在这一步中，可能会出现 GRANT（授予）权限或 REVOKE（吊销）权限。如果权限被授予，则停止计算并授予权限；如果权限被吊销，则删除先前 GRANT 或 DENY 的权限。因此，吊销权限不同于拒绝权限。REVOKE 权限删除先前 GRANT 或 DENY 的权限。而 DENY 权限是禁止访问。因为明确的 DENY 权限优先于其他所有权限，所以，即使已被授予访问权限，DENY 权限也将禁止访问。

（1）GRANT 语句。GRANT 语句用于将安全对象的权限授予主体。

● 语法摘要。

```
GRANT ALL | permission [(column[,...n])][,...n]
    [ ON [class::] securable] TO principal [,...n]
    [ WITH GRANT OPTION ] [AS principal]
```

● 参数摘要与说明。

➢ ALL：该选项并不授予全部可能的权限。授予 ALL 参数相当于授予以下权限：如果安全对象为数据库，则 ALL 表示 BACKUP DATABASE、BACKUP LOG、CREATE DATABASE、CREATE DEFAULT、CREATE FUNCTION、CREATE PROCEDURE、CREATE RULE、CREATE TABLE 和 CREATE VIEW；如果安全对象为标量函数，则 ALL 表示 EXECUTE 和 REFERENCES；如果安全对象为存储过程，则 ALL 表示 DELETE、EXECUTE、INSERT、SELECT 和 UPDATE；如果安全对象为表、视图或表值函数，则 ALL 表示 DELETE、INSERT、REFERENCES、SELECT 和 UPDATE。

➢ permission：权限的名称。

➢ column：指定表中将授予其权限的列的名称。需使用括号"（）"。

➢ class：指定将授予其权限的安全对象的类。需要范围限定符"::"。

➢ securable：指定将授予其权限的安全对象。

➢ TO principal：主体的名称。可为其授予安全对象权限的主体随安全对象而异。

➢ GRANT OPTION：指示被授权者在获得指定权限的同时还可以将指定权限授予其他主体。

➢ AS principal：指定一个主体，执行该查询的主体从该主体获得授予该权限的权利。

● 备注。数据库级权限在指定的数据库范围内授予。如果用户需要另一个数据库中的对象的权限，请在该数据库中创建用户账户，或者授权用户账户访问该数据库以及当前数据库。

例 10-6　使用 GRANT 语句为数据库用户 test 授权：许可对 student 表的 S_NO 列和 S_NAME 列的 SELECT、S_NO 列的 UPDATE 操作；许可对 student 的全部操作并可转授他人。相应的语句如下。

```
GRANT SELECT(S_NO,S_NAME),UPDATE(S_NO) ON student TO test WITH GRANT OPTION
```

（2）REVOKE 语句。REVOKE 语句撤销以前授予或拒绝了的权限。

● 语法摘要。

```
REVOKE [GRANT OPTION FOR]
        {ALL | { permission[(column[,...n])][,...n]}}
```

[ON [class::] securable] { TO|FROM } principal[,...n]

[CASCADE] [AS principal]

- 参数摘要与说明。
  - ➤ ALL、permission、column、class：见 GRANT 语句的参数摘要与说明（将授予改为撤销）。
  - ➤ GRANT OPTION FOR：指示将撤销授予指定权限的能力。
  - ➤ TO | FROM principal 主体的名称。
  - ➤ CASCADE：指示当前正在撤销的权限也将从其他被该主体授权的主体中撤销。
  - ➤ AS principal：指定一个主体，执行该查询的主体从该指定主体获得撤销该权限的权利。
- 备注。如果仅撤销主体转授权限的权限，必须同时指定 CASCADE 和 GRANT OPTION FOR 参数。

例 10-7 使用 REVOKE 语句撤销数据库用户 test 对 student 的 UPDATE 操作权限。相应的语句如下。

REVOKE UPDATE ON student FROM test CASCADE

（3）DENY 语句。DENY 语句拒绝授予主体权限。防止主体通过其组或角色成员身份继承权限。

- 语法摘要。

DENY ALL | { permission [(column[,...n])][,...n] }

[ON [class::] securable] TO principal[,...n]

[CASCADE]　AS principal]

- 参数摘要与说明：参见 GRANT、REVOKE 语句（将授予、撤销改为拒绝）。
- 备注：如果某主体的该权限是通过指定 GRANT OPTIONDENY 获得的，那么，在撤销其该权限时，如果未指定 CASCADE，则 DENY 语句将失败。

例 10-8 使用 DENY 语句使数据库用户 test 拒绝授予其对"成绩表"的 INSERT 操作权限。相应的语句如下。

DENY INSERT ON 成绩表 TO test CASCADE

10.5　角色管理

角色是 DBMS 为方便权限管理而设置的管理单位。角色定义了常规的 SQL Server 用户类别，每种角色将该类别的用户（即角色的成员）与其使用 SQL Server 的权限相关联。角色中的所有成员自动继承该角色所拥有的权限，对角色进行的权限授予、拒绝或撤销将对其中所有成员生效。

SQL Server 提供了用户通常管理工作的预定义角色（包括服务器角色和数据库角色）。用户还可以创建自己的数据库角色，以便表示某一类进行同样操作的用户。当用户需要执行不同的操作时，只需将该用户加入不同的角色中即可，而不必对该用户反复授权许可和撤销许可。

10.5.1　角色的类型与权限

1．角色的类型

（1）按照角色权限的作用域，可以分为服务器角色与数据库角色。

- 服务器角色是作用域为服务器范围的用户组。SQL Server 根据系统的管理任务类别及其相对重要性，把具有 SQL Server 管理职能的用户划分为不同的用户组，每一组所具有的管理 SQL Server 的权限都是 SQL Server 内置的。用户必须有登录账户才能加入服务器角色。

- 数据库角色是权限作用域为数据库范围的用户组。可以为某些用户授予不同级别的管理或访问数据库及数据库对象的权限，这些权限是数据库专有的。一个用户可属于同一数据库的多个角色。SQL Server 提供了两类数据库角色：固定数据库角色和用户自定义数据库角色。

（2）按照角色的定义者，可以分为预定义角色与自定义角色。

- 预定义角色是由 SQL Server 预先定义好的角色，它们可以由用户使用（添加或删除成员，public 角色除外），但不能被用户修改、添加或删除。SQL Server 提供了 3 类预定义角色：服务器角色、固定数据库角色、public 角色。

- 自定义角色是由用户创建的角色，属于数据库角色。SQL Server 支持自定义数据库角色、应用程序角色两类。

综上所述，在 SQL Server 2016 中有 5 种角色：public 角色、服务器角色、固定数据库角色、自定义数据库角色、应用程序角色。

（3）关于 public 角色。

- public 角色在每个数据库中都存在，提供数据库中用户的默认权限。每个登录的数据库用户都自动是此角色的成员，因此，无法在此角色中添加或删除用户。

2．预定义角色描述与权限

（1）服务器角色。该角色在服务器级定义并存在于数据库之外。该角色的每个成员都能够向该角色中添加其他登录。在 SSMS 中展开"对象资源管理器"中的"安全性"→"服务器角色"节点，可看到当前服务器的所有服务器角色。SQL Server 提供了 8 种常用的服务器角色来授予组合服务器级管理员权限。表 10-3 列出了各服务器角色及其描述与权限。

表 10-3　服务器角色描述与权限

服务器角色	描述	已授予的服务器级权限
bulkadmin	批量输入管理员：管理大容量数据输入操作	ADMINISTER BULK OPERATIONS
dbcreator	数据库创建者：可创建、更改、删除和还原任何数据库	CREATE DATABASE
diskadmin	磁盘管理员：管理磁盘文件	ALTER RESOURCES
processadmin	进程管理员：可终止 SQL Server 实例中运行的进程	ALTER ANY CONNECTION、ALTER SERVER STATE
securityadmin	安全管理员：管理登录名及其属性。具有 GRANT、DENY 和 REVOKE 服务器级和数据库级权限；可重置 SQL Server 登录名的密码	ALTER ANY LOGIN

续表

服务器角色	描述	已授予的服务器级权限
serveradmin	服务器管理员：管理 SQL Server 服务器端的设置，可更改服务器范围的配置选项和关闭服务器	ALTER ANY ENDPOINT、ALTER RESOURCES、ALTER SERVER STATE、ALTER SETTINGS、 SHUTDOWN、VIEW SERVER STATE
setupadmin	安装管理员：增加、删除连接服务器，建立数据库复制以及管理扩展存储过程	ALTER ANY LINKED SERVER
sysadmin	系统管理员：拥有 SQL Server 所有的权限许可	已使用 GRANT 选项授予：CONTROL SERVER

注　默认情况下，Windows BUILTIN\Administrators 组（本地管理员组）的所有成员都是 sysadmin 角色成员。

（2）固定数据库角色。该角色在数据库级定义并存在于每个数据库中。db_owner 和 db_securityadmin 数据库角色的成员可以管理固定数据库角色成员身份，但只有 db_owner 角色成员可将其他用户添加到 db_owner 固定数据库角色中。在 SSMS 中，展开"对象资源管理器"中目标数据库的"安全性"→"角色"→"数据库角色"节点，可看到当前数据库的所有数据库角色。SQL Server 提供了 10 种常用的固定数据库角色来授予组合数据库级管理员权限。表 10-4 列出了各固定数据库角色及其描述与权限。

VIEW ANY DATABASE 权限是服务器级权限，它控制是否显示 sys.databases 和 sysdatabases 视图以及系统存储过程 sp_helpdb 中的元数据。获得此权限的登录账户可查看描述所有数据库的元数据，而不管该登录账户是否拥有特定的数据库或实际上是否可以使用该数据库。

表 10-4　固定数据库角色描述与权限

固定数据库角色	描述	已授予数据库级权限
db_accessadmin	可为登录账户添加或删除访问权限	ALTER ANY USER、CREATE SCHEMA 已使用 GRANT 选项授予：CONNECT
db_backupoperator	可备份数据库	BACKUP DATABASE、BACKUP LOG、CHECKPOINT
db_datareader	可读取用户表中所有数据	SELECT
db_datawriter	可在所有用户表中增、删、改数据	DELETE、INSERT、UPDATE
db_ddladmin	可在数据库中运行任何数据定义语言（DDL）命令	ALTER ANY ASSEMBLY、ALTER ANY ASYMMETRIC KEY、ALTER ANY CERTIFICATE、ALTER ANY CONTRACT、ALTER ANY DATABASE DDL TRIGGER、ALTER ANY DATABASE EVENT、NOTIFICATION、ALTER ANY DATASPACE、ALTER ANY FULLTEXT CATALOG、ALTER ANY MESSAGE TYPE、ALTER ANY REMOTE SERVICE BINDING、ALTER ANY ROUTE、ALTER ANY SCHEMA、ALTER ANY SERVICE、ALTER ANY SYMMETRIC KEY、CHECKPOINT、CREATE AGGREGATE、CREATE DEFAULT、CREATE FUNCTION、CREATE PROCEDURE、CREATE QUEUE、CREATE RULE、CREATE SYNONYM、CREATE TABLE、CREATE TYPE、CREATE VIEW、CREATE XML SCHEMA COLLECTION、REFERENCES

续表

固定数据库角色	描述	已授予数据库级权限
db_denydatareader	不能读取数据库内用户表中的任何数据	已拒绝：SELECT
db_denydatawriter	不能增、删、改数据库内用户表中的任何数据	已拒绝：DELETE、INSERT、UPDATE
db_owner	可执行数据库的所有配置和维护活动	已使用 GRANT 选项授予：CONTROL
db_securityadmin	可修改角色成员身份和管理权限	ALTER ANY APPLICATION ROLE、ALTER ANY ROLE、CREATE SCHEMA、VIEW DEFINITION
public	可查看元数据	VIEW ANY DATABASE

注　除 db_denydatawriter 角色外，其他角色都已授予权限 VIEW ANY DATABASE。

默认情况下，VIEW ANY DATABASE 权限被授予 public 角色。因此，连接到 SQL Server 2016 实例的每个用户都可查看该实例中的所有数据库。

若要限制数据库元数据的可见性，请取消登录账户的 VIEW ANY DATABASE 权限。取消此权限之后，登录账户只能查看 master、tempdb 以及所拥有的数据库的元数据。

每个数据库用户都属于 public 数据库角色。当尚未对某个用户授予或拒绝对安全对象的特定权限时，则该用户将继承授予该安全对象的 public 角色的权限。

10.5.2　角色的设置

利用角色，SQL Server 管理者可以将某些用户设置为某一角色，这样只要对角色进行权限设置便可以实现对所有用户权限的设置，大大减少了管理员的工作量。

使用 SSMS 可以方便快捷地实施角色管理，也可以使用相关系统存储过程进行角色管理。

1. 设置登录名的服务器角色身份

（1）使用 SSMS 设置或撤销登录名（账户）的服务器角色成员身份。使用 SSMS 可以方便快捷地为登录名一次设置或撤销多个角色成员身份。

例 10-9　为账户"DataBaseAdmin2"设置服务器角色成员身份，方法如下所述。

● 在账户所在服务器的"安全性"→"登录名"下，右键单击目标账户，在弹出的快捷菜单中选择"属性"命令。

● 在弹出的"登录属性"对话框中的"选择页"区选择"服务器角色"项，进入"服务器角色"页。

● 在"服务器角色"区设置（打上√）需要的服务器角色或撤销（去掉√）不需要的服务器角色身份，如图 10-13 所示。设置完毕后单击"确定"按钮即可。

（2）使用系统存储过程 sp_addsrvrolemember（sp_dropsrvrolemember）设置（删除）为服务器角色成员身份的登录名。

● 语法摘要。

➢ 设置：sp_addsrvrolemember [@loginame=]'login',[@rolename=]'role'

➢ 删除：sp_dropsrvrolemember [@loginame=]'login',[@rolename=]'role'

图 10-13   为账户"DataBaseAdmin2"设置服务器角色成员身份

- 参数摘要与说明。
    - [@loginame=]'login'：指定要设置（删除）服务器角色身份的登录名。login 必须存在，必须带服务器名称。
    - [@rolename=]'role'：指定服务器角色名。role 必须为以下值之一：sysadmin、securityadmin、serveradmin、setupadmin、processadmin、diskadmin、dbcreator、bulkadmin。
- 备注。
    - 进行上述操作需要具有 sysadmin 角色成员身份，或同时具有对服务器的 ALTER ANY LOGIN 权限以及从中设置（删除）成员的角色中的成员身份。
    - 不能更改 sa 登录和 public 的角色成员身份。
    - 不能在用户定义的事务内执行 sp_addsrvrolemember 或 sp_dropsrvrolemember。
    - 返回代码值：0（成功）或 1（失败）。

例 10-10   为账户"DataBaseAdmin2"设置服务器角色成员身份，语句如下所示。

    sp_addsrvrolemember@loginame='COMPANY-5A6856E\DataBaseAdmin2',@rolename='sysadmin'

2. 设置登录名的固定数据库角色身份

使用 SSMS 设置或撤销登录名（账户）的固定数据库角色成员身份。使用 SSMS 可以方便快捷地为登录名一次设置或撤销多个角色成员身份。

例 10-11   为账户"DataBaseAdmin2"设置固定数据库角色成员身份，方如如下所述。

- 同例 10-9 的第一步。
- 在弹出的"登录属性"对话框的"选择页"区选择"用户映射"项，进入"用户映射"页。

- 在"用户映射"页的右上区选择（打上√）设置数据库角色或撤销（去掉√）数据库角色身份的数据库（可分别映射设置多个数据库）。
- 在"用户映射"右下区设置（打上√）数据库角色身份或撤销（去掉√）数据库角色身份，设置完毕后单击"确定"按钮即可，如图 10-14 所示。

图 10-14　为账户"DataBaseAdmin2"设置固定数据库角色成员身份

3. 设置数据库用户的固定数据库角色身份

（1）使用 SSMS 设置或撤销数据库用户的固定数据库角色成员身份。使用 SSMS 可以方便快捷地为数据库用户一次设置或撤销多个角色成员身份。

例 10-12　利用 SSMS 在"_家庭财务数据库"数据库下为用户"xyz"设置固定数据库角色成员身份。

- 在服务器所在的"_家庭财务数据库"→"安全性"→"用户"节点下，右键单击目标用户，在弹出的快捷菜单中选择"属性"命令，系统弹出"数据库用户"对话框。
- 在弹出的"数据库用户"对话框的"拥有的架构"页和"成员身份"页内，逐一设置（打上√）需要的固定数据库角色成员身份或撤销（去掉√）固定数据库角色成员身份，设置完毕后单击"确定"按钮即可，如图 10-15 所示。

（2）使用系统存储过程 sp_addrolemember（sp_droprolemember）在当前数据库中设置（删除）用户的固定数据库角色成员身份。

- 语法摘要。
  - ➢ 设置：sp_addrolemember [@rolename=]'role',[@membername=]'security_account'
  - ➢ 删除：sp_droprolemember [@rolename=]'role',[@membername=]'security_account'
- 参数摘要与说明。
  - ➢ role：当前数据库中的数据库角色名；无默认值；必须存在于当前数据库中。

> ➤ security_account：将设置或删除角色成员身份的用户名；无默认值；可以是数据库用户、自定义数据库角色、Windows 登录或 Windows 组；必须存在于当前数据库中。

图 10-15　为"_家庭财务数据库"的数据库用户"xyz"设置固定数据库角色成员身份

● 备注。
> ➤ 使用存储过程 sp_addrolemember 需具备下列条件之一：db_owner 或 db_securityadmin 角色身份；拥有该角色的角色中的成员身份或对角色的 ALTER 权限。存储过程 sp_addrolemember 可向数据库角色添加成员，不能向角色中添加预定义角色或 dbo。
> ➤ 存储过程 sp_droprolemember 的使用者需有 sysadmin 固定服务器角色成员身份，或对服务器具有 ALTER ANY LOGIN 权限以及将从中删除成员的角色的成员身份。
> ➤ 上述两个存储过程不能用于 public 角色或 dbo；也不能在用户定义的事务中执行这两个系统存储过程。
> ➤ 角色不能直接或间接将自身包含为成员。
> ➤ 返回代码值：0（成功）或 1（失败）。
> ➤ 可用系统存储过程 sp_helpuser 查看 SQL Server 角色的成员。

例 10-13　为"_家庭财务数据库"用户"xyz"设置固定数据库角色身份。

```
USE _家庭财务数据库
GO
sp_addrolemember @rolename='db_owner',@membername='xyz'
```

10.5.3　创建、使用、删除自定义角色

创建自定义数据库角色就是创建一个用户组，组内的这些用户具有相同的一组权限。如果一组用户需要执行在 SQL Server 中指定的一组操作且并不存在对应的 Windows 组，或者没

有管理 Windows 用户账号的权限，就可以在数据库中建立一个自定义数据库角色。

1. 创建自定义数据库角色

（1）使用 SSMS 创建自定义数据库角色。

例 10-14　利用 SSMS 在当前服务器的"_家庭财务数据库"内创建自定义数据库角色。

● 右键单击"对象资源管理器"中目标服务器的"数据库"→"_家庭财务数据库"→"安全性"→"角色"节点或该节点下的任一角色，在弹出的快捷菜单中选择"新建数据库角色"命令，如图 10-16 所示。

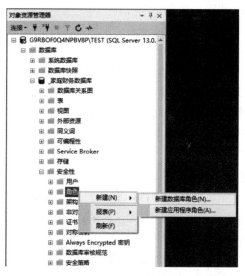

图 10-16　"新建数据库角色"命令

● 在弹出的"数据库角色-新建"对话框的"常规"页指定"角色名称"和"所有者"，如图 10-17 所示。

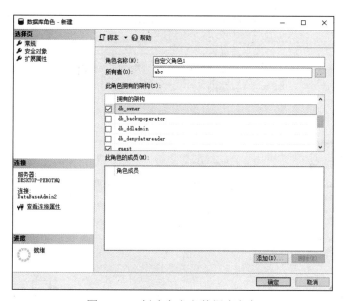

图 10-17　创建自定义数据库角色

- 在"常规"页指定架构，按"添加"按钮为角色添加成员；在"安全对象"页为角色授权。
- 单击"确定"按钮，数据库引擎立即完成创建。

（2）使用 T-SQL 语句 CREATE ROLE 在当前数据库中创建新的自定义数据库角色。

- 语法摘要。

  CREATE ROLE role_name [AUTHORIZATION owner_name]

- 参数摘要与说明。

  ➢ role_name：待创建角色的名称。

  ➢ AUTHORIZATION owner_name：将拥有新角色的数据库用户或角色，缺省为执行该语句的用户。

例 10-15 利用 CREATE ROLE 语句在当前数据库创建自定义数据库角色"_自定义角色 2"。

CREATE ROLE _自定义角色 2　AUTHORIZATION xyz

自定义数据库角色创建后，可随时对其进行添加、删除成员或使用 GRANT、DENY 和 REVOKE 语句进行操作，但只能授予数据库级权限。

2. 创建应用程序角色

（1）使用 SSMS 创建应用程序角色。

- 右键单击"对象资源管理器"中目标服务器的"数据库"→"_家庭财务数据库"→"安全性"→"角色"→"新建"节点，在弹出的快捷菜单中选择"新建应用程序角色"命令（图 10-16）。
- 在弹出的"应用程序角色–新建"对话框的"常规"页指定"角色名称"和"所有者"，如图 10-18 所示。

图 10-18　创建应用程序角色

- 在"常规"页指定架构；在"安全对象"页为角色授权。
- 单击"确定"按钮，数据库引擎立即完成创建。

（2）使用 CREATE APPLICATION ROLE 语句在当前数据库中创建新的自定义数据库角色。

- 语法摘要。

```
CREATE APPLICATION ROLE application_role_name
WITH PASSWORD='password'[, DEFAULT_SCHEMA=schema_name]
```

- 参数摘要与说明。

  ➢ application_role_name：应用程序角色名称，不应使用该名称引用数据库中的任何主体。

  ➢ PASSWORD='password'：指定用户将用于激活应用程序角色的密码，应始终使用强密码。

  ➢ DEFAULT_SCHEMA=schema_name：指定解析该角色对象名时将搜索的第一个架构，默认是 DBO。

- 备注：设置角色密码时将检查密码复杂性；调用角色的应用程序必须存储它们的密码。

例 10-16　利用 CREATE ROLE 语句在当前数据库创建自定义数据库角色。

```
CREATE APPLICATION ROLE 应用程序角色 2 WITH PASSWORD='123456'
```

应用程序角色是一种特殊的自定义数据库角色。它使应用程序能用其自身的、类似用户的权限运行，从而可让没有直接访问数据库权限的用户访问特定数据。如果要让某些用户只能通过特定的应用程序间接存取数据库的数据而不是直接访问数据库时，应考虑使用应用程序角色。

应用程序角色使用 Mixed 身份验证模式，可被系统存储过程 sp_setapprole 激活。它只能通过其他数据库中授予 guest 用户账户的权限来访问这些数据库。任何已禁用 guest 用户账户的数据库对其他数据库中的应用程序角色来说都是不可访问的。

应用程序角色切换安全上下文的过程：用户执行客户端应用程序；应用程序作为用户连接到 SQL Server；应用程序用一个只有它知道的密码执行存储过程 sp_setapprole，证明自己的身份；如果应用程序提交的应用程序角色名称和密码都有效，则激活应用程序角色，此时，连接将失去原用户权限，获得应用程序角色权限，而且在连接期间始终有效。

在 SQL Server 的早期版本中，用户若要在激活应用程序角色后重新获取其原始安全上下文，唯一的方法就是断开 SQL Server 连接，然后再重新连接。在 SQL Server 2016 中，sp_setapprole 提供了一个新选项，可在激活应用程序之前创建一个包含上下文信息的 Cookie。sp_unsetapprole 可以使用此 Cookie 将会话恢复到其原始上下文。

由于只有应用程序（而非用户）知道应用程序角色的密码，因此，只有应用程序可以激活此角色，并访问该角色有权访问的对象。应用程序角色包含在特定的数据库中，如果它试图访问其他数据库，将只能获得其他数据库中 guest 账户的权限。

应用程序角色不需要服务器登录名，但创建应用程序角色的 T-SQL 语句必须包含对应于此应用程序角色的密码。因此，创建应用程序角色的安装脚本时一定要小心。在使用应用程序角色的任何数据库中，应撤销 public 角色的权限。对于不希望应用程序角色的调用方具有访问权限的数据库，可禁用 guest 账户。

3. 修改、删除自定义角色

（1）使用 SSMS 可以很方便地修改自定义角色（包括自定义数据库角色和应用程序角色），方法是，在"对象资源管理器"中双击或右键单击自定义角色的名称或图标，在弹出的快捷菜单中选择"属性"命令，然后可在弹出的"自定义角色属性"对话框中进行各种修改，其界面和修改方法与创建自定义角色时一样。

也可以使用 T-SQL 的相关语句对自定义角色进行修改，主要语法如下所述。

- 更改数据库角色的名称：

  ALTER ROLE role_name WITH NAME = new_name

更改数据库角色的名称不会更改角色的 ID 号、所有者或权限。

- 更改应用程序角色的名称、密码或默认架构：

  ALTER APPLICATION ROLE application_role_name　　WITH <set_item>[,...n]
  　　　　<set_item>::= { NAME=new_application_role_name | PASSWORD='password'
  　　　　　　　　　| DEFAULT_SCHEMA = schema_name }

（2）如果要删除自定义角色，可以在"对象资源管理器"中右键单击自定义角色的名称或图标，在弹出的快捷菜单中选择"删除"命令，然后在弹出的"删除对象"对话框中单击"确定"按钮即可。

也可以使用 T-SQL 的相关语句进行删除，主要语法如下所述。

- 从当前数据库删除自定义数据库角色：

  DROP ROLE role_name

- 从当前数据库删除应用程序角色：

  DROP APPLICATION ROLE rolename

注意：删除拥有安全对象的数据库角色之前，必须先移交这些安全对象的所有权，或从数据库删除它们。

10.6　通用安全管理措施

下面列举一些适合大多数情况的通用安全管理措施：

- 尽量选择 Windows 身份验证模式。
- 经常为 Windows 和 SQL Server 升级。
- 特别小心在 IIS 上配置 SQL XML 支持。
- 应用程序不要将敏感信息返回给客户（消息和错误信息要用更普遍的回应代替）。
- 在每个服务器上创建标准的 SQLAdmin 数据库用来创建用于管理的存储过程。
- 所有用户的默认数据库改为一个数据库而非 master。
- 不允许用户在 master 或 msdb 上创建对象。
- 考虑从生产服务器中删除 pubs 和 northwind 示例数据库。
- 严格地直接为 public 角色授予权限。
- 从所有用户数据库中清除 guest 账户。
- 从物理和逻辑上隔离 SQL Server，绝对不要将其直接连接到 Internet。
- 定期备份所有数据，并将副本存储在现场以外的安全位置。

- 将 SQL Server 安装在 NTFS 文件系统上（NTFS 更稳定且更易于恢复，支持更多的安全选项）。
- 使用 Microsoft 基线安全分析器（MBSA）对服务器进行监视（MBSA 工具用来扫描几个 Microsoft 产品中普遍存在的不安全配置）。
- 设置强健的 sa 密码。
- 选择尽可能安全的连接：不要使用 sa 或任何 sysadmins 成员登录；为应用程序创建登录账号并仅授权它连接必需的数据库。
- 以最小的权限需要登录运行：把登录账号的权限定为所需语句和对象的最小需要。
- 与直接对数据库的访问相比，视图和存储过程更好：基于商业规则使用视图分割数据；对所有的插入、更新、删除操作使用存储过程。
- 在防火墙上禁用 SQL Server 端口（TCP 端口 1433 以及 UDP 端口 1434）。
- 不要将日志文件和数据文件保存在同一个硬盘上。
- 定期地查看日志，审核指向 SQL Server 的连接。
- 质疑非标准功能需求，例如，扩张存储过程、发电子邮件等。

小　结

SQL Server 2016 安全机制主要包括 5 个方面：客户机的安全机制（账户安全管理）；网络传输的安全机制（数据加密）；服务器的安全机制（身份验证）；数据库的安全机制（用户管理）；数据对象的安全机制（权限管理）。SQL Server 的安全性管理建立在身份验证和访问许可机制上。

身份验证是指核对连接到 SQL Server 的账户名和密码是否正确，以确定用户是否具有连接到 SQL Server 的权限。SQL Server 采用 Windows 身份验证、SQL Server 和 Windows 身份验证两种身份验证模式验证用户的身份。

账户（登录名）是用户合法身份的标识，是用户与 SQL Server 之间建立连接的途径。用户访问 SQL Server 数据库之前，必须使用有效账户连接到数据库。

登录管理通过对账户的管理而实现，即通过对用户账户的创建/删除、连接权限的授予/拒绝、登录活动的启用/禁用等来控制用户对 SQL Server 2016 服务器的登录、访问。

SQL Server 的数据库管理员账户 sa 对 SQL Server 的数据库拥有不受限制的完全访问权。

数据库用户是对数据库具有访问权的用户。它与登录是两个不同的概念。登录是对服务器而言，用户是对数据库而言。用户管理通过对数据库用户的创建/删除、权限的授予/撤销而实现对用户访问 SQL Server 数据库的控制。

权限是关于用户使用和操作数据库对象的权利与限制。SQL Server 使用许可权限来加强数据库的安全性；SQL Server 根据用户被授予的权限来决定用户能对哪些数据库对象执行哪些操作。

主体是可以请求 SQL Server 资源的个体、组和过程，可以是账户、用户或角色。安全对象是 SQL Server 数据库引擎授权系统控制对其进行访问的资源，其中最突出的是服务器和数据库。

SQL Server 2016 中的权限可以分为三大类：对象权限、语句权限和隐含权限。对象权限表示对特定安全对象的操作权限。它控制用户在特定的安全对象上执行相应语句或存储过程、函数的能力，其中最主要、最常用的有 SELECT、INSERT、UPDATE、DELETE、ALTER、EXECUTE、REFERENCES 等。语句权限表示对数据库的操作权限，通常是一些具有管理性的操作，其中最主要、最常用的有 CREATE 类和 BACKUP 类权限。隐含权限是系统自行预定义而不需要授权就有的权限，包括服务器角色、固定数据库角色和数据库对象所有者的权限。

权限管理通过设置账户或数据库用户的权限，完成权限的授予（包括转授）、拒绝、撤销等操作。转授是指主体将自己获得并具有转授权限的权限授给其他主体；拒绝是指主体拒绝接受授予自己的权限，以防其他主体通过成员身份继承权限；撤销是指取消已经授予主体的权限。

角色是 DBMS 为方便权限管理而设置的管理单位。它将用户分成若干类别并分别授予相应的权限或约束。角色的所有成员自动继承该角色所拥有的权限，对角色进行的权限授予、拒绝或撤销将对其中所有成员生效。角色可以大大减少 DBA 的工作量。

SQL Server 2016 中有 5 种角色：服务器角色、固定数据库角色、public 角色、自定义数据库角色、应用程序角色。服务器角色由 SQL Server 在服务器级定义并存在于数据库之外，其中的 sysadmin 角色拥有 SQL Server 所有的权限许可。固定数据库角色由 SQL Server 在数据库级定义并存在于每个数据库中，其中 db_owner 角色可执行数据库的所有配置和维护活动，db_ddladmin 角色可在数据库中运行任何 DDL 命令。public 角色则涵盖了每个数据库用户。自定义数据库角色和应用程序角色由用户自行定义以满足其特殊需求，其中应用程序角色使得 DBA 能让某些用户只能通过特定的应用程序间接存取数据库的数据而不是直接访问数据库。

角色管理通过设置（撤销）用户的角色成员身份和在角色中添加（删除）成员而实现。

上述各种管理都能通过使用 SSMS 或某些 T-SQL 语句或某些系统存储过程而实现。

习 题

1．名词解释

登录管理　用户管理　权限管理　角色管理　身份验证　Windows 身份验证模式 混合身份验证模式　账户　sa　数据库用户　权限　主体　安全对象　对象权限 语句权限　隐含权限　转授　拒绝　角色　public 角色　服务器角色　固定数据库角色 自定义数据库角色　应用程序角色

2．简答题

（1）简述身份验证的重要性。

（2）SQL Server 2016 采用哪些身份验证模式？为什么要采用这些身份验证模式？

（3）简述账户与数据库用户的异同点。

（4）既然账户能够表明用户的身份，为什么还要设立数据库用户？

（5）简述权限的用途与意义。

（6）最主要、最常用的对象权限有哪几类？

（7）简述权限转授功能的优缺点。

（8）简述角色的性能特点。

（9）SQL Server 2016 的角色有哪几类？各有何特点？

（10）简述应用程序角色的优缺点。

3．应用题

（1）分别在 Windows 和 SQL Server 2016 中新建 1 个账户，设置不同的身份验证模式，实现登录 SQL Server 2016。

（2）将（1）题用到的账户和数据库用户分别添加到你认为合适的两个服务器角色、两个固定数据库角色成员中。

参考文献

[1] 王亚平. 数据库系统工程师教程[M]. 3版. 北京：清华大学出版社，2018.

[2] 杨海艳，余可春，冯理明，等. 数据库系统开发案例教程（SQL Server 2008）[M]. 北京：清华大学出版社，2018.

[3] 邢泉. 数据库逻辑设计中消除规范化处理问题[J]. 计算机系统应用. 2013（6），179-181+203.

[4] 王珊，萨师煊. 数据库系统概论[M]. 5版. 北京：高等教育出版社，2014.

[5] 何玉洁. 数据库原理与应用[M]. 3版. 北京：机械工业出版社，2014.

[6] 聚慕课教育研发中心. SQL Server 从入门到项目实践[M]. 北京：清华大学出版社，2019.

[7] 于磊. 基于 C#的 WinForm 开发中存储过程应用研究[J]. 软件导刊. 2018（4），178-179+183.

[8] 刘保顺. ASP.NET 网络数据库[M]. 北京：清华大学出版社，2019.

[9] 李春葆，李石君，李筱驰. 数据仓库与数据挖掘实践[M]. 北京：电子工业出版社，2014.

[10] 微软技术官网. SQL Server 2016 各版本和支持的功能[EB/OL]. https://technet. microsoft.com/zh-cn/windows/cc645993(v=sql.90)，2017-10-21.

[11] 王英英. SQL Server 2016 从入门到精通[M]. 北京：清华大学出版社，2018.